导弹惯性导航技术
（第2版）

刘洁瑜　徐军辉　李新三　熊　陶　编著

国防工业出版社
·北京·

内 容 简 介

惯性导航技术是导弹控制专业领域的一门重要专业基础课程。本书全面介绍了惯性导航的基本原理和相关技术,包括陀螺仪的基本理论、惯性仪表陀螺仪、加速度计、惯性仪表误差建模及标定测试、捷联惯导系统、平台式惯导系统以及惯性导航技术在导弹武器上的应用等。

本书在理论联系实际的基础上,注重基本理论的阐述与分析,可作为导弹控制工程、导航制导与控制、精密仪器及相关专业本科生和研究生的教学用书和参考书,也可作为从事惯性导航技术方面工作的工程技术人员的参考用书。

图书在版编目(CIP)数据

导弹惯性导航技术/刘洁瑜等编著. --2 版.
北京:国防工业出版社,2024. 10. -- ISBN 978-7-118-13483-4

Ⅰ. TJ765

中国国家版本馆 CIP 数据核字第 2024K7N060 号

※

国防工业出版社出版发行
(北京市海淀区紫竹院南路 23 号 邮政编码 100048)
北京凌奇印刷有限责任公司印刷
新华书店经售

*

开本 787×1092 1/16 **印张** 20½ **字数** 463 千字
2024 年 12 月第 2 版第 1 次印刷 **印数** 1—1500 册 **定价** 78.00 元

国防书店:(010)88540777 书店传真:(010)88540776
发行业务:(010)88540717 发行传真:(010)88540762

前 言

惯性导航技术是一门涉及精密机械、计算机技术、微电子、光学、自动控制、材料等多种学科和领域的综合技术。惯性导航的最大优点是其完全自主性,它不依赖于任何外部信息,隐蔽性好,不会被干扰,可在空中、地面、水下环境使用。尽管目前可以采用的导航方法有很多,诸如:无线电导航、天文导航、卫星导航、地磁导航、景象匹配导航等,但是惯性导航仍是高精度制导武器必不可少的、基本的和主要的导航方式。尤其是在战时各种信息安全无法保证的情况下,基于惯性导航的导弹武器系统是进行作战最有效、最可靠的方式。因此,惯性导航技术被广泛应用于航空、航天、航海和国防工业等诸多领域。

本书自 2016 年出版第 1 版以来已使用 8 年,本次修订再版是在经过了几年的教学实践积累,并吸取了教师、学生和广大读者的意见、建议基础上进行修改完善的,以更好地适应教学和工程应用需求。全书按模块化设计原则构建了层次递进的内容体系,内容体系完备,知识结构合理,形成四大学习模块。第一模块:陀螺仪理论模块,理论性强,沿用经典编排,强化基本特性分析理解;第二模块:惯性仪表模块,紧密结合技术发展,在传统机械转子仪表内容基础上,增强新型仪表知识,按性能提升需求编排;第三模块:惯性导航系统模块,强化系统设计理论与方法,按工程应用需求编排;第四模块:惯导系统误差标定模块,在传统标定测试技术介绍基础上,增加自标定、自对准技术内容,按优化运用编排。模块之间实现了知识传递、转换、运用、创新的闭环。

全书共分 8 章,系统地介绍了惯性导航技术的基本理论、基本原理及应用。第 1 章介绍了惯性导航技术的基本概念、特点、应用及常用坐标系。第 2 章讨论了陀螺仪的基本理论、基本特性及运动分析方面的内容。第 3 章介绍了典型和新型惯性仪表陀螺仪的结构特点及工作原理。第 4 章重点研究了常用加速度计的基本原理、基本特性。第 5 章在惯性仪表运动特性分析的基础上介绍了惯性仪表误差建模及分析方法。第 6 章、第 7 章分别讨论了平台式惯导系统、捷联式惯导系统的工作原理和力学编排。第 8 章介绍了惯性导航技术在导弹上的应用。为了方便读者学习,还在附录中介绍了惯性导航技术中常用的力学基础知识。本书中多幅插图给出了对应的多媒体素材,包括二维矢量图或三维矢量图或动画素材,在相应插图旁以二维码形式给出。读者利用智能手机的“扫一扫”功能扫描即可查看。

由于作者水平有限,书中难免存在不当之处,敬请读者批评指正。

作者

2024 年 5 月

目　录

第1章 概 述

1.1 惯性导航基本概念

导航就是通过测量并输出载体运动速度和位置,引导载体按要求的速度和轨迹运动。运载体通常包括飞机、舰船、导弹、宇宙飞行器及车辆等。导航是一种十分古老的技术。《淮难子·齐俗训》中有记载:"夫乘舟而惑者,不知东西,见斗极则寤矣"。古罗马人利用北极星和太阳作为方位基准,横渡地中海,来往于南欧和北非之间。郑和利用指南针率领庞大的舰队七下西洋,开创了茫茫大海上的远航。在古代,由于利用的信息资源非常直观,采用的方法、手段和原理十分简单,所以导航精度非常低。随着人类社会的进步和科技发展,用于导航的新技术、新原理、新方法、新手段不断发展。目前,可用于完成导航任务的手段很多,按有无地面设备分为他备式导航与自主式导航;按获得导航信息的技术措施不同,可分为无线电导航、多普勒雷达导航、卫星导航、天文导航、惯性导航等;按作用距离的不同分为近程导航、中程导航、远程导航、超远程导航等。

1. 无线电导航

无线电导航是指利用无线电波在均匀介质和自由空间直线传播及恒速两大特性,进行引导航行的一种导航方法。这种导航方法,一种是通过设置在载体和地面的收发设备,测量载体相对地面站的距离、距离差或相位差定位;另一种是通过载体上接收系统,接收地面站发射的无线电信号,测量载体相对已知地面站的方位角来定位。无线电导航的主要优点是精度较高,缺点是工作时必须有地面站配合,电波易受干扰,也容易暴露自身,在军事上应用就显得严重不足。

2. 多普勒雷达导航

多普勒雷达导航是指利用载体速度变化在发射波和反射波之间产生的频率差——多普勒频移的大小,来测量载体相对地面的速度,进而完成导航任务的一种方法。多普勒雷达导航的主要优点是无需地面站,自主性强。但是在工作时必须发射电波,容易受到干扰和暴露自己;此外,定位精度与反射面形状有密切关系,当载体在海面、沙漠环境下工作时,由于反射性极差而大大降低工作性能;同时,导航精度也受雷达天线姿态的影响,当载体接收不到反射波时,就会完全丧失工作能力。

3. 卫星导航

卫星导航是利用无线电波传播的直线性和等速性实施测距定位,以及利用载体与卫星之间的多普勒频移进行测速的导航方法。卫星导航由导航卫星、地面站和用户设备三大部分组成。导航卫星是卫星导航系统的空间部分,由多颗导航卫星构成空间导航网;地面站主要用来跟踪、计算和向卫星发送数据;用户设备包括接收、处理和显示部分。天空中卫星由于位置随时可知,如同地面上的无线电导航台搬到了空间,于是就可测量卫星到载体的距离,实现定位要求。同时,卫星发射的电波,经载体上的接收设备测出二者之间的多普勒频移,可以确定飞机相对卫星的距离变化率,就是载体的运动速度。卫星导航的主要优点是导航精度很高,而且适合全球导航,加之用户设备简单,价格低廉,所以应用领域十分广泛。但它需要庞大的地面站支持,电波又容易受干扰,是一种被动式导航系统。

4. 天文导航

天文导航是指利用天空中的星体在一定时刻与地球的地理位置具有相对固定关系这一特点,通过观测星体,以确定载体位置的一种导航方法。天文导航主要借助于星体跟踪器自动跟踪两个星体,以便随时测出星体相对载体基准参考面的高度角和方位角,并经过计算得到载体的位置和航向。天文导航系统的定向和定位精度不随工作时间增长而降低,隐蔽性好,自主性强;但易受外界环境的影响,而且输出信息不连续。

如果把应用对象聚焦到导弹等武器的导航应用上,以上导航方式在独立使用时存在以下局限。

(1)生存能力差:需要与外界进行信息交流,易暴露,隐蔽性差。

(2)适应性差:易受时间、天气、地形限制。

(3)自主性差:需要与其他设备或物体配合才能完成导航任务,易受制于人。

因此,采用这些导航方式作为导弹的主导航设备,无法满足导弹全时间、全天候、全地域、全方位导航需要。以牛顿惯性定律为基础的惯性导航是一种更好的选择。

5. 惯性导航

惯性导航,是指利用惯性仪表(陀螺仪、加速度计)测量载体相对于惯性空间的运动参数,并在给定运动初始条件下,由导航计算机计算出载体的速度、距离、位置及姿态方位等导航参数,以便引导载体顺利完成预定的航行任务。惯性导航是一门综合了机电、光学、数学、力学、控制及计算机等学科的尖端技术,是现代科学技术发展到一定阶段的产物。由于惯性是所有质量体的基本属性,所以建立在惯性原理基础上的惯性导航系统不需要任何外部信息,也不会向外部辐射任何能量,仅靠惯性导航系统本身就能在全天候条件下,在全球范围内和各种介质环境里自主地、隐蔽地进行连续的三维定位和三维定向,这种同时具备自主性、隐蔽性和能获取运载体完备运动信息的独特优点是其他导航方式无法比拟的,因此惯性导航系统是导弹、飞机、舰船以及航天器等运载体不可缺少的核心导航设备。

与惯性导航技术相关的技术包括惯性制导技术、惯性仪表技术、惯性测量技术等,通称为惯性技术。

惯性制导是利用载体上惯性测量装置，测量载体相对惯性空间的运动参数，并在给定初始条件下，在完全自主的基础上，由制导计算机给出惯性导航参数，进而形成制导和控制信号，控制载体按预定轨道飞行。

惯性仪表是指陀螺仪和加速度计，陀螺仪用于敏感载体或模拟坐标系相对理想坐标系的偏角、角速度，加速度计敏感载体沿某一方向的比力，它们是各类惯性系统中的核心部件。陀螺仪和加速度计的工作原理、结构及工艺等是惯性仪表技术的主要内容。

惯性导航系统（简称惯导系统）是应用惯性仪表构成的惯性测量装置或惯性测量系统。惯导系统的功能，简单地说，在飞行过程中为导弹建立基准坐标系；测量导弹的角速度；测量导弹的加速度；为导弹发射前进行初始对准提供方向基准；确定发射点的地理位置和坐标方向等。目前，惯导系统的主要实现方案有两种，即平台式惯导系统和捷联式惯导系统。平台式惯导系统，其核心部分是一个实际的陀螺稳定平台，平台上3个实体轴重现了所要求的导航坐标系3个轴向。它为加速度计提供了精确的测量基准，保证3个加速度计测量值正好是导航计算需要的3个加速度分量。平台完全隔离了导弹的角运动，保证了加速度计的良好工作环境。捷联式惯导系统与平台式惯导系统的主要区别是：它没有实体的陀螺稳定平台，加速度计和陀螺仪直接安装在导弹上，通过导航计算机的运算，建立一个“数学平台”。它将陀螺仪绕弹体坐标系的3个角速度，通过计算机实时计算，形成由弹体坐标系向类似实际平台坐标系的“平台”坐标系转换，即解算出姿态矩阵。并利用这个姿态矩阵，进一步求出导弹的姿态和航向信息，使实体平台功能无一缺少。由于平台式惯导系统依靠框架隔离了导弹角运动对惯性测量装置的影响，为惯性仪表提供了良好的工作条件，使其对输出信号的补偿和修正都比较简单，计算量小，但其机械结构复杂，体积较大。而捷联式惯导系统取消了结构复杂的机电式平台，减少了大量机械零件、电子元件、电气电路，不仅减少了体积、重量、功耗和成本，而且大大提高了系统可靠性和可维修性。但是由于陀螺仪和加速度计直接与弹体相连，弹体运动将直接传递到惯性元件，恶劣的工作环境将引起惯性元件一系列动态误差，所以误差补偿复杂，导航精度一般低于平台式惯导系统。因此，中、短程导弹武器大都选择捷联式惯导系统，而远程和洲际导弹大都采用平台式惯导系统。

惯性仪表和惯导系统的测试技术主要包括各种测试原理和测试设备，其作用是测试和检验惯性仪表与系统的各种性能。

惯性技术是以牛顿惯性定律为基础，用以实现运动物体姿态和航迹控制的一项工程技术。惯性技术是惯性导航技术、惯性制导技术、惯性测量技术、惯性仪表技术及相应的测试技术的总称。

1.2 惯性导航技术的发展与应用

惯性导航技术的历史始于对陀螺仪应用的探索。1852年，法国科学家傅科（Foucault）

在一次关于"叙述地球运动的学术报告会"上指出:"轴水平放置的陀螺,在自转的地球上力求使其自转轴与地球子午线保持一致。"利用这一原理,傅科将一个主轴水平放置的陀螺转子支承在两个平衡环中,再配上简单的修正装置和阻尼装置,试图使陀螺主轴保持在真北方向上,从而制成了世界上第一台实验用陀螺罗经。从那时到现在,惯性技术的发展经历了几个有代表性的阶段。滚珠轴承陀螺仪算作是第一代;液浮、气浮陀螺仪算作是第二代;静电、挠性、光学陀螺仪作为第三代;目前惯性技术正处于第四代,比较有代表性的是微机械惯性器件、原子陀螺仪。

最早能够在工程上使用的陀螺仪表是用于海上导航的陀螺罗经。1908 年安休茨(Anschutz)在德国、1909 年斯伯利(Sperry)在美国,先后制成了用于舰船导航的陀螺罗经。这可以作为陀螺仪应用技术形成和发展的开端。

早期的陀螺罗经在舰船摇摆和机动航行时产生很大的机动误差。1923 年,德国青年科学家舒拉(Schuler)提出,固有振荡周期为 84.4min 的机械装置不受其在地球表面运动加速度的影响,即"舒拉调谐原理",从理论上和技术上完善了罗经的设计和结构。利用这一原理制成的陀螺罗经的导航精度得到很大提高。20 世纪 50 年代以后,陀螺罗经的修正方法已由重力摆式发展为电磁摆式,出现了电控罗经,并在此基础上发展成为平台罗经。

陀螺仪在航空上的应用比航海稍晚些。从 20 世纪 20 年代起,在飞机上相继出现了陀螺转弯仪、陀螺地平仪和陀螺方向仪作为指示仪表。30 年代中期,在飞机驾驶仪中开始使用陀螺仪表作为敏感元件。到了 40 年代,航空陀螺仪表趋向组合式,相继出现了陀螺磁罗盘、全姿态组合陀螺仪和陀螺稳定平台。

总之,第一代惯性系统的主要特征是用来测量载体的姿态角,它们是机械式的二自由度陀螺仪,按位置捷联方式使用。摆只是用来建立地垂线,作为测量载体对地垂线的偏差的器件,还没有利用加速度计的信号测量载体运动的速度和位置。

第二代惯性系统开始于 20 世纪 40 年代火箭发展的初期,它以测量载体相对于地球的位置为目的。第二次世界大战末期,在德国的 V-2 火箭上,第一次装上了初级的惯性制导系统。利用陀螺仪稳定火箭的水平和航向姿态,沿着火箭的纵轴方向安装了陀螺积分加速度计,用以提供火箭入轨的初始速度。虽然 V-2 火箭是德国法西斯战争的产物,并且当时受到自动控制、电子技术、计算机等技术水平的限制,它的导航定位精度还比较低,结构也很不完善,但是这一创举引起人们极大的重视,把惯性系统的研制推进到了一个新的水平。

第二次世界大战后,美国和苏联都投入了大量的人力和物力开展惯导系统的研制工作。50 年代,由于技术和工艺的进步,以及电子计算机的发展,为完善惯导系统的工程实现提供了较好的物质条件。美国首先在陀螺精度上取得突破,麻省理工学院仪表实验室和北美航空公司,先后研制出惯性级精度的液浮陀螺仪和惯性导航平台;特别是北美航空公司研制的 XN-T 型平台式惯性导航系统,实现了比较完善的具有三轴陀螺平台的惯导系统方案。1954年,惯导系统在飞机上试验成功;1958年,“魟鱼”号潜艇从珍珠港附近潜入深海,依靠惯导系统穿过北极到达英国波特兰港,历时21天,航程8146n mile。这表明惯性导航技术在20世纪50年代已趋于成熟。惯性导航技术在这个发展阶段有以下特点。

(1)为了减小惯性仪表支撑的摩擦与干扰,提高仪表的精度,采用了支撑悬浮技术,出现了液浮、气浮、磁悬浮等技术。

(2)除陀螺仪以外,还出现了另一种惯性仪表——加速度计。从而,在载体上可以不依赖外部信息而测量其质心的运动轨迹。

(3)普遍采用单自由度陀螺仪与反馈控制回路所组成的系统——框架式稳定平台。用平台上安装的加速度计来测量载体的运动加速度,经两次积分就可求得运动的轨道。这种惯性导航系统已经是一种自主式的轨道测量系统。

(4)采用新材料与新型元器件(如动压马达),并不断改进设计和工艺等,以减少仪表及系统的随机误差。

(5)为了提高系统及仪表的精度,还设计了高精度测试设备,改善测试方法,建立误差模型,并采用了各种类型的误差补偿技术,如平台旋转技术、壳体旋转技术、陀螺反转技术、陀螺角动量调制技术、陀螺监控技术以及软件补偿技术等。

(6)平台、陀螺仪、加速度计都是运动物体的控制系统实现方位或轨道控制的主要部件。惯性技术与自动控制技术在发展中互相依赖、互相促进,使惯性技术和现代控制技术均能迅速发展。惯性系统在战略、战术导弹武器、飞机、舰船以及民用等领域获得广泛的应用。

20世纪60年代初期,出现了比液浮陀螺仪结构简单、成本较低的动力调谐陀螺仪。从20世纪50年代末至60年代初,用液浮陀螺仪、气浮陀螺仪和动力调谐陀螺仪构成的平台式惯导系统得到迅速发展,并大量装备于各种飞机、舰船、导弹和航天飞行器上。

20世纪70年代,以三浮陀螺仪构成的高精度平台式惯导系统进入实用阶段。

由于科技的进步,使激光陀螺仪也达到惯性级精度,还相继出现了光纤陀螺仪和半球谐振陀螺仪。在此期间,还大力开展了捷联式惯导系统的研制工作。

20世纪80年代,激光陀螺和光纤陀螺逐步实用化,以激光陀螺仪构成的捷联式惯导系统获得了工程应用,这是惯导技术发展的又一重大进步。捷联式惯导系统将惯性传感器直接固联于载体,用“数学平台”取代了复杂的陀螺机械稳定平台,因此它具有结构简单、成本低等许多优点。当代计算机技术,尤其是微型计算机的优良性能,为捷联式系统提供了实时高效的运算工具;而光学陀螺仪的出现,又为它提供了比较理想的敏感元件。因此,捷联式惯导系统具有十分广阔的发展和应用前景。

与此同时,加速度计的发展也取得了巨大进步。加速度计从原理上讲,有摆式加速度计和摆式积分陀螺加速度计两大类型。前者有多种支承方式,例如机械轴承、液浮、气浮、压电悬浮、电磁振动悬浮、静电、挠性、晶体谐振等形式,还有多功能的加速度计等。它的输出大都采用力平衡伺服回路,反馈方式有采用模拟量的,更多采用二元脉冲调宽、二元或三元脉冲调频式数字回路。目前,应用较多的加速度计有液浮摆式加速度计、挠性加速度计以及静电加速度计等。摆式积分陀螺加速度计在弹道式导弹中应用较多,主要特点是动态范围宽,精度高,但结构比较复杂,重量与体积稍大。

20世纪90年代以来,继微米/纳米技术成功应用于大规模集成电路制作后,采用微电子机械加工技术(MEMT)制造的各种微传感器和微机电系统(MEMS)脱颖而出,平均年增长速度达到30%。微机电系统是一项实用技术,其真正价值在于有可能将简单的微结构技术同微电子技术相结合,产生一种既能搜集和传送信息,又能按照信息采取行动的机器。微结构传感器是微机电系统的重要组成部分,而微结构惯性传感器又是微传感器中目前发展最快、最具有实用性的产品之一。

原子陀螺仪是继转子陀螺仪、光学陀螺仪和微机械陀螺仪之后的第四代陀螺仪,以碱金属原子、电子和惰性气体原子为工作介质,具有体积小和精度、灵敏度超高等特点,已成为国内外新型惯性器件的研究重点和热点领域之一。

经过一个多世纪的发展,惯性技术已经发展成为集经典的基础理论和近、现代的物理、自动控制、电子技术、精密工艺、精密测量、微电子及计算机于一体的多学科的综合性的尖端技术,形成了一门重要的学科。

当今,惯性技术已经成为一个国家科技水平和军事实力的重要标志之一。世界各工业技术强国都对此给予了极大的重视和大力投资。国外从事这方面研究、研制的公司、机构、生产厂家、试验中心及高等院校也有很多。

我国的惯性技术研究始于20世纪50年代,经历了从技术引进和对国外的惯性元件、仪表的仿制,到改型提高和创新开发过程。经过多年艰苦不懈的努力,自行研制的惯性传感器和惯性系统已经成功地应用于现代的军事装备和国民经济领域中,如各种型号的卫星准确入轨、洲际导弹精确命中目标,以及核潜艇和测量船的精确导航定位均需要高新的惯性技术作保证。目前,从事惯性技术的科技机构和科技工作者,正在为缩短与国际水平的差距而积极努力。

在导航定位中,通过测量位置、速度或加速度都可求得载体的运动轨迹,但在运载体内能够测量的物理量只有加速度和角速度或角位移。因此,在各种导航定位手段中,惯性导航/制导系统的自主性是其他导航/制导设备无法替代的。

随着现代战争向高技术方向发展,对武器系统的隐蔽性、机动性和生存性提出了越来越高的要求,其中自主性是军事应用的最大需求。在武器系统中,惯性装置作为中心信息源可以完全自主地向各个武器的分系统提供连续实时的信息,因而惯性技术已经成为现代武器系统中一项关键的支撑技术。随着高技术的发展,军用技术和民用技术的界限也日益模糊,军民两用技术占据防务技术开发的比例越来越大。目前,惯性技术的应用正在积极向其他经济领域拓宽。未来,惯性技术的发展有以下几个主要方向。

1. 战略武器系统将继续应用成熟的机电陀螺技术

液浮陀螺、静电陀螺和动力调谐陀螺是技术成熟的3种自旋质量的机电陀螺,具有目前惯性系统所要求的低噪声和低偏值误差特性，已经达到了精密仪表领域内成熟的高技术水平。国际上，其研制活动已经进入到一个平稳状态。由于采用了高度专业化的抗辐射设计，在承受瞬间干扰时精度损失极小，因此在今后一段时间内，只要对其需求保持不变，仍将继续生产，并在导航、制导和控制用的惯性系统市场中占据一定的位置。

2. 新型的全固态惯性传感器将成为主导产品

激光陀螺、光纤陀螺和微机械惯性仪表都是广义上的惯性传感器，它们是根据近代物理学原理制成的具有惯性传感器（陀螺仪和加速度计）效应的传感器，因其无活动部件，故称为固态传感器。

近10年来，环形激光陀螺已经控制了全球的惯性导航市场，其中包括大部分军用和民用飞机、水面舰船、常规潜艇、先进战术导弹和地面战车等，近年来正在逐步用于运载火箭和卫星中。估计在今后20年内，环形激光陀螺的生产率将继续增长，技术进展不会停顿，并与光纤陀螺一起迅速取代自旋质量的机械陀螺，统治中等精度的惯性系统市场。激光陀螺性能可能达到的极限是量子极限 3×10^{-4}((°)/h)。

光纤陀螺是一种真正的固态装置，从研制工作量和投入资源来看，当今最重要的新型陀螺技术是光纤陀螺技术。光纤陀螺可以提供环形激光陀螺的许多特性，但其成本却比激光陀螺低得多。目前，光纤陀螺的性能还不及激光陀螺，但是在战术导弹制导等短期应用方面已经可以取代机电陀螺，干涉型光纤陀螺已进入生产阶段并逐步投入应用。一种导航级的干涉型光纤陀螺正在为GPS制导组件计划（GGP）进行研制。此外，由于光纤陀螺中的许多光学功能可以用较低的净成本在多功能集成光学芯片上获得，故集成光学是进行大批生产的、紧凑而低成本的光纤陀螺的重要条件，一种采用集成光学玻璃——波导环型谐振器的微型光学陀螺已研制多年，并即将投入批量生产，首先将用于导弹制导中。

微机械惯性仪表是集精密仪表、精密机械、微电子学、半导体集成电路工艺等技术于一身的一项世界前沿性新技术，是惯性技术领域内近年来引起广泛重视的一个重要发展方向。它是利用微机电技术（微电子技术与微机械技术的结合）在硅、石英等晶体材料或某些光电材料上刻蚀制作的微结构惯性传感器或仪表。微机械惯性仪表具有体积小、质量轻、功耗小、启动快、成本低、可靠性高及易于实现数字化和智能化等优点，它的研制成功把人们从惯性仪表的宏观概念引向微观世界。属于低性能级的微机械惯性仪表最适于短时工作的战术武器，如战术导弹、精确制导炸弹和智能炮弹，在偏置稳定性大于15(°)/h的低成本场合，硅和石英微机械陀螺的地位是无可争议的。微机械惯性仪表的出现将引起惯性传感器乃至整个惯性系统向各种各样的军事和商业领域扩展，它的高速发展将成为21世纪传感器领域内引人注目的成就。

3. 战术导航定位系统的主要方向是捷联惯性系统与GNSS的组合

目前卫星导航系统除了美国的全球定位系统（GPS），还包括中国的北斗卫星导航系统（BDS）、俄罗斯的格洛纳斯卫星导航系统（GLONASS）和欧盟的伽利略卫星导航系统（GALILEO），以上系统统称为全球卫星导航系统（GNSS）。

尽管GNSS的应用已经达到了空前广泛的程度,但其本质上是一种无线电导航系统,极易受到干扰,因此军用导航不能完全依赖于GNSS,而应该根据INS(Inertial Navigation System)与GNSS的互补性,将GNSS与惯性技术组合。下面以GPS为例进行简要分析。

目前,采用红外/激光和其他主动射频制导技术的制导武器的成本很高,其主要原因是需要采用复杂而昂贵的导引头。为此,美国从20世纪90年代中期开始研制GPS制导组件,即GGP计划,其目的是通过将INS/GPS组合系统用于导弹制导,允许导弹在飞行过程中依靠GPS信号修正制导误差,不必依靠载机的位置信息而自主地导向目标区,并在预期目标的3m范围内将导弹引爆,使导弹真正具有"发射后不管"的能力。智能武器也是美国军备研制的重要工作,即把GPS/INS制导组件安装到炸弹上,使非制导炸弹变为全天候的精确攻击武器。此外,将GPS接收机嵌入惯导系统的"GPS惯性导航系统组件",也是美国航空电子设备改进中的一个重要组成部分。

舰船惯性导航系统与其他导航系统相结合是舰船导航系统的普遍方案。在舰船上可与惯性装置组合的外部传感器很多,其中INS/GNSS组合系统将在水面舰船上逐步得到普及。GNSS还将用作潜艇惯导系统在接近水面时的修正。

4. 惯性技术从军用领域向民用领域拓宽

随着经济建设对科学技术需要的提高,以及人们对惯性技术了解的不断普及和深入,惯性技术的应用领域已逐步从军用扩展到民用,从导航/制导扩展到稳定/控制,并正在努力开发具有市场竞争力的新技术和新产品。

惯性技术的民用领域主要是精密测量和定位。在GNSS信号不能进入的水下、冰下、原始森林、隧道以及城市建筑物密集地区,惯性技术在精密导航、测量及定位方面仍较GNSS具有优势。此外,采用高精度的航海和航空重力仪用于陆地和海洋资源的物理勘探,以及采用惯性系统测量勘探深埋地下的各种管道的曲率半径等,都是惯性系统具有优势的应用领域。

总之,在应用惯性技术进行导航/制导、定位/定向、稳定、瞄准及测量/控制等领域,随着电子技术和计算机技术的迅速发展、高精度卫星导航GNSS技术的成熟应用,一个新的时代正在到来,即惯性仪表向全固态型发展、惯性系统向以惯性为主的组合系统发展、惯性技术从军用向军民两用方向扩展。而无论军用或民用市场,降低尺寸和性能/价格比是惯性技术进入大规模应用的主要驱动力,因而目前各国正在积极研制低成本的惯性传感器。

5. 惯性技术在航空上的应用

陀螺仪用来测量飞机的姿态角(俯仰角、横滚角、航向角)和角速度,成为飞行驾驶的重要仪表。飞行控制系统(如自动驾驶仪和自动稳定器)则是在测量出这些参数的基础上,实现对飞机的自动控制或稳定,因而陀螺仪又是飞行控制系统的重要部件。飞机上的其他特种设备如机载雷达系统、武器投放系统和航空照相系统等,也需要陀螺仪提供这些信息。陀螺地平仪、陀螺方向仪、陀螺磁罗盘和速率陀螺仪等仪表,都是首先在航空上获得应用。在现代先进的飞机上，一般使用全姿态组合陀螺仪或陀螺稳定平台或捷联航向姿态系统，作为飞机姿态和航向的测量中心，给座舱综合显示系统、飞行控制系统以及其他机载特种设备提供飞机的姿态和航向测量。

惯性导航最先应用于飞机，20世纪50年代初就已经演示了机载惯性导航装置。作为商业飞机和大多数军用航空器的惯性导航装置，要求固有位置误差增长为0.5～2nmile/h，速度误差为2～4m/s。70年代初，以机电陀螺为基础的机载惯性导航装置，已经达到了这些性能指标。从那时起，机载惯性导航装置的发展目标是减小体积、重量和成本，提高可靠性，降低维修费，从而减少寿命周期成本。正是这种需求，给激光陀螺、光纤陀螺等光电惯性器件的发展及其在机载惯性导航装置中的应用提供了巨大的推动力。

光电惯性器件还具有机械结构简单、可靠性高、尺寸小等特点，因而光电惯性器件有可能满足机载惯性导航装置发展的需要。这种需要与可能相结合，使光电惯性器件迅速进入了机载惯性导航领域。

6. 惯性技术在航海上的应用

陀螺仪早已成为航海的重要导航仪。各种舰船广泛应用的陀螺罗经（陀螺罗盘）就是一种能自动寻北的导航仪器，它不仅可为舰船导航提供精确可靠的航向基准，而且也能为舰船上的火炮控制、鱼雷、导弹、声纳、雷达及自动舵等装置提供方位基准。舰船的纵摇和横摇则使用陀螺稳定平台来测量。在现代先进的舰船上，一般使用平台罗经作为舰船姿态和航向的测量中心，给舰位推算系统、武器发射系统以及导弹指挥系统等提供精确的航向和纵、横摇信息。

20世纪80年代，激光陀螺开始用于水面战舰。1984年美国洛克威尔公司制造出第一台预生产型环形激光陀螺导航仪。而90年代，皇家挪威海军用环形激光陀螺惯性导航仪，改进其奥斯陆级护卫舰。

美国洛克威尔公司的环形激光陀螺导航仪，是供水面战舰使用的捷联式惯性导航系统，可不间断地按要求以数字或模拟形式提供有关战舰的地理位置、速度、姿态和姿态速率的精确数据，满足对下一代水面战舰惯性导航系统的性能和成本的严格要求。该导航仪的惯性测量装置由三个环形激光陀螺、一个三轴高精度加速度计和电子系统组成。

7. 惯性技术在航天上的应用

陀螺仪是人造卫星、宇宙飞船等航天飞行器姿态控制系统重要的组成部件。例如对地球定向的卫星中，采用地球敏感器和陀螺仪组成的装置测量卫星的俯仰角及横滚角，采用轨道陀螺罗盘测量卫星的偏航角。在航天飞行器的姿态控制系统中，还采用大动量矩转子的所谓控制力矩陀螺，直接作为控制飞行器转动的执行元件。在近、中程战术导弹的控制系统中，广泛采用水平自由陀螺仪和垂直自由陀螺仪测量导弹的俯仰角、横滚角及偏航角。在各种战术导弹的控制系统中，还广泛应用速率陀螺仪作为敏感元件。陀螺仪还用于鱼雷和反坦克导弹的定向及坦克火炮的控制系统。美国在“阿波罗”13宇宙飞船上成功地应用了捷联技术。1969年，在“阿波罗”13飞向月球的途中，服务舱的氧气系统爆炸,使指令舱的电源遭到破坏。在危急情况下,正是依靠了德雷伯实验室设计的低功耗备份捷联惯导系统 LM/ASA,才将飞船从离地 36 万 km 的空间引导到返回地球的轨道上,安全地降落在太平洋上。

8. 惯性技术在地面导航中的应用

现代战争是立体战争,要求各军兵种协同作战。对陆军而言,为在复杂的地理环境和各种外界干扰条件下迅速地调动地面部队,有效地发挥地面火力,也需要精确的定位和定向。于是,惯导系统被应用到陆军炮兵测位和地面战车导航。坦克、装甲战车等地面作战平台,不仅应具有高机动能力和运动中射击能力,而且应随时掌握自己、友军、敌军的位置,以便协同作战。自行火炮之类的作战车辆,则必须能频繁和随机地运动、停止、快速瞄准和射击,然后迅速转移到新的射击阵地。这种作战方式要求地面作战平台具有地面导航能力,即能不断测量位置的变化,准确确定当前的位置,精确保持动态姿态基准。

美国 20 世纪 70 年代初期就开始考察地面导航的方法和技术。1980 年有人提出,考虑到无线电导航系统可能受到干扰,GPS 卫星导航的空间飞行器易受攻击,因而地面导航应以自主、独立的惯性导航系统为基础。在军事部门的支持下,霍尼韦尔公司、利顿公司、辛格公司等在 80 年代初开始研究将环形激光陀螺用于地面导航。霍尼韦尔公司将以 GG1342 型激光陀螺为基础的机载惯性基准系统装在 M48 坦克上进行试验,目的是评估捷联式惯性基准系统在地面战车环境中的性能,以及实验证明环形激光陀螺惯性系统可以在这种环境中提供所需的导航和姿态信息。结果,野外试验演示获得方位精度、位置精度、姿态误差、方位偏移等数据,均优于规范的要求,证明了环形激光陀螺在地面导航系统中应用的潜力。鉴于激光陀螺可靠性高,反应时间短,可直接提供数字输出;以激光陀螺为基础的动态基准装置结构简单、牢固,动态范围大,可直接提供角速率输出;激光陀螺捷联式惯性导航系统在精度、环境适应能力、可靠性等方面可以满足严酷的地面战场使用要求,因而将激光陀螺地面导航系统作为实现地面导航的重要途径是理所当然的。

20 世纪 80 年代中期以后,采用激光陀螺和光纤陀螺的地面导航系统逐步发展起来。美国、英国、德国、法国、加拿大等国研制、生产了多种型号的地面导航系统,配用在自行榴弹炮、炮兵观察车、测地车、侦察车、机动导弹发射架等装置上。地面导航系统正逐渐成为各国地面作战平台配用的标准装置。

9. 惯性技术在瞄准和姿态稳定中的应用

机载合成孔径雷达的运动补偿、红外传感器的稳定、舰载卫星通信天线的稳定等,需要精确的传感器平台姿态信息,也是光电惯性器件的一个重要应用领域。传统的惯性导航系统的要求一般集中在长期位置和速度精度,而瞄准稳定系统的要求则集中于姿态性能,对长期和短期误差均很注意。例如,合成孔径雷达运动补偿要求极高的短期位置精度、高带宽、小于 1s 的姿态噪声;红外传感器稳定则需要高达 500Hz 的高带宽、实时数据处理、极精确的姿态信息。

20 世纪 90 年代以来,光电惯性器件已开始应用于瞄准和稳定领域。BEI 电子公司生产的QRS－10型石英音叉陀螺，已被美国海军用于WSC－6型卫星通信系统的舰载天线稳定，取代原有的普通机械陀螺，到1994年已安装了近90套。由于石英陀螺无活动部件，不存在磨损，因而工作120万h以上尚未出现故障。霍尼韦尔公司的H－764G和利顿公司的LN－100G惯性测量装置，已在F－4飞机装载的AN/APG－76合成孔径雷达系统上用于获得精确的位置数据，帮助飞机在机动时稳定雷达的瞄准线，提高雷达系统的性能。霍尼韦尔公司以红外传感器平台稳定为应用背景，研制了以GG1320环形激光陀螺为基础的惯性姿态装置。惯性姿态装置由惯性传感器组件、高压电源、惯性传感器电子系统、处理机、处理机接口组成。其中，惯性传感器组件和高压电源装在红外传感器平台上，其余部分装在电子系统支架上。惯性传感器组件采用3个GG1320环形激光陀螺。试验证明，惯性姿态装置可以满足瞄准－跟踪的要求。

10. 惯性技术在民用方面的应用

惯性技术的应用范围还扩展到众多民用领域。以惯导系统为基础发展起来的惯性测量和惯性定位系统，可以用于大地测量、地图绘制、海洋调查、地球物理勘探、管道铺设选线、石油钻井定位和机器人等需要大范围测量及精确定位的场合。

随着近代工业机械化、自动化程度的提高，对工程测量的效率和精度提出了新的要求。陀螺仪作为一种灵敏度高、稳定性好、不受磁性干扰、使用方便的测量仪器，已逐渐被广泛使用。目前使用时间最长、应用最广的是工程测量中用以确定子午线方位的陀螺经纬仪。在采矿、地质等钻井工作中，为测量井筒偏斜角度和方位，使用了陀螺测斜仪。

随着成本的降低和技术的发展，惯性技术在国民经济的其他部门也逐渐得到应用。美国汽车制造厂，考虑将石英音叉陀螺用于汽车防滑系统和动态驾驶控制。洛克威尔公司打算将小型综合全球定位系统Z惯性导航系统用于应急车辆，如救护车、救火车、警车等。惯性测量装置使车辆在高楼等阻塞GPS信号时继续保持预定的行车路线，克服了“都市峡谷”的影响。这家公司在1994年的一次展览会上，展示了装在货车上的导航系统。车辆的位置显示在轻便膝上计算机显示的地图上，导弹位置与车辆实际位置完全一致。

11. 惯性技术在导弹武器中的应用

依靠惯性制导技术可提高导弹的命中精度，保证了导弹打得更远更准更具杀伤威力。而且由于陀螺仪、加速度计等惯性传感器的体积、重量越来越小，消耗的能量也越来越少，就可以为导弹节省出不少的空间和重量，让导弹携带更多的燃料和炸药，增大导弹的射程和爆炸威力。

1.3 惯性导航技术中的常用坐标系

宇宙间的物体都在不断地运动，但对单个物体是无运动可言的，只有在相对的意义下才可以讲运动。一个物体在空间的位置只能相对于另一个物体而确定，或者说，一个坐标系在空间的位置只能相对于另一个物体而确定。在研究陀螺仪、平台或运动载体的运动时,也必须通过两套适当的坐标系之间的关系来实现。其中一套坐标系与被研究对象相联结,另一套坐标系与所选定的参考空间相联结,后者构成了前者运动的参考坐标系。下面介绍惯性导航技术中常用的一些坐标系。

1.3.1 惯性参考坐标系

在研究物体运动时,一般都是应用牛顿力学定律以及由它导出的各种定理。在牛顿第二定律 $\boldsymbol{F}=m\boldsymbol{a}$ 中,m 是物体的质量,$\boldsymbol{F}$ 是作用在物体上的外力,$\boldsymbol{a}$ 是物体的加速度。应该特别注意,这里的 $\boldsymbol{a}$ 是绝对加速度,因而在应用牛顿第二定律研究物体运动时,计算加速度 $\boldsymbol{a}$ 所选取的参考坐标系决不能是任意的,它必须是某种特定的参考坐标系。

经典力学认为,要选取一个绝对静止或做匀速直线运动的参考坐标系来考察加速度 $\boldsymbol{a}$,牛顿第二定律才能成立。在研究惯性敏感器和惯性系统的力学问题时,通常将相对恒星所确定的参考系称为惯性空间,空间中静止或匀速直线运动的参考坐标系称为惯性参考坐标系。

对于研究星际间运载体的导航定位问题,惯性参考坐标系的原点通常取在日心,如图1.1所示。根据天文学的测量结果,太阳绕银河系中心的旋转周期为 190×10^6 年,旋转角速度约为0.001角秒/年,太阳对银河系的向心加速度约为 $2.4\times10^{-11}g$(g 为重力加速度),因此,惯性参考坐标系的原点取在日心并不会影响所研究问题的精确性。

对于研究地球表面附近运载体的导航定位问题,惯性参考坐标系的原点通常取在地心,如图1.2所示。地球绕太阳公转使该坐标系的原点具有向心加速度,约为 $6.05\times10^{-4}g$,因此,惯性参考坐标系的原点取在地心也不会影响所研究问题的精确性。

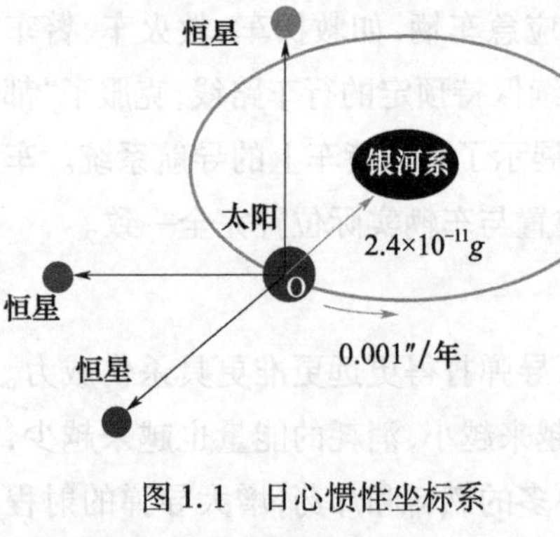

图1.1 日心惯性坐标系

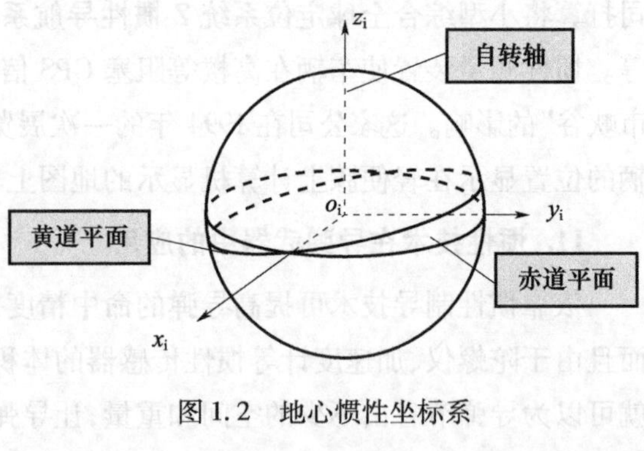

图1.2 地心惯性坐标系

1.3.2 地球坐标系

地球坐标系 $ox_ey_ez_e$ 如图1.3所示。其原点取在地心;z_e 轴沿极轴(地轴)方向;x_e 轴在赤道平面与本初子午面的交线上,y_e 也在赤道平面内并与 x_e、z_e 轴构成右手直角坐标系。

地球坐标系与地球固连,随地球一起转动。地球绕极轴做自转运动,并且沿椭圆轨道绕太阳做公转运动。在一年中,地球相对于太阳自转了 $365\dfrac{1}{4}$ 周并且还公转了一周,所以在一年中地球相对于恒星自转了 $366\frac{1}{4}$周。换句话说，地球相对于恒星自转一周所需的时间，略短于地球相对太阳自转一周所需的时间。地球相对于太阳自转一周所需的时间（太阳日）是 24h。地球相对于恒星自转一周所需的时间（恒星日）约为 23h56min4.09s，如图 1.4 所示。在一个恒星日内地球绕极轴转动了 360°，所以地球坐标系相对惯性参考系的转动角速度的数值为

$$\omega_{ie} = 15.0411(°)/h = 7.2921 \times 10^{-5} rad/s$$

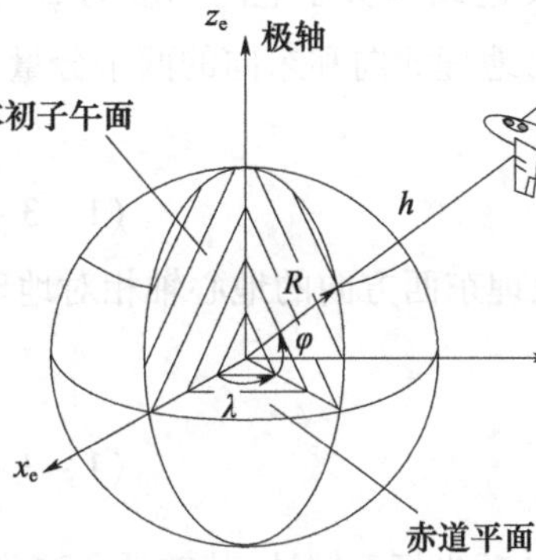

图 1.3　地球坐标系

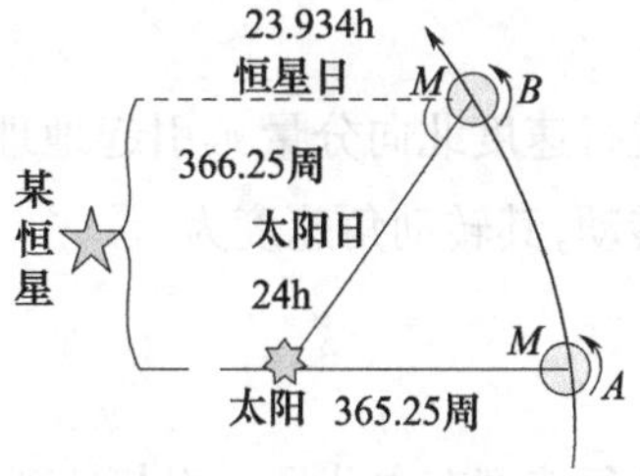

图 1.4　太阳日和恒星日

在导航定位中，运载体相对地球的位置通常不用它在地球坐标系中的直角坐标来表示，而是用经度 λ、纬度 φ 和高度（或深度）h 来表示（图 1.3）。

1.3.3 地理坐标系

地理坐标系 $ox_ty_tz_t$ 如图 1.5 所示。其原点位于运载体所在的点；ox_t 轴沿当地纬线指东；y_t 轴沿当地子午线指北；z_t 轴沿当地地理垂线指上并与 x_t、y_t 轴构成右手直角坐标系。其中 x_t 轴与 y_t 轴构成的平面即为当地水平面；y_t 轴与 z_t 轴构成的平面即为当地子午面。

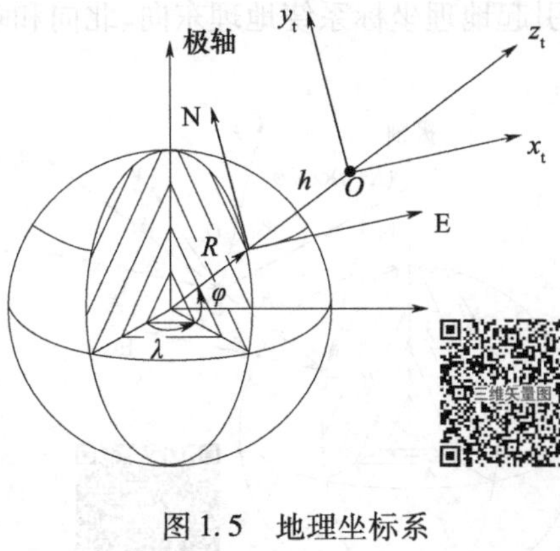

图 1.5　地理坐标系

地理坐标系的各轴可以有不同的选取方法。上述地理坐标系的 3 根轴是按“东、北、天”为顺序构成右手直角坐标系的。除此之外，还常有按“北、东、地”或“北、西、天”为顺

序构成右手直角坐标系的。

当运载体在地球上航行时,运载体相对地球的位置不断发生改变;而地球上不同地点的地理坐标系,其相对地球坐标系的角位置是不相同的。也就是说,运载体相对地球运动将引起地理坐标系相对地球坐标系转动。这时地理坐标系相对惯性参考系的转动角速度应包括两个部分:一个是地理坐标系相对地球坐标系的转动角速度,另一个是地球坐标系相对惯性参考系的转动角速度。

以运载体水平航行的情况进行讨论。参看图1.6,设运载体所在地的纬度为 φ,航行高度为 h,速度为 $\boldsymbol{v}$,航向角为 ψ。把航行速度 $\boldsymbol{v}$ 分解为沿地理北向和东向的两个分量,有

$$\begin{aligned} v_{\mathrm{N}} &= v\cos\psi \\ v_{\mathrm{E}} &= v\sin\psi \end{aligned} \tag{1-3-1}$$

航行速度北向分量 v_{N} 引起地理坐标系绕着平行于地理东西方向的地心轴相对地球坐标系转动,其转动角速度为

$$\dot{\varphi} = \frac{v_{\mathrm{N}}}{R+h} = \frac{v\cos\psi}{R+h} \tag{1-3-2}$$

航行速度东向分量 v_{E} 引起地理坐标系绕着极轴相对地球坐标系转动,其转动角速度为

$$\dot{\lambda} = \frac{v_{\mathrm{E}}}{(R+h)\cos\varphi} = \frac{v\sin\psi}{(R+h)\cos\varphi} \tag{1-3-3}$$

把角速度 $\dot{\varphi}$ 和 $\dot{\lambda}$ 平移到地理坐标系的原点,并投影到地理坐标系的各轴上,得

$$\begin{cases} \omega_{\mathrm{et}x}^{\mathrm{t}} = -\dot{\varphi} = -\dfrac{v\cos\psi}{R+h} \\ \omega_{\mathrm{et}y}^{\mathrm{t}} = \dot{\lambda}\cos\varphi = \dfrac{v\sin\psi}{R+h} \\ \omega_{\mathrm{et}z}^{\mathrm{t}} = \dot{\lambda}\sin\varphi = \dfrac{v\sin\psi}{R+h}\tan\varphi \end{cases} \tag{1-3-4}$$

上式表明,航行速度将引起地理坐标系绕地理东向、北向和垂线方向相对地球坐标系转动。

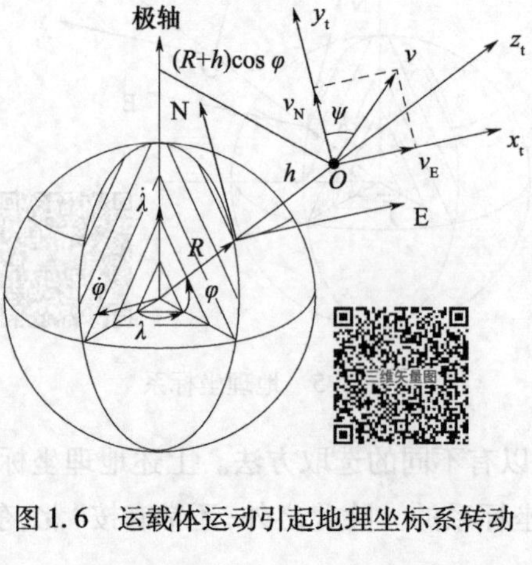

图1.6 运载体运动引起地理坐标系转动

地球坐标系相对惯性参考系的转动是由地球自转引起的。如图1.7所示,把角速度$\boldsymbol{\omega}_{ie}$平移到地理坐标系原点,并投影到地理坐标系的各轴上,得

$$\begin{cases}\omega_{iex}^{t}=0\\ \omega_{iey}^{t}=\omega_{ie}\cos\varphi\\ \omega_{iez}^{t}=\omega_{ie}\sin\varphi\end{cases}\tag{1-3-5}$$

上式表明,地球自转将引起地球坐标系连同地理坐标系绕地理北向和垂线方向相对惯性参考系转动。

综合考虑地球自转和航行速度的影响,地理坐标系相对惯性参考系的转动角速度在地理坐标系各轴上的投影表达式为

$$\begin{cases}\omega_{itx}^{t}=-\dfrac{v\cos\psi}{R+h}\\ \omega_{ity}^{t}=\omega_{ie}\cos\varphi+\dfrac{v\sin\psi}{R+h}\\ \omega_{itz}^{t}=\omega_{ie}\sin\varphi+\dfrac{v\sin\psi}{R+h}\tan\varphi\end{cases}\tag{1-3-6}$$

在陀螺仪和惯性系统的分析中,地理坐标系是一个重要的坐标系。例如,陀螺罗经用来重现子午面,其运动和误差就是相对地理坐标系而言的。又如,在指北方位的平台式惯性系统中,采用地理坐标系作为导航坐标系,平台的运动和误差也是相对地理坐标系而言的。

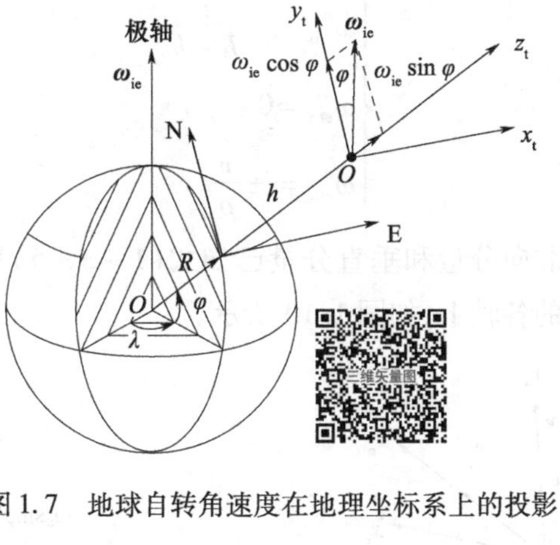

图1.7 地球自转角速度在地理坐标系上的投影

1.3.4 地平坐标系

地平坐标系$ox_ny_nz_n$如图1.8所示。其原点与运载体所在的点重合,一轴沿当地垂线方向,另外两轴在当地水平面内。图中所示为x_n和y_n轴在当地水平面内,且y_n轴沿运载体的航行方向;z_n轴沿当地垂线指上;三轴构成右手直角坐标系。地平坐标系的各轴也可按其他的顺序构成。因这里水平轴的取向与运载体的航迹有关,故又称航迹坐标系。

当运载体在地球上航行时,将引起地平坐标系相对地球坐标系转动。这时地平坐标

系相对惯性参考系的转动角速度应包括两个部分:一是地平坐标系相对地球坐标系的转动角速度;二是地球坐标系相对惯性参考系的转动角速度。

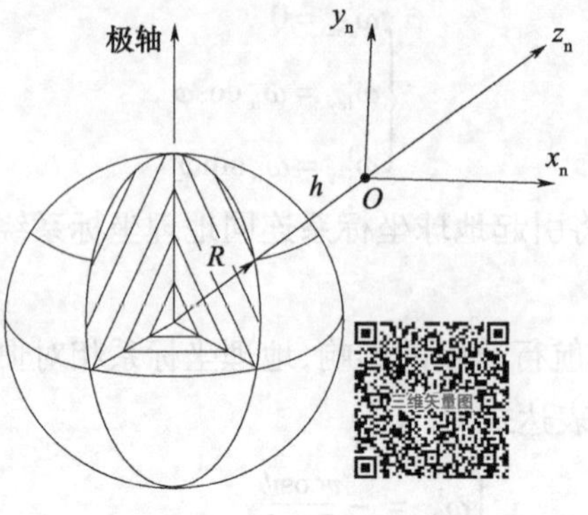

图 1.8　地平坐标系

以运载体水平航行的情况进行讨论。如图 1.9 所示,设运载体所在地的纬度为 φ,航行高度为 h,速度为 v,航向角为 ψ。由于航行速度沿着 y_n 轴方向,所以它将引起地平坐标系绕着平行于 x_n 的地心轴相对地球坐标系转动,转动角速度为 $v/(R+h)$。把该角速度平移到地平坐标系的原点,其方向始终沿着 x_n 轴的负向。如果运载体做转弯或盘旋航行,还将引起地平坐标系绕着 z_n 轴相对地球坐标系转动。设转弯半径为 ρ,则所对应的转弯角速度为 v/ρ,且左转弯时沿 z_n 轴的正向,右转弯时沿 z_n 轴的负向。由此得到航行速度和转弯所引起的地平坐标系相对地球坐标系的转动角速度为

$$
\begin{cases}
\omega_{enx}^{n} = -\dfrac{v}{R+h} \\
\omega_{eny}^{n} = 0 \\
\omega_{enz}^{n} = \pm\dfrac{v}{\rho}
\end{cases}
\tag{1-3-7}
$$

地球自转角速度的北向分量和垂直分量已如式(1-3-5)所表达,把这两个角速度分量投影到地平坐标系的各轴上,如图 1.10 所示。

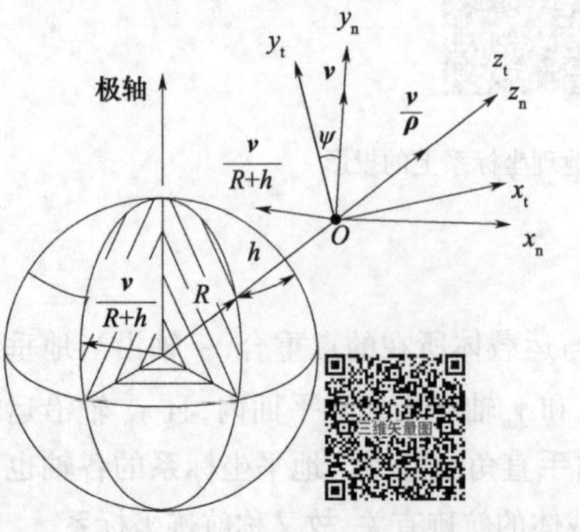

图 1.9　运载体运动引起地平坐标系转动

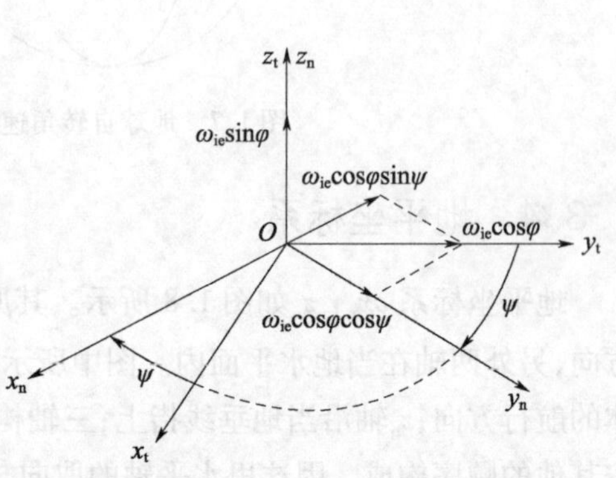

图 1.10　地球自转角速度在地平坐标上的投影

由于地平坐标系与地理坐标系之间只是相差一个航向角 ψ，故此得到地球自转所引起的地平坐标系相对惯性参考系的转动角速度为

$$\begin{cases}\omega_{iex}^{n} = -\omega_{ie}\cos\varphi\sin\psi \\ \omega_{iey}^{n} = \omega_{ie}\cos\varphi\cos\psi \\ \omega_{iez}^{n} = \omega_{ie}\sin\varphi\end{cases} \tag{1-3-8}$$

综合考虑地球自转和航行速度及转弯的影响，地平坐标系相对惯性参考系的转动角速度在地平坐标系各轴上的投影表达式为

$$\begin{cases}\omega_{inx}^{n} = -\omega_{ie}\cos\varphi\sin\psi - \dfrac{v}{R+h} \\ \omega_{iny}^{n} = \omega_{ie}\cos\varphi\cos\psi \\ \omega_{inz}^{n} = \omega_{ie}\sin\varphi \pm \dfrac{v}{\rho}\end{cases} \tag{1-3-9}$$

在有些陀螺仪的分析中，采用地平坐标系更为直接和方便。例如，垂直陀螺仪用来重现当地垂线，其运动和误差就是相对地平坐标系而言的。

在有些惯性系统的分析中，所采用的地平坐标系的定义与上述略有不同，其 x_n 轴和 y_n 轴仍在当地水平面内，但与运载体的航迹无关。例如，在自由方位的平台式惯性系统中，就采用这样的地平坐标系来进行分析。

1.3.5 运载体坐标系

运载体坐标系（机体坐标系、船体坐标系和弹体坐标系等的统称）$ox_by_bz_b$ 如图 1.11 所示，其原点与运载体的质心重合。对于飞机和舰船等巡航式运载体，x_b 轴沿运载体横轴指右；y_b 轴沿运载体纵轴指前；z_b 轴沿运载体竖轴并与 x_b、y_b 轴构成右手直角坐标系。当然，这不是唯一的取法。例如，有的取 x_b 轴沿运载体纵轴指前；y_b 轴沿运载体横轴指右；z_b 轴沿运载体竖轴并与 x_b、y_b 轴构成右手直角坐标系。对于弹道导弹等弹道式运载体，各坐标轴的取向见图 1.11(c)中所示。当然，这也不是唯一的取法。

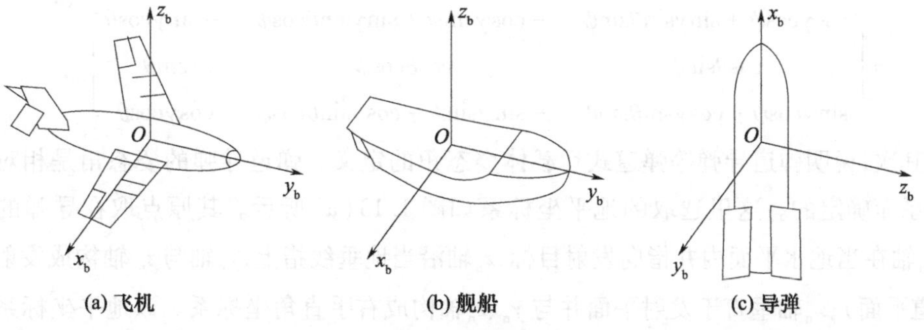

图 1.11 运载体坐标系

运载体的俯仰(纵摇)角、横滚(横摇、滚动)角和航向(偏航)角统称为姿态角。运载体的姿态角就是根据运载体坐标系相对地理坐标系或地平坐标系的转角来确定的。

首先,说明飞机和舰船等巡航式运载体姿态角的定义。这一类运载体的姿态角是相对地理坐标系而确定的。现以图1.12所示的飞机姿态角为例。假设初始时机体坐标系 $ox_by_bz_b$ 与地理坐标系 $ox_ty_tz_t$ 对应各轴重合。机体坐标系按图中所示的3个角速度 $\dot{\psi}$、$\dot{\theta}$ 和 $\dot{\gamma}$ 依次相对地理坐标系转动,这样所得的3个角度 ψ、θ 和 γ 就分别是飞机的航向角、俯仰角和横滚角。

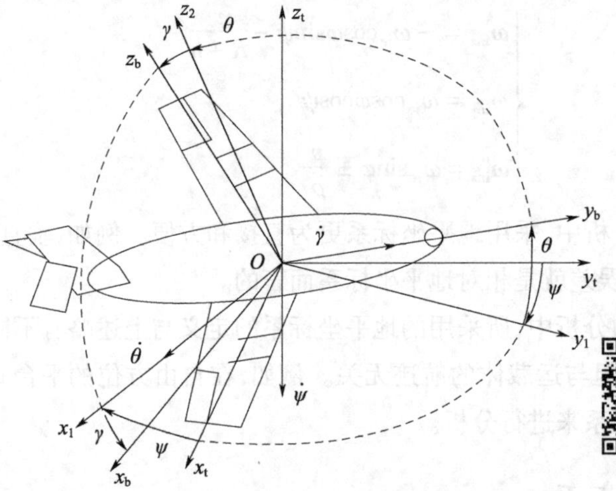

图1.12　飞机的姿态角

按照上述规则转动出来的3个角度,可以说是欧拉角选取的一个实例。在惯性系统的分析中,需要用到地理坐标系(t系)对机体坐标系(b系)的坐标变换矩阵。该坐标变换矩阵为

$$
\begin{aligned}
C_t^b &= \begin{bmatrix} \cos\gamma & 0 & -\sin\gamma \\ 0 & 1 & 0 \\ \sin\gamma & 0 & \cos\gamma \end{bmatrix} \begin{bmatrix} 1 & 0 & 0 \\ 0 & \cos\theta & \sin\theta \\ 0 & -\sin\theta & \cos\theta \end{bmatrix} \begin{bmatrix} \cos\psi & -\sin\psi & 0 \\ \sin\psi & \cos\psi & 0 \\ 0 & 0 & 1 \end{bmatrix} \\
&= \begin{bmatrix} \cos\gamma\cos\psi + \sin\gamma\sin\theta\sin\psi & -\cos\gamma\sin\psi + \sin\gamma\sin\theta\cos\psi & -\sin\gamma\cos\theta \\ \cos\theta\sin\psi & \cos\theta\cos\psi & \sin\theta \\ \sin\gamma\cos\psi - \cos\gamma\sin\theta\sin\psi & -\sin\gamma\sin\psi - \cos\gamma\sin\theta\cos\psi & \cos\gamma\cos\theta \end{bmatrix}
\end{aligned}
\tag{1-3-10}
$$

其次,说明弹道导弹等弹道式运载体姿态角的定义。弹道导弹的姿态角是相对地平坐标系而确定的。这里选取的地平坐标系如图1.13(a)所示。其原点取在导弹的发射点,y_n 轴在当地水平面内并指向发射目标,z_n 轴沿当地垂线指上,y_n 轴与 z_n 轴构成发射平面(弹道平面);x_n 轴垂直于发射平面并与 y_n、z_n 轴构成右手直角坐标系。该地平坐标系又称发射点坐标系。导弹的姿态角如图1.13(c)所示。假设初始时弹体坐标系 $ox_by_bz_b$ 与地平坐标系 $ox_ny_nz_n$ 对应各轴关系如图1.13(b)所示(其中 y_b 轴与 y_n 轴的负向重合)。弹道导

弹通常为垂直发射，故初始时俯仰角为 90°。弹体坐标系按图中所示的 3 个角速度 $\dot{\theta}$、$\dot{\psi}$ 和 $\dot{\gamma}$ 依次相对地平坐标系转动，这样所得的 3 个角度 $(90°-\theta)$、ψ 和 γ 就分别是导弹的俯仰角、偏航角和横滚角。

按照上述规则转动出来的 3 个角度，可以说是欧拉角选取的又一实例。在惯性系统的分析中，需要用到地平坐标系（n 系）对弹体坐标系（b 系）的坐标变换矩阵。该坐标变换矩阵为

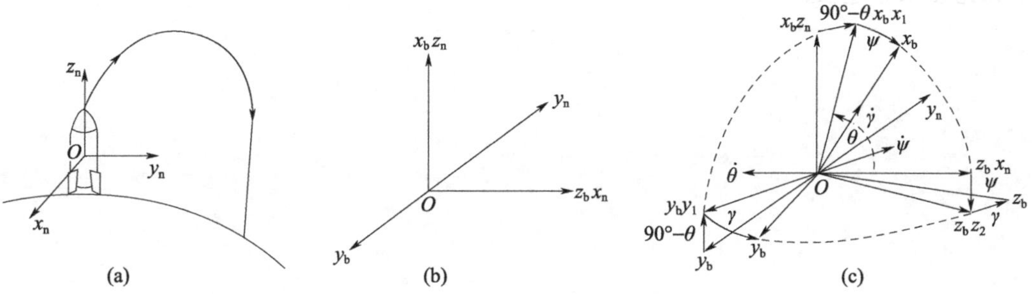

图 1.13　导弹的姿态角

$$
\begin{aligned}
C_n^b &= \begin{bmatrix} 1 & 0 & 0 \\ 0 & \cos\gamma & \sin\gamma \\ 0 & -\sin\gamma & \cos\gamma \end{bmatrix}\begin{bmatrix} \cos\psi & 0 & \sin\psi \\ 0 & 1 & 0 \\ -\sin\psi & 0 & \cos\psi \end{bmatrix}\begin{bmatrix} 0 & \cos\theta & \sin\theta \\ 0 & -\sin\theta & \cos\theta \\ 1 & 0 & 0 \end{bmatrix} \\
&= \begin{bmatrix} \sin\psi & \cos\psi\cos\theta & \cos\psi\sin\theta \\ \sin\gamma\cos\psi & -\sin\gamma\sin\psi\cos\theta-\cos\gamma\sin\theta & -\sin\gamma\sin\psi\sin\theta+\cos\gamma\cos\theta \\ \cos\gamma\cos\psi & -\cos\gamma\sin\psi\cos\theta+\sin\gamma\sin\theta & -\cos\gamma\sin\psi\sin\theta-\sin\gamma\cos\theta \end{bmatrix}
\end{aligned}
\tag{1-3-11}
$$

根据弹道导弹的特点，偏航角 ψ 和横滚角 γ 一般都很小，故有 $\cos\psi\approx1$，$\sin\psi\approx\psi$，$\cos\gamma\approx1$，$\sin\gamma\approx\gamma$。如果忽略二阶和三阶小量，则上式简化为

$$
C_n^b=\begin{bmatrix} \psi & \cos\theta & \sin\theta \\ \gamma & -\sin\theta & \cos\theta \\ 1 & \lambda\sin\theta-\psi\cos\theta & -\gamma\cos\theta-\psi\sin\theta \end{bmatrix} \tag{1-3-12}
$$

除以上各坐标系外，在惯性敏感器和惯性系统的分析中，还常用到与被研究对象相固连的坐标系，例如陀螺仪中的转子坐标系和框架坐标系、加速度计中的摆组件坐标系、惯性平台中的平台坐标系以及各种惯性敏感器中的壳体坐标系等，这些坐标系将在后续章节的有关内容中予以叙述。

思考题

1. 什么是惯性导航？惯性导航的特点是什么？
2. 说明惯性导航是自主式导航的理由。
3. 陀螺仪、加速度计在惯性导航中的作用是什么？

4. 叙述地理坐标系的定义。

5. 针对不同的应用背景,导航坐标如何选取?

6. 什么是发射坐标系,如何定义?

7. 试写出地平坐标系对导弹坐标系进行坐标转换的具体过程。

8. 如何利用地理坐标系或地平坐标系描述载体的姿态?

9. 试推导弹导式导弹弹体坐标系(b 系)与地平坐标系(n 系)之间的坐标变换矩阵,要求给出推导过程。

第2章 陀螺仪基本理论

陀螺仪的发展是从刚体转子陀螺仪开始的。对于高速旋转刚体的力学问题，早在18世纪，欧拉、拉格朗日等学者作了详细的研究，并指出这种刚体具有进动性和定轴性。俄国数学家和物理学家欧拉发表了《刚体绕定点运动理论》这一名著，导出了刚体绕定点转动的动力学方程，为陀螺仪理论奠定了基础。

2.1 陀螺仪的定义及基本特性

2.1.1 陀螺仪的定义

陀螺仪这一术语的英文为“Gyroscope”，它来自希腊文，其意思是“旋转指示器”。1852年，法国科学家傅科把陀螺仪定义为具有大角动量的装置，因此从工程技术的狭义观点来定义，陀螺仪指具有高速旋转转子的装置。由刚体转子构成的陀螺仪，称为常规的框架式转子陀螺仪或刚体转子陀螺仪，具有角动量。可利用角动量敏感仪表基座相对于惯性空间绕正交于转子轴的一个或两个方向的角运动。

随着近代物理学的发展，基于近代物理学原理和现象用来测量运动物体的转动、确定其方向的装置陆续出现，这种不具有角动量的非刚体转子的装置也统称为陀螺仪，如光学陀螺仪、振动陀螺仪、原子陀螺仪等。因此，从陀螺仪测量功能上可以给陀螺仪下个广义定义，即陀螺仪是指测量运动物体相对惯性空间旋转（角运动）的装置。

刚体转子陀螺仪仍是目前工程上应用比较广泛的典型陀螺仪，其基本理论是陀螺仪设计和提高陀螺仪使用性能的基础。

2.1.2 刚体转子陀螺仪的原理结构

1852年傅科陀螺问世，它的框架组成代表了刚体转子陀螺仪的原理结构。其核心是一个绕自转轴做高速旋转的转子，转子通常采用电机驱动，以提供产生陀螺仪特性所需要的角动量。转子安装在框架上，这样陀螺转子和框架能一起绕框架轴旋转，使陀螺转子具有垂直转子轴的一个或两个自由度。

如图2.1所示，转子由内环和外环支撑在基座上，构成转子轴相对基座有两个转动自由度，这种结构的陀螺仪称为二自由度陀螺仪。

如图2.2所示,转子由框架支撑在基座上,转子轴与框架轴垂直相交,构成转子轴相对基座有一个转动自由度,这种结构的陀螺仪称为单自由度陀螺仪。

工程应用上,陀螺仪框架轴端上都安装有信号传感器和力矩器。信号传感器用于将陀螺仪的角位移转换为电信号输出,力矩器用于对陀螺仪施加控制力矩,使其处于某种特定状态。

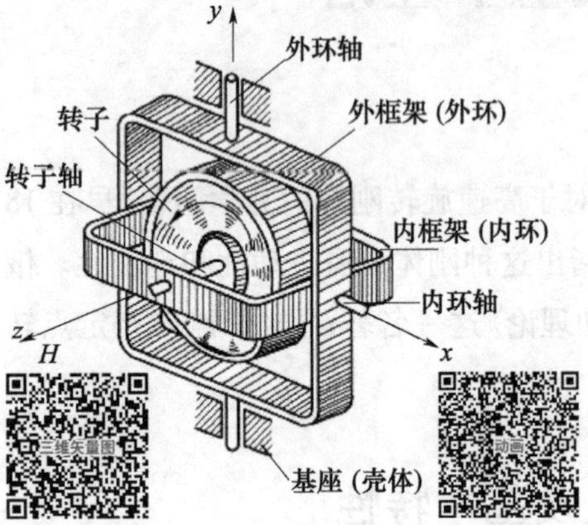

图2.1　二自由度陀螺仪框架结构

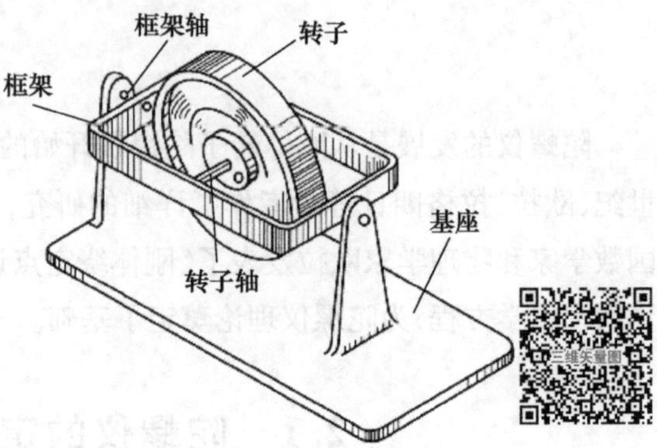

图2.2　单自由度陀螺仪框架结构

2.1.3　二自由度陀螺仪的运动现象

取同一个陀螺仪的两种状态进行观察和比较:一种状态是陀螺转子没有旋转,等同于一般刚体;另一种状态是陀螺转子高速旋转。

对这两种情况所观察到的运动现象列表比较,如表2.1所列。

表2.1　刚体与二自由度陀螺仪受外力矩运动现象比较

受外力矩情况	陀螺仪的转子没有自转 $\Omega=0$	陀螺转子高速自转 $\Omega\gg 0$
绕外环轴作用常值力矩	看到陀螺仪绕外环轴做加速转动;其转动方向与外力矩方向一致	看到陀螺仪绕内环轴做缓慢运动;其转动方向与外力矩方向垂直
绕内环轴作用常值力矩	看到陀螺仪绕内环轴做加速转动;其转动方向与外力矩方向一致	看到陀螺仪绕外环轴做缓慢运动;其转动方向与外力矩方向垂直
绕外环轴作用冲击力矩	看到陀螺仪绕外环轴产生很大的转动;其转动方向与冲击力矩方向一致	看到陀螺仪只有微小的震荡运动;自转轴方位没有明显改变
绕内环轴作用冲击力矩	看到陀螺仪绕内环轴产生很大的转动;其转动方向与冲击力矩方向一致	看到陀螺仪只有微小的震荡运动;自转轴方位没有明显改变

通过以上的观察对比看到:二自由度陀螺仪的转子没有自转时,其运动表现与刚体没有区别,它仍然是一般刚体(非陀螺体)的运动规律。当陀螺仪的转子高速自转而具有较大角动量时,其运动规律与一般刚体运动区别很大,它是陀螺基本特性的表现。

2.1.4　二自由度陀螺仪的基本特性

基于二自由度陀螺仪运动现象,二自由度陀螺仪在稳态时有三大特性,即进动性、陀螺力矩特性和定轴性。

1. 陀螺仪的进动性

二自由度陀螺仪受外力矩作用时，若外力矩绕内环轴作用，则陀螺转子绕外环轴转动（图 2.3(a)）；若外力矩绕外环轴作用，则陀螺转子绕内环轴转动（图 2.3(b)）。在外力矩作用下，转子轴不是绕施加的外力矩方向转动，而是绕垂直于转子轴和外力矩矢量的方向转动，该特性称为陀螺仪的进动性。为了与一般刚体的转动相区分，把陀螺仪这种绕交叉轴的转动称为进动，其转动角速度称为进动角速度（$\boldsymbol{\omega}$），有时还把陀螺仪进动所绕的轴，即内、外环轴称为进动轴。

1）进动角速度方向和大小

陀螺仪进动角速度的方向，取决于角动量的方向和外力矩的方向，其规律符合右手法则，如图 2.4 所示：从角动量矢量 $\boldsymbol{H}$ 沿最短路径握向外力矩矢量 $\boldsymbol{M}$ 的右手旋转方向，就是陀螺进动角速度 $\boldsymbol{\omega}$ 的方向。

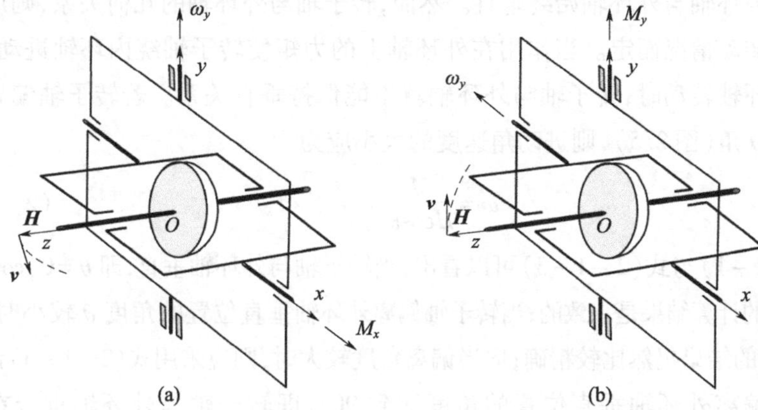

图 2.3　外力矩作用下陀螺仪的进动

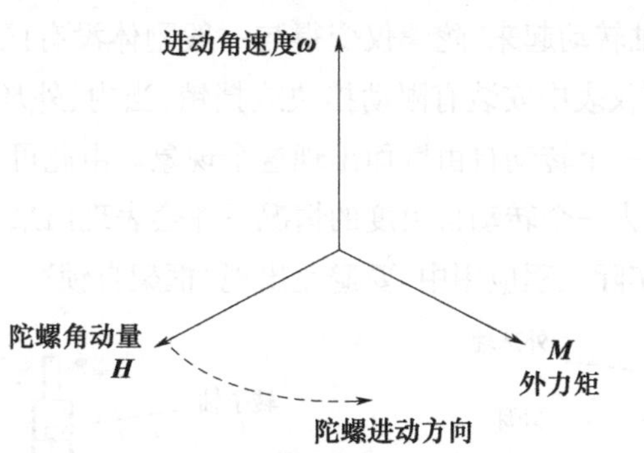

图 2.4　陀螺仪进动的方向

陀螺进动角速度的大小，取决于角动量的大小和外力矩的大小，其计算式为

$$\omega = \frac{M}{H} \tag{2-1-1}$$

陀螺角动量 H 等于转子转动惯量 I_x 与转子自转角速度 Ω 的乘积，因此上式又可以写成

$$\omega = \frac{M}{I_x \Omega} \tag{2-1-2}$$

就是说,当角动量为一定值时,进动角速度与外力矩成正比,当外力矩为一定值时,进动角速度与角动量成反比;当角动量和外力矩均为一定值时,进动角速度也保持为一定值。

在计算进动角速度时,角动量和外力矩应当采用同一单位制的单位带入式(2-1-1)。在国际单位制中,角动量的单位采用 $kg \cdot m^2/s$,力矩的单位采用 $N \cdot m$。所计算出的角速度单位是 rad/s。在实际应用中为直观起见,进动角速度的单位通常采用(°)/h 表示。它们之间的换算关系为

$$1\text{rad/s} = 206264(°)/\text{h}$$

理想陀螺仪的进动是"无惯性"的。外力矩加上的瞬间,它立即出现进动;外力矩去除的瞬间,它立即停止进动;外力矩的大小或方向改变,进动角速度的大小或方向也随即相应的改变。

从二自由度陀螺仪的基本结构可知,内环的结构保证了转子轴与内环轴始终垂直,外环的结构保证了内环轴与外环轴始终垂直。然而,转子轴与外环轴的几何关系,则应根据两者之间的相对转动情况而定。当作用在外环轴上的力矩使转子轴绕内环轴进动,或基座带外环轴绕内环轴转动时,转子轴与外环轴就不能保持垂直关系。若转子轴偏离外环轴垂直位置一个 θ 角(图2.5),则进动角速度的大小应为

$$\omega = \frac{M}{H\cos\theta} \tag{2-1-3}$$

对比式(2-1-1)与式(2-1-3)可以看出,当转子轴与外环轴垂直,即 $\theta=0(\cos\theta=1)$ 时,采用两个式子的计算结果是一致的;当转子轴偏离外环轴垂直位置的角度 θ 较小时,采用式(2-1-1)计算的结果仍然比较精确;但当偏离角度较大时,则应采用式(2-1-3)计算。

如果转子轴偏离外环轴垂直位置的角度达到90°,即转子轴与外环轴重合在一起(图2.6),那么陀螺仪就失去一个转动自由度。在这种情况下,绕外环轴作用的力矩将使外环连同内环绕外环轴转动起来,陀螺仪变得与一般刚体没有区别了,这种现象称为"框架自锁"。在有些陀螺仪表中安装有限动挡块或挡销,当内、外环相对转动碰到限动挡块时,陀螺仪同样会失去一个转动自由度而出现这个现象。由此可见,二自由度陀螺仪的进动性,只有陀螺仪不失去一个转动自由度的情况下才会表现出来。所以,由二自由度陀螺仪构成的陀螺仪表在实际工程应用中,要避免出现"框架自锁"。

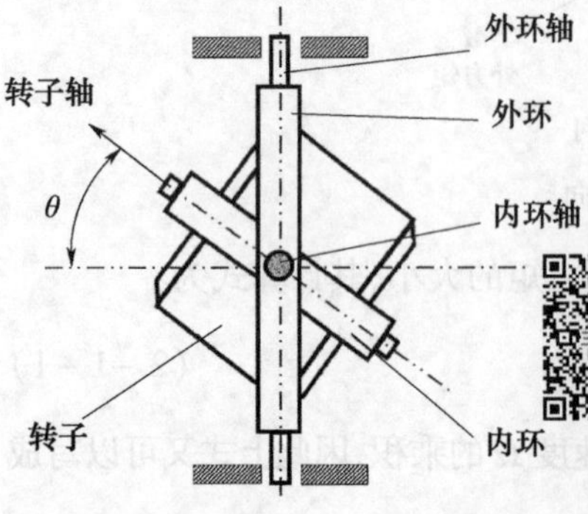

图2.5 转子轴与外环轴不垂直的情况

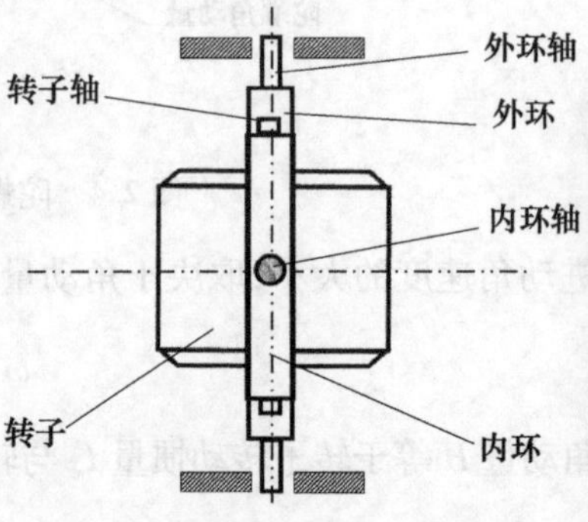

图2.6 陀螺失去一个转动自由度的情况

2)进动性的力学解释

陀螺仪中转子的运动属于刚体的定点转动,故其运动规律可由动量矩定理(角动量定理)加以解释。

对于陀螺仪动量矩定理$\frac{d\boldsymbol{H}}{dt}=\boldsymbol{M}$中各项符号所对应的具体含义如下。

$\boldsymbol{H}$——陀螺转子角动量,$\boldsymbol{H}=I_x\boldsymbol{\Omega}$;

$\frac{d\boldsymbol{H}}{dt}$——陀螺角动量在惯性空间对时间的导数,即变化率;

$\boldsymbol{M}$——绕内环轴或外环轴作用在陀螺仪上的外力矩。

于是,动量矩定理在此的具体含义是:陀螺角动量$\boldsymbol{H}$在惯性空间的变化率$\frac{d\boldsymbol{H}}{dt}$等于作用在陀螺仪上的外力矩$\boldsymbol{M}$。

陀螺角动量$\boldsymbol{H}$通常是由陀螺电机驱动转子高速旋转而产生的,当陀螺仪进入正常工作状态时,转子的转速达到额定数值,角动量$\boldsymbol{H}$的大小为一常值。如果外力矩$\boldsymbol{M}$绕内环轴或外环轴作用在陀螺仪上,由于内、外环的结构特点,这个外力矩不会绕自转轴传递到转子上使它的转速发生改变,因而不会引起角动量$\boldsymbol{H}$的大小发生改变。但从动量矩定理可以看出,在外力矩$\boldsymbol{M}$作用下,角动量$\boldsymbol{H}$在惯性空间中将出现变化率。既然角动量$\boldsymbol{H}$的大小保持不变,那么角动量$\boldsymbol{H}$在惯性空间中的变化率,就意味着角动量$\boldsymbol{H}$在惯性空间中发生了方向改变。

由动量矩定理的另一表达式莱查定理$\boldsymbol{V}_{\rm H}=\boldsymbol{M}$可知,陀螺角动量$\boldsymbol{H}$的矢端速度$\boldsymbol{V}_{\rm H}$,等于作用在陀螺仪上的外力矩$\boldsymbol{M}$。$\boldsymbol{V}_{\rm H}$和$\boldsymbol{M}$二者不仅大小相等,而且方向相同,如图2.7所示。根据角动量$\boldsymbol{H}$矢端速度$\boldsymbol{V}_{\rm H}$的方向与外力矩$\boldsymbol{M}$的方向相一致的关系,便可确定角动量$\boldsymbol{H}$的方向,从而确定陀螺进动的方向,这与上面进动规律中所提到的判断规则完全一致。

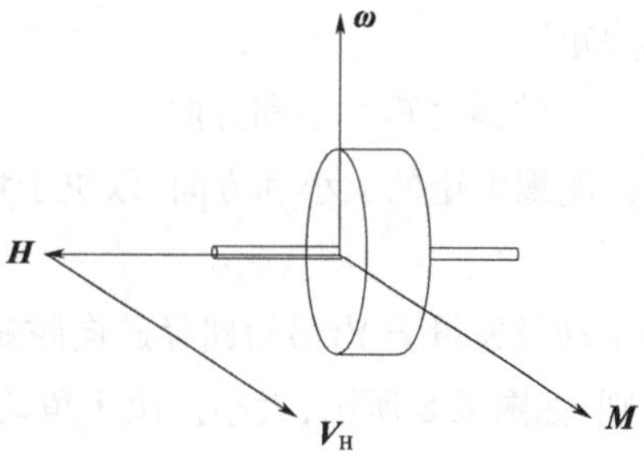

图2.7　陀螺角动量$\boldsymbol{H}$的矢端速度

如果用陀螺角动量$\boldsymbol{H}$在惯性空间中的转动角速度$\boldsymbol{\omega}$来表达$\boldsymbol{H}$的矢端速度$\boldsymbol{V}_{\rm H}$,则有

$$\boldsymbol{V}_{\rm H}=\boldsymbol{\omega}\times\boldsymbol{H}$$

再根据莱查定理可以得以下关系,即

$$\boldsymbol{\omega}\times\boldsymbol{H}=\boldsymbol{M} \tag{2-1-4}$$

显然,陀螺角动量相对惯性空间的转动角速度$\boldsymbol{\omega}$即为进动角速度,所以这个关系表明了进动角速度$\boldsymbol{\omega}$与角动量$\boldsymbol{H}$以及外力矩$\boldsymbol{M}$三者之间的关系。若已知角动量$\boldsymbol{H}$和外力矩$\boldsymbol{M}$,则根据矢量积的运算规则,便可确定出进动角度$\boldsymbol{\omega}$的大小和方向。式(2-1-4)就是以矢量形式表示的陀螺仪进动公式。

以上对陀螺仪进动性的解释只是一种近似的解释,这是因为陀螺角动量仅仅考虑了转子绕自转轴高速旋转所产生的“自转角动量”,而实际上,还存在转子绕框架轴转动所产生的“非转子角动量”。另外,对框架式陀螺仪来说,框架绕框架轴也存在转动惯量和转动角速度,因而还存在“框架角动量”。但是,转子绕自转轴转动的角速度一般达每秒钟几度至几十度,即前者远大于后者。而转子赤道转动惯量与极轴转动惯量之比一般约为0.6,即二者为同一数量级,并且框架转动惯量与转子轴转动惯量通常也是同一个数量级。因此,与转子自转角动量相比,非自转轴角动量和框架角动量的作用可以忽略,采用以上方法解释陀螺仪的进动性是足够精确的。

3)进动性的特点

(1)进动的方向性:发生在与外力矩垂直的方向(要避免框架自锁)。

(2)进动的恒定性:角动量、外力矩一定时,进动角速度是一恒定值。

(3)陀螺仪进动的无惯性:表现在加力矩的瞬间就会产生进动,去掉外力矩,进动立刻停止。

(4)进动的原因:高速转动是陀螺仪进动的内因,外力矩是进动产生的外因。

2. 陀螺力矩特性

由牛顿第三定律可知,有作用力或力矩,必有反作用力或反作用力矩,二者大小相等,方向相反,且分别作用在两个不同的物体上。当外界对陀螺仪施加力矩使其进动时,陀螺仪也必然存在反作用力矩,其大小与外力矩的大小相等,方向与外力矩的方向相反,并且作用在给陀螺仪施加力矩的物体上。这就是陀螺仪进动产生的反作用力矩,通常称为“陀螺力矩”。

1)陀螺力矩大小和方向

陀螺力矩的大小和方向,取决于角动量和进动角速度的大小与方向,其规律为

$$\boldsymbol{M}_{\mathrm{G}} = \boldsymbol{H} \times \boldsymbol{\omega}$$

即角动量矢量 $\boldsymbol{H}$ 沿最短路径趋向陀螺仪进动 $\boldsymbol{\omega}$ 的方向,就是陀螺力矩的方向,符合右手法则,如图2.8所示,大小正比于角动量大小和陀螺仪进动角速度大小。

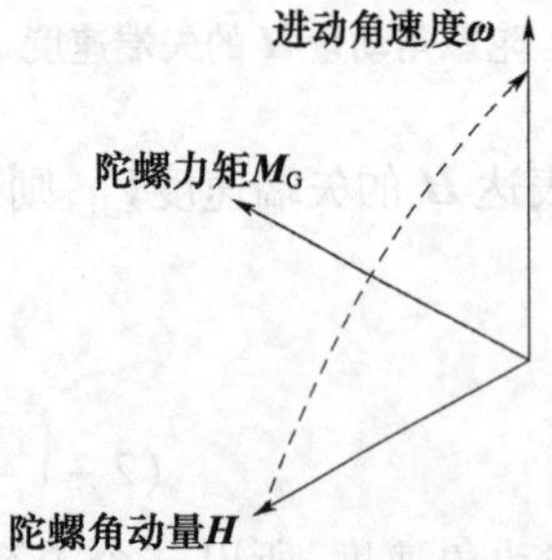

图2.8　陀螺力矩方向

对于高速旋转的物体,当强迫它的自转轴以角速度 $\boldsymbol{\omega}$ 转动时,就好像强迫它“进动”一样,这时高速旋转的物体就会像陀螺那样给强迫它“进动”的物体一个反作用力矩 $\boldsymbol{M}_{\mathrm{G}}$。如图2.9所示,这个反作用力矩不是发生在轴的旋转平面内,而是在和轴转动平面相垂直的平面内,即反作用力矩 $\boldsymbol{M}_{\mathrm{G}}$ 垂直于自转轴 $\boldsymbol{H}$ 和角速度 $\boldsymbol{\omega}$ 所组成的平面,这个反作用力矩就是陀螺力矩。对于高速旋转的物体,当自转轴改变方向时就会产生陀螺力矩现象,称为“陀螺力矩效应”。

陀螺力矩和陀螺力矩效应不仅在陀螺仪中非常重要,而且在一般具有高速旋转子的工程问题中,陀螺力矩效应也具有特别重要的意义。如轮船上的汽轮机转子,由于轮船的

颠簸和环航，将迫使汽轮机转子轴改变方向，这时将会有巨大的陀螺力矩作用于主轴轴承上，甚至可能导致轴瓦的破坏，如图 2.10 所示。

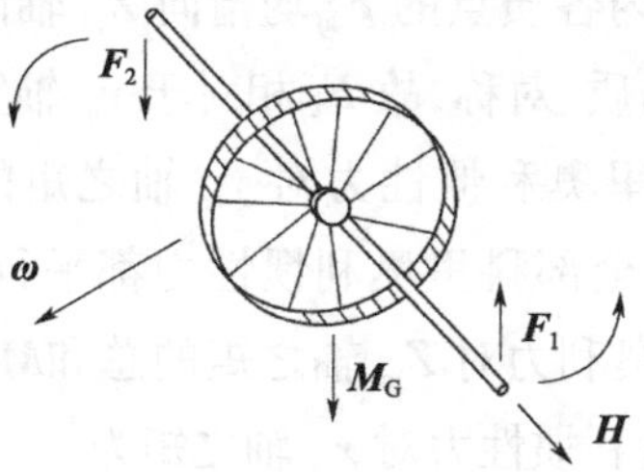

图 2.9　陀螺力矩效应

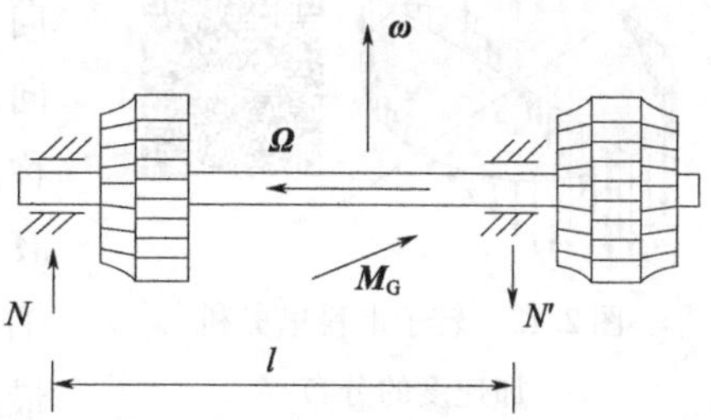

图 2.10　涡轮转子的陀螺力矩效应

2）力学解释

将陀螺转子近似地看作为均质圆盘，其以等角速度 Ω 绕自转轴旋转，同时转子轴又以等角速度 $\boldsymbol{\omega}$ 进动，且 $\boldsymbol{\omega}$ 垂直于 $\boldsymbol{\Omega}$。取定坐标系 $ox_ny_nz_n$，原点在转子中心 o；取动坐标系 $ox_my_mz_m$，原点也在 o 点，z_m 轴与转子轴重合，ox_m、oy_m 轴在转子赤道平面内，动坐标系随转子一起进动，但不参与转子自转，并设初始时两个坐标系完全重合，如图 2.11 所示。

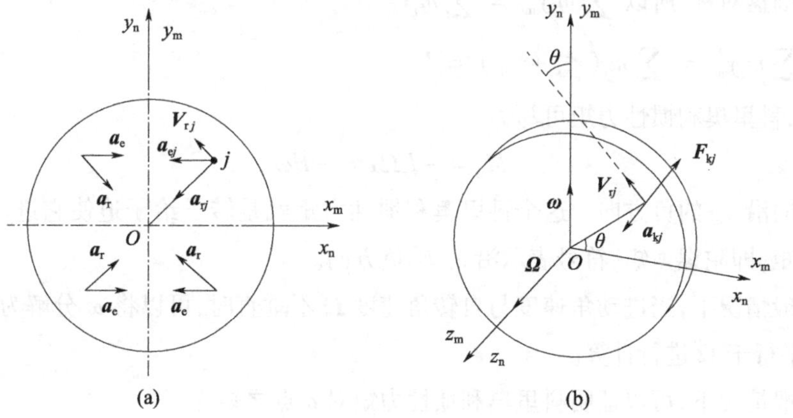

图 2.11　转子上任一质点的运动

现分析转子上任意一质点 j 的运动：动坐标系绕 y_n 轴的转动为牵连运动，圆盘绕 z_m 轴的自转为相对运动。若质点 j 距中心 o 的向径为 $\boldsymbol{R}_j$，则 j 点具有牵连加速度大小为 $a_{ej}=R_j\omega^2\cos\theta$，其方向如图 2.11(a) 所示；相对加速度 $a_{rj}=R_j\Omega^2$，其方向指向中心 o；质点 j 在第一象限时，其科里奥利加速度大小 $a_{kj}=2R_j\omega\Omega\sin\theta$，方向沿 Z_m 轴正向，如图 2.11(b) 所示。

设 j 点质量为 m_j，则相应的惯性力大小 $F_{ej}=m_ja_{ej}$，$F_{rj}=m_ja_{rj}$，$F_{kj}=m_ja_{kj}$，其方向与相应的加速度方向相反。由于转子为均质、对称圆盘，因此圆盘上全部质点的牵连惯性力和相对惯性力均成对地出现，即它们的总和 $\sum F_{ej}=0$，$\sum F_{rj}=0$。圆盘上各点的科里奥利加速度的分布如图 2.12 所示。

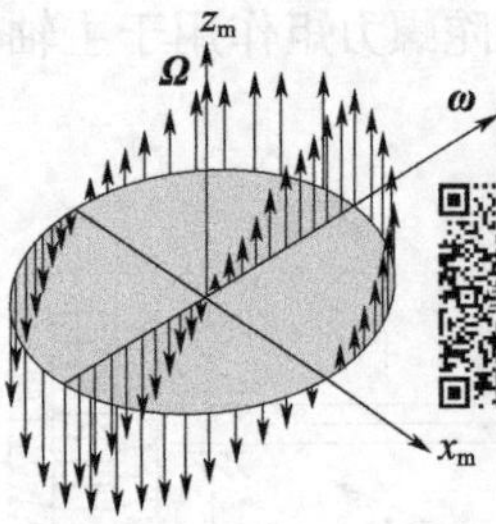

图2.12 转子上科里奥利加速度的分布

则可知各点的科里奥利惯性力分布情况为:在 x_m 轴以上的半圆内,所有各点的 $\boldsymbol{F}_{kj}$ 均指向 Z_m 轴负方向,而在下半圆内各质点的 $\boldsymbol{F}_{kj}$ 均指向 Z_m 轴的正方向。由于圆盘均质、对称,故 $\boldsymbol{F}_{kj}$ 相对于 y_m 轴完全对称,所以所有科里奥利惯性力对 y_m 轴之矩的总和 $\boldsymbol{M}_{Gy}=0$;又由于全部科里奥利惯性力都平行于 Z_m 轴,故全部科里奥利力对 Z_m 轴之矩的总和 $\boldsymbol{M}_{Gz}=0$;最后计算科里奥利惯性力对 x_m 轴之矩为

$$M_{Gjx}=F_{kj}\cdot R_j\sin\theta_j=-2m_jR_j^2\omega\Omega\sin^2\theta_j$$

所有各点的科里奥利惯性力对 x_m 轴之矩的总和为

$$M_{Gx}=\sum_{j=1}^{n}M_{Gjx}=-2\omega\Omega\sum_{j=1}^{n}m_jR_j^2\sin^2\theta_j \tag{2-1-5}$$

由于 $y_{mj}=R_j\sin\theta_j$

则 $\sum m_jR_j^2\sin^2\theta_j=\sum m_jy_{mj}^2$

由于圆盘对称,所以 $\sum m_jy_{mj}^2=\sum m_jx_{mj}^2$

故 $2\sum m_jy_{mj}^2=\sum m_j(x_{mj}^2+y_{mj}^2)=I_z$

因此,科里奥利惯性力矩可写为

$$M_G=-I_z\Omega\omega=-H\omega$$

其方向沿 x_m 的负方向。这个科里奥利惯性力矩就是转子给予迫使它进动的物体的反作用力矩,即陀螺力矩,符号表示沿 x_m 轴负方向。

在一般情况下,当进动角速度与自转角速度 $\boldsymbol{\Omega}$ 不垂直时,可以将 $\boldsymbol{\omega}$ 分解为 $\boldsymbol{\omega}_1$ 垂直于 $\boldsymbol{\Omega}$ 和 $\boldsymbol{\omega}_2$ 平行于 $\boldsymbol{\Omega}$ 进行计算。

在一般情况下,可以证明科里奥利惯性力矩对 o 点之矩为

$$M_G=-I_z\Omega\omega=-H\omega \tag{2-1-6}$$

由此可见,陀螺力矩就是转子内所有质点的科里奥利惯性力对 o 点之矩的总和,即科里奥利惯性力矩。

总之,陀螺力矩的特性如下。

(1)陀螺力矩是科里奥利惯性力矩,不是陀螺也会有惯性力矩,但只是一般刚体转动产生的反作用力矩。

(2)陀螺转子无自转或出现"环架自锁"现象,则它就成为普通刚体,就不会有陀螺力矩出现

3. 陀螺仪的定轴性(稳定性)

定轴性是指理想的二自由度陀螺,在无外力矩作用下,其自转轴相对惯性空间保持初始方位不变的特性。这种特性还表现在陀螺仪有较强的抗干扰能力,即二自由度陀螺仪

具有抵抗干扰力矩，力图保持其自转轴相对惯性空间方位稳定的特性，又称为陀螺仪的稳定性。

在实际的陀螺仪中，由于结构和工艺的不尽完善，总是不可避免地存在干扰力矩。例如框架轴上支撑的摩擦力矩、陀螺组件的质量不平衡力矩等，这些都是作用在陀螺仪上的干扰力矩。在干扰力矩作用下，陀螺仪所表现出的稳定性同一般的定点转动刚体相比有很大区别。

1）稳定性的表现形式

（1）漂移。

在干扰力矩作用下，陀螺仪将产生进动，使自转轴相对惯性空间偏离原来给定的方位，该方位偏离运动称为陀螺漂移或简称漂移。陀螺漂移的主要形式是进动漂移。在干扰力矩作用下的陀螺进动角速度即为漂移角速度，进动方向即为漂移方向。设陀螺角动量为 $\boldsymbol{H}$，作用在陀螺仪上的干扰力矩为 $\boldsymbol{M}_{\mathrm{d}}$，则漂移角速率为

$$\omega_{\mathrm{d}}=\frac{M_{\mathrm{d}}}{H} \tag{2-1-7}$$

由于陀螺转子具有较大的角动量，所以漂移角速率较小。在一定时间内，自转轴相对惯性空间的方位变化也很微小，这是陀螺仪稳定性的一种表现。对一定的干扰力矩，陀螺角动量越大，则漂移越缓慢，陀螺仪的稳定性就越高。

从常值干扰力矩作用的结果来看，陀螺仪是绕正交轴（与外力矩方向相垂直的轴）按等角速度的进动规律漂移，漂移角度与时间成正比。一般的定点转动刚体则绕同轴（与外力矩方向相同的轴）按等角加速度的转动规律偏转，偏转角速度与时间成正比，偏转角度与时间的平方成正比。因此，在同样大小的常值干扰力矩作用下，经过相同的时间，陀螺仪相对惯性空间的方位改变远比一般的定点转动刚体小得多。

（2）章动。

如果作用在陀螺仪上的干扰力矩是一种量值相当大而作用时间非常短的冲击力矩，那么自转轴将在原来空间方位附近做高频微幅的圆锥振荡运动，称为陀螺章动。章动的频率很高，一般高于100Hz，而其振幅却很小，一般小于角分量级，因而自转轴相对惯性空间的方位变化是极为微小的，这是陀螺仪稳定性的又一表现。

章动频率 ω_{n} 表达式为

$$\omega_{\mathrm{n}}=\frac{H}{\sqrt{I_x I_y}} \tag{2-1-8}$$

式中：H 为陀螺角动量；I_x 为转子和内环框架相对内环轴的转动惯量；I_y 为内环框架组件和外环框架相对外环轴的转动惯量。

章动运动在理论上是不衰减的，它的振幅与频率成反比，因此，适当地增大角动量或减小转动惯量，并考虑到框架轴实际存在的摩擦和空气阻尼作用等，章动会迅速衰减下来。

从冲击干扰力矩作用的结果来看，陀螺仪仅是做高频、微幅的章动运动，好像冲击力

矩冲不动陀螺仪似的。一般的定点转动刚体则顺着冲击力矩方向做等角速度转动,偏转角度与时间成正比。因此,在同样大小的冲击力矩作用下,陀螺仪相对惯性空间的方位改变也远比一般的定点转动刚体小得多。

(3)表观运动。

表观运动又称视运动。因陀螺仪定轴性,其转子相对惯性空间不动,在地球上,由于地球本身相对惯性空间以角速度 $\boldsymbol{\omega}_{ie}$ 做自转运动,因此站在地球上的观察者将看到陀螺仪的自转轴以 $\boldsymbol{\omega}_{ie}$ 的角速度相对地球运动,将这种运动称为表观运动,如图2.13所示。

通过上面的分析可以看出,提高陀螺仪的稳定性的途径有两种:其一是减小干扰力矩;其二是增大转子的角动量。更确切地讲,是减小干扰力矩与角动量的比值。

2)工程应用

基于二自由度陀螺仪的定轴性,可以实现导弹姿态角的测量。一个典型的角度传感器是由定子和转子两部分组成,如图2.14所示。将角度传感器的定子、转子分别安装在陀螺仪的框架和框架轴上,比如传感器转子安装在内环轴上,定子安装在外环框架上。二自由度陀螺仪直接安装在导弹弹体上,当导弹弹体沿着陀螺仪内环轴向出现姿态角时,由于陀螺仪的定轴性,陀螺仪的转子和内环框架、内环轴将不动,而陀螺仪基座、外环轴、外环框架将随着弹体绕内环轴转动,也即角度传感器的定子相对转子有转动,转动大小正对应于弹体的姿态角。显而易见,一个二自由度陀螺仪可实现导弹的两个方向的姿态角测量。

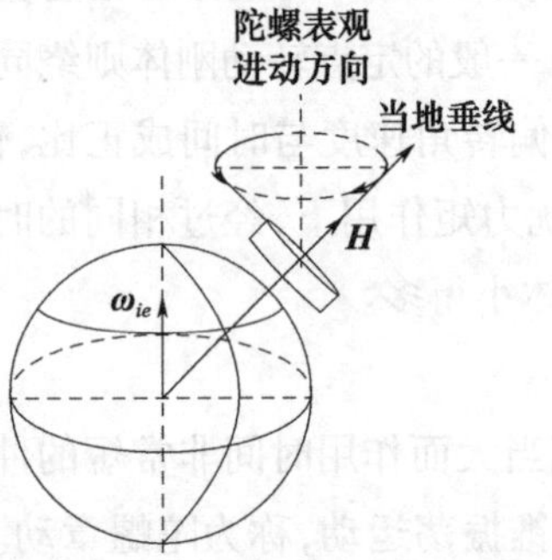

图2.13 二自由度陀螺仪的表观运动

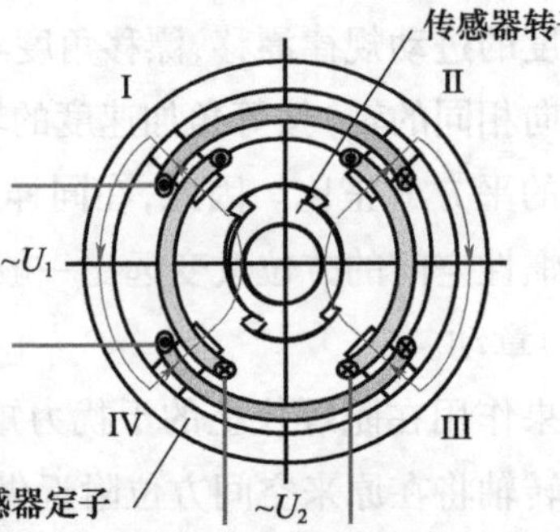

图2.14 角度传感器结构示意图

2.1.5 单自由度陀螺仪的基本特性

1. 敏感缺少自由度方向转动的特性

进动性是二自由度陀螺仪的基本特性之一,这种进动运动仅仅与作用在陀螺仪上的外力矩有关。如果外力矩为0,那么无论基座如何转动,都不会直接带动转子一起转动,即不会直接影响到转子的自转状态。可以说,由内、外环所组成的框架装置在运动方面起到隔离作用,将基座的转动与转子的转动隔离开来。这样,如果陀螺自转轴稳定在惯性空间的某个方位上,那么基座转动时它仍然稳定在原来的方位上,呈现出定轴性。而单自由度陀螺仪的结构组成与二自由度陀螺仪的区别是它少了一个框架,故相对基座而言,它少了一个转动自由度。因此，单自由度陀螺仪的特性就与二自由度陀螺仪有所不同。

首先分析单自由度陀螺仪在基座绕不同轴向转动时的情况。如图 2.15 所示，当基座绕陀螺自转轴 z 或框架轴 x 转动时，仍然不会带动转子一起转动，即对于基座绕这两个方向的转动，框架仍然起到隔离运动的作用。但是，当基座绕 y 轴以角速度 $\boldsymbol{\omega}_y$ 转动时，由于陀螺仪绕该轴没有转动自由度，所以基座转动时将通过框架轴上的一对支撑带动框架连同转子一起转动，即强迫陀螺仪绕 y 轴进动。而这时陀螺自转轴仍力图保持原来的空间方位稳定，于是，基座转动时框架轴上的一对支撑就有推力 $\boldsymbol{F}_A$ 作用在框架轴的两端，并形成推力矩 $\boldsymbol{M}_A$ 作用在陀螺仪上，其方向沿 y 轴的正向。由于陀螺仪绕框架轴仍然存在转动自由度，所以这个推力矩就强迫陀螺仪产生绕框架轴的进动，并出现进动转角，强迫进动角速度 $\dot{\theta}_x$ 沿框架轴 x 的方向，使自转轴 z 趋向于与 y 轴重合。

这说明，当基座绕陀螺仪缺少自由度的 y 轴转动时，强迫陀螺仪绕 y 轴转动的同时，还强迫陀螺仪绕框架轴进动，并出现进动转角，自转轴 z 将趋向与 y 轴重合。若基座转动的方向相反，则陀螺仪绕框架轴强迫进动的方向也相反。这里定义 y 轴为单自由度陀螺仪的输入轴，而框架轴（x 轴）为输出轴，绕其转角称为输出转角。通过以上分析可知，单自由度陀螺仪具有敏感绕其输入轴转动的特性。

再分析单自由度陀螺仪受到绕框架轴外力矩作用时的运动情况。如图 2.16 所示，假设外力矩 $\boldsymbol{M}_x$ 绕框架轴 x 的正向作用，那么陀螺仪将力图以角速度 $\boldsymbol{M}_x/\boldsymbol{H}$ 绕 y 轴的正向进动。这种进动能否实现，应根据当前基座绕 y 轴的转动情况而定。

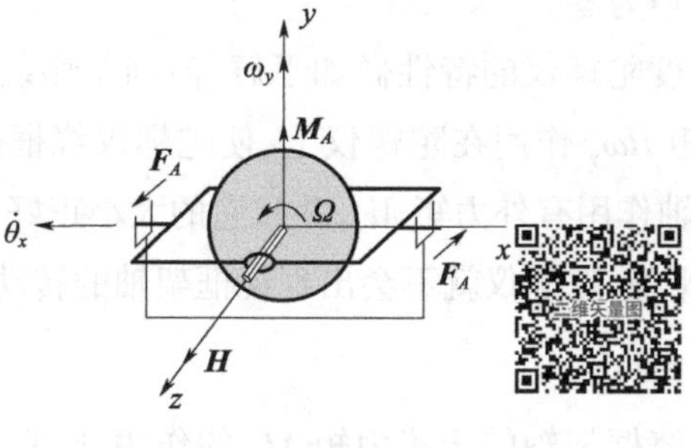

图 2.15　基座绕 y 轴转动时陀螺仪的运动情况

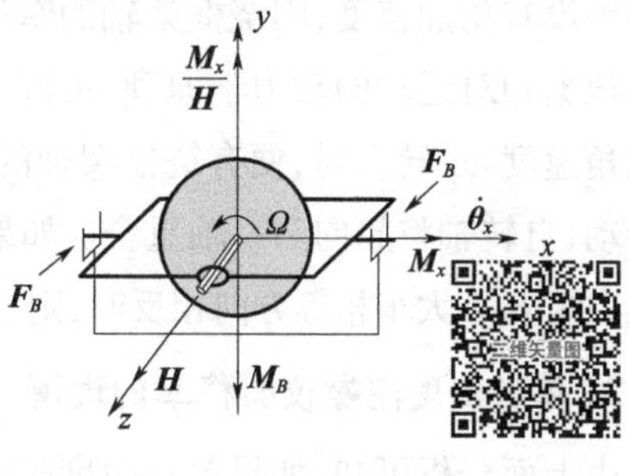

图 2.16　外力矩绕框架轴作用时陀螺仪的运动情况

当基座绕 y 轴没有转动时，由于框架轴上一对支撑的约束，这种进动是不可能实现的。但其进动趋势仍然存在，并对框架轴两端的支撑施加压力。于是，支撑就产生约束反力 $\boldsymbol{F}_B$ 作用在框架轴的两端，并形成约束反力矩 $\boldsymbol{M}_B$ 作用在陀螺仪上，其方向沿 y 的负向。由于陀螺仪绕框架轴仍然存在转动自由度，所以这个约束反力矩就使陀螺仪产生绕框架轴的进动，进动角速度 $\dot{\theta}_x$ 沿框架轴 x 的正向。也就是说，如果基座绕 y 轴没有转动，则在框架轴的外力矩的作用下，陀螺仪的转动方向是与外力矩的作用方向相一致的，这时，陀螺仪如同一般刚体那样绕框架轴转动起来。

当基座绕 y 轴转动且角速度 $\omega_y = M_x/H$ 时，框架轴上一对支撑不再对陀螺仪绕 y 的进动起约束作用,陀螺仪绕 y 轴的进动角速度 M_x/H 恰好与基座转动角速度 ω_y 相等,框架轴上一对支撑不再对陀螺仪施加推力矩作用,所以基座的转动也不会引起陀螺仪绕框架轴转动了。这时,陀螺仪绕 y 轴处于进动状态,而绕框架轴则处于相对静止状态。

单自由度陀螺仪的特性还可以用相对运动的动力学原理进行解释。牛顿第二定律 $\boldsymbol{F}=m\boldsymbol{a}$ 中的绝对加速度 $\boldsymbol{a}$,根据加速度合成定理,可表示为相对加速度 a_r、牵连加速度 a_e、科里奥利加速度 $\boldsymbol{a}_k$ 的矢量和,即 $\boldsymbol{a}=\boldsymbol{a}_r+\boldsymbol{a}_e+\boldsymbol{a}_k$。这样,便可得到相对运动的动力学方程式为

$$m\,\boldsymbol{a}_r=\boldsymbol{F}+\boldsymbol{F}_e+\boldsymbol{F}_k$$

式中,$\boldsymbol{F}_e=-m\,\boldsymbol{a}_e$ 为牵连惯性力;$\boldsymbol{F}_k=-m\,\boldsymbol{a}_k$ 为科里奥利惯性力。

由此可见,为了把相对运动转化为绝对运动的形式来解释,或者为了在非惯性坐标系也能应用牛顿第二定律的形式求解,必须认为在非惯性系中的物体受到两种力的作用:一种是其他物体对该物体的作用力;另一种是由于非惯性系运动而引起的牵连惯性力和科里奥利惯性力。与此对应,如果是研究物体在非惯性系中的转动运动,则必须认为在非惯性系中的物体受到两种力矩的作用:一种是其他物体对该物体的作用;另一种是由于非惯性系而引起的牵连惯性力矩和科里奥利惯性力矩。

对于单自由度陀螺仪而言,我们关心的是陀螺仪绕框架轴相对基座的运动情况。这里的基座绕 y 轴相对惯性空间转动,基座是一个非惯性系。因此,在研究陀螺仪相对基座转动时,应当考虑两种力矩的作用:一种是绕框架轴作用在陀螺仪上的外力矩;另一种是由基座绕 y 轴转动所引起的框架轴的科里奥利惯性力矩,即陀螺力矩。这里假设基座绕框架轴没有角加速度,则绕框架轴的牵连惯性力矩为零。

根据相对运动的动力学原理,可以对单自由度陀螺仪的特性做如下解释:当基座绕 y 轴以角速度 ω_y 转动时,便有绕框架轴的陀螺力矩 $H\omega_y$ 作用在陀螺仪上,使陀螺仪绕框架轴转动,自转轴将趋向与 y 轴重合。如果绕框架轴作用有外力矩 M_x,并且它的大小正好与陀螺力矩 $H\omega_y$ 大小相等方向相反时,则二力矩相平衡,陀螺仪就不会出现绕框架轴的转动。

2. 单自由度陀螺仪漂移率的理解

由上面分析可知,如果单自由度陀螺仪受到绕框架轴的干扰力矩 $\boldsymbol{M}_d$ 的作用,则它所力图产生的绕 y 轴的进动角速率为

$$\omega_d=\frac{M_d}{H} \tag{2-1-9}$$

当基座绕 y 轴(输入轴)没有转动时,陀螺仪这种进动无法实现,干扰力矩将使陀螺仪绕框架(输出轴)转动起来。但是,当基座绕输入轴转动且角速度 $\omega_y=\omega_d$ 时,陀螺仪的这种进动便能够实现,陀螺仪绕输出轴没有转动。

我们原本希望,当基座绕输入轴没有转动时,陀螺仪绕输出轴的输出转角为零;而当基座绕输入轴出现转动时,陀螺仪绕输出轴应该有输出转角;而当基座转动且角速度 $\omega_y=\omega_d$ 时,陀螺仪输出转角却为零。换言之,陀螺仪并不是在输入角速度为零的情况下处于零位状态,而是在有了输入角速度 $\omega_y=\omega_d$ 的情况下才处于零位状态。因此,在描述单

自由度陀螺仪的精度时,需要知道当输入角速度等于什么数值时,才能使陀螺仪的输出转角为零,即处于零位状态。这个使陀螺仪输出为零的输入角速率称为单自由度陀螺仪的漂移率。漂移率的计算公式是式(2-1-9),它与二自由度陀螺仪的漂移率的计算式具有完全相同的形式。因此可直接把干扰力矩所力图产生的进动角速度定义为单自由度陀螺仪的漂移角速度,而把该进动角速度的量值定义为单自由度陀螺仪的漂移率。漂移率是衡量单自由度陀螺仪精度的主要指标。

2.2 转子陀螺仪的运动方程

2.2.1 二自由度陀螺仪的运动方程

陀螺仪运动方程是陀螺仪动力学分析(研究陀螺仪运动与外力矩之间的关系)的基础。在前面阐述的陀螺仪的基本特性中,忽略了诸如转子赤道转动惯量和框架转动惯量等因素的影响,为了对陀螺仪的力学特性有一个完整的认识,需要将陀螺仪作为一个具有转子、内环和外环的刚体系,利用基本的力学原理列写陀螺仪的完整的运动微分方程,加以求解,从而找到其基本的运动规律。但是由于实际陀螺仪的结构是非常复杂的,所以在列写完整的运动微分方程时,仍要做如下的简化假设。

(1)转子绕对称轴匀速自转。

(2)转子的自转角动量远大于非自转角速度造成的角动量。

(3)转子的质心与支撑框架的中心重合。

(4)陀螺仪系统的各个部件都是刚性的。

陀螺仪的运动方程式可应用动静法、欧拉动力学方程式和拉格朗日方程式来建立。这里讨论如何采用动静法和欧拉动力学方程式的方法建立二自由度框架式陀螺仪的运动方程。

1. 应用动静法推导陀螺仪相对惯性坐标系的运动方程式

牛顿第二定律 $\boldsymbol{F}=m\boldsymbol{a}$ 所表达的是动力学问题,但将它移项后可得 $\boldsymbol{F}-m\boldsymbol{a}=0$ 或 $\boldsymbol{F}+\boldsymbol{F}_{\mathrm{I}}=0$。其中$\boldsymbol{F}_{\mathrm{I}}=-m\boldsymbol{a}$ 表示物体的惯性力。在一般情况下,它应等于相对惯性力、牵连惯性力与科里奥利惯性力三者之和,意即物体的惯性力与作用于物体的外力相“平衡”,这就是达朗伯原理。基于这个原理,在作用于物体的外力之外另加上惯性力,就可使动力学问题转化为静力学问题求解。这种处理力学问题的方法称为动静法或惯性力法。如果物体做转动运动,则在作用于物体的外力矩之外另加上惯性力矩,就可使动力学问题转变为静力学问题求解。

但应注意,在用动静法处理动力学问题时,另加上惯性力或惯性力矩,只是为了处理问题的方便,从形式上把物体的受力运动状态转变为受力平衡状态。实际上,惯性力或惯性力矩并不作用在运动物体上,而是作用在给运动物体施加力或力矩的物体上。由动静法所得的静力学方程,其实质仍是动力学方程。

应用动静法可以直接而方便地导出陀螺仪的运动方程式。二自由度框架式陀螺仪包含 3 个刚体,即转子、内环和外环。如图 2.17(a)所示,取陀螺坐标系 $ox_gy_gz_g$ 与内环固连,外环坐标系 $ox_1y_1z_1$ 与陀螺外环固连,惯性坐标系 $ox_iy_iz_i$ 与惯性空间固连。陀螺坐标系的原点与陀螺仪的支撑重心重合,在初始位置时 3 套陀螺坐标系重合。

假设陀螺转子角动量为 $\boldsymbol{H}$,陀螺仪对内、外环轴的转动惯量分别为 I_x 和 I_y,绕内、外环轴作用在陀螺仪上的力矩分别为 M_x 和 M_y,并且它们沿各自轴的正向定义为正。在外力矩作用下陀螺仪将产生绕内、外环轴的转动运动,这是个动力学问题。假设陀螺仪绕内环、外环轴相对惯性坐标系转动的角加速度和角速度分别为 $\ddot{\theta}_x$、$\dot{\theta}_x$ 和 $\ddot{\theta}_y$、$\dot{\theta}_y$,并且它们沿各自轴的正向定义为正。当陀螺仪绕外环轴转动 θ_y 角,并绕内环轴转动 θ_x 角时,各坐标系之间的关系示于图 2.17(a)中。

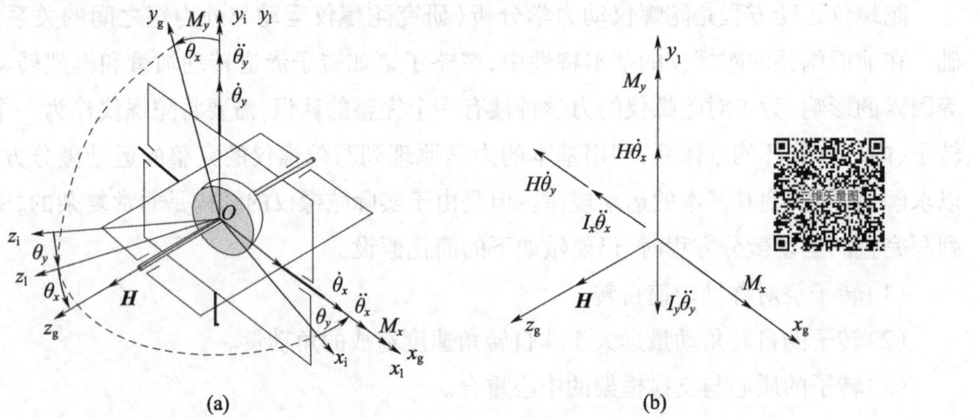

图 2.17　二自由度陀螺仪相对惯性坐标系的运动及其惯性力矩

根据动静法处理力学问题的基本原理,外力矩加惯性力矩,即可使之转变为静力学问题求解。现在求陀螺仪运动时的惯性力矩。

由于陀螺仪具有绕内环轴和外环轴的转动惯量,当陀螺仪绕内环轴和外环轴出现角加速度时,就有一般定轴转动刚体的转动惯性力矩。转动惯性力矩的方向与角加速度的方向相反,如图 2.17(b)所示。其表达式为

$$
\begin{aligned}
M_{Ix} &= -I_x\ddot{\theta}_x \\
M_{Iy} &= -I_y\ddot{\theta}_y
\end{aligned}
\tag{2-2-1}
$$

因为陀螺仪具有角动量 $\boldsymbol{H}$,当陀螺仪绕内环轴和外环轴出现角速度时,就有科里奥利惯性力矩,即陀螺力矩。陀螺力矩的方向按角动量转向角速度的右手螺旋法则确定,如图 2.17(b)所示,在假设转角 θ_x 为小量角度的情况下,其表达式为

$$
\begin{cases}
M_{Gx} = -H\dot{\theta}_y \\
M_{Gy} = H\dot{\theta}_x
\end{cases}
\tag{2-2-2}
$$

根据惯性力矩与外力矩互成平衡的原理,可以写出陀螺仪绕内环轴和外环轴的力矩

平衡方程为

$$M_{lx}+M_{kx}+M_x=0$$

$$M_{ly}+M_{ky}+M_y=0$$

将式(2－2－1)、式(2－2－2)代入，得

$$-I_x\ddot{\theta}_x-H\dot{\theta}_y+M_x=0$$

$$-I_y\ddot{\theta}_y+H\dot{\theta}_x+M_y=0$$

将上式移项，得

$$\begin{cases}I_x\ddot{\theta}_x+H\dot{\theta}_y=M_x\\I_y\ddot{\theta}_y-H\dot{\theta}_x=M_y\end{cases}\tag{2-2-3}$$

其中转动惯量 I_x 是陀螺仪内环组件(包括转子和内环)对内环轴的转动惯量，转动惯量 I_y 是陀螺仪外环组件(包括转子、内环和外环)对外环轴的转动惯量。式(2－2－3)就是在考虑转子赤道转动惯量和框架转动惯量的情况下二自由度陀螺仪的运动方程。该方程也称为陀螺仪的技术方程，即在工程技术的实际应用中，采用这样的方程式来研究陀螺仪的动力学问题是足够精确的。

如果忽略转子赤道转动惯量和框架转动惯量的影响，则二自由度陀螺仪的运动方程便简化为

$$\begin{cases}H\dot{\theta}_y=M_x\\-H\dot{\theta}_x=M_y\end{cases}\tag{2-2-4}$$

若用记号 $\omega_x=\dot{\theta}_x$ 和 $\omega_y=\dot{\theta}_y$，可将上式写成

$$\begin{cases}H\omega_y=M_x\\-H\omega_x=M_y\end{cases}\tag{2-2-5}$$

式(2－2－4)或式(2－2－5)就是以投影形式表示的二自由度陀螺仪的进动方程。注意，式中的 $\dot{\theta}_x$、$\dot{\theta}_y$ 或 ω_x、ω_y 均为陀螺仪相对惯性坐标系，即惯性空间的进动角速度在内、外环轴向的向量。

2. 利用欧拉动力学方程列写陀螺仪运动微分方程

以投影形式表达的刚体绕定点转动时，在动坐标系上的欧拉动力学方程可写为

$$\begin{cases}\dfrac{\mathrm{d}H_x}{\mathrm{d}t}+H_z\omega_y-H_y\omega_z=M_x\\[2mm]\dfrac{\mathrm{d}H_y}{\mathrm{d}t}+H_x\omega_z-H_z\omega_x=M_y\\[2mm]\dfrac{\mathrm{d}H_z}{\mathrm{d}t}+H_y\omega_x-H_x\omega_y=M_z\end{cases}\tag{2-2-6}$$

因此，利用式(2－2－6)推导二自由度陀螺仪运动方程的步骤可总结如下。

(1)选取坐标系。

(2)列写出动坐标系的角速度在动坐标系各轴上的投影表达式 ω_i。

(3)列写出转子、框架或其他构件的角速度在动坐标系各轴上的投影表达式,进而列写出各构件角动量在动坐标系各轴上的投影表达式 H_i。

(4)将这些关系式代入欧拉动力学方程,则得到陀螺仪的动力学方程。

如图2.18所示,定义惯性坐标系为 $ox_iy_iz_i$,其原点 o 取在陀螺几何中心(三轴交点)处;定义 $ox_gy_gz_g$ 为陀螺坐标系与内环固连,外环坐标系 $ox_1y_1z_1$ 与陀螺外环固连。其中 x_g 轴与内环轴重合,z_g 轴与转子轴重合,y_g 轴在转子赤道平面内并与 x_g 和 z_g 服从右手坐标系规则。初始时,3套坐标系重合,陀螺转子轴(oz_g 轴)的位置可用广义坐标 θ_x,θ_y 来表示,其中 θ_x 是转子轴绕内环轴的转角,θ_y 则是绕外环轴的转角,相应的角速度用 $\dot{\theta}_x$ 和 $\dot{\theta}_y$ 表示,转子绕转子轴的转角用 φ 表示,自转角速度 $\dot{\varphi}=\Omega$ 并且与 z_g 轴重合。设 $\dot{\theta}_x,\dot{\theta}_y,\dot{\varphi}$ 的正方向分别与 ox_g,oy_i,oz_g 轴正向一致。$ox_gy_gz_g$ 的坐标轴沿刚体的3个惯性主轴方向。

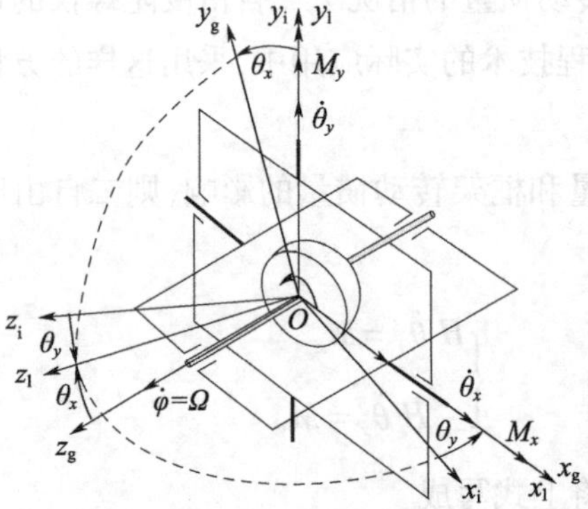

图2.18　二自由度陀螺仪的运动坐标关系

将陀螺坐标系 $ox_gy_gz_g$ 作为动坐标系,则由式(2-2-6)可以得到陀螺仪定点转动欧拉动力学方程:

$$\begin{cases}\dfrac{\mathrm{d}H_{gx}}{\mathrm{d}t}+H_{gz}\omega_{gy}-H_{gy}\omega_{gz}=M_{gx}\\[2ex]\dfrac{\mathrm{d}H_{gy}}{\mathrm{d}t}+H_{gx}\omega_{gz}-H_{gz}\omega_{gx}=M_{gy}\\[2ex]\dfrac{\mathrm{d}H_{gz}}{\mathrm{d}t}+H_{gy}\omega_{gx}-H_{gx}\omega_{gy}=M_{gx}\end{cases}\tag{2-2-7}$$

陀螺仪是由转子、内环、外环所组成的刚体系。若分别对转子、内环、外环应用欧拉动力学方程列写运动微分方程式,可得 $3\times3=9$ 个方程,而在陀螺刚体系中只有 $\theta_x,\theta_y,\varphi$ 三个广义坐标,所以9个方程中只有3个是独立的,其余6个方程是非独立的,它们反映了3根框架轴轴承内力矩之间的依赖关系。在此只是分析陀螺自转轴的运动,而不求轴承内的约束反力,所以,只要写出不含轴承约束反力的3个独立方程即可。下面具体讨论方程的列写方法。

(1)单独考虑转子,列写欧拉动力学方程 oz_g 轴方向的投影式。

该式与内、外环轴承上的约束反力无关,而转子轴上的约束反力对 oz_g 轴的力矩为零,所以式中 M_{gz} 只包含作用在转子轴上的外力矩,与轴承反力无关。

已知转子有 3 个自由度,设它的角速度用 $\boldsymbol{\omega}_c$ 来表示,那么有

$$\boldsymbol{\omega}_c = \dot{\boldsymbol{\theta}}_x + \dot{\boldsymbol{\theta}}_y + \dot{\boldsymbol{\varphi}}$$

它在动坐标系 $ox_gy_gz_g$ 上的分量为

$$\omega_c = [\dot{\theta}_x \quad \dot{\theta}_y\cos\theta_x \quad \dot{\varphi} - \dot{\theta}_y\sin\theta_x]^T \tag{2-2-8}$$

如果转子相对 $ox_gy_gz_g$ 各轴的转动惯量分别为 I_{cx}、I_{cy}、I_{cz},且 oz_g 轴为旋转对称轴,有 $I_{cx} = I_{cy}$,那么转子的角动量 H_c 为

$$H_c = [I_{cx}\dot{\theta}_x \quad I_{cy}\dot{\theta}_y\cos\theta_x \quad I_{cz}(\dot{\varphi} - \dot{\theta}_y\sin\theta_x)]^T \tag{2-2-9}$$

动坐标系 $ox_gy_gz_g$ 的转动角速度用 $\boldsymbol{\omega}$ 表示,因为它与内环固连不参与转子自转,所以有

$$\boldsymbol{\omega} = \dot{\boldsymbol{\theta}}_x + \dot{\boldsymbol{\theta}}_y$$

写成投影式为

$$\omega = [\dot{\theta}_x \quad \dot{\theta}_y\cos\theta_x \quad -\dot{\theta}_y\sin\theta_x]^T \tag{2-2-10}$$

将式(2-2-9)、式(2-2-10)代入式(2-2-7)中,由第三式得

$$\frac{d}{dt}[I_{cz}(\dot{\varphi} - \dot{\theta}_y\sin\theta_x)] + I_{cy}\dot{\theta}_y\dot{\theta}_x\cos\theta_x - I_{cx}\dot{\theta}_x\dot{\theta}_y\cos\theta_x = M_{gz}$$

由于 $I_{cx} = I_{cy}$,所以上式简化为

$$\frac{d}{dt}[I_{cz}(\dot{\varphi} - \dot{\theta}_y\sin\theta_x)] = M_{gz} \tag{2-2-11}$$

(2)考虑转子和内环组成的内环组件,列写欧拉动力学方程在 x_g 轴的投影式。

该式与外环轴上的约束反力无关,而转子轴与内环之间的约束反力为系统的内力,在方程中不会出现。内环轴上的约束反力对 ox_g 轴之力矩为零。所以该式中 M_{gx} 只包含作用于内环轴上的外力矩,也与轴承反力无关。

设内环相对 $ox_gy_gz_g$ 各轴的转动惯量分别为 I_{bx}, I_{by}, I_{bz},且 ox_g, oy_g, oz_g 轴是它的 3 个惯性主轴。由于动坐标系与内环固结,所以内环运动的角速度 $\omega_b = \omega$;亦可用式(2-2-10)表示,则内环的角动量 H_b 为

$$\boldsymbol{H}_b = [\boldsymbol{I}_{bx}\dot{\theta}_x \quad \boldsymbol{I}_{by}\dot{\theta}_y\cos\theta_x \quad -\boldsymbol{I}_{bz}\dot{\theta}_y\sin\theta_x]^T \tag{2-2-12}$$

因此,内环组件的角动量 $\boldsymbol{H}_1$ 应

$$\boldsymbol{H}_1 = \boldsymbol{H}_b + \boldsymbol{H}_c = \begin{bmatrix} (I_{bx} + I_{cx})\dot{\theta}_x \\ (I_{by} + I_{cy})\dot{\theta}_y\cos\theta_x \\ I_{cz}(\dot{\varphi} - \dot{\theta}_y\sin\theta_x) - I_{bz}\dot{\theta}_y\sin\theta_x \end{bmatrix} \tag{2-2-13}$$

将式(2-2-10)、式(2-2-13)代入式(2-2-7)中,由第一式得

$$\frac{d}{dt}[(I_{bx}+I_{cx})\dot{\theta}_x]+[I_{cz}(\dot{\varphi}-\dot{\theta}_y\sin\theta_x)-I_{bz}\dot{\theta}_y\sin\theta_x]\dot{\theta}_y\cos\theta_x-$$
$$[(I_{by}+I_{cy})\dot{\theta}_y\cos\theta_x](-\dot{\theta}_y\sin\theta_x)=M_{gx}$$

经合并简化后得

$$(I_{bx}+I_{cx})\ddot{\theta}_x+I_{cz}(\dot{\varphi}-\dot{\theta}_y\sin\theta_x)\dot{\theta}_y\cos\theta_x+(I_{by}+I_{cy}-I_{bz})\dot{\theta}_y^2\cos\theta_x\sin\theta_x=M_{gx} \quad (2-2-14)$$

(3)考虑转子、内环、外环组成的外环组件、列写欧拉动力学方程在 y_i 轴的投影式。

由于转子轴与内环之间、内环轴与外环之间的约束反力均为内力,式中不会出现,而外环轴上的约束力对 oy_i 轴之力矩为零,所以该式中 M_{iy} 只包含作用于外环轴上的外力矩,也与轴承的反力无关。因为外环轴为固定不动的轴,所以对于 y_i 轴角动量定理有以下的简单形式:

$$\frac{dH_{iy}}{dt}=M_{iy} \quad (2-2-15)$$

式中:H_{iy} 为转子、内环和外环整个外环组件相对 y_i 轴的角动量。

式(2-2-13)已经给出转子、内环组成的内环组件角动量 H_1 的表达式,只要将其投影到 y_i 轴上,得到 H_1 在 y_i 轴上的分量,再加上外环本身相对 y_i 轴的角动量 H_{aiy},即可得到整个外环组件相对 y_i 轴之角动量。

$$H_{iy}=H_{1y}\cos\theta_x-H_{1z}\sin\theta_x+H_{aiy} \quad (2-2-16)$$

设外环相对于 y_i 轴的转动惯量为 I_{aiy},且 y_i 是外环的惯性主轴,则外环相对 y_i 轴的角动量

$$H_{aiy}=I_{aiy}\dot{\theta}_y \quad (2-2-17)$$

将式(2-2-13)、式(2-2-17)代入式(2-2-16),得

$$\begin{aligned}H_{iy}&=(I_{by}+I_{cy})\dot{\theta}_y\cos^2\theta_x-[I_{cz}(\dot{\varphi}-\dot{\theta}_y\sin\theta_x)-I_{bz}\dot{\theta}_y\sin\theta_x]\sin\theta_x+I_{aiy}\dot{\theta}_y\\&=[(I_{by}+I_{cy})\cos^2\theta_x+I_{bz}\sin^2\theta_x+I_{aiy}]\dot{\theta}_y-I_{cz}(\dot{\varphi}-\dot{\theta}_y\sin\theta_x)\sin\theta_x\end{aligned} \quad (2-2-18)$$

将式(2-2-18)代入式(2-2-15),得

$$\frac{d}{dt}\{[(I_{by}+I_{cy})\cos^2\theta_x+I_{bz}\sin^2\theta_x+I_{aiy}]\dot{\theta}_y-I_{cz}(\dot{\varphi}-\dot{\theta}_y\sin\theta_x)\sin\theta_x\}=M_{iy}$$

将上式展开,得

$$[(I_{by}+I_{cy})\cos^2\theta_x+I_{bz}\sin^2\theta_x+I_{aiy}]\ddot{\theta}_y+[(I_{by}+I_{cy})(-2\dot{\theta}_x\cos\theta_x\sin\theta_x)+$$
$$I_{bz}\dot{\theta}_x\sin\theta_x\cos\theta_x]\dot{\theta}_y-\frac{d}{dt}[I_{cz}(\dot{\varphi}^{-}-\dot{\theta}_y\sin\theta_x)]\sin\theta_x-I_{cz}(\dot{\varphi}^{-}-\dot{\theta}_y\sin\theta_x)\dot{\theta}_x\cos\theta_x=M_{iy}$$

考虑到式(2-2-11),并将上式整理简化后,得

$$\begin{aligned}&[(I_{by}+I_{cy})\cos^2\theta_x+I_{bz}\sin^2\theta_x+I_{aiy}]\ddot{\theta}_y+2(I_{bz}-I_{by}-I_{cy})\dot{\theta}_x\dot{\theta}_y\cos\theta_x\sin\theta_x-\\&I_{cz}(\dot{\varphi}-\dot{\theta}_y\sin\theta_x)\dot{\theta}_x\cos\theta_x=M_{ij}+M_{gz}\sin\theta_x\end{aligned} \quad (2-2-19)$$

综合式(2-2-11)、式(2-2-14)、式(2-2-19),便得到二自由度陀螺仪完整的运动微分方程为

$$\begin{cases}\dfrac{d}{dt}[I_{cz}(\dot{\varphi}-\dot{\theta}_y\sin\theta_x)]=M_{gz}\\(I_{bx}+I_{cx})\ddot{\theta}_x+I_{cz}(\dot{\varphi}-\dot{\theta}_y\sin\theta_x)\dot{\theta}_y\cos\theta_x+(I_{by}+I_{cy}-I_{bz})\dot{\theta}_y^2\cos\theta_x\sin\theta_x=M_{gx}\\[(I_{by}+I_{cy})\cos^2\theta_x+I_{bz}\sin^2\theta_x+I_{aiy}]\ddot{\theta}_y\\+2(I_{bz}-I_{by}-I_{cy})\dot{\theta}_x\dot{\theta}_y\cos\theta_x\sin\theta_x\\-I_{cz}(\dot{\varphi}-\dot{\theta}_y\sin\theta_x)\dot{\theta}_x\cos\theta_x=M_{iy}+M_{gz}\sin\theta_x\end{cases}\tag{2-2-20}$$

从上述方程可以看出,描述具有转子、内环、外环的陀螺刚体系运动的微分方程式是非常复杂的非线性微分方程组。很难得到其一般的解析解。为了适应工程实际需要,通常根据工程实际情况对上述方程进行线性化处理,以便求解。

线性化过程中忽略一些影响甚小的次要因素,如下:

①$\dot{\theta}_x,\dot{\theta}_y$ 与 $\dot{\varphi}$ 相比是小量,可以忽略式(2-2-20)中的 $\dot{\theta}_y\sin\theta_x$ 和 $\dot{\theta}_x\dot{\theta}_y,\dot{\theta}_y^2$。

②θ_x,θ_y 是小量,$\sin\theta_x\approx\theta_x,\sin\theta_y\approx\theta_y$。

③转子轴、内环轴、外环轴三轴互相严格垂直时,设内环组件对内环轴的转动惯量为 I_x,外环组件对外环轴的转动惯量为 I_y。

在进行上述简化后,式(2-2-20)简化为

$$\begin{cases}I_x\ddot{\theta}_x+H\dot{\theta}_y=M_{gx}\\I_y\ddot{\theta}_y-H\dot{\theta}_x=M_{gy}\end{cases}\tag{2-2-21}$$

式(2-2-21)是描述陀螺运动的线性化微分方程,简称为"陀螺线性化方程"。由于在工程上常用它解决实际问题,故又称其为陀螺技术方程。式(2-2-21)与式(2-2-3)完全相同,为此,陀螺技术方程可用动静法直接列写。

2.2.2 单自由度陀螺仪的运动方程

单自由度陀螺仪的运动方程式,同样可应用动静法、欧拉动力学方程式和拉格朗日方程式来建立。这里以单自由度框架式陀螺仪为对象,仅讨论动静法和欧拉动力学方程式的推导方法。

1. 用动静法列写单自由度陀螺仪的运动方程

对单自由度陀螺仪而言,其输入为基座(壳体)相对惯性空间的转动,而输出为陀螺仪绕框架轴相对基座的转角,因此我们所关心的是陀螺仪绕框架轴相对基座的运动情况亦即框架坐标系 $ox_gy_gz_g$ 相对基座坐标系(壳体坐标系)$ox_0y_0z_0$ 的运动情况。

如图 2.19 所示,假设陀螺仪绕框架轴相对基座转动的角加速度、角速度和转角分别为 $\ddot{\theta}_x,\dot{\theta}_x,\theta_x$,并将绕框架轴负轴的转动定义为正。又设基座相对惯性空间转动在基座坐

标系各轴的角加速度分量分别为 $\dot{\omega}_x$、$\dot{\omega}_y$、$\dot{\omega}_z$,角速度分量分别为 ω_x、ω_y、ω_z。

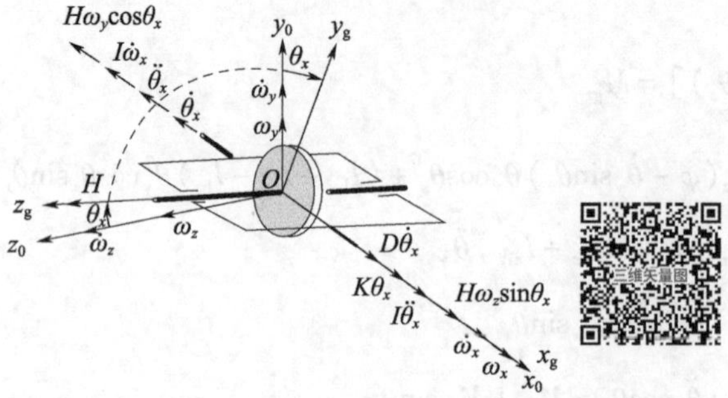

图 2.19 单自由度陀螺仪中的外力矩和惯性力矩

根据动静法处理动力学问题的基本原理,在单自由度陀螺仪中,除外力矩外另加惯性力矩,且两者互相平衡,即可得到单自由度陀螺仪的运动方程式。现在求绕框架轴作用在陀螺仪上的外力矩和惯性力矩。

结合工程实际,单自由度陀螺仪在实际应用中框架轴上通常安装有弹性装置和阻尼装置。如果陀螺仪中装有弹性元件,则当陀螺仪绕框架轴负向相对基座转动而出现 θ_x 时,便有弹性力矩绕框架轴正向作用在陀螺仪上,其表达式为

$$M_K = K\theta_x \tag{2-2-22}$$

式中:K 为弹性元件的弹性系数。

如果陀螺仪装有阻尼器,则当陀螺仪绕框架轴负向相对基座转动而出现角速度 $\dot{\theta}_x$ 时,便有阻尼力矩绕框架轴正向作用在陀螺仪上,其表达式为

$$M_D = D\dot{\theta}_x \tag{2-2-23}$$

式中:D 为阻尼器的阻尼系数。

绕框架轴作用在陀螺仪上的外力矩,除弹性力矩和阻尼力矩外,还有干扰力矩,或还可能有控制力矩,现用 M_f 代表这些力矩。

假设陀螺仪对框架轴的转动惯量为 I。当陀螺仪绕框架轴相对基座出现角加速度 $\ddot{\theta}_x$ 以及基座绕框架轴相对惯性空间出现角加速度 $\dot{\omega}_x$ 时,就有绕框架轴的相对转动惯性力矩和牵连转动惯性力矩。这些转动惯性力矩的方向与角加速度的方向相反,其表达式为

$$M_I = I\ddot{\theta}_x - I\dot{\omega}_x \tag{2-2-24}$$

假设陀螺角动量 H_0,当基座绕 y_0 轴和 z_0 轴相对惯性空间出现角速度 ω_y 和 ω_z 时,就有绕框架轴的科里奥利惯性力矩,即陀螺力矩。陀螺力矩的方向按角动量转动角速度的右手螺旋规则确定,其表达式为

$$M_G = -H\omega_y\cos\theta_x + H\omega_z\cos\theta_x \tag{2-2-25}$$

根据惯性力矩与外力矩相平衡原理,可以写出陀螺仪绕框架轴的力矩平衡方程式为

$$\boldsymbol{M}_I + \boldsymbol{M}_G + \boldsymbol{M}_K + \boldsymbol{M}_D + \boldsymbol{M}_f = 0$$

将式(2-2-22)~式(2-2-25)代入,得

$$I\ddot{\theta}_x - I\dot{\omega}_x - H\omega_y\cos\theta_x + H\omega_z\sin\theta_x + K\theta_x + D\dot{\theta}_x + M_f = 0$$

将上式移项后,得

$$I\ddot{\theta}_x + K\theta_x + D\dot{\theta}_x = H(\omega_y\cos\theta_x - \omega_z\sin\theta_x) + I\dot{\omega}_x - M_f \tag{2-2-26}$$

式(2-2-26)就是在考虑阻尼和弹性约束情况下单自由度陀螺仪的运动方程式。在进行基本分析时,假设陀螺仪绕框架轴的转角 θ_x 为小量角,故 $\cos\theta_x \approx 1$ 和 $\sin\theta_x \approx 0$ 条件成立,并且假设基座转动角加速度 $\dot{\omega}_x$ 为 0 和其他外力矩 M_f 为 0,于是得

$$I\ddot{\theta}_x + D\dot{\theta}_x + K\theta_x = H\omega \tag{2-2-27}$$

式中:ω 为省略了下标的 ω_y。

2. 应用欧拉动力学方程推导单自由度陀螺仪完整的运动方程式

现以图 2.20 所示的由转子和框架组成的单自由度框架式陀螺仪为研究对象,定义基座坐标系 $ox_0y_0z_0$ 和框架坐标系 $ox_gy_gz_g$,两个坐标系的原点均与陀螺仪的支承中心重合。当陀螺仪绕框架轴负向以角速度 $\dot{\theta}_x$ 相对基座转动 θ_x 角时,框架坐标系相对基座坐标系的位置关系如图 2.20 所示。另外,假设基座相对惯性空间有转动运动,其角速度在基座坐标系各轴上的分量分别为 $\omega_x,\omega_y,\omega_z$。下面推导这种陀螺仪完整的运动方程式。

单自由度陀螺仪的运动是指陀螺仪绕框架轴(输出轴)的输出转角随输入角速度的变化,即陀螺组件绕框架轴相对基座的运动。至于转子绕自转轴的运动,同样是由陀螺电动机控制其自转角速度保持为常数,以产生一定的自转角动量。因此,单自由度陀螺的运动方程式实际是指陀螺组件绕框架轴的运动方程式。

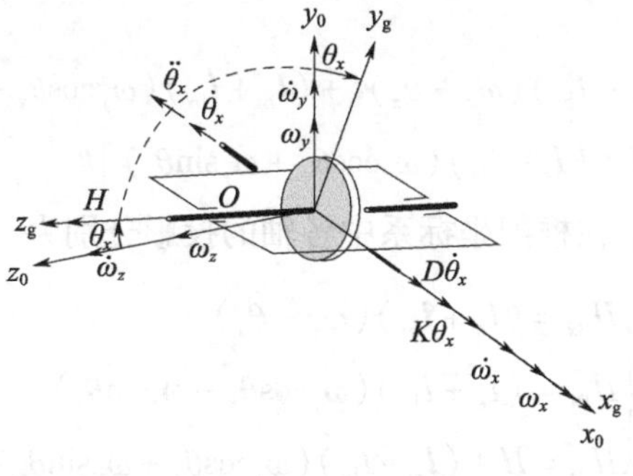

图 2.20 框架坐标相对基座坐标系的运动关系

现取框架坐标系 $ox_gy_gz_g$ 作为动坐标系,并设沿各坐标轴的单位矢量分别为 $\boldsymbol{i},\boldsymbol{j},\boldsymbol{k}$。框架相对基座的角速度在框架坐标系中可表示为

$$\boldsymbol{\omega}_{0g} = -\dot{\theta}_x\boldsymbol{i}$$

基座相对惯性空间的角速度在框架坐标系中可表示为

$$\boldsymbol{\omega}_{i0} = \omega_x\boldsymbol{i} + (\omega_y\cos\theta_x - \omega_z\sin\theta_x)\boldsymbol{j} + (\omega_z\cos\theta_x + \omega_y\sin\theta_x)\boldsymbol{k}$$

框架相对惯性空间的角速度 $\boldsymbol{\omega}_{ig}$ 应是 $\boldsymbol{\omega}_{0g}$ 与 $\boldsymbol{\omega}_{i0}$ 两者的矢量和,它在框架坐标系中可表示为

$$\boldsymbol{\omega}_{ig} = (\omega_x - \dot{\theta}_x)\boldsymbol{i} + (\omega_y\cos\theta_x - \omega_z\sin\theta_x)\boldsymbol{j} + (\omega_z\cos\theta_x + \omega_y\sin\theta_x)\boldsymbol{k} \quad (2-2-28)$$

即框架的角速度 $\boldsymbol{\omega}_{ig}$ 在框架坐标系各轴上的投影分别为

$$\begin{cases}\omega_{igx} = \omega_x - \dot{\theta}_x \\ \omega_{igy} = \omega_y\cos\theta_x - \omega_z\sin\theta_x \\ \omega_{igz} = \omega_z\cos\theta_x + \omega_y\sin\theta_x\end{cases} \quad (2-2-29)$$

框架坐标系相对惯性空间的角速度是与框架相同的。

设框架对框架坐标系各轴的转动惯量分别为 I_{bx}, I_{by}, I_{bz}，则框架角动量 $\boldsymbol{H}_b$ 在框架坐标系中可表示为

$$\boldsymbol{H}_b = I_{bx}(\omega_x - \dot{\theta}_x)\boldsymbol{i} + I_{by}(\omega_y\cos\theta_x - \omega_z\sin\theta_x)\boldsymbol{j} + I_{bz}(\omega_z\cos\theta_x + \omega_y\sin\theta_x)\boldsymbol{k}$$

设转子绕自转轴以角速度 $\boldsymbol{\Omega} = \Omega\boldsymbol{k}$ 相对框架转动。转子相对惯性空间的角速度 $\boldsymbol{\omega}_c$ 应是 $\boldsymbol{\omega}_{ig}$ 与 $\boldsymbol{\Omega}$ 两者的矢量和，它在框架坐标系中可表示为

$$\boldsymbol{\omega}_c = (\omega_x - \dot{\theta}_x)\boldsymbol{i} + (\omega_y\cos\theta_x - \omega_z\sin\theta_x)\boldsymbol{j} + (\Omega + \omega_z\cos\theta_x + \omega_y\sin\theta_x)\boldsymbol{k}$$

在转子自转过程中，框架坐标系的 z_g 轴始终与转子的自转轴重合，x_g 轴和 y_g 轴始终与转子的赤道轴重合。设转子对自转轴的转动惯量为 I_z，对赤道轴的转动惯量为 I_e，则转子角动量 $\boldsymbol{H}_c$ 在框架坐标系中可表示为

$$\boldsymbol{H}_c = I_e(\omega_x - \dot{\theta}_x)\boldsymbol{i} + I_e(\omega_y\cos\theta_x - \omega_z\sin\theta_x)\boldsymbol{j} + I_z(\Omega + \omega_z\cos\theta_x + \omega_y\sin\theta_x)\boldsymbol{k}$$

陀螺组件角动量 $\boldsymbol{H}_B$ 应是框架角动量 $\boldsymbol{H}_b$ 与转子角动量 $\boldsymbol{H}_c$ 两者的矢量和，再考虑到 $I_z\Omega$ 就是转子自转角动量，并用 H 代表，可得到陀螺组件角动量 $\boldsymbol{H}_B$ 在框架坐标系中的表达式为

$$\begin{aligned}\boldsymbol{H}_B = &(I_e + I_{bx})(\omega_x - \dot{\theta}_x)\boldsymbol{i} + (I_e + I_{by})(\omega_y\cos\theta_x - \omega_z\sin\theta_x)\boldsymbol{j} + \\ &[H + (I_z + I_{bz})(\omega_z\cos\theta_x + \omega_y\sin\theta_x)]\boldsymbol{k}\end{aligned}$$

即陀螺组件角动量 $\boldsymbol{H}_B$ 在框架坐标系中各轴的投影分别为

$$\begin{cases}H_{Bx} = (I_e + I_{bx})(\omega_x - \dot{\theta}_x) \\ H_{By} = (I_e + I_{by})(\omega_y\cos\theta_x - \omega_z\sin\theta_x) \\ H_{Bz} = H + (I_z + I_{bz})(\omega_z\cos\theta_x + \omega_y\sin\theta_x)\end{cases} \quad (2-2-30)$$

绕框架轴作用在陀螺组件的外力矩 M_x 需根据具体情况列写。为不失一般性，假设作用有阻尼力矩、弹性力矩和其他力矩(如干扰力矩、控制力矩)，因而可以写为

$$M_x = D\dot{\theta}_x + K\theta_x + M_f \quad (2-2-31)$$

式中：D 为阻尼器的阻尼系数；K 为弹性元件的弹性系数；M_f 代表其他力矩。

在欧拉动力学方程式(2-2-7)的第一式中，H_x、H_y、H_z 分别以式(2-2-30)中 H_{Bx}、H_{By}、H_{Bz} 代入；ω_y 和 ω_z 分别以式(2-2-29)中的 ω_{igy} 和 ω_{igz} 代入；而 M_x 以式(2-2-31)代入，则得陀螺组件绕框架轴的运动方程式，即单自由度陀螺仪的运动方程式为

$$(I_e + I_{bx})\ddot{\theta}_x + D\dot{\theta}_x + K\theta_x = H(\omega_y\cos\theta_x - \omega_z\sin\theta_x) + (I_e + I_{bx})\dot{\omega}_x + (I_z + I_{bz} - I_e - I_{by})(\omega_z\cos\theta_x + \omega_y\sin\theta_x)(\omega_y\cos\theta_x - \omega_z\sin\theta_x) - M_f \tag{2-2-32}$$

式(2-2-32)是一个二阶非线性微分方程式,但在转子高速自转的情况下,陀螺角动量 $\boldsymbol{H}$ 达到较大的量值,故有如下条件成立:

$$H = I_z\Omega \approx (I_z + I_{bz} - I_e - I_{by})(\omega_z\cos\theta_x + \omega_y\sin\theta_x)$$

式(2-2-32)中等号第三项和第一项相比可以忽视,因此单自由度陀螺仪的运动方程式可简化为

$$I\ddot{\theta}_x + D\dot{\theta}_x + K\theta_x = H(\omega_y\cos\theta_x - \omega_z\sin\theta_x) + I\dot{\omega}_x - M_f \tag{2-2-33}$$

式中:I 为陀螺组件对框架轴的转动惯量,$I = I_e + I_{bx}$。

从式(2-2-33)看出,单自由度陀螺仪的输出转角 θ_x 不仅与输入角速度 ω_y 有关,而且与正交轴向角速度 ω_z 有关。在实际应用中,为了减小正交轴向角速度 ω_z 的影响,陀螺仪的转角一般限定在 1°~2°,甚至在更小的范围内,这样就使 $\cos\theta_x \approx 1$ 和 $\sin\theta_x \approx 0$ 的条件成立。在进行基本分析时,若假设 $\cos\theta_x \approx 1$,并且暂不考虑正交轴向角速度 ω_z、框架轴向角加速度 $\dot{\omega}_x$ 和其他力矩 M_f 的影响,省略 ω_y 的下标,则单自由度陀螺仪的运动方程或可进一步简化为

$$I\ddot{\theta}_x + D\dot{\theta}_x + K\theta_x = H\omega \tag{2-2-34}$$

2.3 转子陀螺仪的运动特性分析

2.3.1 二自由度陀螺仪的运动特性分析

陀螺仪运动方程描述了陀螺仪运动与外力矩之间的关系,外力矩的形式不同,陀螺仪的运动规律也就不同。下面取 3 种典型外力矩,即瞬时冲击力矩、阶跃常值力矩和简谐变化力矩,其对应的时间函数形式分别为脉冲函数、阶跃函数和正弦函数,如图 2.21 所示。将这 3 种外力矩分别作为陀螺仪技术方程的输入,通过求解陀螺仪运动方程,得陀螺仪输出表达式,即可对二自由度陀螺仪的运动特性进行分析。但直接求解陀螺仪运动微分方程过程比较复杂,可利用自动控制原理的解析法进行求解,即通过系统的传递函数进行推导。

1. 二自由度陀螺仪传递函数

对二自由度陀螺仪技术方程式(2-2-21)进行拉普拉斯变换,得

$$\begin{cases} M_x(s) = I_x s^2\theta_x(s) + Hs\theta_y(s) \\ M_y(s) = I_y s^2\theta_y(s) - Hs\theta_x(s) \end{cases} \tag{2-3-1}$$

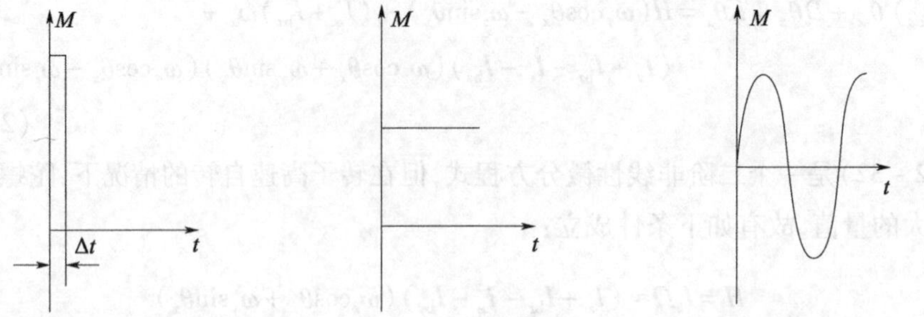

(a) 脉冲函数 (冲击力矩)　(b) 阶跃函数 (常值力矩)　(c) 正弦函数 (简谐变化力矩)

图2.21　3种典型外力矩

这是一个典型的二输入二输出系统,因此由式(2-3-1)可推得二自由度陀螺仪的4个传递函数为

$$\begin{cases}\dfrac{\theta_x(s)}{M_x(s)}=\dfrac{I_y}{I_xI_ys^2+H^2}\\[2ex]\dfrac{\theta_x(s)}{M_y(s)}=\dfrac{-H}{s(I_xI_ys^2+H^2)}\\[2ex]\dfrac{\theta_y(s)}{M_y(s)}=\dfrac{I_x}{I_xI_ys^2+H^2}\\[2ex]\dfrac{\theta_y(s)}{M_x(s)}=\dfrac{H}{s(I_xI_ys^2+H^2)}\end{cases}\tag{2-3-2}$$

2. 瞬时冲击力矩作用下陀螺仪的运动规律

冲击力矩的结果,使得 $t=0^+$ 时陀螺仪具有初始角速度

$$\begin{cases}\dot{\theta}_x(0^+)=\dfrac{M_{gx}\Delta t}{I_x}\\[2ex]\dot{\theta}_y(0^+)=\dfrac{M_{gy}\Delta t}{I_y}\end{cases}\tag{2-3-3}$$

则可设冲击力矩所对应的脉冲函数为

$$\begin{cases}M_x(t)=M_{gx}\Delta t\cdot\delta(t)\\M_y(t)=M_{gy}\Delta t\cdot\delta(t)\end{cases}\tag{2-3-4}$$

1)求作用力矩的拉普拉斯变换 $M_x(s)$、$M_y(s)$

因为 $\delta(s)=1$,所以根据式(2-3-4),得

$$\begin{cases}M_x(s)=M_{gx}\Delta t\\M_y(s)=M_{gy}\Delta t\end{cases}\tag{2-3-5}$$

2)求输出 $\theta_x(s)$、$\theta_y(s)$

为分析方便,设陀螺仪仅受到绕内环轴的冲击力矩作用,即令 $M_y(t)=0$,则根据

式(2－3－2)求解得

$$\begin{cases}\theta_x(s)=\dfrac{I_y}{I_xI_ys^2+H^2}\times M_{gx}\Delta t=\dfrac{M_{gx}\Delta t/I_x}{s^2+H^2/I_xI_y}\\ \theta_y(s)=\dfrac{H}{s(I_xI_ys^2+H^2)}\times M_{gx}\Delta t=\dfrac{HM_{gx}\Delta t/I_xI_y}{s(s^2+H^2/I_xI_y)}\end{cases}$$

令 $\omega_n=\dfrac{H}{\sqrt{I_xI_y}}$，则有

$$\begin{cases}\theta_x(s)=\dfrac{M_{gx}\Delta t/I_x}{s^2+\omega_n^2}=\dfrac{M_{gx}\Delta t}{I_x\omega_n}\cdot\dfrac{\omega_n}{s^2+\omega_n^2}\\ \theta_y(s)=\dfrac{M_{gx}\Delta t}{H}\left[\dfrac{\omega_n^2}{s(s^2+\omega_n^2)}\right]=\dfrac{M_{gx}\Delta t}{H}\left[\dfrac{1}{s}-\dfrac{s}{s^2+\omega_n^2}\right]\end{cases}\tag{2-3-6}$$

3）求输出 $\theta_x(t)$、$\theta_y(t)$

对式(2－3－6)进行拉普拉斯反变换，可得到陀螺仪绕内外环轴转动角度的变换规律为

$$\begin{cases}\theta_x(t)=\dfrac{M_{gx}\Delta t}{H}\sqrt{\dfrac{I_y}{I_x}}\sin\omega_n t\\ \theta_y(t)=\dfrac{M_{gx}\Delta t}{H}(1-\cos\omega_n t)\end{cases}\tag{2-3-7}$$

该运动规律可用图 2.22 表示，可以看出这时陀螺仪绕内环轴做简谐振荡运动，绕外环轴则相对初始位置出现常值偏角，并以该偏角为中心做简谐振荡运动。

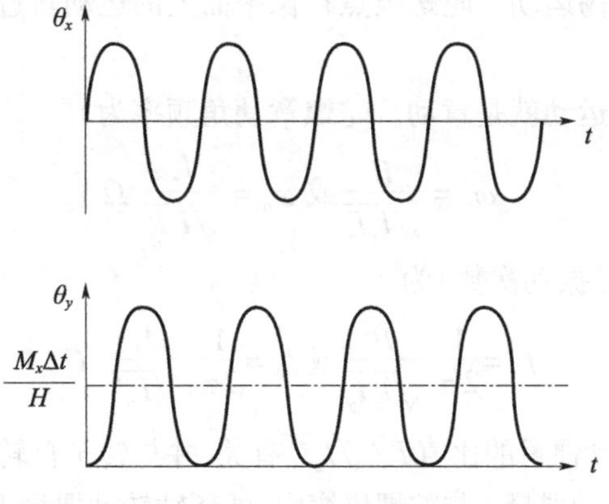

图 2.22　冲击力矩作用下陀螺仪的运动规律

设陀螺仪对内外、环轴的转动惯量相等，即 $I_x=I_y$，并将式(2－3－7)中两个式子整理后两边平方再相加，则得陀螺仪运动轨迹方程式为

$$\theta_x^2+\left(\theta_y-\frac{M_{gx}\Delta t}{H}\right)^2=\left(\frac{M_{gx}\Delta t}{H}\right)^2\tag{2-3-8}$$

这是一个圆的方程式，即陀螺极点在像平面上的运动轨迹是一个圆，圆心坐标是 $\left(0,\dfrac{M_{gx}\Delta t}{H}\right)$，圆的半径为 $\dfrac{M_{gx}\Delta t}{H}$。如果 $I_x\neq I_y$，则其轨迹将是一个椭圆，如图 2.23 所示。

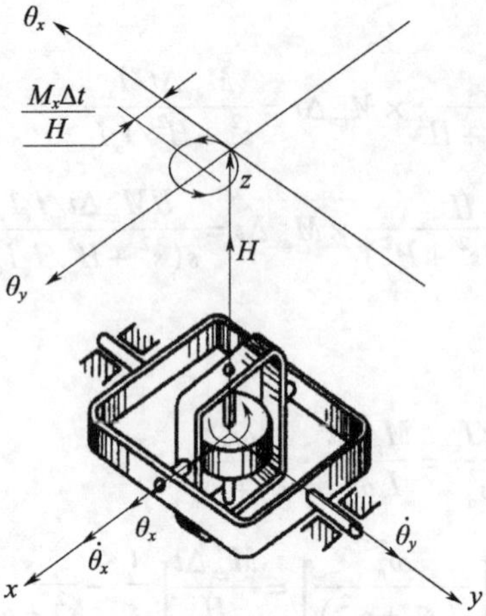

图 2.23　冲击力矩作用下陀螺仪的运动轨迹

当陀螺仪受到绕外环轴的冲击力矩作用时,其运动规律与此类似,可得陀螺仪绕内、外环轴转角的变化规律为

$$\begin{cases}\theta_x(t)=\dfrac{M_{gy}\Delta t}{H}(\cos\omega_n t-1)\\[2ex]\theta_y(t)=\dfrac{M_{gy}\Delta t}{H}\sqrt{\dfrac{I_x}{I_y}}\sin\omega_n t\end{cases}\tag{2-3-9}$$

这时陀螺仪绕外环轴做简谐振运动。绕内环轴则相对起始位置出现常值偏角,并以该偏角为中心做简谐振荡运动。陀螺极点在像平面上的运动轨迹也是圆(当 $I_x=I_y$ 时)或椭圆(当 $I_x\neq I_y$ 时)。

陀螺仪的这种振荡运动就是章动。陀螺章动角频率为

$$\omega_n=\frac{H}{\sqrt{I_xI_y}}\text{或 }\omega_n=\frac{I_z}{\sqrt{I_xI_y}}\Omega\tag{2-3-10}$$

陀螺章动频率(每秒振动次数)为

$$f_n=\frac{1}{2\pi}\frac{H}{\sqrt{I_xI_y}}\text{或 }f_n=\frac{1}{2\pi}\frac{I_z}{\sqrt{I_xI_y}}\Omega\tag{2-3-11}$$

陀螺章动频率与转动惯量的比值 $I_z/\sqrt{I_xI_y}$ 有关,并与转子自转角速度 Ω 成正比。在实际的陀螺仪中,转子轴转动惯量 I_z 与陀螺仪绕内、外环轴转动惯量 I_x、I_y 是同一个数量级,因而陀螺章动角频率 ω 与转子自转角速度 Ω 也是同一个数量级。例如,假设 $I_x\approx I_y\approx 1.5I_z$,则有 $\omega\approx 0.67\Omega$,$f_n=0.67\Omega/2\pi\approx 0.1\Omega\text{Hz}$,当 $\Omega=2500\text{rad/s}$(转速约 2400r/min)时,则 $f_n\approx 250\text{Hz}$。

陀螺章动振幅可从式(2-3-7)、式(2-3-9)得到。当陀螺仪受到绕内环轴的冲击力矩作用时,绕内、外环轴的章动振幅为

$$\begin{cases}\theta_{nx}=\dfrac{M_{gx}\Delta t}{H}\sqrt{\dfrac{I_y}{I_x}}\\[2ex]\theta_{ny}=\dfrac{M_{gx}\Delta t}{H}\end{cases}\tag{2-3-12}$$

当陀螺仪受到绕外环轴的冲击力矩作用时，绕内、外环轴的章动振幅为

$$\begin{cases}\theta_{nx}=\dfrac{M_{gy}\Delta t}{H}\\ \theta_{ny}=\dfrac{M_{gy}\Delta t}{H}\sqrt{\dfrac{I_x}{I_y}}\end{cases}\tag{2-3-13}$$

当陀螺仪进入正常工作状态时，转子达到额定的转速，陀螺角动量具有较大的量值。此时受到冲击力矩作用后，章动频率很高，一般高于 100Hz，而章动振幅很小，一般小于角分量级。由于轴承摩擦和空气或液体介质阻尼等因素的影响，章动会很快衰减下来。当章动衰减后，自转轴就停留在很小的偏角 $\theta_y(0)=M_{gx}\Delta t/H$ 位置上（当冲击力矩绕内环轴作用时），或停留在很小的偏角 $\theta_x(0)=M_{gy}\Delta t/H$ 位置上（当冲击力矩绕外环轴作用时）。在冲击力矩作用下，自转轴相对惯性空间的方位改变极其微小，这表明陀螺仪具有很强的稳定性。但是，如果陀螺仪不断地受到同方向的冲击力矩作用，则其偏角将不断积累，仍会形成一定的误差。

需要指出，当陀螺仪处在起动状态时或在停转过程中，转子的转速较低，陀螺角动量小，此种情况下受到冲击力矩作用后，将会出现明显的振动。这时章动振幅很大，加之振荡又较剧烈，易损坏接触部件，并加速轴承磨损，从而影响陀螺仪性能和使用寿命。有些仪表为了缩短起动时间，加装锁定机构或采用程序起动，这些措施可以有效地消除起动时陀螺章动的影响。

3. 阶跃常值力矩作用下陀螺仪的运动规律

阶跃常值力矩的特点是力矩的大小和方向均不随时间而改变。为修正陀螺仪而施加的常值控制力矩，由陀螺组件静平衡不精确而形成的质量不平衡力矩，一般来说可看成是阶跃常值力矩，其对应的是阶跃函数。

设仅绕内环轴作用有常值力矩 M_{gx}，则其拉普拉斯变换可写为 $M_x(s)=\dfrac{M_{gx}}{s}$。

按照冲击力矩作用下的运动规律分析方法与步骤，可以解得陀螺仪绕内、外环轴转角的变化规律为

$$\begin{cases}\theta_x(t)=\dfrac{M_{gx}}{H\omega_n}\sqrt{\dfrac{I_y}{I_x}}(1-\cos\omega_n t)\\ \theta_y(t)=\dfrac{M_{gx}}{H}t-\dfrac{M_{gx}}{H\omega_n}\sin\omega_n t\end{cases}\tag{2-3-14}$$

该运动规律如图 2.24 所示，这时陀螺仪绕内环轴相对起始位置出现常值偏角，并以该偏角为中心做简谐振荡运动，绕外环轴的转角则随时间而增大，并附加有简谐振荡运动。

设陀螺仪对内、外环轴的转动惯量相等，即 $I_x=I_y$，并对式（2-3-14）变换，则得陀螺仪的运动轨迹方程式为

$$\left(\theta_x-\frac{M_{gx}}{H\omega_n}\right)^2+\left(\theta_y-\frac{M_{gx}}{H}t\right)^2=\left(\frac{M_{gx}}{H\omega_n}\right)^2\tag{2-3-15}$$

这表明陀螺极点在像平面上的运动轨迹是旋轮线,如图2.25所示。

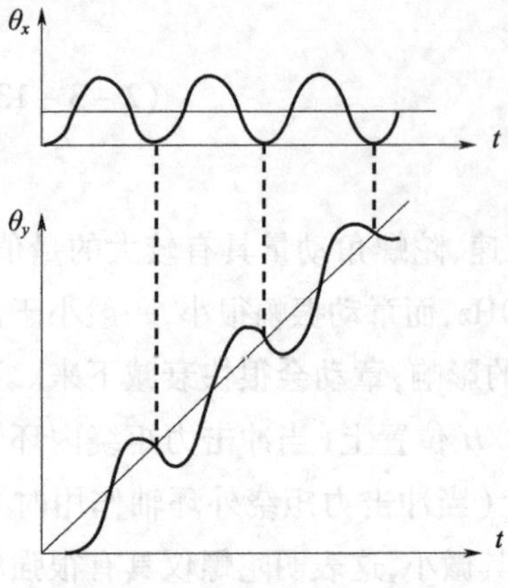

图2.24　阶跃常值力矩作用下
陀螺仪的运动规律

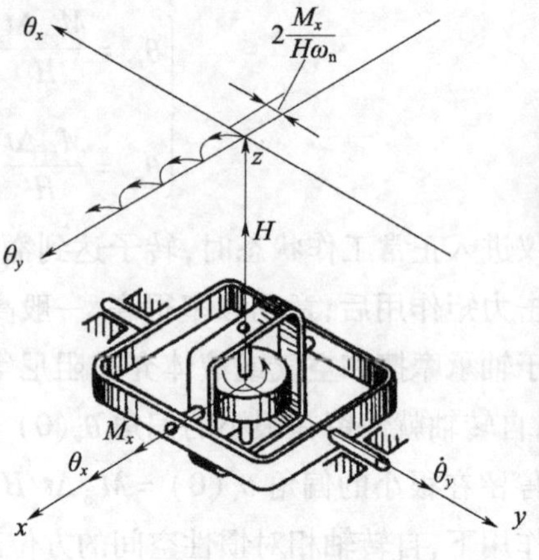

图2.25　阶跃常值力矩作用下
陀螺仪的运动轨迹

当绕外环轴作用有常值力矩 M_{gy} 时,其运动规律与此类似,从这时的运动方程可求出陀螺仪绕内、外环轴转角时变化规律为

$$\begin{cases}\theta_x(t)=-\dfrac{M_{gy}}{H}t+\dfrac{M_{gy}}{H\omega_n}\sin\omega_n t\\ \theta_y(t)=\dfrac{M_{gy}}{H\omega_n}\sqrt{\dfrac{I_x}{I_y}}(1-\cos\omega_n t)\end{cases}\tag{2-3-16}$$

这时陀螺仪绕外环轴相对起始位置出现常值偏角,并以该偏角为中心做简谐振荡运动,绕内环轴的转角则随时间而增大,并附加有简谐振荡运动。陀螺极点在相平面上的运动轨迹也是旋轮线。

在常值力矩作用下,陀螺仪转角随时间增大的部分是进动,而简谐振荡部分是章动,即陀螺仪的这种运动是进动与章动的组合运动。

陀螺进动转角可从式(2-3-14)和式(2-3-16)得到。当陀螺仪受到绕内环轴的常值力矩作用时,绕外环轴的进动转角为

$$\theta_y(t)=\frac{M_{gx}}{H}t\tag{2-3-17}$$

当陀螺仪受到绕外环轴的常值力矩作用时,绕内环轴的进动转角为

$$\theta_x(t)=-\frac{M_{gy}}{H}t\tag{2-3-18}$$

陀螺章动频率仍与上面相同,而章动振幅可从式(2-3-14)和式(2-3-16)得到。当陀螺仪受到绕内环轴的常值力矩作用时,绕内、外环轴的章动振幅为

$$\begin{cases}\theta_{nx}=\dfrac{M_{gx}}{H\omega_n}\sqrt{\dfrac{I_y}{I_x}}=\dfrac{I_y}{H^2}M_{gx}\\ \theta_{ny}=\dfrac{M_{gx}}{H\omega_n}=\dfrac{\sqrt{I_xI_y}}{H^2}M_{gx}\end{cases}\tag{2-3-19}$$

当陀螺仪受到绕外环轴的常值力矩作用时，绕内、外环轴的章动振幅为

$$\begin{cases}\theta_{nx}=\dfrac{M_{gy}}{H\omega_n}=\dfrac{\sqrt{I_xI_y}}{H^2}M_{gy}\\ \theta_{ny}=\dfrac{M_{gy}}{H\omega_n}\sqrt{\dfrac{I_x}{I_y}}=\dfrac{I_x}{H^2}M_{gy}\end{cases}\tag{2-3-20}$$

当陀螺仪进入正常工作状态时，陀螺角动量具有较大的量值，由常值力矩所引起的章动同样是高频微幅的，而且摩擦和阻尼的影响会使它很快衰减下来。在章动衰减后，自转轴就在很小的偏角 $\theta_x=I_yM_{gx}/H^2$ 位置上，绕外环轴以角速度 $\dot\theta_y=M_{gx}/H$ 相对惯性空间进动（当常值力矩绕内环轴作用时），或在很小的偏角 $\theta_y=I_xM_{gy}/H^2$ 位置上，绕内环抽以角速度 $\dot\theta_x=M_{gy}/H$ 相对惯性空间进动（当常值力矩绕外环轴作用时）。由此可见，在常值力矩作用下，陀螺仪的运动主要表现为绕正交轴的进动。可以忽略章动的影响，而把上述旋轮线运动轨迹看成直线运动轨迹，这在技术应用上是足够精确的。

需要指出，当陀螺仪处在起动状态时或在停转过程中，陀螺角动量较小，在常值力矩作用下，陀螺仪的运动除表现出进动之外，还明显地表现出章动。例如，在未装锁定机构的陀螺仪表中，当仪表开始起动时，在修正力矩作用下，陀螺仪做进动的同时还出现明显章动，随着转子转速的增大，章动频率逐渐增高，振幅逐渐减小到零。此后，在修正力矩作用下，陀螺仪做纯进动而修正到预定的方位上。

4. 简谐变化力矩作用下陀螺仪的运动规律

简谐变化力矩的特点是力矩按正弦或余弦规律变化。由导弹振荡等因素引起的作用在陀螺仪上的周期性力矩，可以用傅里叶级数展成具有各次谐波的简谐变化力矩之和。

设仅绕内环轴作用有简谐力矩 $M_{gx}\sin\lambda t$（M_{gx} 为力矩幅值，λ 为力矩变化的角频率），则其拉普拉斯变换可写为 $M_x(s)=\dfrac{\lambda}{s^2+\lambda^2}M_{gx}$。

同样按照冲击力矩作用下的运动规律分析方法与步骤，可以解得陀螺仪绕内、外环轴转角的变化规律为

$$\begin{cases}\theta_x(t)=\dfrac{\omega_n\lambda}{\omega_n^2-\lambda^2}\dfrac{M_{gx}}{H}\sqrt{\dfrac{I_y}{I_x}}\left(\dfrac{1}{\lambda}\sin\lambda t-\dfrac{1}{\omega_n}\sin\omega_n t\right)\\ \theta_y(t)=\dfrac{\omega_n\lambda}{\omega_n^2-\lambda^2}\dfrac{M_{gx}}{H}\left(-\dfrac{\omega_n}{\lambda^2}\cos\lambda t+\dfrac{1}{\omega_n}\cos\omega_n t\right)+\dfrac{M_{gx}}{H\lambda}\end{cases}\tag{2-3-21}$$

如果忽略式中代表陀螺仪章动的高频振动项，即忽略包含有 $\sin\omega_n t$ 和 $\cos\omega_n t$ 的项，并考虑到外力矩变化的角频率 λ 比陀螺章动角频率 ω_n 要小得多，可近似认为 $\omega_n{}^2-\lambda^2\approx\omega_n{}^2$，则可得陀螺仪绕内、外环轴转角变化规律的近似表达式为

$$\begin{cases}\theta_x(t)=\dfrac{M_{gx}}{H\omega_n}\sqrt{\dfrac{I_y}{I_x}}\sin\lambda t\\ \theta_y(t)=\dfrac{M_{gx}}{H\lambda}(1-\cos\lambda t)\end{cases}\tag{2-3-22}$$

这时陀螺仪绕内环轴做简谐振荡运动,绕外环轴则相对起始位置出现常值偏角,并以该偏角为中心做简谐振荡运动。

设陀螺仪对内、外环轴的转动惯量相等,即 $I_x = I_y$,并将式(2-3-22)中的两个式子整理后两边平方再相加,则得陀螺仪的运动方程式为

$$\left(\frac{\theta_x}{M_{gx}/H\omega_n}\right)^2 + \left(\frac{\theta_y - M_{gx}/H\lambda}{M_{gx}/H\lambda}\right)^2 = 1 \tag{2-3-23}$$

这表明陀螺极点在相平面上的运动轨迹是一个椭圆。椭圆中心的坐标是$(0, M_{gx}/H\lambda)$,长半轴为 $M_{gx}/H\lambda$,短半轴为 $M_{gx}/H\omega_n$。

当绕外环轴作用有简谐力矩 $M_{gy}\sin\lambda t$(M_{gy} 为力矩幅值,λ 为力矩变化的角频率)时,其运动规律与此类似,可求出陀螺仪绕内外环轴转角变化规律的近似表达式为

$$\begin{cases} \theta_x(t) = \dfrac{M_{gy}}{H\lambda}(\cos\lambda t - 1) \\ \theta_y(t) = \dfrac{M_{gy}}{H\omega_n}\sqrt{\dfrac{I_x}{I_y}}\sin\lambda t \end{cases} \tag{2-3-24}$$

这时陀螺仪绕外环轴做简谐振荡运动,绕内环轴则相对起始位置出现常值偏角,并以该偏角为中心做简谐振荡运动。陀螺极点在相平面上的运动轨迹也是椭圆。

陀螺仪的这种振荡运动称为受迫振动。受迫振动的频率与外力矩变化的频率相同,受迫振动的振幅可从式(2-3-22)和式(2-3-24)得到。当陀螺仪受到绕内环轴的简谐力矩作用时,绕内、外环轴受迫振动的振幅为

$$\begin{cases} \theta_{fx} = \dfrac{M_{gx}}{H\omega_n}\sqrt{\dfrac{I_y}{I_x}} \\ \theta_{fy} = \dfrac{M_{gx}}{H\lambda} \end{cases} \tag{2-3-25}$$

当陀螺仪受到绕外环轴的简谐力矩作用时,绕内、外环轴受迫振动的振幅为

$$\begin{cases} \theta_{fx} = \dfrac{M_{gy}}{H\lambda} \\ \theta_{fy} = \dfrac{M_{gy}}{H\omega_n}\sqrt{\dfrac{I_x}{I_y}} \end{cases} \tag{2-3-26}$$

一般来说,陀螺章动角频率 ω_n 比外力矩变化角频率 λ 要大得多,所以陀螺仪绕正交轴受迫振动的振幅比绕同轴受迫振动的振幅要大得多,即在简谐力矩作用下,陀螺仪的运动主要表现为绕正交轴的受迫振动,可以忽略同轴受迫振动的影响。还可看出,陀螺仪绕正交轴受迫振动的振幅与外力矩变化的角频率 λ 成反比,随着 λ 的增大振幅将减小。若以外力矩作为输入量,角位移作为输出量,那么陀螺仪就好像是一个机械低通滤波器。

实际上,陀螺仪绕正交轴的受迫振动是通过进动而产生的,在简谐力矩作用下,陀螺仪的进动角速度可直接从进动方程式得到,即

$$\begin{cases}\dot{\theta}_y(t)=\dfrac{M_{gx}\sin\lambda t}{H}\\ \dot{\theta}_x(t)=-\dfrac{M_{gy}\sin\lambda t}{H}\end{cases}\tag{2-3-27}$$

将式(2-3-27)对时间进行积分,则得到与式(2-3-22)的第二式以及式(2-3-24)的第一式完全相同的结果。由此可见,这种绕正交轴的受迫振动,仍然是陀螺仪的进动性表现。

2.3.2　单自由度陀螺仪的基本运动特性分析

单自由度陀螺仪的基本运动特性是指分析它的输出转角与输入角速度之间的关系特性。单自由度陀螺仪所受约束情况不同时,其运动规律也不相同,下面分别对不同情况进行讨论。在求解单自由度陀螺仪的运动方程时,假设输入角速度为阶跃常值角速度,并且假设陀螺仪绕框架轴的初始角速度和初始转角均为零。

1. 仅有弹性约束时陀螺仪的运动规律

在仅有弹性约束时,式(2-2-27)中的阻尼项为零,单自由度陀螺仪的运动方程式为

$$I\ddot{\theta}_x+K\theta_x=H\omega\tag{2-3-28}$$

该微分方程中只有惯性项和弹性项,它所描述的是无阻尼的振荡运动。将式(2-3-28)改写为

$$\ddot{\theta}_x+\omega_0^2\theta_x=\omega_0^2\frac{H}{K}\omega\tag{2-3-29}$$

式中:ω_0为自然角频率,且

$$\omega_0=\sqrt{\frac{K}{I}}\tag{2-3-30}$$

而自然振荡频率为

$$f_0=\frac{1}{2\pi}\sqrt{\frac{K}{I}}\tag{2-3-31}$$

求解上述微分方程式,也可利用自动控制原理的解析法,得到陀螺仪框架轴的运动规律为

$$\theta_x=\frac{H}{K}\omega(1-\cos\omega_0 t)\tag{2-3-32}$$

这个结果表明,在仅有弹性约束时,陀螺仪绕框架轴是以转角 $H\omega/K$ 为平均位置做不衰减的简谐振荡运动。陀螺仪输出转角随时间的变化关系可用图 2.26 表示。这种类型的陀螺仪没有稳定的输出,所以在实际中不能应用。

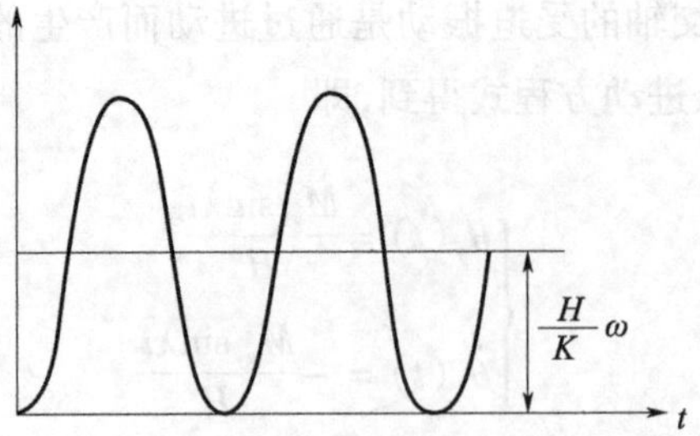

图 2.26　仅有弹性约束时陀螺仪的运动规律

2. 有阻尼和弹性约束时陀螺仪的运动规律

在同时有阻尼和弹性约束时,单自由度陀螺仪的运动方程式就是式(2-2-27)。该微分方程式中有惯性项、阻尼项和弹性项,它所描述的是有阻尼的振荡运动。将该式改写为

$$\ddot{\theta}_x + 2\xi\omega_0\dot{\theta}_x + \omega_0^2\theta_x = \omega_0^2\frac{H}{K}\omega \tag{2-3-33}$$

式中:ω_0为自然振荡角频率;ξ 为相对阻尼系数或阻尼比,且

$$\xi = \frac{D}{2I\omega_0} = \frac{D}{2\sqrt{IK}} \tag{2-3-34}$$

当相对阻尼系数 $\xi<1$ 时,求解上述微分方程式可得陀螺仪绕框架轴的运动律为

$$\theta_x = \frac{H}{K}\omega\left[1 - \frac{1}{\sqrt{1-\xi^2}}\mathrm{e}^{-\xi\omega_0 t}\sin\left(\sqrt{1-\xi^2}\,\omega_0 t + \delta\right)\right] \tag{2-3-35}$$

式中:$\delta = \arctan(\sqrt{1-\xi^2}/\xi)$。

这个结果表明,在同时有阻尼和弹性约束,并且相对阻尼系数 $\xi<1$ 的情况下,陀螺仪绕框架轴是以转角 $H\omega/K$ 为稳定位置做衰减的振荡运动,陀螺仪输出转角随时间的变化关系可如图 2.27 所示。

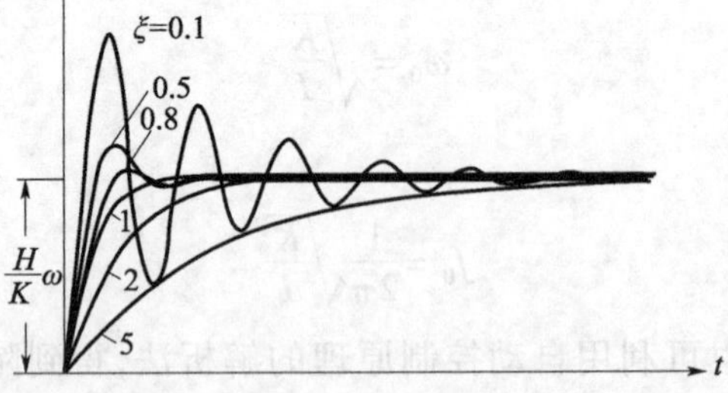

图 2.27　同时有弹性约束和阻尼约束时陀螺仪的运动规律

当陀螺仪的振荡衰减后,即达到稳态时,陀螺仪的输出转角达到一个稳定的数值

$$\theta_x = \frac{H}{K}\omega \tag{2-3-36}$$

其中陀螺角动量 H 和弹性元件的弹性系数 K 均为常量,可将上式写成

$$\theta_x = K_1\omega \tag{2-3-37}$$

即在稳态时陀螺仪的输出转角与输入角速度成正比，其比例系数为

$$K_{\mathrm{I}}=\frac{H}{K} \tag{2-3-38}$$

该比例系数称为这种陀螺仪的稳态放大系数或稳态增益。

在相对阻尼系数 $\xi<1$ 的情况下，陀螺仪的阻尼振荡角频率为 $\sqrt{1-\xi^2}\,\omega_0$，阻尼振荡周期为 $2\pi/\sqrt{1-\xi^2}\,\omega_0$；而在无阻尼的情况下，自然振荡周期为 $2\pi/\omega_0$。可见，阻尼使陀螺仪的振荡周期增大。但当 $\xi=0.5\sim0.8$ 时，阻尼对振荡周期增大的影响很小，而振幅的衰减却很明显。如果 $\xi<0.5$，则陀螺仪仍然会出现明显的振荡，其振幅要经过一段比较长的时间才能衰减下来，这样陀螺仪达到稳态输出的过渡时间也随之增大。

若是相对阻尼系数 $\xi=1$，即临界阻尼情况，$\xi>1$，即过阻尼情况，则从式(2-3-33)的求解结果可知，陀螺仪绕框架轴将做非周期运动。随着时间的增大，其输出转角逐渐趋于 $H\omega/K$ 而稳定下来。在稳态时，同样得到输出转角与输入角速度成正比的特性。但是，过大的阻尼会使陀螺仪达到稳定输出的过渡时间也随之增大。

在同时有阻尼和弹性约束的情况下，只要适当地选择相对阻尼系数，使之在 0.5 ~ 0.8 的范围内，陀螺仪就能很快地达到稳态输出，并且输出转角与输入转角速度成正比。这种类型的陀螺仪称为速率陀螺仪。

3. 仅有阻尼时陀螺仪的运动规律

在仅有阻尼时，式(2-2-27)中的弹性项为零，单自由度陀螺仪的运动方程为

$$I\ddot{\theta}_x+D\dot{\theta}_x=H\omega \tag{2-3-39}$$

该微分方程式中只有惯性项和阻尼项，它所描述的已不再是振荡运动。将式(2-3-39)改写为

$$T\ddot{\theta}_x+\dot{\theta}_x=\frac{H}{D}\omega \tag{2-3-40}$$

式中：T 为陀螺仪的时间常数，且

$$T=\frac{I}{D} \tag{2-3-41}$$

求解上述微分方程式可得到陀螺仪绕框架轴的运动规律为

$$\theta_x=\frac{H}{D}\omega\left[t-T(1-\mathrm{e}^{-t/T})\right] \tag{2-3-42}$$

陀螺仪输出转角随时间的变化关系如图 2.28 所示。如果陀螺仪的时间常数 $T=0$，则从式(2-3-42)得

$$\theta_x=\frac{H}{D}\omega t$$

考虑到其中陀螺角动量 H 和阻尼器的阻尼系数 D 均为常量，并且输入角速度 ω 与时间 t 的乘积等于输入转角，即为输入角速度 ω 对时间 t 的积分，于是上式又可以写为

$$\theta_x=\frac{H}{D}\int_0^t\omega\mathrm{d}t \tag{2-3-43}$$

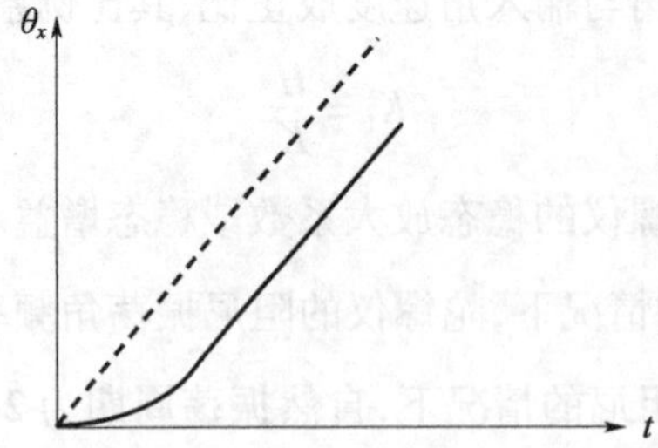

图 2.28　仅有阻尼约束时陀螺仪的运动规律

即稳态时陀螺仪的输出转角与输入转角成正比,或者说与输入角速度的积分成正比,其比例系数为

$$K_{\mathrm{I}} = \frac{H}{D} \tag{2-3-44}$$

该比例系数称为这种陀螺仪的稳态放大系数或稳态增益。

实际上,陀螺仪对框架轴存在转动惯量 I,阻尼器的阻尼系数 D 要做得很大也有困难,所以陀螺仪的时间常数 T 并不等于零,即上述这种理想的积分特性是不可能实现时。但是,如果阻尼系数 D 比较大而使时间常数 T 足够小,例如 T 小于 0.004s,仍然可以得到较为理想的积分特性,即仍然可以认为输出转角与输入角速度的积分成正比。这种类型的陀螺仪通常称为积分陀螺仪。

4. 无任何约束时陀螺仪的运动规律

在没有阻尼和弹性约束时,式(2-2-27)中的阻尼项和弹性项均为零,单自由度陀螺仪的运动方程式为

$$I\ddot{\theta}_x = H\omega$$

或将上式改写为

$$\ddot{\theta}_x = \frac{H}{I}\omega \tag{2-3-45}$$

直接积分上式可得到陀螺仪绕框架轴的运动规律为

$$\theta_x = \frac{H}{I}\int_0^t\int_0^t \omega \mathrm{d}t\mathrm{d}t \tag{2-3-46}$$

其中陀螺角动量 H 和转动惯量 I 均为常量,可将上式写成

$$\theta_x = K_{\mathrm{I}}\int_0^t\int_0^t \omega \mathrm{d}t\mathrm{d}t \tag{2-3-47}$$

这时陀螺仪的输出转角与输入角速度的二次积分成正比,其比例系数为

$$K_{\mathrm{I}} = \frac{H}{I} \tag{2-3-48}$$

该比例系数称为这种陀螺仪的放大系数。这种类型的陀螺仪通常称为二重积分陀螺仪。

速率陀螺仪、积分陀螺仪和二重积分陀螺仪是单自由度陀螺仪的 3 种基本类型。其

中速率陀螺仪广泛应用于各种运载体的自动控制系统，作为角速度的敏感元件，而积分陀螺仪和二重积分陀螺仪广泛应用于惯性导航系统或惯性制导系统，作为角位移或角速度的敏感元件。

思考题

1. 对于二自由度陀螺仪，定义：$\overline{M_{外}}$为外力矩、$\overline{H}$为动量矩、$\overline{\omega}$为进动角速度、$\overline{M_T}$为陀螺力矩，请在题 1 图上按要求标出相应的参量。

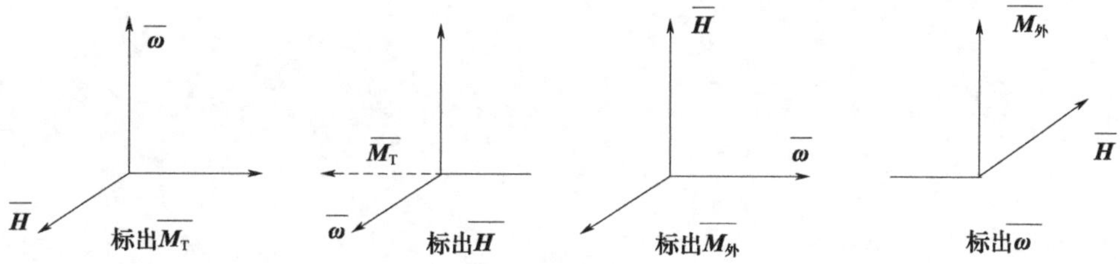

题 1 图

2. 用动量矩定理解释二自由度陀螺仪的进动性。

3. 观察周围的事物，试举一、两个体现陀螺仪陀螺力矩特性的实例。

4. 陀螺力矩的实质是什么？试推导陀螺力矩的表达式。

5. 试分析陀螺漂移产生的原因，如何减小陀螺漂移产生的影响？

6. 什么是动静法？

7. 应用动静法推导二自由度陀螺仪相对惯性坐标系的动力学方程式。

8. 如题 8 图所示弹体坐标系，现用一单自由度陀螺仪（阻尼、弹性约束均存在）测量 OX_b 方向角速率。利用动静法推导此条件下的陀螺仪动力学方程，要求正确画出单自由度陀螺仪框架坐标系，并在图中正确标识相关矢量。

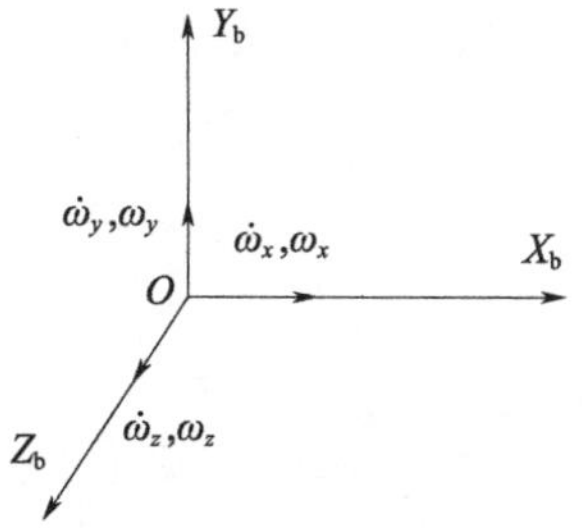

题 8 图

9. 试用欧拉动力学方法推导二自由度陀螺仪运动方程。

10. 单自由度陀螺仪运动方程的建立与二自由度的建立根本区别在哪里？

11. 应用欧拉动力学方程推导单自由度陀螺仪运动方程的一般步骤是什么？

12. 二自由度陀螺仪只有对方向的稳定性,而没有对方向的选择性。那是否能够用来定向寻北?如果可以,又是如何实现的?

13. 描述单自由度陀螺仪精度的主要指标是什么?试给出其定义及物理解释。

14. 瞬时冲击力矩仅绕外环轴作用,求陀螺仪绕内、外环轴转角的变化规律,以及陀螺极点运动轨迹。

15. 常值力矩仅绕外环轴作用,求陀螺仪绕内、外环轴转角的变化规律,以及陀螺极点运动轨迹。

第3章　惯性仪表陀螺仪

工程上陀螺仪分类方式很多,一般按以下4种方式分类。

(1)按陀螺仪的原理与用途分类:位置陀螺仪、速率陀螺仪、积分陀螺仪等。

(2)按陀螺仪物理机理不同分类:转子陀螺仪、光学陀螺仪、振动陀螺仪、原子陀螺仪等。

(3)按转子陀螺仪自转轴相对其基座的转动自由度数目分类:单自由度陀螺仪、二自由度陀螺仪。

(4)按对陀螺转子支撑方式不同分类:滚珠轴承式陀螺仪、气浮陀螺仪、液浮陀螺仪、挠性陀螺仪、静电陀螺仪等。

3.1　典型刚体转子陀螺仪

3.1.1　三浮陀螺仪

三浮陀螺仪是单自由度液浮积分陀螺的发展改进。采用动压气浮轴承电机代替滚珠轴承电机,利用磁悬浮技术来消除机械摩擦力矩,提高了陀螺寿命及精度。因为同时采用了液浮技术、动压气浮技术、磁悬浮技术,故简称三浮陀螺,这种陀螺精度极高,通常应用于战略武器、载人航天、星空探测等对陀螺精度要求非常高的领域。三浮陀螺主要关键技术包括:总体结构设计技术;动压气浮轴承技术;磁悬浮支承技术;温度场设计技术。为了获得高精度和高稳定性,三浮陀螺多采用铍作为主要结构材料,有相对密度小、刚度高、导热好、比热容大、蠕变小、稳定性高等优点。

我国从20世纪80年代开始三浮陀螺的研制,经过多年技术攻关,掌握了动压气浮轴承技术和磁悬浮支承技术。我国已研制出了弹用和船用两种类型三浮陀螺并成功应用,与国外先进水平的差距正在逐步缩小。本书只针对单自由度陀螺仪就三浮的几个原理性问题作介绍。

1. 液浮的基本原理

液浮陀螺仪的结构组成如图3.1所示。浮子组件指的是单自由度陀螺仪的框架组件,是液浮陀螺中的活动部件,它的结构在很大程度上体现了液浮陀螺的基本特征。陀螺电机安装在浮子内部的框架上,并需要精确定位。整个浮子无论采取何种形式,都必须先抽真空后充气(氢气或氦气),再可靠密封。浮子组件沿输出轴是通过一对轴尖宝石座支承在壳体上的,并且与信号器、力矩器以及磁悬浮系统同轴工作,这就要保证各元件精确同心。浮子组件在装入壳体之前,必须先在状态相同的浮液中进行精确的静平衡,当整个壳体组件装成后,还要向壳体的间隙内充液而后密封。

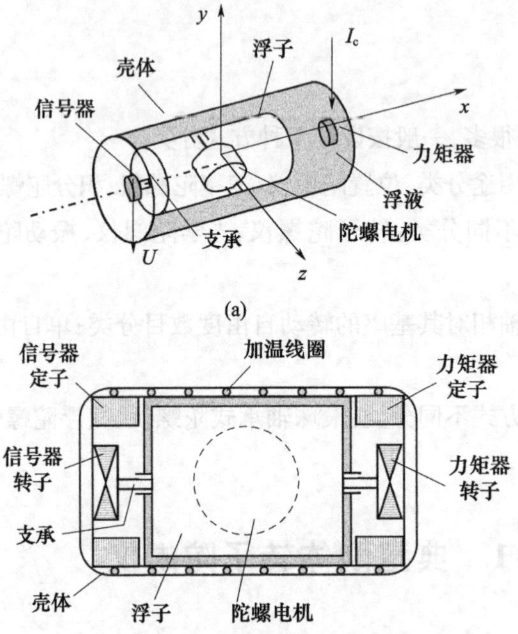

图 3.1　液浮陀螺仪结构示意图

1)浮子组件的静平衡

如图 3.2 所示,定义浮子坐标系(框架坐标系)$ox_gy_gz_g$ 和基座坐标系(壳体坐标系)$ox_0y_0z_0$,当相对转角 θ 为零时,两个坐标系的各轴是互相重合的。在某一加速度(弹用环境下特指视加速度)$\boldsymbol{f}$ 的作用下,浮子组件一方面受到加速度合力 $m\boldsymbol{f}$(m 为浮子组件质量)的作用,另一方面还受到浮液对它的广义浮力 $m'\boldsymbol{f}$(广义浮力指不仅由重力而且由惯性力共同引起的浮力,m'为与浮子组件同体积的浮液的质量)的作用。加速度合力的等效作用点即为浮子组件的质心 G,而广义浮力的等效作用点即为浮子组件的浮心 B。G 相对支点 O 的位置取决于浮子组件的质量分布,可用矢径 $\boldsymbol{R}_G$代表。B 相对支点 O 的位置则取决于浮子组件的体积分布,用矢径 $\boldsymbol{R}_B$代表。根据静力学原理可列出两者构成平衡力系的条件为

$$\begin{cases} m\boldsymbol{f} - m'\boldsymbol{f} = 0 \\ \boldsymbol{R}_G \times m\boldsymbol{f} - \boldsymbol{R}_B \times m'\boldsymbol{f} = 0 \end{cases} \tag{3-1-1}$$

由此得知浮子组件达到浮力卸载和静平衡的条件为

$$\begin{cases} m = m' \\ \boldsymbol{R}_G = \boldsymbol{R}_B \end{cases} \tag{3-1-2}$$

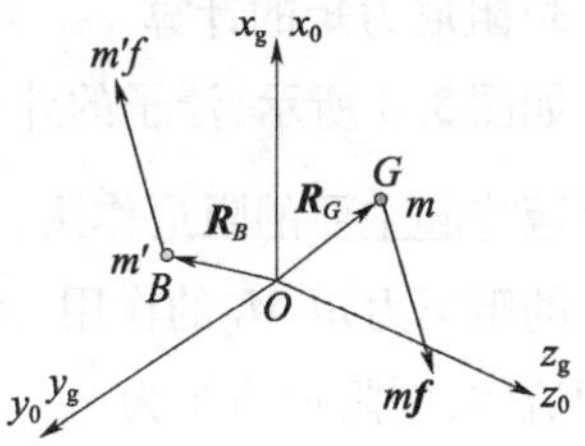

图3.2　浮子组件的静平衡条件

式(3-1-2)的第一式意味着要控制浮子组件的质量m且同时控制浮液的密度,使之与同体积的浮液质量m相等。第二式则意味着要控制浮子组件的质量分布和体积分布,从而使质心G和浮心B互相重合。满足以上条件的陀螺就称为全浮式陀螺。

实际的静平衡工作应在具有工作温度的浮液中进行,一般借助于重力的作用对各轴依次试验。首先,根据式(3-1-1)的第一式,把浮子组件完全浸入浮液中,3个轴可以处于任意方位,看其在浮液中是否上下移动(不包括转动)。当确实不产生移动时,才表示重力与浮力相等,实现了中性悬浮,这时第一平衡条件得到满足。然后,根据式(3-1-1)的第二式,依次使浮子组件的3个轴垂直于重力方向,看浮子组件绕该轴是否发生转动(先做一次,转90°再做一次)。只有当浮子组件不发生任何转动时,才说明重力矩与浮力矩达到平衡,质心与浮心重合,第二平衡条件得到了满足。实际上只要绕两个轴达到平衡,绕第三轴便自然达到平衡。

实现浮子组件的静平衡,首先需要合理的结构设计。装好后先在空气中进行粗平衡,然后再在浮液中进行精平衡。平衡的主要方法是增减专门的配重质量和改变配重的分布位置。由于绕输出轴的静平衡不仅是实现全浮所必须,而且也保证了绕该轴的静不平衡干扰力矩尽可能小,故一般的配重都是环绕输出轴配置的。

2)对浮液的要求

浮液是液浮陀螺特有的悬浮介质,对它的基本要求可分物理特性和化学特性两方面。

物理特性的基本要求有以下几点。

(1)密度。浮液的密度足够高才能产生足够大的浮力,而不至于要求浮子具有过大的空腔。

(2)黏度。积分陀螺要求较大的阻尼,希望浮液的黏度大,且浮液黏度的温度系数低。对二自由度液浮陀螺则要求尽可能小的阻尼,一般是采用低黏度的浮液。

(3)热导率。希望有较高的热导率以降低温度梯度,减少液体对流。

(4)挥发性。希望挥发性极小。

(5)为了得到特定的密度和黏度,常需要把几种不同密度和黏度的浮液混合起来,希望能混合得均匀,且稳定。

化学特性的基本要求是浮液本身化学成分很稳定,不会自行分解和变质。安全性好,浮液与所接触的零部件所用的金属及非金属材料不起任何化学反应。

目前,常用的浮液主要有两类:一类是轻浮液,即通常所说的硅油,密度一般都小于水;另一类是重浮油,即通常所说的氟油,密度可达1.8~2.5kg/m^3。它们的黏度范围都很宽,稳定性与绝缘性也较好,只是热膨胀系数都比较大,黏度受温度的影响也很严重。

3)阻尼力矩的计算

如图3.3所示,浮子的外圆柱表面与壳体的内圆柱表面之间留有一圈环形间隙,其间的浮液将起主要的阻尼作用。当浮子组件绕输出轴相对壳体有角速度 $\dot{\boldsymbol{\theta}}$ 时,将受到一反方向的阻尼力矩 $\boldsymbol{M}_{\mathrm{D}}$ 的作用。考虑到间隙的厚度 δ 比浮子半径 r 要小得多,并认为浮液为牛顿流体,则阻尼力矩为

$$\boldsymbol{M}_{\mathrm{D}} = 2\pi \frac{\mu l r^3}{\delta}\dot{\boldsymbol{\theta}} \tag{3-1-3}$$

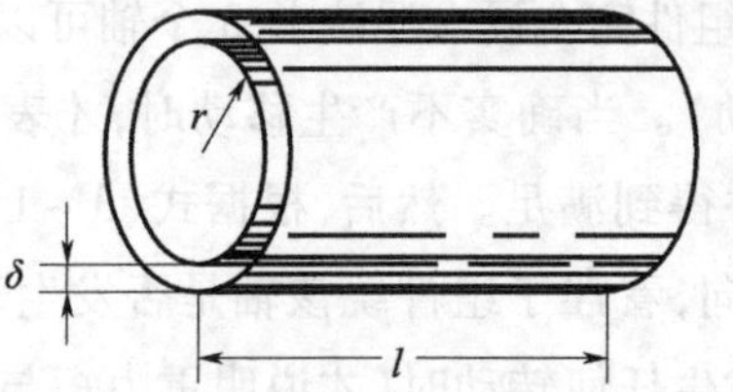

图3.3 浮筒与壳体间的环形间隙

由此得到阻尼系数的计算公式为

$$D = 2\pi \frac{\mu l r^3}{\delta} \tag{3-1-4}$$

式中:l 为浮子长度;μ 为浮液的黏度。

如果考虑端部间隙中的阻尼作用,则对阻尼系数 D 的数值还需做某些修正。至于浮液黏度随温度的变化可用下式计算:

$$\mu_2 = \mu_1 (1-0.04)^{1.8\Delta T} \tag{3-1-5}$$

式中:ΔT 为温度的变化量(℃);μ_1 为温度改变前浮液的黏度;μ_2 为温度改变后浮液的黏度。

单自由度液浮陀螺仪的原理结构图如图3.4所示。

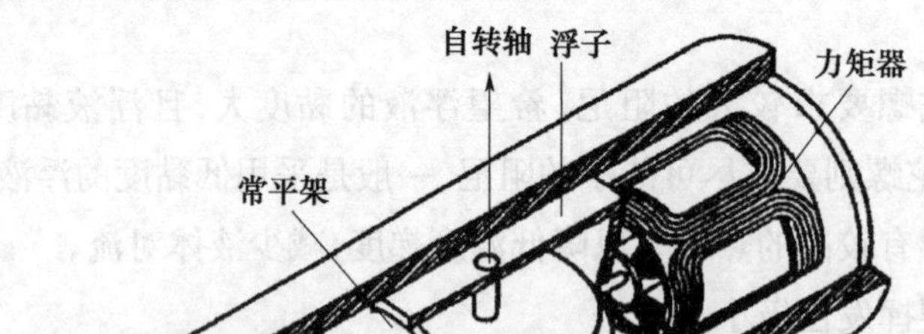

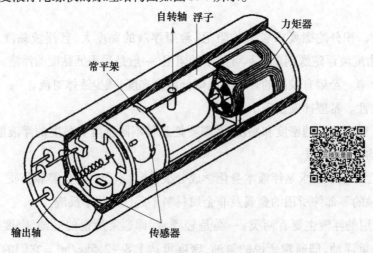

图3.4 单自由度液浮陀螺仪原理结构图

2. 磁悬浮定中原理

实现了全浮的陀螺，在任何加速度作用下都能保证对输出轴支承的浮力卸载。但是，卸除载荷与枢轴、宝石眼之间脱离接触的含义并不完全相同，特别是在发生加速旋转的瞬态过程中，由于浮液本身并不是绝对刚性的，所以枢轴与宝石眼之间可能发生接触。只有确保枢轴与宝石眼始终处于可靠的无接触状态，才能彻底消除这种不确定性的误差源。引入磁悬浮的目的，就是在全浮的基础上利用电磁力（或磁力）的作用，进一步增加对浮子组件的悬浮刚度，以保证枢轴始终处于宝石眼的中心位置，从而实现可靠的无接触支承。

磁悬浮系统又可分为无源和有源两种，后者的悬浮刚度要比前者高许多倍，因此对于在高过载环境中工作的陀螺特别适用。

1）无源磁悬浮

无源磁悬浮系统是由带谐振电路的磁悬浮轴承组成。磁悬浮轴承由一个定子和一个转子构成，通常采用内定子外转子形式。定子磁芯上装有激磁绕组，分别与电容器串联（或并联），组成 RLC 谐振电路并接入交流电源。无源磁悬浮靠调整该谐振电路的参数来进行控制。

为便于说明问题，在图 3.5 中把它画成了外定子内转子的形式，并采用了八极结构，依靠 4 条并联的 RLC 谐振回路来给转子提供定位恢复力。在陀螺输出轴的两端应各设置一套磁悬浮装置，其原理如图 3.6 所示。

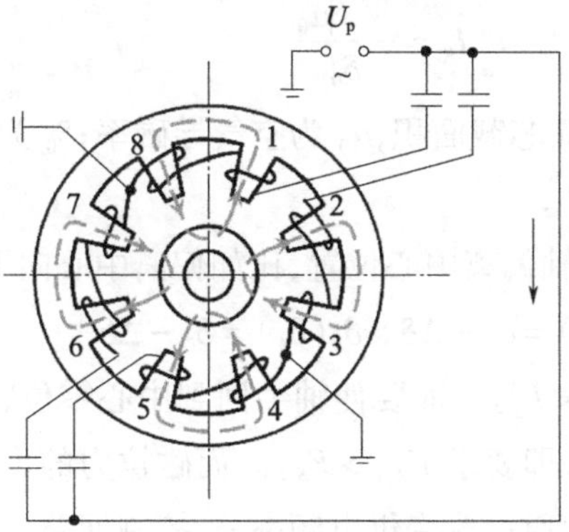

图 3.5 磁悬浮结构示意图

设某一谐振回路的交流有效电阻、电感和电容（可调）值分别为 R、L 和 C，则由电路原理可知有以下关系

$$\frac{I}{I_0}=\frac{1}{\sqrt{1+\frac{1}{R^2}\left(\omega L-\frac{1}{\omega C}\right)^2}} \tag{3-1-6}$$

式中：I 为串振回路工作电流的有效值；I_0 为串振回路谐振电流的有效值；$I_0 = U_p/R$（U_p 为回路工作电压的有效值）；ω 为串振回路供电角频率；R 为交流有效电阻（每条回路的直流电阻和铁芯铁损有效电阻之和）。

当供电频率一定时,电流比值 I/I_0 与电感 L 之间的变化曲线如图 3.7 所示。

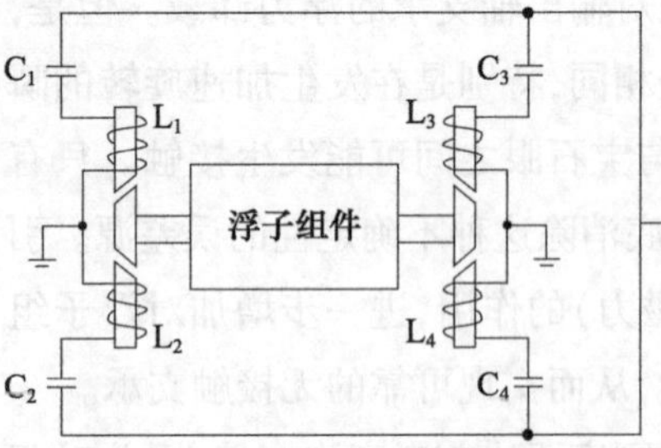

图 3.6 无源磁悬浮原理图

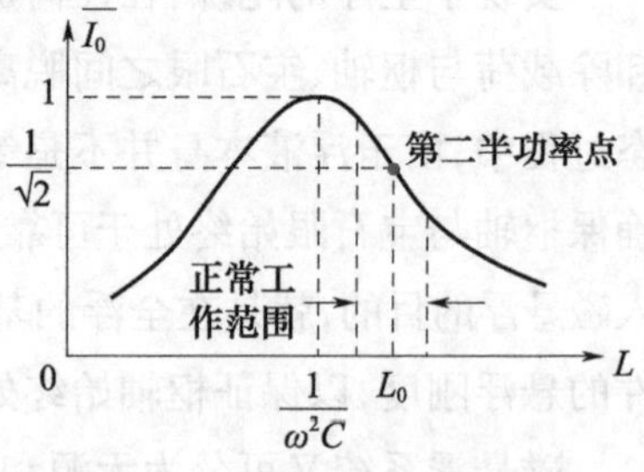

图 3.7 串振回路的工作点

当 L 的值由零增至 $1/(\omega^2 C)$ 时,根据式(3-1-6),电流比值 I/I_0 将从某一单值单调上升到 1;而当 L 值再由 $1/(\omega^2 C)$ 增至无穷大,I/I_0 则由 1 单调下降直至零。在峰值处,L 的值正好满足谐振条件,即

$$\omega L = \frac{1}{\omega C} \tag{3-1-7}$$

显然,如果供电频率 ω 增加,峰值对应的电感值下降,曲线的谐振峰左移;反之,谐振峰右移。当浮子轴(磁悬浮转子)处于中心位置时,设各回路的电感量 $L = L_0$,对应的谐振频率 $\omega_0 = 1/\sqrt{L_0 C}$,且有

$$L_0 \approx \frac{W^2 S \mu_0}{\delta_0} \tag{3-1-8}$$

式中:W 为回路的线圈匝数;S 为铁芯截面积;μ_0 为空气导磁率;δ_0 为轴尖处于中心零位的气隙长度。

如果陀螺仪受到干扰使浮子轴偏离中心位置,比如偏离中心向下移动了 $\Delta\delta$,即有

$$\delta_8(\delta_1) = \delta_0 + \Delta\delta > \delta_5(\delta_4) = \delta_0 - \Delta\delta$$

由式(3-1-8)知,此时 $L_{8,1} < L_{5,4}$。而要使轴尖回到中心零位,必须要令上面一对极产生的磁拉力大于下面一对极的,即要求 $F_{8,1} > F_{5,4}$。而磁拉力的大小与通过回路中的工作电流有效值成正比。因此,必须通过改变供电频率 ω,控制回路工作点落在图 3.7 所示曲线的下降部分,才能满足要求。而 $I/I_0 = 1/\sqrt{2}$ 处所对应曲线斜率最大,也即最有效工作点,对应 $L = L_0$,此工作点称为第二半功率点,与曲线上升部分的第一半功率点相区别。

磁悬浮作用原理的关键在于使 4 个方向的磁拉力具有定位恢复力的特性,为此,要求每一个谐振回路必须工作在“第二半功率点”。

2)有源磁悬浮

无源磁悬浮由于受到方案本身的限制,所以悬浮刚度难以大幅度提高。另外,即使在无负载的情况下,工作在第二半功率点也有 $I = I_0/\sqrt{2}$,说明有一半的消耗功率。为此又设计出了有源磁悬浮,即引入几套力反馈回路来提供定位恢复力。反馈回路的增益原则上可以不受限制,因而能使悬浮刚度大幅度提高,并且在无负载的情况下,基本不消耗功率,

但是轴向定位必须单独设置一套反馈回路。另外,由于工作在高磁通水平,有时容易产生不对称力矩。

图3.8所示为两套径向有源磁悬浮回路。回路的作用原理为:通过上下两个电感器L(储能绕组)与两个电阻R_b组成的交流电桥来感受浮子枢轴的上下位移,并从桥式回路的输出端得到差动误差信号,经放大解调后再驱动一功率放大器,产生足够的控制电流反馈到储能绕组中去,最终产生需要的恢复力。

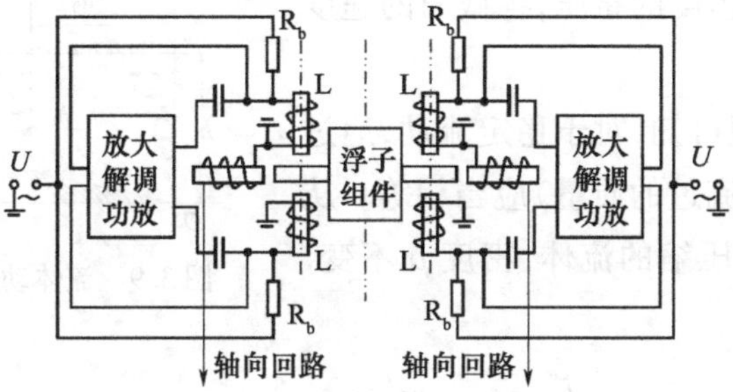

图3.8 有源磁悬浮原理图

这是一种非线性的力反馈系统,电感器既是敏感元件又是执行元件,并且作为执行元件的工作特性是非线性的,这就是为什么容易产生不对称力矩的原因。无源磁悬浮由于系统增益较小,故依靠浮液的阻尼作用便可使系统稳定地工作;而有源磁悬浮就必须进行专门的稳定性校核,以及系统的综合,此外需要估算执行元件对敏感元件的耦合影响。

3. 动压气浮轴承的工作原理

陀螺电机的轴承是在高转速和大刚度条件下工作的,因而轴承的磨损就成为一个重要的不确定因素,对陀螺精度和寿命影响很大。滚珠轴承本身结构复杂,在工作中要实现完全油膜润滑是非常困难的;动压气浮轴承则可实现完全的气膜润滑,因而在减小磨损、保证运转稳定可靠,以及冲击和旋转等方面都优于滚珠轴承。

根据流体力学理论,流体具有不可压缩性,在轴颈轴承中,受负载的转子总是与轴承处于相互偏心的位置,由于气体有一定黏度而被运动的轴承表面带动,气流流过轴承间隙,会对两边形成压力,即流体动力楔。另外,由于气体具有可压缩效应,间隙小的部位体积缩小,气体密度增大,对两边形成压力,即密度楔。两种楔的合成形成支承负载的合力。

流体动力楔和密度楔的理论解释是以流体动力学的连续性原理为基础的。对于没有侧流的轴颈轴承,沿轴向单位长度上(每单位轴承宽度)的流体质量流速为常数,即

$$\rho u h = 常数 \tag{3-1-9}$$

式中:h为给定处的气膜径向厚度;ρ为气体密度;u为在气膜厚度为h处的平均速度。

由于轴颈和轴承运动是相互偏心的,气膜厚度h沿着轴承转动方向呈正弦变化,这就是说,平均速度u和密度ρ中的一个量(或两者)也将发生相应变化,才能满足连续性原理。

1)流体动力楔的概念

流体动力楔,就是假设式(3-1-9)中的密度ρ保持不变,用速度u的变化来补偿气膜厚度h的变化,而速度的变化形成压力的变化,从而形成气膜润滑,这种不可压缩的润滑称为流体动力楔。

图3.9所示为一楔形流管,长度为l,入口截面高度为h_1,出口截面高度为h_2。由于$h_2 < h_1$,当流体被上壁分层带动,侧面将受到一定程度的挤压,各截面的速度梯度不再完全相同。

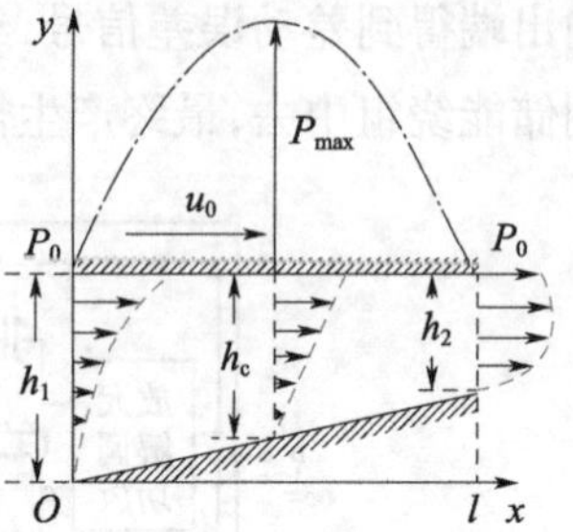

图3.9 流体动力楔示意图

根据流体的连续性原理可知,对于稳定流动,通过任一截面的流量(单位时间流过的质量)应当相等。从式(3-1-9)可知,对不可压缩的流体,密度ρ不变,则有

$$\int_0^h u\mathrm{d}y = 常数 \tag{3-1-10}$$

因此,入口处(h_1)的速度分布包络与出口处(h_2)的速度分布包络形状不可能完全一样。一般情况下,前者为凹曲形,后者为凸曲形,并且在中间总能找到一个截面(h_c),其速度分布是线性的。只有这样,三者对高度的积分才可能相等。流体从h_1截面到h_c截面不断增压,而从h_c截面到h_2截面不断减压,在h_c截面的压力达到峰值。压力分布如图3.9中虚线所示。

通过推导可得最大压力P_{max}为

$$P_{max} = P_0 + \frac{3\mu u_0 h_1 - h_2}{4h \quad h_1 h_2} \tag{3-1-11}$$

式中:P_0为环境压力;μ为流体黏滞系数;u_0为上壁速度;h为流管平均高度。

式(3-1-11)表明,最大压力增量与流体的黏滞系数、流管长度及上壁速度成正比,而与间隙的平均高度成反比。式中的$(h_1 - h_2)/(h_1 h_2)$表明,要获得增压效应,必须使$h_1 > h_2$,即收敛型楔体流管。

2)气体密度楔的概念

密度楔,就是假设式(3-1-9)中的速度u保持不变,用改变密度来补偿气膜厚度的变化。在最小气膜厚度处,密度高产生压力大,在最大气膜厚度处,密度低产生压力也低。这种气体的压缩效应称为密度楔。

气体压力P与密度ρ有密切关系,这可由气体状态方程来描述,即

$$\frac{P}{\rho^k} = 常数 \tag{3-1-12}$$

式中:k为气体的热容比。对于等温过程,$k=1$。

一般可把动压气浮轴承中的气膜视为等温过程。显然,气体的压力P将随密度ρ的增加而升高。图3.10中的虚线表示了楔形流管中的压力变化规律。

实际上，在动压气浮轴承的气膜中，速度和密度都要变化，动力楔和密度楔将同时起作用，两者作用的明显区别是产生 P_{max} 的位置不同，前者靠近中部，后者则靠近后端。它们两者的合力支承负载。

3）轴颈式动压气浮轴承的工作原理

现根据图3.11来说明轴颈式动压气浮轴承（图中为放大的截面）的工作原理。设轴瓦半径为 R，轴颈半径为 $r(R>r)$。如果两者处于同心位置，则四周出现一均匀间隙 $h_0=R-r$。如果轴颈在重力 G_R 作用下，某一瞬间中心下偏距离为 e，这时上部间隙变大，下部间隙变小，如图3.11(a)所示，径向负载 $F_r=0.5G_R$。

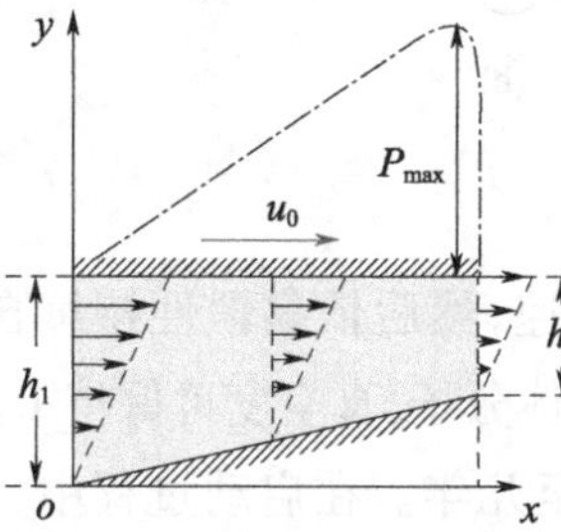

图3.10 气体密度楔示意图

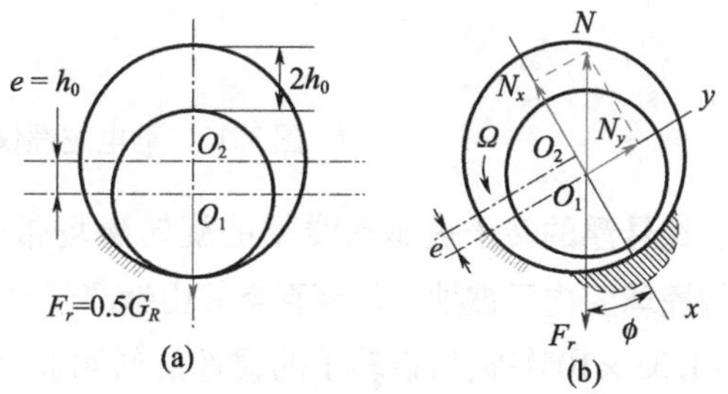

图3.11 轴颈式动压气浮轴承的工作原理

当轴颈以角速度 Ω 相对轴瓦高速旋转，由于气体动力楔和密度楔作用，形成承载力 N，如图3.11(b)所示。其中 N 的径向分量 $N_x=N\cos\phi$，ϕ 为轴承姿态角，此力企图使 O_1 与 O_2 重合，是由气体密度楔形成而产生。$N_y=N\sin\phi$ 为切向分量，是由轴颈绕轴压中心 O_2 转动，沿转动方向的气体形成动力楔而产生的。当 $N=F_r$ 时，转子处于悬浮状态。

3.1.2 静电陀螺仪

静电陀螺是采用静电支撑转子的自由陀螺仪，是目前公认的精度等级最高的转子陀螺。我国研制静电陀螺始于1965年，由清华大学、上海交通大学及天津航海仪器研究所联合进行。近年来，我国静电陀螺技术在转子材料及加工、电极壳体、静电支承、真空维持、测角、屏蔽等方面取得了突破，静电陀螺的精度得到了进一步提高。

1. 静电陀螺仪的原理结构

静电陀螺仪实际上是一种二自由度框架式结构陀螺，其原理结构图如图3.12所示。中央部位是金属的球形转子，转子放置在带有电极的陶瓷球腔内。电极呈凹球面形，至少应有3对。在电极上接通高电压，一般达1000V以上。由于电极与转子之间的间隙很小，仅5～50μm，因此便产生相当高的电场强度，一般达 $2\times10^5\sim4\times10^5$V/cm。在这样高的场强之下，3对电极通过静电感应对转子产生足够大的静电吸力，把球形转子支撑起来，再通过支撑控制回路控制电极电压的工作特性，从而实现稳定的悬浮。

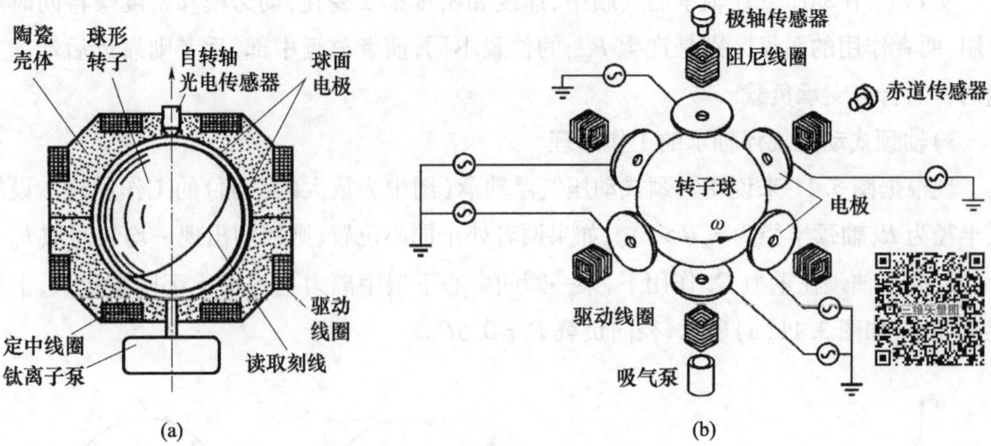

图3.12 静电陀螺仪原理结构图

已经悬浮的转子被驱动线圈的旋转磁场带转到额定转速，然后依靠惯性持续自转。由于陶瓷球腔内已被抽成超高真空并由钛离子泵吸附残余气体分子，真空度可保持$1.33\times10^{-4}\sim1.33\times10^{-6}$Pa，所以转子的惯性旋转可持续几个月甚至几年。在启动过程中，定中线圈的恒定磁场同时起作用，使转子极轴与转轴趋于一致，并与壳体零位对准。当壳体相对惯性空间转动时，因球形转子与壳体完全脱离接触并具有一定的角动量，故自转轴能够以很高的精度相对惯性空间保持方向稳定。借助角度读取装置，便可获得壳体相对惯性空间的角位移。

1)球形转子

球形转子的结构有空心球和实心球两种类型。转子的材料通常采用铍，铍的密度小而刚度大，对提高承载能力和陀螺精度有利。

空心球转子由两个薄壁半球配合后，经真空电子束焊接而成。球外径的典型尺寸为38mm和50mm。球壁厚度一般为0.4~0.6mm，但在赤道处加厚就具有一个对称于极轴的赤道环，以保证转子绕极轴的转动惯量最大，这样极轴便成为唯一稳定的中心惯性主轴。

对转子的质量分布要求是均匀对称，其质心应精确地位于球心上。对转子表面加工质量和几何形状精度也有极高的要求，表面粗糙度的高度参数的允许值应不大于0.04μm，圆度允许误差应不大于0.1μm。达到上述要求之后，在转子表面刻线，以便采用光电测量法进行角度读取。

实心球转子是用2~3根钼丝嵌入铍棒，然后加工而成。球外径的典型尺寸为10mm，嵌入钼丝是为了使转子质心沿径向偏离球心一个距离，故意造成径向质量不平衡，以便采用质量不平衡调制法进行角度读取，同时还为了控制转子转动惯量的比值。一般要求圆度误差小于0.05μm，质心轴向偏移小于0.0025μm，而质心径向偏移则有意控制在0.5μm左右。

两种类型的球转子相比，在相同质量的前提下，空心球转子的直径可以做得较大，从而获得较大的静电支承力和承载能力，同时还可得到较大的转动惯量。但空心球转子在高速旋转时离心变形较大，动态球形度不易控制，导致较大的静电场干扰力矩，因而限制了陀螺精度的进一步提高。实心球转子在高速旋转时的离心变形小，质量稳定性好，易于实现低漂移，这是一个突出的优点。另外，采用小球结构可使仪表的体积、重量及功耗减小，还可简化工艺和降低成本。其不足之处是陀螺承载能力不如采用空心球转子大，而且所要求的电子线路更为复杂。

2）带有球面电极的陶瓷壳体

支撑球形转子所需的球面电极和超高真空球腔，是由两个带球面电极的陶瓷壳体密封连接而成。电极与转子之间的间隙，对于直径为38mm的空心球转子一般取50μm，对于直径为10mm的实心球转子一般取5～7.5μm。

陶瓷壳体的结构形式通常为厚壁半球碗，俗称陶瓷碗。在它的球腔内壁上制成球面电极。在有关位置上开有电极引线针孔、光电传感器的通光孔，以及抽真空所需的通气孔等。陶瓷碗毛坯由氧化铝、氧化钡或其他高性能的陶瓷材料烧制而成。在内球面要进行陶瓷金属化处理及电镀，然后经超声波切割电极槽（槽宽一般为1～2mm），便形成相互绝缘的球面电极。

球面电极划分的基本方案有正六面体电极和正八面体电极两种。对于空心球转子，一般采用前者。对于实心球转子，一般采用后者。

正六面体电极如图3.13所示。在电极所在的球面作内接正六面体，自球心引至正六面体各棱边的射线与球面相交，将球面划分成面积和形状都相同的六块电极，即为正六面体电极。球心与各电极中心的连线组成三轴正交坐标系，故可构成三轴正交支撑系统。因为6块电极分布在两个半球碗上，所以两个半球碗的分界面必然将其中的某些电极分切成两部分。图3.13所示为3种分切方案，即二电极分切、四电极分切和六电极分切。

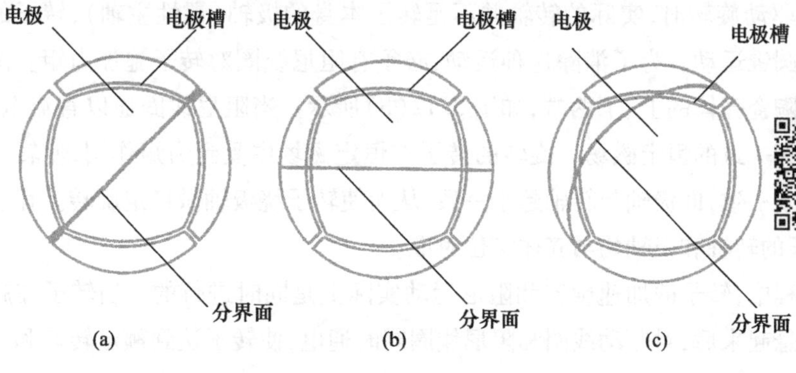

图3.13　正六面体电极

（a）二电极分切；（b）四电极分切；（c）六电极分切。

正八面体电极如图3.14所示。在电极所在的球面作内接正八面体，自球心引至正八面体各棱边的射线与球面相交，将球面划分成面积和形状都相同的8块电极，即为正八面体电极。球心与各电极中心的连线所组成的是四轴非正交坐标系，相邻两轴间的夹角都

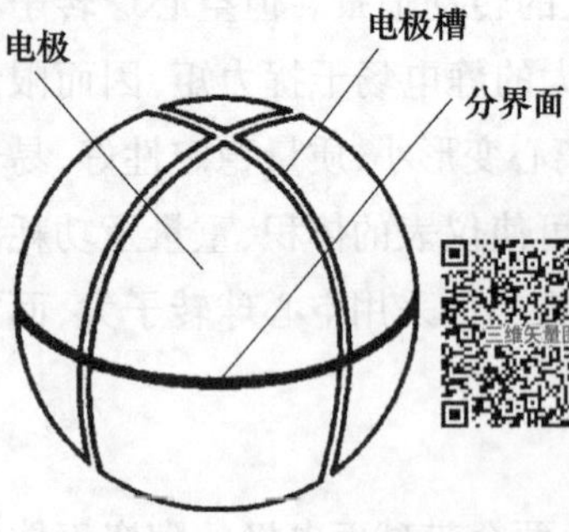

图 3.14　正八面体电极

是 70°32′,故它构成的是四轴非正交支撑系统。通常在每个半球碗上切割有 4 块电极,这样两个半球碗的分界面就起到两碗相邻电极之间电极槽的作用。

对于正六面体电极方案,支撑系统由 3 套相同的单轴支撑回路组成,但它必须用三相激励电源为支撑系统信号检测线路供电,才能保证转子的零电位。对于正八面体电极方案,支撑系统由 4 套相同的单轴支撑回路组成,用一般的单相激励电源供电即可保证转子的零电位。由于正八面体电极是四轴非正交支撑系统,在采用质量不平衡调制法读取角度时,需要进行四轴非正交系到三轴正交系的变换。但正八面体电极为提高支撑系统的可靠性,以及实现支撑系统的故障检测和余度管理提供了可能。

两个陶瓷碗之间的密封通常采用金质密封环。当连接螺钉拧紧时,在陶瓷碗的端面上放置的金环产生塑性变形起到密封作用。在密封连接后,由外部泵将球腔内抽成超高真空,再依靠内部的小型钛离子泵定期点燃,吸收残余气体分子,以维持所需的超高真空度。

3)驱动线圈与阻尼线圈

驱动线圈用来产生旋转磁场,使转子获得所需的转速。两对驱动线圈固装在陶瓷壳体的四周,如图 3.12(b)所示,其轴线成 90°交角。当驱动线圈通以两相交流电时,形成旋转磁场,在转子表面上感应出电流。感应电流与旋转磁场的作用结果便产生驱动力矩,驱使转子做角加速旋转。对于空心球转子,额定转速通常取 10000 ~ 60000r/min(因离心变形限制了转速进一步提高)。对于实心球转子,额定转速通常取 150000 ~ 210000r/min。

在转子被驱动旋转时,实际的转轴并不是转子本身的极轴(惯性主轴),转子的极轴将围绕转轴做圆锥运动。为了消除这种运动,必须有阻尼线圈对转子施加力矩。两个阻尼线圈固装在陶瓷壳体的上、下两端,如图 3.12(b)所示。当阻尼线圈通以直流电时,产生与旋转轴线相一致的恒定磁场。旋转的转子在恒定磁场中受到力矩作用,使转子极轴与磁场方向趋于一致,即极轴与转轴趋于一致,从而使转子绕极轴做稳定旋转。在阻尼过程结束后,转子的转轴和极轴均与壳体零位对准。

在启动过程中,转子的加速旋转和阻尼运动实际上是同时进行的。当转子在超高真空球腔里被支悬起来后,对驱动线圈和阻尼线圈同时通电,使转子达到额定转速和壳体零位。此后,切断驱动线圈和阻尼线圈的供电,转子在超高真空条件下依靠惯性旋转。

2. 静电陀螺仪的支撑原理

1)静电吸力

静电陀螺仪的球面电极和球形转子之间的静电场产生静电吸力的作用原理,与一对平行金属极板之间静电场产生静电吸力的作用原理相同。

如图 3.15 所示，设两块平行电极板之间的电位差为 U，两极板之间的间隙为 d，两极板的面积为 S。则在两极板之间产生均匀的静电场，其电场强度为

$$E = \frac{U}{d}$$

两极板之间的电容量为

$$C = \varepsilon_0 \frac{S}{d}$$

式中：ε_0 为真空介电常数。

则可推得两极板之间的静电吸力为

$$F = \frac{1}{2}\varepsilon_0 \left(\frac{U}{d}\right)^2 S = \frac{1}{2}\varepsilon_0 E^2 S \tag{3-1-13}$$

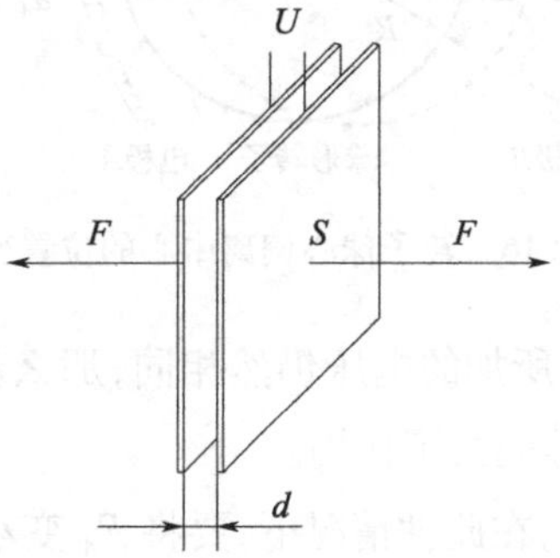

图 3.15　平行电极板间的静电吸力

从式(3-1-13)可以看出，静电吸力与两极板间的间隙成反比，其效果是力图使两块极板趋向靠近移动。

静电陀螺仪两块球面极板上，每一微面积产生的静电吸力的计算公式与式(3-1-13)一样，但其方向都是沿着径向并通过球心的。两块球面之间总的静电吸力则应是所有微面积静电吸力的矢量和，即

$$\boldsymbol{F} = \frac{1}{2}\varepsilon_0 \iint |\boldsymbol{E}|^2 \boldsymbol{n}_0 \mathrm{d}S \tag{3-1-14}$$

式中：$\boldsymbol{n}_0$ 为球面任意一点的微面积 dS 处曲面外法线的单位矢量。

对于正六面体电极，利用式(3-1-14)可推出对 6 块电极都适用的静电吸力公式为

$$F = \frac{0.83}{2}\varepsilon_0 \left(\frac{U}{d}\right)^2 S \tag{3-1-15}$$

2)静电支撑

以正六面体电极方案为例。正六面体电极中 3 对电极所产生的静电吸力，分别沿着 3 根正交的坐标轴。如果每对电极所加的电压相同，且转子的球心位于 3 对电极的中间位置即位于电极球面的球心时，则每对电极中的两块电极对转子的静电吸力大小相等而方向相反，这样转子就处于静电吸力平衡状态。

当转子在加速度场内受到力的作用而产生位移时，对应电极与转子之间的间隙会发

生变化。如图3.16所示,例如当转子沿A、B一对极的轴线方向位移Δx时,有

$$\begin{cases}d_A = d_0 - \Delta C\\ d_B = d_0 + \Delta C\end{cases}$$

则

$$\begin{cases}C_A = C_0 + \Delta C\\ C_B = C_0 - \Delta C\end{cases} \tag{3-1-16}$$

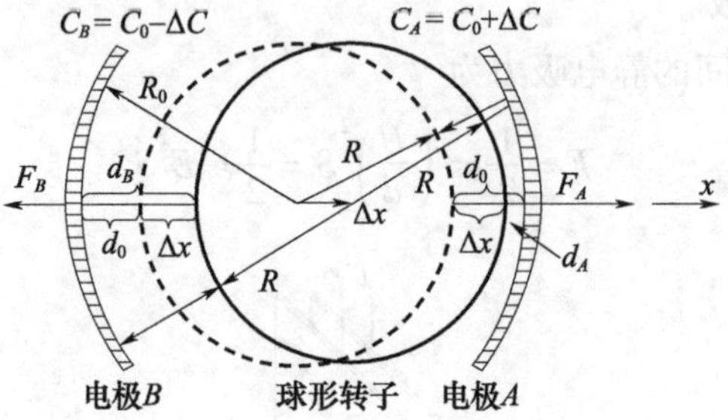

图3.16 转子球心偏离中心的位置变化

如果此时电极A和电极B所加的电压仍然相同,那么就有$F_A > F_B$,这样就会把转子吸引到电极A的一边,静电支撑失去了作用。

从式(3-1-15)可以看出,在此种情况下,要将F_A变小、F_B变大,则必须相应减小电极A上的电压U_A和增大电极B上的电压U_B,即使得

$$\begin{cases}U_A = U_0 - \Delta U\\ U_B = U_0 + \Delta U\end{cases} \tag{3-1-17}$$

其中,ΔU与ΔC成正比关系。

因此,可以采用桥式测量线路来敏感ΔC,通过放大线路放大敏感电桥输出的电压信号得到ΔU。将电压ΔU作为控制电压,根据式(3-1-17),便可实现对转子的自动调节支撑,其作用原理如图3.17所示。

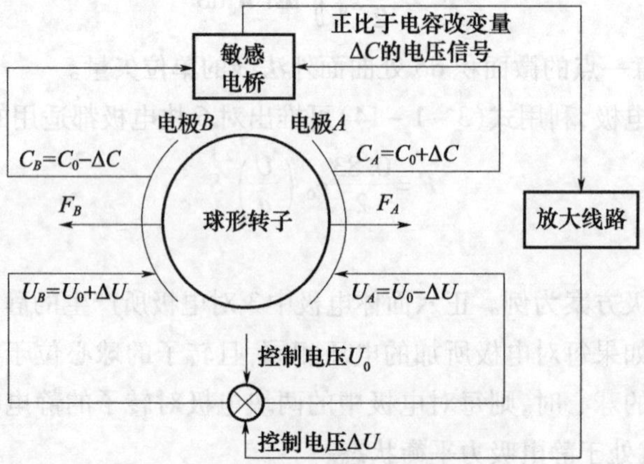

图3.17 静电支撑原理示意图

3. 静电陀螺仪的角度信号读取

静电陀螺仪的角度读取是指仪表壳体相对转子极轴的转角测量，可分为小角度读取和大角度读取两种。前者的读取范围一般在几十角分以内，适用于小角度工作状态的静电陀螺仪。后者的读取范围不受限制，适用于大角度工作状态的静电陀螺仪。静电陀螺仪角度信号读取方法有光电测量方法和转子质量不平衡调制法，这里主要介绍光电测量法。

光电测量法是借助光电传感器瞄视转子上的刻线而获取角度信号的，通常用于空心球转子静电陀螺仪的小角度读取。图 3.18 为光电测量法小角度读取示意图。

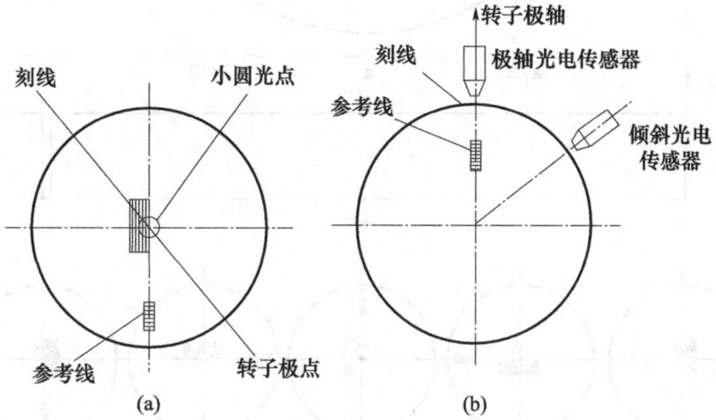

图 3.18　光电测量法小角度读取示意图

(a)转子表面的刻线；(b)光电传感器的安装位置。

在转子极轴与表面的交点(极点)处，有宽约 1mm，长约 3mm 的刻线区。刻线之间的距离约 1μm，刻线的深度为 0.5～1μm，这样的表面对光便起到漫射作用。在通过极点和刻线边界的大圆弧上刻有参考线，这是一条较窄的漫射区。在转子极轴方向安装一个光电传感器，其光点瞄视转子极点处的刻线区域。同时在倾斜方向安装另一个光电传感器，其光点瞄视转子上的参考线。由于光电传感器接收到的光强与光点的反射光强成正比，所以它输出的电压信号也与光点的反射光强成正比。

在起始零位时，转子极轴与光电传感器的光轴重合，发自极轴光电传感器的小圆光点恰好一半照在转子的强反射面上，另一半照在刻线漫射面上。在转子绕极轴旋转一周的过程中，转子对小圆光点的反射面积没有改变，均为小圆光点面积的一半，因而反射光强不变，极轴光电传感器输出的电压信号为一恒值。倾斜光电传感器的小圆光点，只有照在参考线上的瞬间才被漫射，因而它的输出为脉冲电压信号。

当仪表壳体转动使传感器光轴偏离转子极轴一个小角度时，则在转子绕极轴旋转一周的过程中，极轴光电传感器小圆光点的反射面积将发生变化，故输出信号发生相应的变化。图 3.19 所示为传感光轴向右和向前偏离转子极轴时的输出信号。

测量出极轴光电传感器输出电压信号的幅值，便可确定出壳体相对转子极轴的偏角大小。将极轴光电传感器输出的信号波形与倾斜光电传感器输出的脉冲信号相比较，则可鉴别出它的相位，从而确定出壳体相对转子极轴的偏转方向。

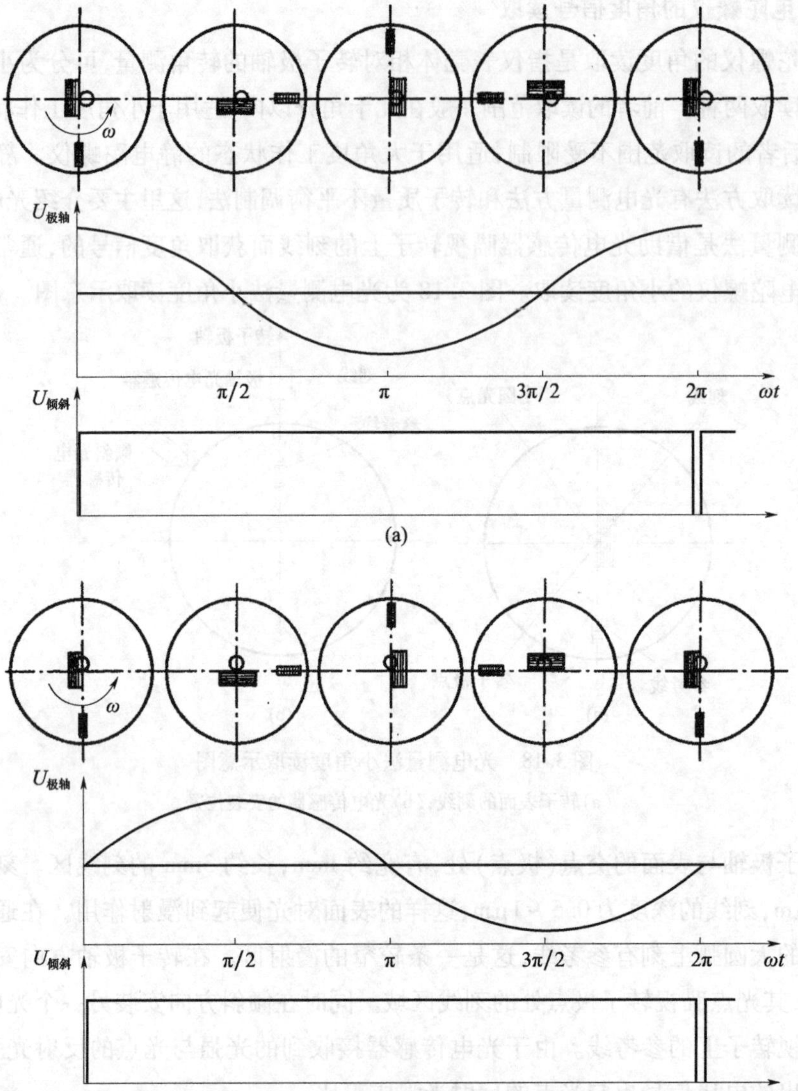

图 3.19　传感器光轴偏离转子极轴时的输出信号

(a)传感器光轴相对极轴向右偏离;(b)传感器光轴相对极轴向前偏离。

光电测量法也可用于大角度读取,可设置3个相互正交的光电传感器瞄视转子上的刻线(如大圆弧刻线、余弦刻线或余纬度刻线),其输出信号经过数学处理,可以得到全姿态信息。但是大角度读取的刻线工艺很复杂,难以获得高的测量精度,一般采用转子质量不平衡调制测量法。

3.1.3　动力调谐陀螺仪

动力调谐陀螺是一种利用挠性支撑陀螺转子,并将陀螺转子与驱动电机隔开,靠挠性支撑本身产生的动力效应来补偿其弹性刚度的二自由度陀螺。

我国的动力调谐陀螺技术起步于20世纪70年代中期，成熟于90年代，到21世纪初已经形成大批量生产能力，形成了动力调谐陀螺系列型谱，可满足高精度导航系统的应用需求。近年来，又进一步围绕产品的优化设计、工艺完善，提高精度、增强环境适应性和性能稳定性、延长寿命、提高可靠性等方面开展工作并取得了丰富的研究成果。

1. 动力调谐陀螺的原理结构

动力调谐陀螺采用外转子、内支撑结构，其驱动轴与转子间的挠性接头是由互相垂直的内、外挠性轴和平衡环组成，如图3.20所示。图中内挠性轴由一对内扭杆组成，外挠性轴由一对外扭杆组成。内挠性轴将驱动轴与平衡环相连，外挠性轴将平衡环与转子相连。内挠性轴线应垂直于驱动轴线，而外挠性轴线和内挠性轴线应相互垂直，并与驱动轴线相交于一点。

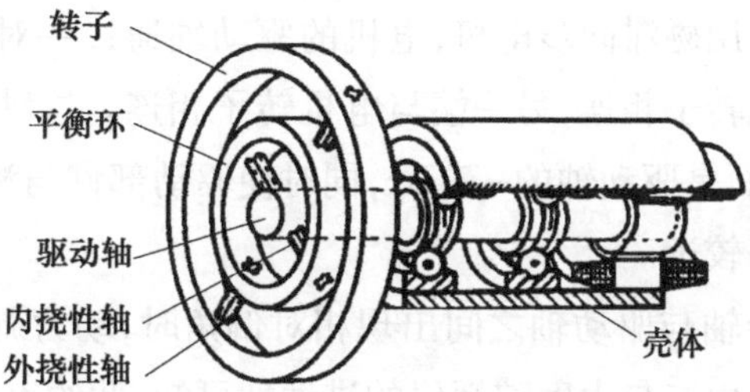

图3.20　动力调谐陀螺仪的挠性接头

当驱动电机使驱动轴高速旋转时，驱动轴通过内挠性轴带动平衡环旋转，平衡环再通过外挠性轴带动转子旋转。当转子绕内挠性轴有转角时，转子通过外挠性轴带动平衡环一起绕内挠性轴偏转，这时内挠性轴将产生扭转弹性变形。当转子绕外挠性轴有偏角时，不会带动平衡环绕外挠性轴偏转，而是外挠性轴产生扭转弹性变形。由内、外挠性轴和平衡环组成的挠性接头，一方面起着支撑转子的作用，另一方面提供转子相对壳体所需的转动自由度。因此，在构造上内、外挠性轴应具有高的抗弯曲刚度，但绕其自身轴应具有低的抗扭刚度。在无力反馈的状态下，陀螺呈二轴自由陀螺状态。

动力调谐陀螺由磁滞同步电机、挠性接头、转子组件、信号传感器、力矩器和壳体组成，如图3.21所示。

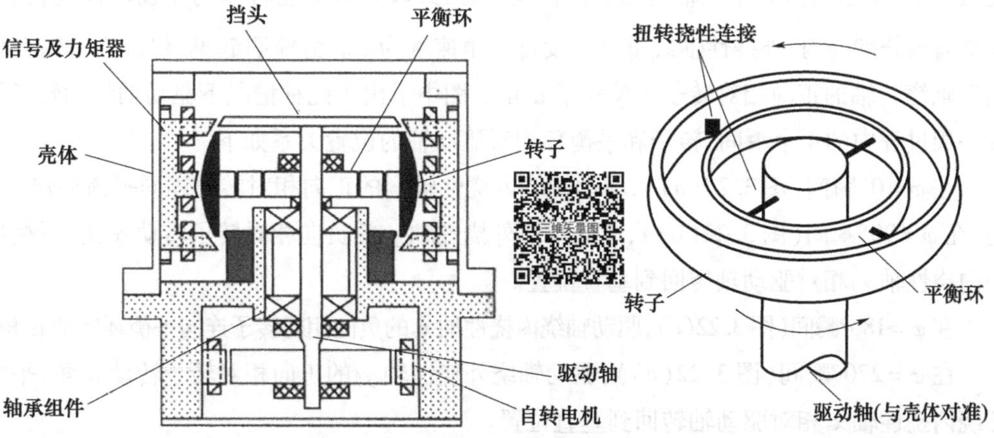

图3.21　动力调谐陀螺仪原理结构图

从图中可以看出,挠性接头放在转子的内腔中,而且工作时平衡环和内、外挠性轴随同转子一起做高速旋转。这与常规陀螺仪的内、外框架结构方案是完全不同的。图中的传感器是用来检测仪表壳体相对自转转轴的偏角,并提供陀螺的输出信息,一般采用电感式或电容式传感器。图中所示的是电感式传感器,其导磁环安装在转子上,而铁芯和线圈则安装在壳体上。力矩器是用来对陀螺转子施加控制力矩,并使转子进动或保持稳定方位的,一般采用永磁式力矩器。永磁环安装在转子内壁上,而线圈则安装在壳体上。驱动电机一般采用磁滞同步电机,电机的驱动轴通过一对高速轴承安装在壳体上。驱动轴的一端与陀螺转子相连,另一端与电机转子相连。这种安排使电机的转子不再是陀螺转子的一部分,而是驱动轴的一部分,同时使驱动部件与测量部件(陀螺转子)在热、磁和电方面都隔离得较远。

当自转轴与驱动轴之间出现相对偏角时,动力调谐陀螺的挠性轴上会产生正弹性的约束力矩。由二自由度陀螺仪的进动性可知,此约束力矩会使陀螺仪转子沿交叉轴进动,从而破坏转子的定轴性,这时陀螺仪没有办法实现角度的精确测量,因此必须补偿挠性轴上的正弹性约束力矩。其补偿物理基础是基于平衡环的扭摆运动(振荡运动)。动力调谐陀螺平衡环一方面随同转子一起高速旋转,另一方面相对转子以偏角相同的振幅做复合扭摆运动,在运动过程中产生与上述弹性约束力矩相反的弹性补偿力矩,作用在转子上,以消除弹性约束力矩。该力矩又称为反弹性力矩或负弹性补偿力矩。

2. 平衡环的扭摆运动及动力负弹性力矩

1)平衡环的扭摆运动

当自转轴与驱动轴之间存在相对偏角时,自转轴在空间仍稳定在原来的方向上,这时驱动轴通过挠性接头带动转子旋转的过程中,由于挠性接头的两对相互正交的挠性轴都只能产生扭转变形而不能产生弯曲变形,平衡环必然会出现扭摆运动。

从图3.22可看出平衡环扭摆运动的形成过程。这里取$ox_cy_cz_c$坐标系与仪表壳体固连(原点o未示出),其中z_c轴与驱动轴轴线重合;又取$ox_2y_2z_2$坐标系与平衡环固连,其中x_2和y_2轴分别与内、外挠性轴线重合。设自转角速度为$\dot{\varphi}$。为简明起见,仅设壳体转动使驱动轴绕x_c轴的正向相对转子轴偏转了α角。图中示出了此种情况下驱动轴带动转子旋转一周过程中的4个瞬间,转子和平衡环相对驱动轴的位置关系如下。

在$\varphi=0°$瞬间(图3.22(a)),驱动轴绕内挠性轴x_2的正向相对转子连同平衡环转动α角;在$\varphi=90°$瞬间(图3.22(b)),驱动轴绕外挠性轴y_2的负向相对转子转动α角,平衡环绕内挠性轴x_2相对驱动轴转回到垂直位置。

在$\varphi=180°$瞬间(图3.22(c),驱动轴绕内挠性轴x_2的负向相对转子连同平衡环转动α角;

在$\varphi=270°$瞬间(图3.22(d)),驱动轴绕外挠性轴y_2的正向相对转子转动α角,平衡环绕内挠性轴x_2相对驱动轴转回到垂直位置。

当驱动轴再旋转90°,即相对初始位置旋转360°时,各构件的相对位置关系又恢复到图3.22(a)所示的情况。

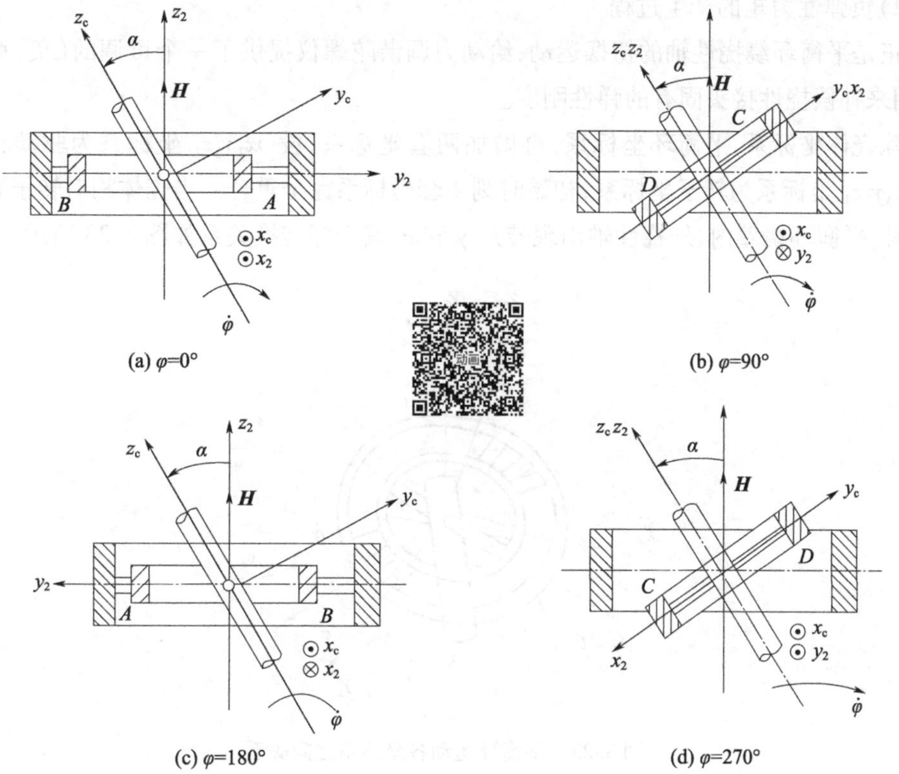

图 3.22 平衡环扭摆运动的形成

由此看到，驱动轴通过挠性接头带动转子旋转一周的过程中，平衡环绕内挠性轴的转角，以及绕外挠性轴的转角，均是按简谐振荡规律变化一次。振荡的幅值等于驱动轴相对自转轴的偏角，振荡频率等于自转轴频率。根据上述分析，当驱动轴（代表壳体）绕 x_c 轴相对自转轴出现偏角 α 时，平衡环绕内挠性轴 x_2 的转角变化规律可表示为 $\gamma=\alpha\cos\varphi$ 或 $\gamma=\alpha\cos\dot{\varphi}t$。而平衡环绕外挠性轴 y_2 的转角变化规律可表达为

$$\theta=-\alpha\sin\varphi \text{ 或 } \theta=-\alpha\sin\Omega t \text{ 或 } \theta=-\alpha\sin\dot{\varphi}t$$

与此相仿，当驱动轴绕 y_c 轴相对自转轴出现偏角 β 时，平衡环绕内挠性轴 x_2 的转角变化规律可表达为

$$\gamma=\beta\sin\varphi \text{ 或 } \gamma=\beta\sin\dot{\varphi}t$$

而平衡环绕外挠性轴 y_2 的转角变化规律可表达为

$$\theta=\beta\cos\varphi \text{ 或 } \theta=\beta\cos\Omega t \text{ 或 } \theta=\beta\cos\dot{\varphi}t$$

如果驱动轴（代表壳体）同时绕 x_c 轴和 y_c 轴出现偏角 α 和 β，则平衡环绕内挠性轴 x_2 的转角变化规律可表达为

$$\gamma=\alpha\cos\dot{\varphi}t+\beta\sin\dot{\varphi}t \tag{3-1-18}$$

而平衡环绕外挠性轴 y_2 的转角变化规律可表达为

$$\theta=\beta\cos\dot{\varphi}t-\alpha\sin\dot{\varphi}t \tag{3-1-19}$$

2)负弹性力矩的产生过程

正是平衡环绕挠性轴的扭摆运动,给动力调谐陀螺仪提供了一个可调的(负)弹性刚度,用来补偿挠性接头固有的弹性刚度。

除壳体坐标系、平衡环坐标系,再增加两套坐标系,设 $ox_1y_1z_1$ 坐标系为驱动轴坐标系,$ox_3y_3z_3$ 坐标系为转子坐标系,初始时刻4套坐标系完全重合。当壳体相对转子有转角 α、β 时,平衡环绕着内、外挠性轴出现转角 γ 和 θ,其坐标转换关系如图3.23所示。

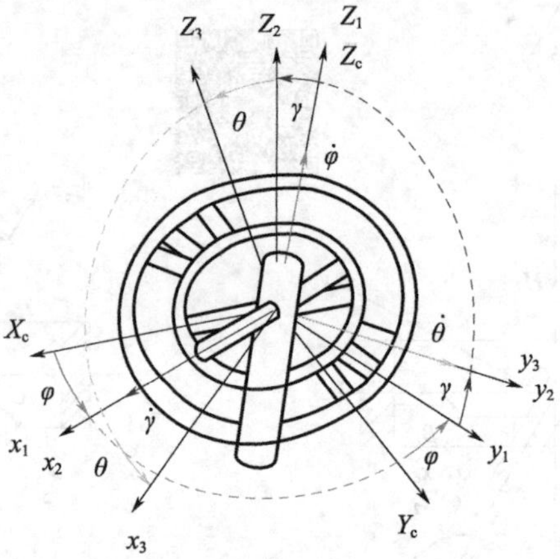

图3.23　平衡环运动各坐标系之间关系

由式(3-1-18)、式(3-1-19)可知,转角 γ、θ 及其导数 $\dot{\gamma}$、$\dot{\theta}$ 均随时间交变,说明平衡环绕内、外挠性轴的角速度也随时间交变,即存在角加速度,故一定存在转动惯性力矩。另一方面,平衡环高速旋转的同时又绕内、外挠性轴有角速度,因此一定存在科里奥利惯性力矩。平衡环扭摆运动产生的惯性力矩就是由这两部分组成的。

平衡环产生的惯性力矩作用在使平衡环产生运动的物体上,即与平衡环相约束的转子和驱动轴上。由于内挠性轴抗扭刚度很小,而外挠性轴抗弯刚度很大,所以绕内挠性轴的惯性力矩可以通过外挠性轴作用到转子上。由于内挠性轴抗弯刚度很大,而外挠性轴抗扭刚度很小,所以绕外挠性轴的惯性力矩作用到驱动轴上而不作用到转子上。而我们所关心的是作用到转子上的那部分惯性力矩,即绕内挠性轴 ox_2 上的惯性力矩。

设平衡环对 oz_2 轴的转动惯量为 I_z,对 ox_2、oy_2 轴的转动惯量分别为 I_x、I_y,且有 $I_x=I_y=I_e$。因此,当平衡环绕 ox_2 有 $\ddot{\gamma}$ 时,存在绕 ox_2 轴的转动惯性力矩:

$$M_{ax2}=-I_e\ddot{\gamma} \tag{3-1-20}$$

自转角速度 $\dot{\varphi}$ 在 oz_2、oy_2 轴上的投影分别为 $\dot{\varphi}\cos\gamma\approx\dot{\varphi}$、$\dot{\varphi}\sin\gamma\approx\dot{\varphi}\gamma$,因此绕 ox_2 轴存在科里奥利惯性力矩为

$$M_{bx2}=-(I_z-I_e)\dot{\varphi}^2\gamma \tag{3-1-21}$$

因此得总的惯性力矩为

$$M_{px2}=-I_e\ddot{\gamma}-(I_z-I_e)\dot{\varphi}^2\gamma \tag{3-1-22}$$

将式(3－1－22)所述作用于转子的惯性力矩投影到壳体坐标系,有

$$\begin{cases} M_{px} = (-I_e\ddot{\gamma} - (I_z - I_e)\dot{\varphi}^2\gamma)\cos\varphi \\ M_{py} = (-I_e\ddot{\gamma} - (I_z - I_e)\dot{\varphi}^2\gamma)\sin\varphi \end{cases} \tag{3-1-23}$$

将式(3－1－18)代入式(3－1－23),经过计算,可以得到绕内挠性轴作用到转子的那一部分惯性力矩沿壳体坐标系的 x_c 轴和 y_c 轴上的分量为

$$\begin{cases} M_{px} = \left(I_e - \dfrac{I_z}{2}\right)\dot{\varphi}^2\alpha + \left(I_e - \dfrac{I_z}{2}\right)\dot{\varphi}^2\alpha\cos2\varphi + \left(I_e - \dfrac{I_z}{2}\right)\dot{\varphi}^2\beta\sin2\varphi \\ M_{py} = \left(I_e - \dfrac{I_z}{2}\right)\dot{\varphi}^2\beta - \left(I_e - \dfrac{I_z}{2}\right)\dot{\varphi}^2\beta\cos2\varphi + \left(I_e - \dfrac{I_z}{2}\right)\dot{\varphi}^2\alpha\sin2\varphi \end{cases} \tag{3-1-24}$$

式(3－1－24)等号右边第一项力矩的大小与自转轴偏角的大小成正比,而方向与自转轴偏转的方向相同。因其大小具有通常弹性力矩的性质,但方向却与之相反,故称为负弹性力矩。又因为它是由平衡环的振荡运动产生的,故常称为“动力(负)弹性力矩”。从式(3－1－24)得动力引进的弹性刚度为

$$K^* = \left(I_e - \frac{I_z}{2}\right)\dot{\varphi}^2 \tag{3-1-25}$$

动力引进的弹性刚度 K^* 与转子自转角速度 $\dot{\varphi}$ 的平方成正比,并与平衡环横向转动惯量 I_e、极轴转动惯量 I_z 有关。为了得到动力(负)弹性效应,平衡环的转动惯量必须满足下列条件

$$I_e \approx \frac{I_z}{2} \tag{3-1-26}$$

式(3－1－24)等号右边第二、三项为二倍于自转频率的周期振荡力矩项,简称二次谐波力矩项。这是高频周期性的力矩,它不会使陀螺仪产生常值的进动角速度。

3. 动力调谐陀螺仪的动力调谐

动力调谐是指挠性接头固有的弹性刚度恰好精确地被动力引进的弹性刚度所抵消。下面推导满足动力调谐的条件。

当转子绕内、外挠性轴分别转动 γ 角和 θ 角时,因内、外挠性轴的扭转变形,将分别产生弹性力矩 M_{kx2} 和 M_{ky2},并沿内、外挠性轴作用在转子上。弹性力矩的方向与转子的偏转的方向相反,而大小分别与转角 γ 和 θ 成正比,可表示为

$$\begin{cases} M_{kx2} = -K\gamma \\ M_{ky2} = -K\theta \end{cases} \tag{3-1-27}$$

式中:K 为挠性轴弹性刚度,这里假设内、外挠性弹性刚度相等,与实际情况一致。

若把式(3－1－27)的弹性力矩变换成沿壳体坐标系的 x_c 和 y_c 轴向来表达,则有:

$$\begin{cases} M_{kx} = M_{kx2}\cos\varphi - M_{ky2}\sin\varphi = -K\gamma\cos\varphi + K\theta\sin\varphi \\ M_{ky} = M_{kx2}\sin\varphi + M_{ky2}\cos\varphi = -K\gamma\sin\varphi - K\theta\cos\varphi \end{cases}$$

将式(3-1-18)、式(3-1-19)的关系代上式,得

$$\begin{cases} M_{kx} = -K\alpha \\ M_{ky} = -K\beta \end{cases} \tag{3-1-28}$$

综合考虑挠性轴产生的弹性力矩和动力引进的弹性力矩,作用在转子上的合力矩应为

$$\begin{cases} M_x = M_{kx} + M_{px} = -\left[K - \left(I_e - \dfrac{I_z}{2}\right)\dot{\varphi}^2\right]\alpha \\ M_y = M_{ky} + M_{py} = -\left[K - \left(I_e - \dfrac{I_z}{2}\right)\dot{\varphi}^2\right]\beta \end{cases} \tag{3-1-29}$$

式(3-1-29)中方括号项称为剩余弹性刚度,并用符号 k 表示,即

$$k = K - \left(I_e - \frac{I_z}{2}\right)\dot{\varphi}^2 \tag{3-1-30}$$

通过调节挠性轴弹性刚度 K、平衡环转动惯量 I_e 和 I_z,或调节转子自转角速度 $\dot{\varphi}$,可使二者弹性刚度相等,即

$$K = \left(I_e - \frac{I_z}{2}\right)\Omega^2 \tag{3-1-31}$$

在此情况下,动力引进的弹性刚度恰好抵消了挠性接头弹性刚度,从而消除了挠性支撑对转子的弹性约束,自转轴的进动就会消失。这种状态称为"动力调谐",式(3-1-31)即为动力调谐条件。满足了 $K=0$ 的条件称为调谐状态;若 $K>0$,称为欠调谐状态;若 $K<0$ 称为过调谐状态。

在挠性轴弹性刚度 K 及平衡环转动惯量 I_e、I_z 等结构参数一定的情况下,剩余弹性刚度 k 随转子自转角速度 $\dot{\varphi}$ 而改变。通过调节转子的转速,便可以使之达到动力调谐状态。在调谐状态下转子的角速度为

$$\Omega_0 = \sqrt{\frac{K}{I_e - (I_z/2)}} \tag{3-1-32}$$

化成以 r/min 单位表示的调谐转速为

$$n = \frac{60}{2\pi}\sqrt{\frac{K}{I_e - (I_z/2)}} \tag{3-1-33}$$

4. 动力调谐陀螺仪测速原理

从上面的分析可以看出,动力调谐陀螺仪属于二自由度位置陀螺仪,可以测量载体的姿态。但动力调谐陀螺仪在惯性导航系统中应用时,通过设计两个力矩再平衡回路,将其构成双轴速率陀螺仪,可测量载体的角速率。

动力调谐速率陀螺仪的构成原理如图3.24所示。转子绕壳体 ox_c 轴的角度信号传感器输出信号,经回路放大器变换放大后送至绕壳体 oy_c 轴上的力矩器,组成一条力矩再平衡回路。绕 oy_c 轴的角度信号传感器输出信号,经回路放大器变换放大后送至绕壳体 ox_c 轴上的力矩器,组成另一条力矩再平衡回路。力矩再平衡回路中的施矩电流则作为陀螺仪的输出。

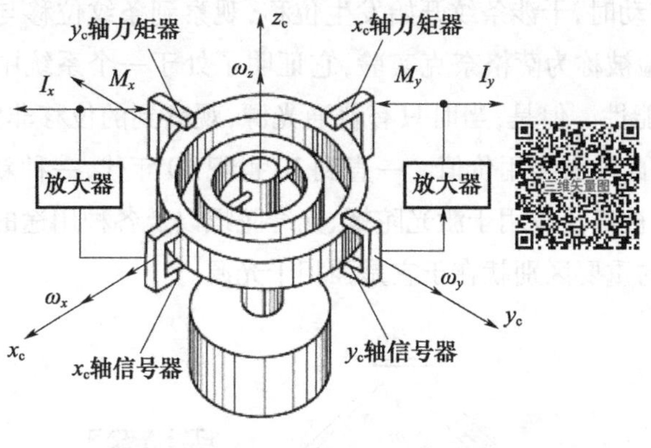

图 3.24 动力调谐速率陀螺仪原理组成

当壳体绕 ox_c 轴相对惯性空间以角速度 ω_x 转动时,自转轴具有定轴性,相对 ox_c 轴保持方位稳定。随着时间积累,壳体会绕 ox_c 轴相对转子出现偏角 α,ox_c 轴上的信号传感器有电压信号输出,经回路放大器变换放大后转换成电流信号 I_y,送至 oy_c 轴上的力矩器,产生负向控制力矩 M_y 作用在转子上,且 $M_y=K_tI_y$,K_t 为力矩器比例系数。在 M_y 作用下,转子会绕着 ox_c 正向进动,当进动角速度 $\omega_{sx}=\omega_x$ 时,偏角 α 达到稳态。因此,有

$$\omega_{sx}=\frac{K_tI_y}{H}=\omega_x$$

则

$$I_y=\frac{H}{K_t}\omega_x \tag{3-1-34}$$

通过测量电流 I_y 即可得到角速度 ω_x 测量值。同理,可测量绕 Oy_c 轴向的角速度 ω_y。因此,一个动力调谐速率陀螺仪可以实现两个正交方向的角速度测量。

3.2 光学陀螺仪

光学陀螺仪主要指激光陀螺仪和光纤陀螺仪。区别于典型转子陀螺仪,光学陀螺仪没有高速旋转转子的机械结构,却同样可以实现载体相对惯性空间角运动量的测量,其工作原理均基于萨格奈克效应(Sagnac 效应)。

3.2.1 萨格奈克效应

萨格奈克效应是法国物理学家萨格奈克(M. M. Saganc)在1913年发现的。当时他为了观察转动系统中光的干涉现象,做了两个类似于旋转陀螺力学实验的光学实验,其装置如图3.25所示。

从光源 o 发出的光到达半镀银反射镜 M 后分成两束,一束是反射光,经反射镜 M_1、M_2、M_3 及 M 到达光屏 P,另一束是透射光,经 M_3、M_2、M_1 及 M 到达光屏 P。这两束光沿着相反方向汇合在光屏上,形成干涉条纹。干涉条纹用照相机记录。当整个装置(包括光

源和照相机)开始转动时,干涉条纹开始发生位移,观察到条纹位移与古典非相对论计算结果相符。这个实验被称为萨格奈克实验,它证明了处于一个系统中的观察者确定该系统的转动速度的可能性。但是,当时只有普通光源,观察到的位移非常小,很难达到应用上要求的精确度,因此没有实用价值。一直到20世纪60年代,一种新颖光源——激光光源出世后,该效应才被广泛应用于激光陀螺、光纤陀螺以及各种用途的光纤传感器上。激光光源与普通光源的重要区别就在于它是强相干光源。

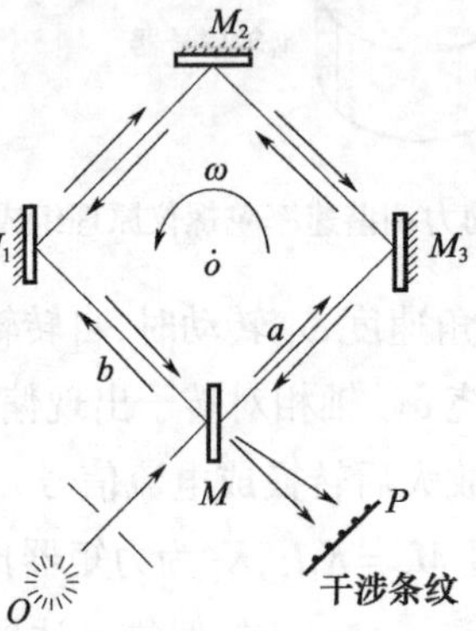

图3.25　萨格奈克实验

1. 相干性的基本概念

光的相干性是一个比较复杂的问题,可以用光的量子论(光子统计理论)描述,也可以用经典波动理论描述。下面从波动理论出发讨论光的相干性。

首先介绍两个实验。第一个实验如图3.26实验1所示,有两个相同的光源 O_1 和 O_2,在光源前放置一个具有两个小孔的光阑。从 O_1 和 O_2 发出的光波分别通过小孔到达光屏 P。一般情况下,这两束光共同照亮的地方要亮,其光强约为每个光源照明时的光强之和,因为这两束光互不干扰,所以各自独立传播。另一个实验是用一个光源 O,这两束光重叠的地方并不像第一个实验那样中间很亮,逐渐向两边衰减,而是出现一列明暗相间的条纹。在亮处的光强差不多是单独一束光照射时的4倍,而在暗处光强为零。这两束光不是独立地传播,而是相互干扰的,这就是光的干涉现象,明暗相间的条纹称为干涉条纹。

光在一定条件下会产生干涉条纹是因为光波也遵守波的叠加原理。根据波的叠加原理,当两列单色光波(频率单一的正弦波)同时作用于光屏的某点上时,则该点光波(叠加波)的情况与这两列光波间的相位差有密切关系。如果是同相位,叠加波的频率和相位与原来的光波一样,但振幅是原来两列波的振幅之和,即相互加强,形成亮条纹。如果是相反相位,则叠加波的振幅为原来两列波振幅之差,即相互抵消,形成暗条纹,如图3.26实验2所示。可见,只有相位相关的光波才能发生相干现象。图3.26所示的第一个实验就是因为两列光波的相位是杂乱无章地变化,没有一定的相位关系和恒定的相位差,所以不会出现干涉条纹。在第二个实验中,两束光是由同一光波经过光阑而形成的,所以它们具有相同的相位和振幅,这两列光波在光屏上相遇时就会出现干涉条纹。因此,能产生干涉的两束光称为相干光，相干的条件为频率相同、振动方向相同、相位差恒定。激光器的各发光中心是相互关联的，可以在较长时间内存在恒定的相位差，因此有很好的相干性。

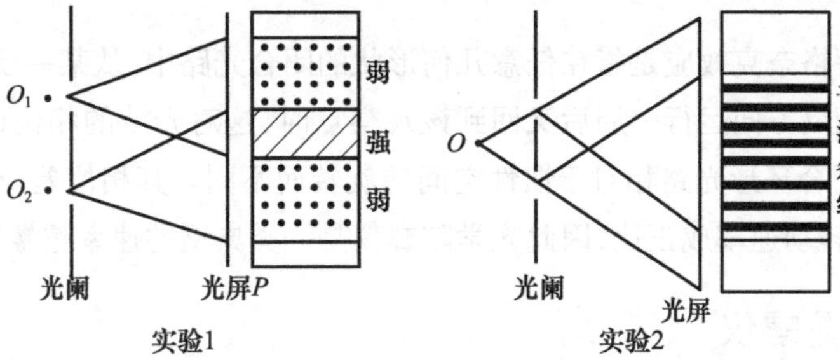

图 3.26　光的干涉现象

2. 萨格奈克相移

设实验是在真空环境中进行，即光的折射率 $n=1$。当干涉仪相对惯性空间无转动时，沿相反方向传播的两束光绕行一周的时间也相等，都等于装置光环路周长，即 $L_a=L_b=L$。这两束光绕行一周的时间也相等，即 $t_a=t_b=L/c$（c 为真空中的光速）。在此情况，由于两束光同时返回半透反射镜，所以彼此间没有相位差。这两束光经过相应的反射和透射同时射向光屏，在屏幕上形成的干涉条纹是静止不动的。

按照古典非相对论理论，当实验装置相对惯性空间转动时，如在光的传播方向上的速率为 v，这两束光到达光屏的时间差为

$$\Delta t=\frac{L}{c-v}-\frac{L}{c+v}=\frac{2vL}{c^2-v^2}$$

式中：c 为真空中的光速，L 为当装置静止时每束光所经过的路程。

一般情况下，光速 $c\gg v$，所以上式可简化为

$$\Delta t=\frac{2vL}{c^2} \tag{3-2-1}$$

相应的光程差为

$$\Delta L=c\Delta t=\frac{2vL}{c} \tag{3-2-2}$$

设如图 3.25 实验装置为正方形，光束所包围的面积为 A，装置旋转角速度为 ω，则光程差可写为

$$\Delta L=\frac{4A}{c}\omega \tag{3-2-3}$$

设光的波长为 λ，则可知相应的相位差为

$$\Delta\phi=\frac{8\pi A}{c\lambda}\omega \tag{3-2-4}$$

式中：$\Delta\phi$ 为萨格奈克相移，它与旋转角速度成正比。相移可直接转换成光强的变化，反映在检测器上。

当光在折射率等于 n 的均匀介质中传播时,光的传播速率为 c/n,通过同样的计算过程可以得出,当装置发生转动时,在折射率为 n 的均匀介质中引起的相移与真空条件下的相移相等。

综上所述,萨格奈克效应是指在任意几何形状的闭合光路中,从某一观察点发出的一对相干光波,沿相反方向运行一周后又回到该观察点时,这对光波的相位(或它们经历的光程)将由于该闭合环形光路相对于惯性空间的旋转而不同。其相位差(或光程差)的大小与闭合光路的转动速率成正比,因此光学陀螺仪是一类典型的速率陀螺仪。

3.2.2 激光陀螺仪

1960年7月,第一台红宝石固体激光器诞生。美国人希尔(C. V. Heer)(1961年)和罗森塔尔(A. H. Rosenthal)(1962年)提出将激光器用于萨格奈克干涉仪构成激光陀螺仪。1963年2月,美国Sperry公司研制出了世界上第一台环形激光陀螺实验装置,该装置的光程长达4m,精度约50(°)/h。

1. 激光陀螺仪的测量原理

激光陀螺仪基于萨格奈克效应,利用环形谐振腔内顺、逆时针两个方向传播的激光的频率差,测量环形谐振腔相对于惯性空间的角运动。激光陀螺仪的环形谐振腔一般做成三角形或四边形。以图3.27所示的三角形谐振腔为例。它由激光管、反射镜和半透反射镜组成。激光管内装有工作介质,一般为氦氖混合气体,它由高频电压或直流电压予以激励。在激光管的两端各装有1个满足布氏角的端面镜片,以使光束具有一定的偏振方向。

从激光理论可知,激光管中的工作介质在外来激励作用下,原子将从基态被激发到高能级,使得某两个能级之间实现了粒子数的反转分布,此时的工作介质称为激活物质或增益介质。光通过激活物质时将被放大,获得增益。但激活物质的长度不可能做得很长,而且光通过它时还存在损耗,所以光在一次通过激活物质时获得的增益是有限的。为了使受激辐射的光不断放大,获得足够高的增益,并使它的频率、偏振方向、相位都相同,需要有光学谐振腔才行。激光陀螺仪采用的是环形谐振腔。

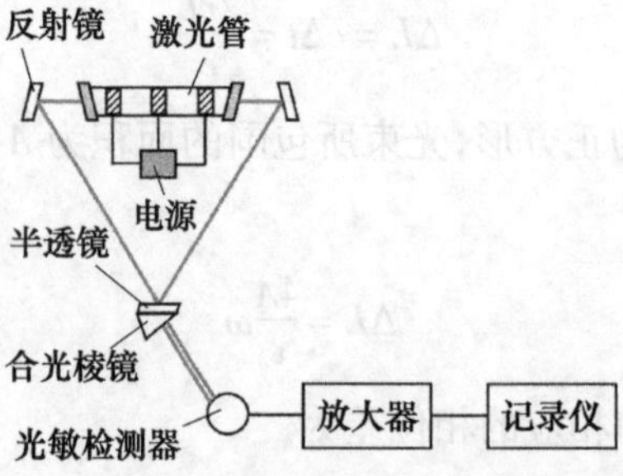

图3.27 有源激光陀螺仪结构示意图

在环形谐振腔内,沿光轴方向传播的光子受到反射镜的不断反射,在腔内不断绕行,这样它就不断地重复通过激活物质而不断得到放大。反射镜镀有多层薄膜,选择每层反射膜的厚度使之等于所需激光波长的 1/4，可使所需波长的光得到最大限度的反射，并限制了其他波长光的反射。而且选择谐振腔环路周长正好等于所需激光波长的整数倍，使得自镜面反射回的光形成以镜面为波节的驻波。于是，只有所需频率或波长的光才能在腔内形成稳定振荡而得到不断加强，并使相位也达到同步。另外，按布氏角设置的镜片使通过它的光成为线偏振光。也就是说，谐振腔可使同方向、同频率、同相位、同偏振的光子得到不断地放大，从而形成激光。由于激光陀螺仪采用环形谐振腔，故在腔内产生了沿相反方向传播的两束强相干性激光，其中一束沿逆时针方向，另一束沿顺时针方向。合光棱镜使两个方向的光信号结合，激光束经过棱镜射出的光束共线且形成了干涉条纹。

由谐振条件 $L=q\lambda$ 可知，通过合理设计和调整可使正、反向光束在光路内发生谐振，这时每圈光路长 L 恰好为谐振波长 λ 的整数倍，即

$$\lambda_a=\lambda_b=\lambda=\frac{c}{\nu}=\frac{L}{q} \tag{3-2-5}$$

式中：$\nu=\nu_a=\nu_b$，为两束光的谐振频率。

当谐振腔绕着与环路平面相垂直的轴以角速度 $\boldsymbol{\omega}$（设为逆时针方向）相对惯性空间旋转时，两束激光在腔内绕行一周的光程不再相等。逆时针光束所走的光程为 $L_a=L+\Delta L$，顺时针光束所走的光程为 $L_b=L-\Delta L$，因而两束激光的振荡频率不同，分别为

$$\begin{gathered}\nu_a=q\frac{c}{L_a}\\ \nu_b=q\frac{c}{L_b}\end{gathered} \tag{3-2-6}$$

两束激光振荡频率之差即频差或拍频为

$$\Delta\nu=\nu_b-\nu_a=\frac{(L_a-L_b)qc}{L_aL_b} \tag{3-2-7}$$

不难证明，对于三角形谐振腔而言，以下各式成立：

$$\begin{cases}L_a=\dfrac{L}{1-\dfrac{L\omega}{6\sqrt{3}c}}\\[2ex] L_b=\dfrac{L}{1+\dfrac{L\omega}{6\sqrt{3}c}}\end{cases} \tag{3-2-8}$$

故可以推断出下列关系：

$$L_aL_b=\frac{L^2}{1-\left(\dfrac{L\omega}{6\sqrt{3}c}\right)^2}\approx L^2 \tag{3-2-9}$$

$$L_a-L_b=\frac{L^2\omega/3\sqrt{3}c}{1-\left(\dfrac{L\omega}{6\sqrt{3}c}\right)^2}\approx\frac{L^2\omega}{3\sqrt{3}c} \tag{3-2-10}$$

将式（3-2-9）、式（3-2-10）代入式（3-2-7）中，同时考虑到周长为 L 的等边三

角形面积 $A=\frac{\sqrt{3}}{36}L^2$,可以得到

$$\Delta\nu=\frac{4Aq}{L^2}\omega \tag{3-2-11}$$

又因为 $\lambda=\frac{L}{q}$,则式(3-2-11)又可写成为

$$\Delta\nu=\frac{4A}{L\lambda}\omega \tag{3-2-12}$$

由于环形谐振腔环路包围的面积 A、环路周长 L 以及所采用的激光波长 λ 均为定值,因此激光陀螺仪的输出频差或拍频 $\Delta\nu$ 与输入角速度 ω 成正比,即

$$\Delta\nu=K\omega \tag{3-2-13}$$

式中:K 为激光陀螺标度因数(刻度因数),$K=\frac{4A}{L\lambda}$。

激光陀螺仪采用有源环形谐振腔和测频差技术,与无源环形干涉仪及测光程差的方案相比,其测量角速度的灵敏度大约提高了8个数量级。这是因为,具有一定光程差的两束光的干涉条纹只是比零图像横移了一段距离,而感测这一段距离的分辨率是很有限的;但具有一定频率差的两束光的干涉条纹却是以一定的速度向某一侧不断移动着,感测出单位时间内通过的条纹数目,即可确定出频差的大小,后者的分辨率显然要比前者高得多。

2. 激光陀螺的基本结构

激光陀螺主要由环形谐振腔、激光器、偏频组件、程长控制组件、信号读出系统、逻辑电路、电源组件及安装结构和电磁屏蔽罩等组成。这些组成部分可以因激光陀螺的种类而有很大的差别,但通常是必不可少的。

1)环形谐振腔

所有激光陀螺仪均采用环形谐振腔,谐振腔的结构应使反向散射尽可能小,这就要求腔内的光学元件尽可能少。要构成环形谐振腔,至少需要3个反射镜,所以常用的方案是由3个反射镜构成三角形谐振腔。另一方案则是由4个反射镜构成四边形(正方形)谐振腔,虽然它的反向散射比三角形的略大些,但也有其优点。从式(3-2-12)可知,激光陀螺刻度因数 K 与 A/L 成正比,在尺寸相同的条件下,四边形的 A/L 值要比三角形的大;反过来说,在要求标度因数相同的条件下,四边形的尺寸可比三角形的小。至于谐振腔环路周长的选择,则应兼顾到测量精度和仪表体积这两方面的要求,大多取在200~450mm的范围内。1987年,由Lin等提出的一种五边形激光陀螺仪获发明专利授权。

2)腔内激光器

目前无一例外的所有激光陀螺仪均采用He-Ne气体激光器,同红宝石固体激光器相比,它具有频谱纯度高、增益和稳定性高、带宽较窄、噪声较低、可靠性好、工作寿命长、输入功率低及反向散射小等优点。为了保证谐振腔光路尺寸的稳定性,亦即保证激光陀螺刻度因数的稳定性,腔体应采用低膨胀系数且具有高稳定性的材料,如熔凝石英、耐热

玻璃、Cer-vit 或 Zerodur 陶瓷等制成。后二者的线膨胀系数仅为 $3\times10^{-8}/℃$，且不会使工作气体逸出腔外，是比较理想的材料。

3）结构形式

从激光陀螺仪结构形式看，有分离式（组件式）和整体式两种。分离式结构特点是激光管在谐振腔中作为单独的器件。在腔体内仅加工出光路，安装上反射镜和激光管后，置于金属容器内再把内部抽成真空。这种结构比较简单，容易制造，而且反射镜和激光管是分离的，便于拆卸。整体式结构特点是在谐振腔内，激光管和环路为一体。在腔体内加工出光路，安装上反射镜后，应在腔内充氦氖混合气体。这种结构无需安装块，可保证对准稳定性，且零件数量少，但必须完善地密封，以免工作气体漏出腔外。目前，较多采用的是整体式结构。图 3.28 即为一种典型的整体式激光陀螺仪结构（内谐振腔式）。

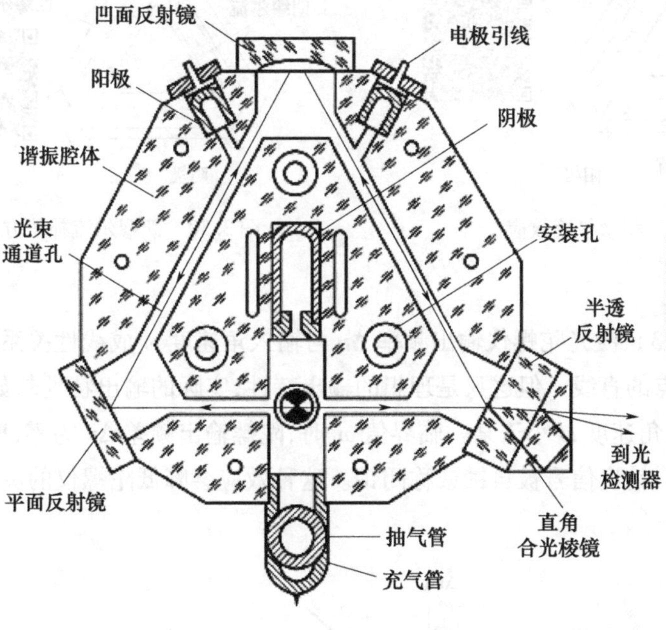

图 3.28　整体式激光陀螺结构

谐振腔内部通过抽气管抽真空后，再通过充气管充以氦氖混合气体，气体压强一般为 266.7～666.6Pa。在阳极和阴极间加上约 1000V 的直流电压，即能产生激光。

3. 激光陀螺仪误差源

与传统机电陀螺相比，激光陀螺具有动态范围大、瞬时启动、精度高、耐冲击振动能力强、可靠性高、直接数字输出等一系列优点，成为惯性导航系统的理想部件。但如何提高激光陀螺仪的使用精度一直是惯性技术研究的热点问题之一。从实用角度来讲，激光陀螺仪的主要误差源有零偏、闭锁效应和标度因数误差。

1）零偏

零偏 K_0 是指输入角速度为零时两束光之间存在的非零频差。考虑零偏时，式(3-2-13)可写为

$$\Delta\nu = K\omega + K_0 \tag{3-2-14}$$

产生零偏误差的主要原因是朗缪尔流效应。直流电激发等离子区中,存在中性原子的运动,它们沿发射器的中线向负极运动而后沿管壁向正极运动,形成朗缪尔流,如图3.29所示。激光穿过气体,其能量集中在管中央,所以混合气体朝负极方向流动。这种原子流动会引起折射系数的偏移,并与对应的激光能量及气流方向有关。这种偏移会引起谐振腔内的各向异性,从而导致没有角速度输入却有频差输出,即零位输出误差。

补偿朗缪尔流效应的方案之一是通过使用两个正极和一个负极的对称结构,如图3.30所示。由于两边朗缪尔流是对称的,从原理上说,它们对绕行一周激光的影响彼此抵消。

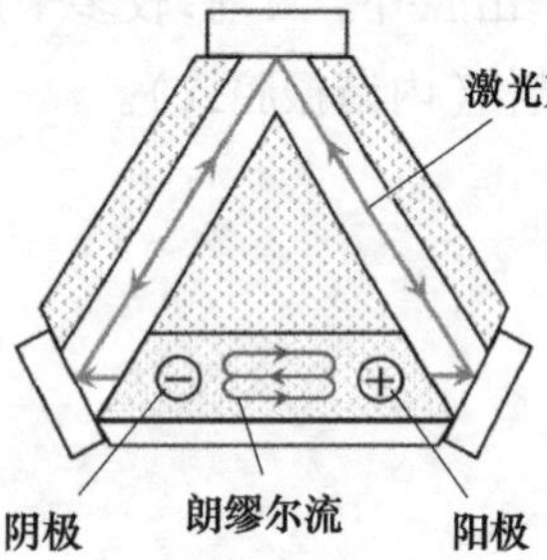

图3.29 朗缪尔流效应

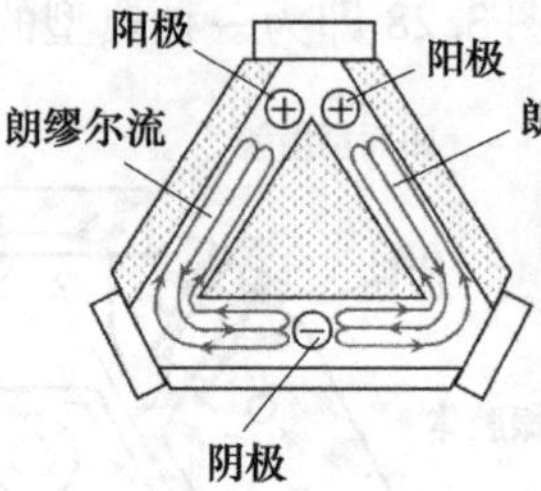

图3.30 朗缪尔流补偿方案

2)闭锁效应

根据式(3-2-13),激光陀螺仪输出频率$\Delta\nu$与输入角速度ω成线性关系,其输出特性如图3.31中过原点的直线。但这只是理想的输出特性,实际的输出特性却如图中不过原点的曲线。当输入角速度ω小于某一临界值ω_L时,陀螺输出频差$\Delta\nu$为零,即对该范围内输入角速度不敏感,输出信号被自锁或称闭锁。这种效应会降低陀螺仪的灵敏度,从而造成角速度的测量误差。

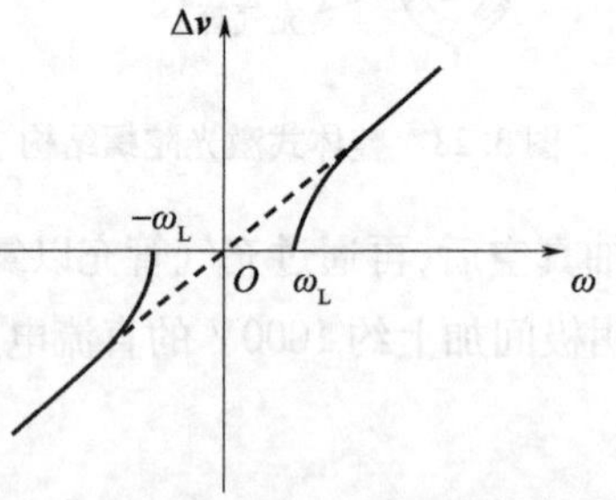

图3.31 激光陀螺仪闭锁效应

产生这种效应的主要原因是两束光中一小部分功率发生反向散射。这样,顺时针方向传播的光束的反向散射,正好耦合到逆时针方向传播的光束中去,反之亦然。由于两束光之间相互耦合,能量相互渗透,当它们的频差小到一定程度时,这两束光的频率就会被牵引至同步,以致引起输出信号自锁。反向散射与反射镜或其他光学元件的瑕疵有关,为减小这种不良物理效应,对反射镜的制造及抛光技术提出了极高的要求。另一方面,利用外部控制的常值和时变偏频加在实际的角速度中,可使激光陀螺仪始终工作在非锁区域内。许多技术可以产生这种偏频,包括机械抖动偏频、速率偏频、磁镜交变偏频、法拉第磁光效应偏频等。

机械抖动偏频激光陀螺是世界上最早进入实用的激光陀螺,也是最早进入实用的光学陀螺。这种陀螺采用小振幅高速机械抖动装置,强迫环形激光器绕垂直于谐振腔环路平面的轴来回转动,为谐振腔内相向行波模对提供快速交变偏频。机械抖动偏频的驱动元件,多数采用压电元件和弹性簧片相结合的构成,少数采用小巧的电磁振动结构。图3.32所示为典型的机械抖动偏频激光陀螺。

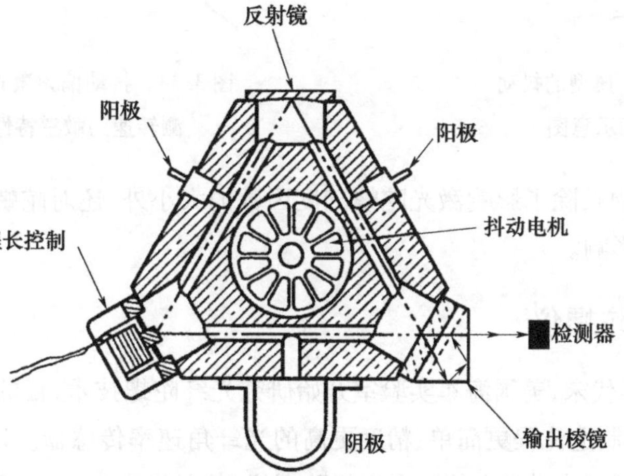

图3.32 典型的机械抖动偏频激光陀螺仪

机械抖动偏频信号采用的最多且最易实施的是正弦抖动信号。设机械抖动的转动角速度 ω_{DB} 按正弦函数变化,即

$$\omega_{DB} = \omega_{DBM}\sin(2\pi f_{DB}t) \tag{3-2-15}$$

式中:ω_{DBM} 为抖动的最大转速,通常为每秒数十度到数百度;f_{DB} 为转动角速度改变方向(抖动)的频率,通常为数十到数百赫兹,最典型的抖动频率为400Hz。激光陀螺总输入转速 ω 应包含待测转速 ω_1 和偏频引入的转速 ω_{DB}。

$$\omega = \omega_1 + \omega_{DBM}\sin(2\pi f_{DB}t) \tag{3-2-16}$$

只有当 $|\omega| > \omega_L$,即 $|\omega_1 + \omega_{DBM}\sin(2\pi f_{DB}t)| > \omega_L$ 时,才可能获得差频输出。为使陀螺工作于线性区,偏频抖动的最大转速 ω_{DBM} 应远大于闭锁阈值 ω_L。

激光陀螺的抖动偏频特性及抖动偏频条件下激光陀螺对待测转速 ω 的敏感特性分别如图3.33和图3.34所示。

3)标度因数误差

由式(3-2-12)可看出标度因数 K 与激光波长 λ 成反比,并与环路参数 A/L 成正比。由于氦氖气体激光器产生波长为0.6328μm的激光,具有很高的稳定性,即激光波长 λ 可视为常值,所以欲保持标度因数不变,关键是要保持谐振腔形状和尺寸的稳定性。因此,要采取措施保证谐振腔形状和尺寸不受外界因素(如温度)变化的影响,例如采用低膨胀系数且具有高稳定性的材料做腔体,采用光路长度自动调整装置等。

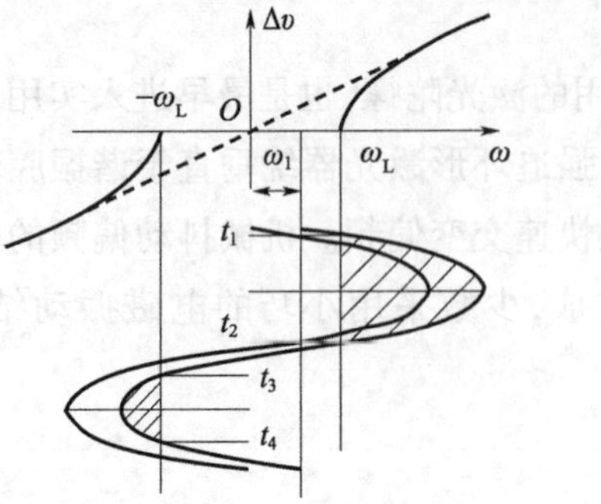

图 3.33　典型的抖动偏频示意图

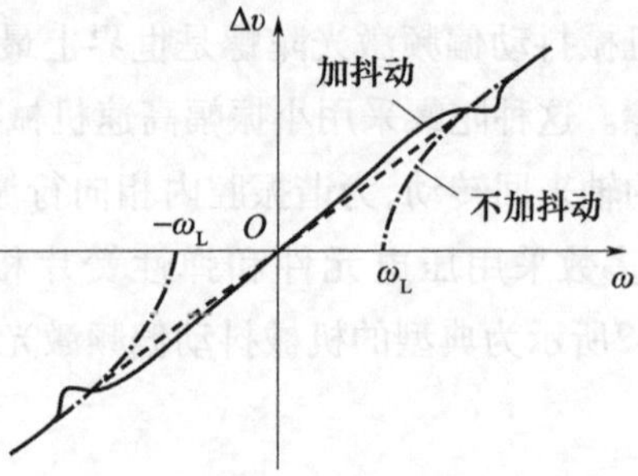

图 3.34　抖动偏频激光陀螺仪对待测转速的敏感特性示意图

谐振腔环路周长除了影响激光陀螺刻度因数的大小外,还对陀螺漂移率和标度因数的稳定性有很大影响。

3.2.3 光纤陀螺仪

20 世纪 60 年代末,美国海军实验室开始研究光纤陀螺技术,目的是研制出比激光陀螺仪的成本更低、制造流程更简单、精度更高的光纤角速率传感器。1976 年,美国犹他大学采用分立元件研制成世界上第一台光纤陀螺仪,其分辨率为 2(°)/h。因为光纤陀螺仪本身对温度变化、振动等外部扰动的高敏感特性,目前干涉式光纤陀螺仪的精度仍未能超越环形激光陀螺仪。

1. 干涉式光纤陀螺仪的测量原理

就光纤陀螺仪基本原理而论,它是一种由单模光纤做通路的萨格奈克干涉仪。光纤陀螺仪的萨格奈克效应可以用图 3.35 所示的圆形环路的干涉仪来说明。

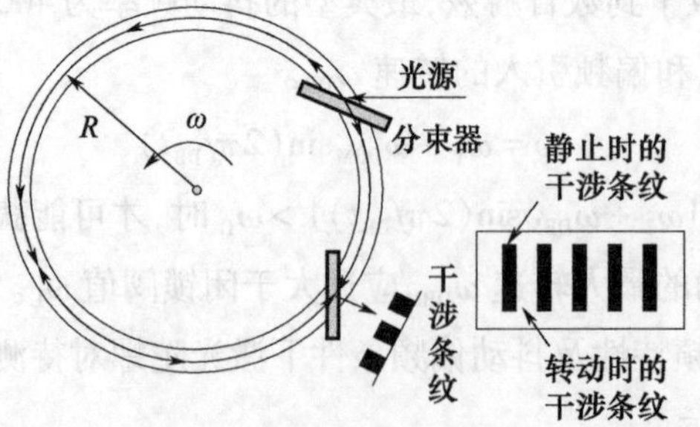

图 3.35　圆形环路干涉仪

该干涉仪由光源、分束板、反射镜和光纤环组成。光源入射后,被分束板分成等强的两束。反射光进入光纤环沿着圆形环路逆时针方向传播。透射光被反射镜反射回来后又被分束板反射,进入光纤环沿着圆形环路顺时针方向传播。这两束光绕行一周后,又在分束板汇合。

先不考虑光纤芯层折射率的影响,即认为光是在折射率为1的媒质中传播。当干涉仪相对惯性空间无旋转时,相反方向传播的两束光绕行一周的光程相等,都等于圆形环路的周长,即

$$L_a = L_b = L = 2\pi R$$

两束光绕行一周的时间也相等,都等于光程 L 除以真空中的光速 c,即

$$t_a = t_b = \frac{L}{c} = \frac{2\pi R}{c} \tag{3-2-17}$$

当干涉仪绕着与光路平面相垂直的轴以角速度 ω(设为逆时针方向)相对惯性空间旋转时,由于光纤环和分束板均随之转动,相反方向传播的两束光绕行一周的光程就不相等,时间也不相等。

逆时针方向传播的光速 a 绕行一周的时间设为 t_a,当它绕行一周再次到达分束板时,多走了 $R\omega t_a$ 的距离,其实际光程为

$$L_a = 2\pi R + R\omega t_a$$

而这束光绕行一周的时间为

$$t_a = \frac{L_a}{c} = \frac{2\pi R + R\omega t_a}{c}$$

由此可得

$$t_a = \frac{2\pi R}{c - R\omega} \tag{3-2-18}$$

顺时针方向传播的光束 b 绕行一周的时间设为 t_b,当它绕行一周再次到达分束板时,少走了 $R\omega t_b$ 的距离,其实际光程为

$$t_b = \frac{L_b}{c} = \frac{2\pi R - R\omega t_b}{c}$$

由此可得

$$t_b = \frac{2\pi R}{c + R\omega} \tag{3-2-19}$$

相反方向传播的两束光绕行一周到达分束板的时间差为

$$\Delta t = t_a - t_b = \frac{4\pi R^2}{c^2 - (R\omega)^2}\omega$$

因为 $c^2 \gg (R\omega)^2$,所以上式可足够精确地近似为

$$\Delta t = \frac{4\pi R^2}{c^2}\omega \tag{3-2-20}$$

两束光绕行一周到达分束板的光程差为

$$\Delta L = c\Delta t = \frac{4\pi R^2}{c}\omega \tag{3-2-21}$$

这表明两束光的光程差 ΔL 与输入角速度 ω 成正比。实际上,式中 πR^2 代表了圆形

环路的面积,如果用符号 A 表示,则式(3-2-21)显然与式(3-2-3)完全一致。

光纤芯层材料的主要成分是石英,其折射率为1.5~1.6。当在折射率为 n 的光纤层中传播时,若干涉仪无转动,两束光的传播速度均为 c/n。若有角速度 ω(设为逆时针方向)输入时,两束光的传播速度不再相等。但是同样可以推出,此情况下相反方向传播的两束光绕行一周的光程差 ΔL 与真空中的情况完全相同,即与光的传播媒质的折射率无关。

光纤陀螺仪可以说是萨格奈克干涉仪,通过测量两束光之间的相位差(相移)来获得被测角速度。两束光之间的相移 $\Delta\phi$ 与光程差 ΔL 有以下关系,即

$$\Delta\phi = \frac{2\pi}{\lambda}\Delta L \tag{3-2-22}$$

式中:λ 为光源的波长。

将式(3-2-21)代入式(3-2-22),并考虑光纤环的周长 $L=2\pi R$,可得两束光绕行一周再次汇合时的相移为

$$\Delta\phi = \frac{4\pi RL}{c\lambda}\omega \tag{3-2-23}$$

以上是单匝光纤环的情况。光纤陀螺仪采用的是多匝光纤环(设为 N 匝)的光纤线圈。两束光绕行 N 周再次汇合时的相移应是

$$\Delta\phi = \frac{4\pi RLN}{c\lambda}\omega \tag{3-2-24}$$

由于真空中光速 c 和圆周率 π 均为常数,光源发光的波长 λ 以及光纤线圈半径 R、匝数 N 等结构参数均为定值,因此光纤陀螺仪的输出相移 $\Delta\phi$ 与输入角速度 ω 成正比,亦即

$$\Delta\phi = K\omega \tag{3-2-25}$$

式中:K 为光纤陀螺标度因数(刻度因数),有

$$K = \frac{4\pi RLN}{c\lambda} \tag{3-2-26}$$

上式表明,在光纤线圈半径一定的条件下,可以通过增加线圈匝数,即增加光纤总长度来提高测量的灵敏度。光纤的直径很小,长度为500~2500m的陀螺装置,其直径也仅10cm左右。但是光纤长度也不能无限地增加,这是因为光纤具有一定的损耗,典型值为1dB/km,而且光纤越长,系统保持其互易性越困难,所以光纤长度一般为2000~4000m。

2. 光路系统的基本构成

如上所述,构成一个光纤陀螺的光路系统,应满足萨格奈克干涉仪工作条件和光路互易性条件,即陀螺仪静止时,从一个输入端口进入闭合光路的两束光波沿相反方向传播后返回到该端口,两束光波的幅度、相位和偏振仍然相同,同时要求采取灵敏度最佳化方法。光纤陀螺的光路系统,除包括光源、光检测器和传感光纤线圈外,还包括两个分束器、偏振器、空间滤波器和装在闭合光路一端的调制器,如图3.36所示。其中偏振器和空间滤波器是为了消除陀螺仪零偏和获得较大信噪比。这种干涉仪是非理想情况下保证系统互易工作最起码条件的简单结构,故通常称为最简结构干涉仪。

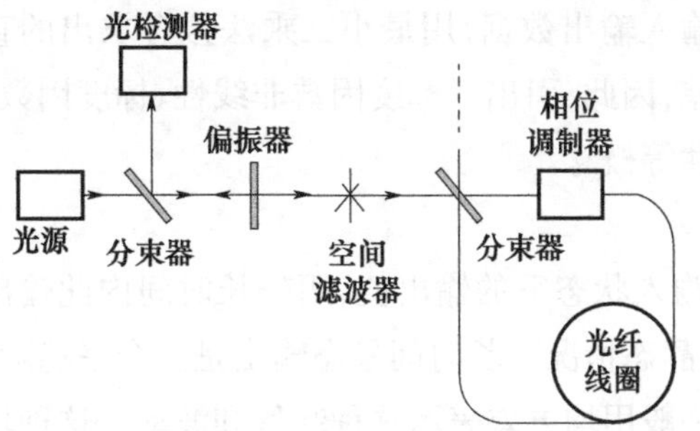

图 3.36　光纤陀螺仪光路系统结构组成

下面分析相位调制器的作用。当光纤线圈绕其中心轴旋转时，从光纤线圈两端出来的两束光出现相移。此时两束光的干涉情况发生变化，到达光检测器的光强也发生变化。假设两束干涉光波的干涉强度分别为 I_1 和 I_2，当干涉仪具有“理想”的对比度时，$I_1 = I_2$。干涉仪输出的光强 I 与输出相移 $\Delta\phi$ 的关系为

$$I = I_1[1 + \cos\Delta\phi] \tag{3-2-27}$$

光强信号通过光检测器转换为电压信号或电流信号，并保持两者之间的线性关系。但是从式(3－2－27)可以看出光强与相移之间不是线性关系，而是成余弦关系，并且在相移为零附近的信号检测灵敏度低，且无法识别相移的正负，如图 3.37 所示。

为了获得高灵敏度，应该给信号施加一个偏置，使之工作在一个响应斜率不为零的点附近，即

$$I(\Delta\phi) = I_1[1 + \cos(\Delta\phi + \Phi_b)] \tag{3-2-28}$$

式中：Φ_b 为相位偏置。

从图 3.37 中可以看出，在 $\Phi_b = \pi/2$ 偏置点处有最大灵敏度。在光纤陀螺中采用互异性偏置调制－解调的方法能够产生这样一个稳定的偏置。此时光强与相移之间的关系变为正弦关系。当相移较小时，输出光强与相移之间成线性关系，消除了余弦函数的影响，如图 3.38 所示。对于大角速度测量，为保证陀螺仪速率响应信号是线性的，可以采用加反馈利用闭环信号处理方法来解决。

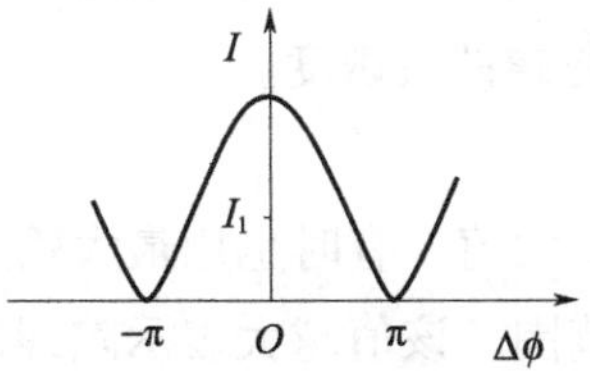

图 3.37　光强 I 与相移 $\Delta\phi$ 的关系

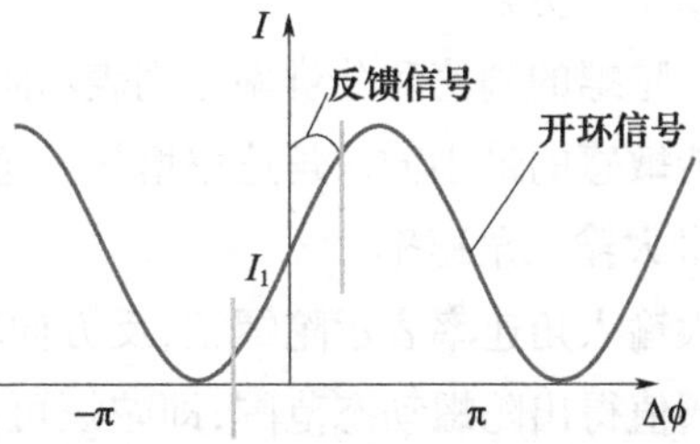

图 3.38　相位调制后的干涉式光纤陀螺的闭环原理

3. 光纤陀螺仪的相关性能指标

1）标度因数

如式(3－2－26)所示的陀螺标度因数是指陀螺输出与输入角速率的比值，是根据整

个输入角速率范围内测得的输入输出数据,用最小二乘法拟合求出的直线斜率。由于用最小二乘法拟合存在拟合误差,因此,引出了标度因数非线性、标度因数不对称性、标度因数重复性以及标度因数稳定性等概念。

2)零偏与零偏稳定性

零偏是指光纤陀螺在零输入状态下的输出值,用较长时间内此输出的均值等效折算为输入角速率来表示。通常,静态情况下长时间稳态输出是一个平稳随机过程,故稳态输出将围绕零偏起伏和波动。一般用均方差表示这种起伏和波动。这种均方差被定义为零偏稳定性,用相应的等效输入角速率表示。这也就是我们平常所说的“偏值漂移”或“零漂”。零漂值的大小标志着观测值围绕零偏的离散程度。零偏稳定性的单位用“(°)/h”表示,其值越小稳定性越好,它常用来表示光纤陀螺的精度。

光纤陀螺的零偏随时间、环境温度等的变化而变化,而且带有极大的随机性,因而又引出了零偏重复性、零偏温度灵敏度、零偏温度速率灵敏度等概念。将以上几项指标综合,并从测试的数据序列中剔除带有规律性的分量,如常数项、随时间 t 成比例增长的一次项、周期项等,或在输出上加以校正补偿后,才能得出真正的随机漂移。

3)随机游走系数

随机游走系数是指由白噪声产生的随时间累积的陀螺输出误差系数。这里的“白噪声”是指陀螺系统遇到的一种随机干扰,这种干扰是一个随机过程。当外界条件基本不变时,可认为上面所分析的各种噪声的主要统计特性是不随时间推移而改变的。从功率谱角度来看,这种噪声对不同频率的输入都能进行干扰,抽象地把这种噪声假设在各频率分量上都有同样的功率,类似于白光的能谱,故称为“白噪声”。所以说,白噪声是功率谱密度为常数的零均值平稳随机过程,是现实噪声的一种理想化。

从某种意义上讲,随机游走系数反映了陀螺的研制水平,也反映了陀螺的最小可检测角速率,并间接指出与光子、电子的散粒噪声效应所限定的检测极限的距离。据此,可推算出采用现有方案和元器件构成的光纤陀螺是否还有提高性能的潜力,故此项指标极为重要,其单位用$(°)/h^{1/2}$表示。

4)阈值与分辨率

光纤陀螺的阈值和分辨率分别表示陀螺能敏感的最小输入角速率和在规定的输入角速率下能敏感的最小输入角速率增量。这两个量都表征陀螺的灵敏度。

5)最大输入角速率

最大输入角速率表示陀螺正、反方向输入角速率的最大值。有时也用最大输入角速率除以阈值得出陀螺动态范围,即陀螺可敏感的角速率范围。该值越大表示陀螺敏感角速率的能力也越大。

3.3 振动陀螺仪

振动陀螺仪是在20世纪80年代后期迅速发展起来的一种新型陀螺仪,是经典力学理论与近代科技成就相结合的结果。振动陀螺仪或称谐振陀螺仪的共同机理，都是利用高频振动（线振动或角振动）的质量在被基座带动旋转时所产生的科里奥利效应来敏感角运动的。

振动陀螺仪也有多种分类方式，按振动结构不同可分为振梁式、音叉式、振动环式和壳体式等，按工艺分，又有传统加工工艺和微机械工艺方式。其中，微电子机械系统（micro－electro－mechanical system，MEMS）技术与惯性技术相结合，将振动陀螺仪技术又推进了一大步。振动陀螺仪的主体是一个做高频振动的构件。同刚体转子陀螺仪相比它没有高速旋转的转子和相应的支承系统，因而具有体积小、结构简单、可靠性高、承载能力大、重量轻及成本低等优点。目前，微机械陀螺仪精度已达到1～50(°)/h，主要用于中低精度领域。

下面主要介绍音叉式MEMS振动陀螺仪和壳体振动陀螺仪（半球谐振陀螺仪）的结构及工作原理。

3.3.1 音叉振动陀螺仪

音叉振动陀螺仪又称音叉谐振陀螺仪，图3.39所示为其结构原理。音叉式MEMS振动陀螺是以石英为主要原材料，体积相对较大。它是利用音叉端部的振动质量被基座带动旋转时的科里奥利效应来敏感角速度的。从功能上看，它属于单轴速率陀螺仪。了解音叉振动陀螺仪敏感角速度的原理，可为了解其他类型的振动陀螺仪打下基础。

在激振装置激励下，音叉双臂做相向和相背交替的往复弯曲运动。音叉两端部的质量就做相向和相背交替的往复直线运动（因振幅很小，故可视为直线运动）。激振装置保证了音叉做等幅振荡运动。双臂振动的振幅相等，而相位恰好相反。其振动频率一般为数百至数千赫兹，振幅一般为百分之几毫米。音叉的下部则通过挠性轴与基座（壳体）相连。

音叉振动陀螺仪的科里奥利效应可由图3.40来说明。在音叉两端部的对称位置上各取1个质量为m_i的质点；设在某一瞬间两个质点相对基座做相向运动，瞬时速度为v，它们到音叉中心轴线的瞬时垂直距离为s。当基座绕音叉的中心轴（输入轴y）以角速度ω相对惯性空间转动时，这两个质点均参与了这一牵连转动，而且牵连角速度均为ω。由于相对运动与牵连转动的相互影响，两个质点均具有科里奥利加速度，并受到科里奥利惯性力的作用。科里奥利加速度的大小同为$a_c = 2\omega v$，方向如图3－40所示。科里奥利惯性力的大小同为

$$F_c = 2m_i\omega v \tag{3-3-1}$$

方向如图中实线箭头所示。这两个科里奥利惯性力矢量位于oz轴上，与y轴的垂直距离均为s，故对音叉中心轴形成转矩，即科里奥利惯性力矩，其大小为

$$T = 2sF_c = 4sm_i\omega v \tag{3-3-2}$$

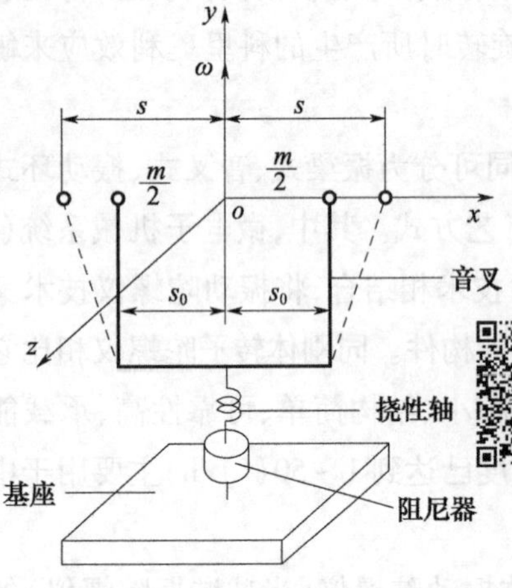

图 3.39　音叉振动陀螺仪的结构原理

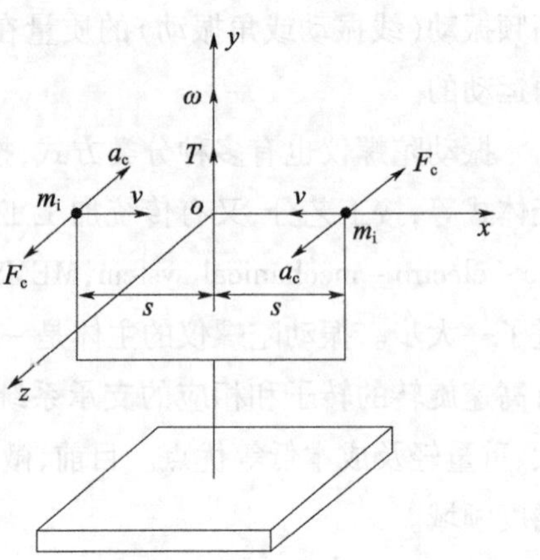

图 3.40　音叉振动陀螺仪的科里奥利效应

若音叉两端部的质点做相背运动，则相对速度、科里奥利加速度，以及相应的科里奥利惯性力、科里奥利惯性力矩的方向均改变成与上述相反。在音叉两端部所有对称位置上的质点均会出现如上所述的科里奥利效应，亦即均会对音叉中心轴形成科里奥利惯性力矩。显然，整个音叉的科里奥利惯性力矩应是所有振动质点科里奥利惯性力矩的总和。而且，音叉上各质点做简谐振动，其速度按简谐规律变化，因此科里奥利加速度、科里奥利惯性力和科里奥利惯性力矩也是按简谐规律变化的。

严格地讲，音叉端部各质点的振动幅值不尽相同，从而速度幅值不尽相同，而且各质点科里奥利惯性力的作用线至中心轴的垂直距离也不尽相同，因此整个音叉的科里奥利惯性力矩应当通过积分来求得。但在这里仅取其简化力学模型进行分析，即等效地认为音叉两端部的质量(设均为 $m/2$)分别集中于两端部的某个音叉振动陀螺仪的科里奥利效应点上，这两个点至中心轴的初始距离均为 s_0。

在激振装置的激励下，设集中质量的位移按正弦规律变化，即 $x = x_m \sin\omega_n t$(x_m 为振幅，ω_n 为角频率)。将它对时间求一阶导数，可得集中质量往复移动的速度变化规律为

$$v = x_m \omega_n \cos\omega_n t$$

当基座绕音叉中心轴以角速度 ω 相对惯性空间转动时，作用在集中质量上的科里奥利惯性力的大小为

$$F_c = 2\,\frac{m}{2}\omega v = m\omega x_m \omega_n \cos\omega_n t \tag{3-3-3}$$

因振动速度的方向交变，故科里奥利惯性力的方向也是交变的。

两个集中质量的科里奥利惯性力对音叉中心轴形成的科里奥利惯性力矩的大小为

$$T = 2sF_c$$

式中：s 为集中质量至音叉中心轴的垂直距离，可表示为

$$s = s_0 + x = s_0 + x_m \sin\omega_n t$$

因振动振幅 $x_m \ll s_0$，故 s 可近似用 s_0 代替，即 $s = s_0$。将此关系及 F 的表达式带入 T 的表达式中可得

$$T = 2ms_0\omega x_m\omega_n\cos\omega_n t = T_m\cos\omega_n t \tag{3-3-4}$$

其中

$$T_m = 2ms_0\omega x_m\omega_n \tag{3-3-5}$$

因科里奥利惯性力的方向交变，故科里奥利惯性力矩的方向也是交变的。不难看出，当输入角速度的方向相反时，这种交变力矩的相位将改变180°。

设音叉两端部对中心轴的转动惯量为 $I = ms_0^2$，于是可把式（3-3-4）改写为

$$T = \frac{2x_m}{s_0}I\omega_n\omega\cos\omega_n t = L_l\omega\cos\omega_n t \tag{3-3-6}$$

式中：L_l 为音叉振动部分的线动量（实际上可视为一种等效角动量）。

假设音叉绕中心轴的转动惯量为 I，阻力系数为 c，扭转刚度为 k，并且音叉绕中心轴的角位移用 θ 表示。容易导出音叉振动陀螺仪的动力学方程为

$$I\ddot{\theta} + c\dot{\theta} + k\theta = T_m\cos\omega_n t \tag{3-3-7}$$

引入音叉无阻尼振动固有角频率 ω_0 和相对阻尼系数 ζ（或称阻尼比）

$$\omega_0 = \sqrt{\frac{k}{I}} \tag{3-3-8}$$

$$\zeta = \frac{c}{2\sqrt{kI}} \tag{3-3-9}$$

可把式（3-3-7）写成以下形式：

$$\ddot{\theta} + 2\zeta\omega_n\dot{\theta} + \omega_0^2\theta = \frac{T_m}{I}\cos\omega_n t \tag{3-3-10}$$

音叉振动陀螺仪的动力学方程是一个典型的有阻尼受迫振动二阶微分方程。当输入角速度 ω 为常值时，其解为

$$\theta = a\mathrm{e}^{-\zeta\omega_0 t}\sin(\sqrt{1-\zeta^2}\,\omega_0 t + \gamma) + \frac{T_m}{I\sqrt{(\omega_0^2 - \omega_n^2)^2 + (2\zeta\omega_0\omega_n)^2}}\cos(\omega_n t - \psi) \tag{3-3-11}$$

式中：a，γ 为由初始条件决定的任意常数；ψ 为相位移，有

$$\psi = \arctan\frac{2\zeta\omega_0\omega_n}{\omega_0^2 - \omega_n^2} \tag{3-3-12}$$

从式（3-3-11）看出，音叉绕中心轴的角运动由两个分量组成：一是有阻尼的衰减角振动分量；二是强迫角振动分量。因固有角频率 ω_0 通常取的很大，前者很快衰减，如果选取激振角频率 ω_n 等于固有角频率 ω_0，则相位移 $\psi = 90°$。在这种谐振状态下，音叉强迫角振动分量成为

$$\theta_n = \frac{T_m}{2I\zeta\omega_0^2}\sin\omega_0 t = \frac{2ms_0x_m}{c}\omega\sin\omega_0 t \tag{3-3-13}$$

音叉绕中心轴强迫振动角位移由传感器检测。设传感器标度因数为 K,则其输出电压的幅值为

$$U_m = k_u \frac{2ms_0x_m}{c}\omega = K\omega \tag{3-3-14}$$

可见输出电压的幅值 U_m与输入角速度 ω 成正比。

至于输出信号的相位关系,则取决于输入角速度的方向。所以,输出信号需经鉴相器与激振信号的相位进行比较,以判明输入角速度的方向。

3.3.2 半球谐振陀螺仪

半球谐振陀螺仪(hemispherical resonator gyroscope,HRG)也是以科里奥利惯性力为基本作用原理的一种高性能固态振动陀螺仪,起源于 G. H. Byran 驻波进动效应。它利用振动驻波进动效应来敏感载体的运动,即相对驻波转动角与环转动角成正比。半球谐振陀螺仪具有质量轻、功耗小、寿命长、对辐射和电磁扰动有一定抵抗能力等特点,美国、法国的半球谐振陀螺仪精度已达到0.001(°)/h,其产品已在海、陆、空、天等领域得到成功应用。

1. 半球谐振陀螺仪的典型结构

半球谐振陀螺仪有3种结构构型,即三件套内外电极构型、两件套球面电极构型和平面电极构型。其中,三件套内外电极构型技术较为成熟,是半球谐振陀螺仪的典型结构,主要由激励罩、谐振子和读出基座组成,如图3.41(a)所示。半球谐振子是半球谐振陀螺仪的关键敏感器件,通常由高纯熔融石英材料制成,其形状为带有中心支撑杆的半球形薄壁壳体,中心支撑杆下端通过铟焊的方式固定在读出基座中心孔上,上端在激励罩的中心孔中。安装好后,使得谐振子位于读出基座和激励罩之间,各表面之间具有一个微小的间隙。为了减小气体介质阻尼,增大陀螺时间常数,仪表内部抽成真空。

谐振子内、外表面镀有金属膜层,激励罩内表面制作多个激励电极,与谐振子外表面形成多个小电容,读出基座外表面制作有8个传感器电极,与谐振子内表面形成8个小电容,如图3.41(c)所示。在激励电极上施加适当的电压,半球谐振子在静电力的作用下受激产生振动,其振动是一个四波幅振动,形成的驻波由4个波腹和4个波节点组成,如图3.41(b)中所示。读出基座利用传感器检测电容的变化监测谐振子的振动情况和位移变化,便可测得陀螺旋转动角度的输出信号。

两件套球面电极构型的半球谐振陀螺仪在传统三件套内外电极构型的基础上,进行了小型化结构改进。如图3.42所示,将体积最大的激励罩去除,只保留半球谐振子与原读出基座,对原读出基座表面进行了金属化镀膜,制作出图形化的电极,激励电极和传感器检测电极在同一基座上,电极相互间隔对称分布,通过信号屏蔽设计保证激励与检测电极正常工作。

平面电极的半球谐振陀螺仪结构形式如图3.43所示,主要由半球谐振子和平面电极基板两部分组成,均由高品质的熔融石英玻璃制成,且封装在真空金属罩中。安装好后,谐振子与平面电极基板之间有一个微小的间隙,对谐振子内表面及唇沿位置进行金属化

镀膜。平面电极基板上制作有图形化的电极，激励电极和传感器检测电极在同一基板平面上，电极相互间隔对称分布，电极间需要进行信号屏蔽设计。

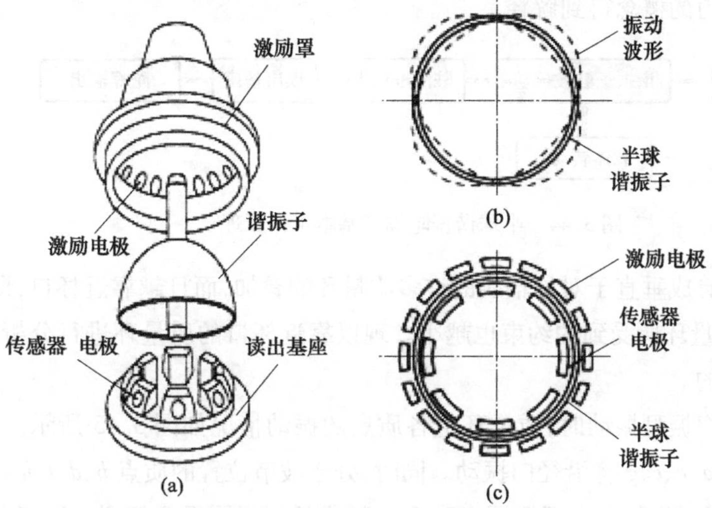

图 3.41　三件套内外电极构型的半球谐振陀螺仪结构示意图

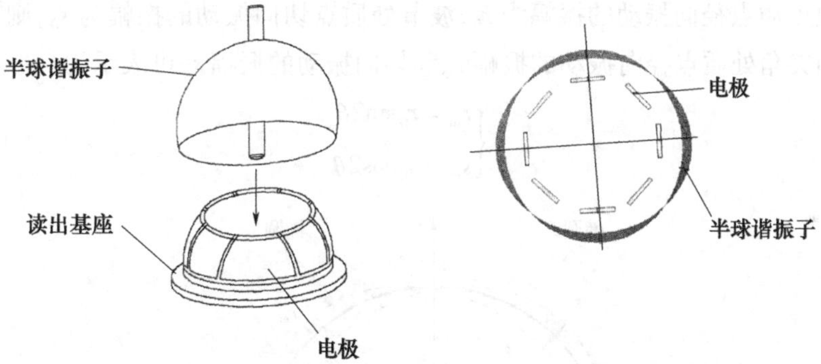

图 3.42　两件套内外电极构型的半球谐振陀螺仪结构示意图

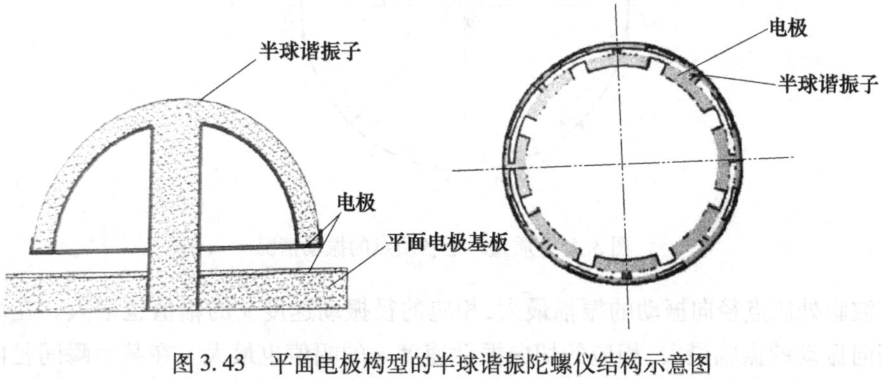

图 3.43　平面电极构型的半球谐振陀螺仪结构示意图

2. 半球谐振陀螺仪的基本原理

半球谐振陀螺仪的基本工作原理如图 3.44 所示，谐振子在外部激励下形成稳定的振动驻波。在没有角速度输入时,驻波方位保持不变。当有角速度 ω 输入时,谐振子的振动驻波会发生进动,进动角度与输入角度成正比。谐振子的驻波进动可以从科里奥利加速度和科里奥利惯性力的概念得到解释。

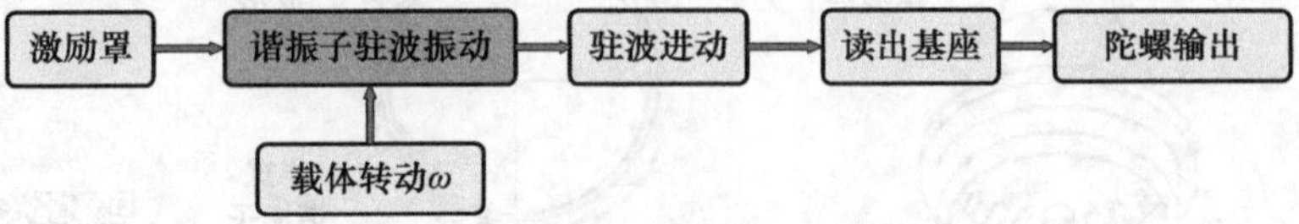

图 3.44　半球谐振陀螺仪基本工作原理

整个谐振子可看成垂直于对称轴线的许多质量环的叠加,而且越靠近杯口,即越远离杯底(约束端)的质量环所受到的约束也越小。现以靠近杯口的质量环进行分析,并且近似认为它是无约束的。

质量环以四波腹振型振动时,质量环上各质点的振动情况如图 3.45 所示。显然,处于波腹位置的质点 a、c、e、g 将沿径向振动。同时,处于波节位置的质点 b、d、f、h 将沿切向振动,其原因可从相邻两节点之间椭圆 1 和 2 的弧段长短不同得到解释。至于其余各质点,则是既有径向振动,又有切向振动。

设波腹处质点径向振动的振幅为 r_0,波节处质点切向振动的振幅为 s_0,则在 oxy 平面内与 x 轴相夹角处质点径向振动的振幅 r_m 和切向振动的振幅 s_m 可表示为

$$\begin{cases} r_m = r_0 \sin 2\theta \\ s_m = s_0 \cos 2\theta \end{cases} \tag{3-3-15}$$

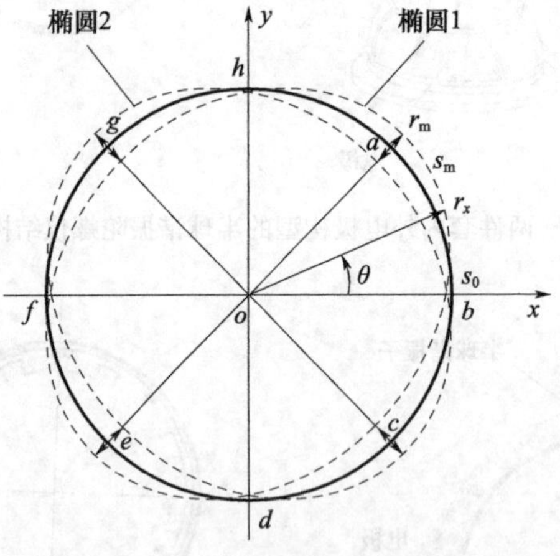

图 3.45　质量环上各质点的振动情况

在波腹处质点径向振动的振幅最大,相应的径振动速度 v_r 的幅值也最大。在波节处质点切向振动的振幅最大,相应的切向振动速度 v_s 的幅值也最大。在某个瞬间径向速度的方向可由振动的方向直接看出,切向速度的方向可从弧度长度的对比中看出。当基座旋转时,振型不变。

当基座绕谐振子中心轴(输入轴)相对惯性空间以角速度 ω 转动时,质量环上各质点

所受到科里奥利惯性力的大小为

$$\begin{cases} F_s = 2m_i\omega v_r \\ F_r = 2m_i\omega v_s \end{cases} \tag{3-3-16}$$

式中：m_i为质点的质量。

应当注意，具有径向速度的质点所受到的科里奥利惯性力是沿切向作用，而具有切向速度的质点所受到的科里奥利惯性力是沿径向作用。在科里奥利效应下其振型在环向相对壳体进动，图 3.46 为谐振子振型驻波进动示意图。

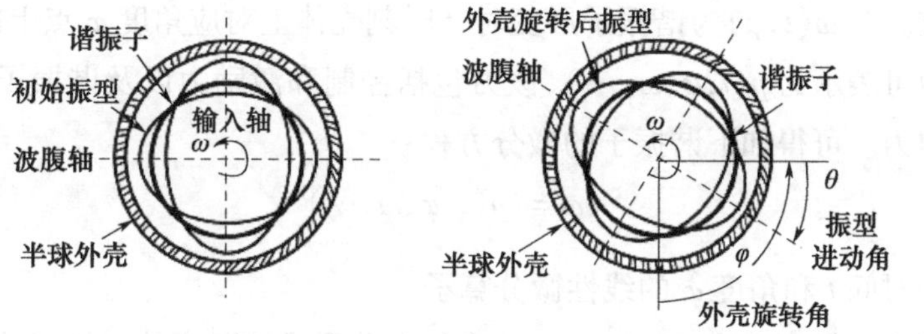

图 3.46　半球谐振陀螺驻波进动示意图

当壳体绕中心轴转过角 φ 时，谐振子振型驻波相对半球壳体反向转过 θ 角，且有 $\theta = k\varphi$，k 为进动因子，通常 $k=0.3$。显然，只要精确测出振型驻波相对壳体旋转角度 θ，就可以得出陀螺壳体绕中心轴转过的角度 φ，而 φ 正是由输入角速度 ω 引起的。因此，当前状态下半球谐振陀螺仪是一种典型的位置陀螺仪，此工作模式称为全角模式。这种全角模式适合于转速较高的场合，在转速大于 30°/s 的情况下具有与低速时一样的优良性能。

半球谐振陀螺仪也可工作在力反馈平衡模式，其本质是闭环检测。如图 3.47 所示，在图 3.44 原理基础上增加一条负反馈回路。当半球谐振陀螺的载体做角速度运动时，陀螺谐振子振型相对壳体进动，此时通过反馈控制回路施加反馈力，使四波腹振型能够克服科里奥利力而时刻与壳体保持一致，即消除谐振子振型与陀螺转动的角度滞后，其本质是振型在力反馈作用下保持一种非进动状态。由式（3-3-16）可知科里奥利惯性力与输入角速度成正比，而反馈控制力又与科里奥利力大小相等，因此可以用反馈控制电压大小实时表征陀螺输入角速度，当前状态下半球谐振陀螺仪是一种典型的速率陀螺仪。这种模式适合转速较低的场合，能够提供高的检测精度。

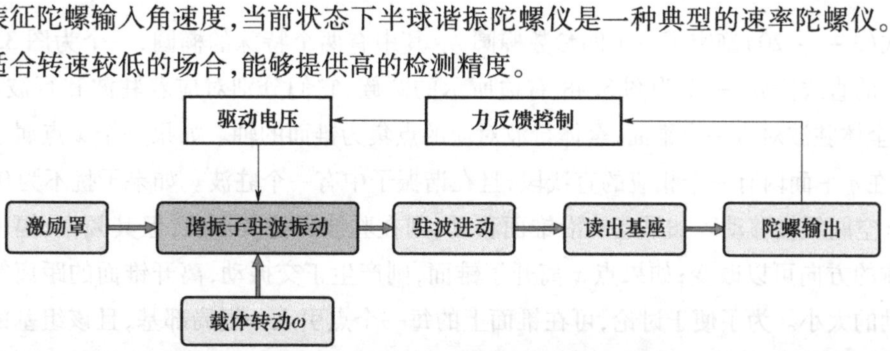

图 3.47　半球谐振陀螺仪力反馈平衡工作模式原理

3. 半球谐振陀螺仪控制原理及信号处理方法

1)半球谐振陀螺控制原理

半球谐振陀螺是一个不可分割的系统,由传感器元件和功能电路组成。功能电路不但用来产生输出信号,并且提供传感器工作所需要的条件。在各元件之间,除了必要的功能性耦合之外,还有影响初始结构谐振参数的交互影响。本节主要对半球谐振陀螺控制理论进行简要介绍,以说明半球谐振陀螺存在干扰时的基本控制原理。

在半球谐振陀螺正常工作情况下,谐振子的振荡应具备完全确定的特性,即振荡应该呈现为纯驻波。令 $\omega(t,\varphi)$ 为谐振子形变时,t 时刻壳体上对应角度 φ 点上的位移;作用于谐振子上的力可表示为 $p(t,\varphi,\omega,\cdots)$,该力包括控制和激励力以及谐振子内部各种不均匀性产生的内力。可得如下谐振子的微分方程:

$$\partial\omega = \partial p(t,\varphi,\omega,\cdots) \tag{3-3-17}$$

其中,∂为关于时间 t 和角度 φ 的线性微分算子。

由布勃诺夫-加廖金法,可令 $\omega(t,\varphi)$ 有如下非干扰情况下的本征函数:

$$\omega(t,\varphi) = q_1\cos(2\varphi) + q_2\sin(2\varphi) + f(\varphi) \tag{3-3-18}$$

其中,$f(\varphi)$为高次谐波。

令 $\boldsymbol{q} = (q_1,q_2)$,其中 q_1,q_2 分别为在投影面相应轴向上的分量,可得如下关系:

$$\ddot{\boldsymbol{q}} + \boldsymbol{q} = p\boldsymbol{\gamma}_{(2)p} \tag{3-3-19}$$

等式右边为力在 q 的两个振动模式下相应子空间的投影。为了求解上述方程,且同时能对谐振子上驻波进行分类,令 $\boldsymbol{q} = (q_1,q_2)$ 满足如下形式:

$$\begin{aligned} q_1 &= x_1\cos t + x_3\sin t \\ q_2 &= x_2\cos t + x_4\sin t \end{aligned} \tag{3-3-20}$$

对式(3-3-20)求导,代入式(3-3-19),略去高阶小量,可得

$$\dot{x} = \frac{1}{2\pi}\int_0^{2\pi}\begin{bmatrix} -I_{2\times2}\sin t \\ I_{2\times2}\cos t \end{bmatrix} p\gamma_{(2)p}\,\mathrm{d}t \tag{3-3-21}$$

式(3-3-20)确定了一个四参数椭圆族,其中有两个特殊的椭圆,一个为图3.48左边所示的直线段族,一个为图3.48右边所示的圆族,它们分别对应着驻波和行波。在 x 空间,全体驻波对应一个锥面,全体行波对应的点集为锥面的轴。如果一个 x 点属于锥面上,则在 q 平面内有一个相应的直线段,且在谐振子中有一个驻波。如果干扰不为0,则该点在 x 空间缓慢移动。如果点 x 沿锥面移动,则在驻波保持其形状,但其频率、幅值或相对壳体的方向可以改变;如果点 x 离开了锥面,则产生正交振动,离开锥面的距离等于正交振动的大小。为了便于讨论,可在锥面上的每一个点引入一组局部基,且该组基的每一个矢量仅能确定驻波的一种类型变化。例如一个锥面的法向确定了正交振动变化最快的方向。这些矢量可分别表示为

$$\begin{cases} e_1 = (x_4, -x_3, -x_2, x_1) \\ e_2 = (x_2, -x_1, x_4, -x_3) \\ e_3 = (x_3, x_4, -x_1, -x_2) \\ e_4 = (x_1, x_2, x_3, x_4) \end{cases} \tag{3-3-22}$$

式中,基 e_1 确定了驻波失真;基 e_2 确定了驻波进动;基 e_3 确定了移动频率;基 e_4 确定了波幅改变。当存在干扰时,与位移和速度成线性关系的力的一般表达式为

$$p\boldsymbol{\gamma}_{(2)p} = (\boldsymbol{C}+\boldsymbol{H}+\boldsymbol{N})\boldsymbol{q} + (\boldsymbol{D}+\boldsymbol{G}+\boldsymbol{\Gamma})\dot{\boldsymbol{q}} \tag{3-3-23}$$

式中:$\boldsymbol{Cq}$,$\boldsymbol{D}\dot{\boldsymbol{q}}$为球面力;$\boldsymbol{Hq}$,$\boldsymbol{G}\dot{\boldsymbol{q}}$为双曲力;$\boldsymbol{Nq}$,$\boldsymbol{\Gamma}\dot{\boldsymbol{q}}$为反对称力。表达式如下:

$$\boldsymbol{Cq} = \begin{bmatrix} cq_1 & 0 \\ 0 & cq_2 \end{bmatrix} \tag{3-3-24}$$

$$\boldsymbol{C}\dot{\boldsymbol{q}} = \begin{bmatrix} d\dot{q}_1 & 0 \\ 0 & d\dot{q}_2 \end{bmatrix} \tag{3-3-25}$$

$$\boldsymbol{Hq} = h\begin{bmatrix} \cos4\alpha & \sin4\alpha \\ \sin4\alpha & -\cos4\alpha \end{bmatrix}\boldsymbol{q} \tag{3-3-26}$$

$$\boldsymbol{G}\dot{\boldsymbol{q}} = g\begin{bmatrix} \cos4\beta & \sin4\beta \\ \sin4\beta & -\cos4\beta \end{bmatrix}\dot{\boldsymbol{q}} \tag{3-3-27}$$

$$\boldsymbol{Nq} = \begin{bmatrix} 0 & nq_2 \\ -nq_1 & 0 \end{bmatrix} \tag{3-3-28}$$

$$\boldsymbol{\Gamma}\dot{\boldsymbol{q}} = \begin{bmatrix} 0 & \gamma\dot{q}_2 \\ -\gamma\dot{q}_1 & 0 \end{bmatrix} \tag{3-3-29}$$

如果需要知道这些力引起了驻波的哪一类变化,可将这些力投影到局部基上。

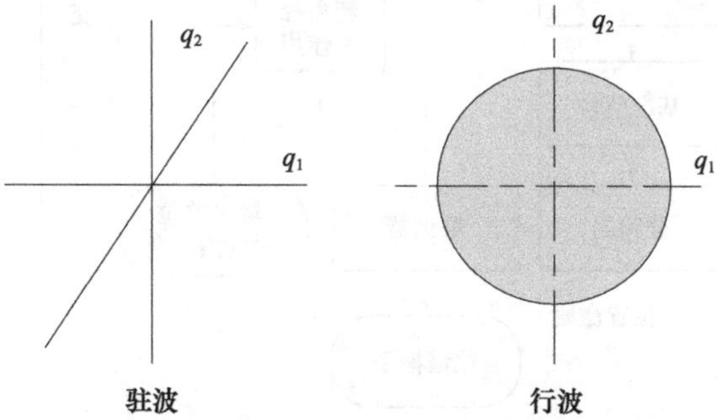

图 3.48 q 平面的两个特殊椭圆族

2)半球谐振陀螺的信号处理方法

半球谐振陀螺工作于环向波数为 $n=2$ 的状态较为理想。采用上节的控制策略使谐振子工作于驻波状态,即用非对称力 N 进行正交控制,用球面力 D 进行幅值控制。理想自由谐振子的振荡为二驻波按空间分布和时间相位相互正交,满足如下关系式:

$$w(r,\varphi)=p\cos(\omega t+\gamma')\cos 2(\varphi-\theta)-q\sin(\omega t+\gamma')\sin 2(\varphi-\theta) \quad (3-3-30)$$

式中,w 为谐振子点的径向位移;φ 为该点所处的方位角;p 为基波的振幅;q 为正交波的振幅;θ 为波转角;γ'为波转角的相位;ω 为振荡频率。

为了得到波的全部信息,在控制系统中所用的独立慢变量的数目在信息处理的任何阶段都应等于4,即$\{p,q,\gamma',\theta\}$共4个参数或者等价形式。为了讨论方便,令 $p=r\cos\varepsilon$,$q=r\sin\varepsilon$,则 r 代表了振荡的整个强度,而 $\tan\varepsilon$ 代表了正交波的相对值。控制谐振子振荡的目的就是要保证谐振子的振荡为驻波形式。这种情况下,r 为常数,$\varepsilon=0$,即振幅值恒定,正交分量被完全抑制。此时,波角位置 θ 的变化就是陀螺的输出信息。由前面的讨论知,半球谐振陀螺可以工作在两种模式下,即全角模式和速率模式(力平衡模式)。两者在信号处理原理上大部分是相同的。这里以力平衡模式为例进行讨论。力平衡模式下半球谐振陀螺的信号处理流程如图3.49所示。

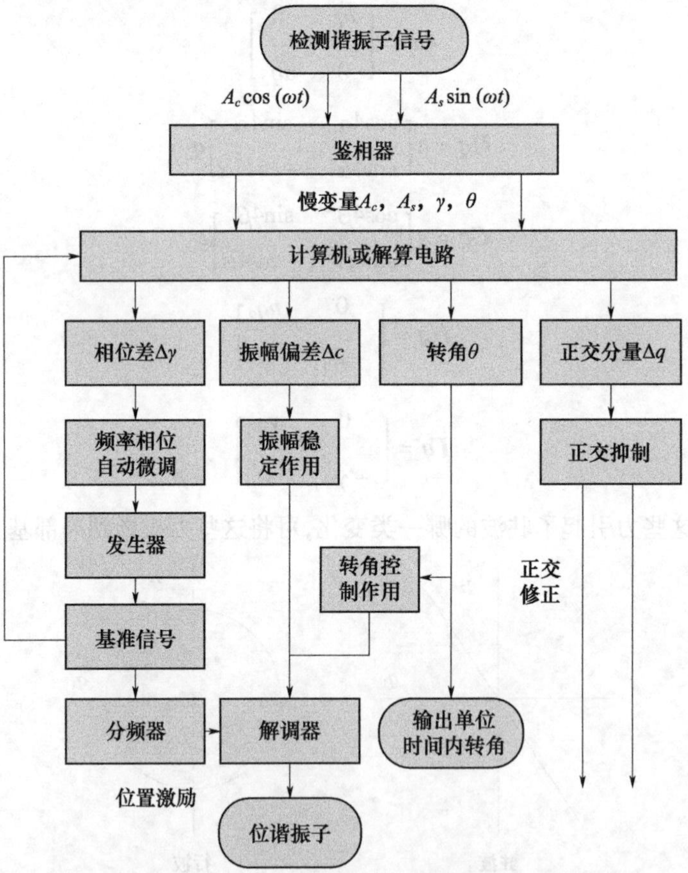

图3.49 力平衡模式下的信号处理流程

力平衡模式下的信号检测通常采用两点激励的方式,此时驻波被"固定"在壳体上。式(3-3-30)在相互正交的方向上的振动位移为如下形式:

$$\begin{aligned}x(r,\varphi)&=p\cos(\omega t+\gamma)\cos 2(\varphi-\theta)-q\sin(\omega t+\gamma)\sin 2(\varphi-\theta)\\y(r,\varphi)&=p\cos(\omega t+\gamma)\cos 2(\varphi-\theta)+q\sin(\omega t+\gamma)\sin 2(\varphi-\theta)\end{aligned} \quad (3-3-31)$$

通常可将零度电极上主动波腹振动的检测信号作为一个参考信号，而另一个则由相移90°得到。锁相回路的作用是保持驱动电压的频率与谐振体的振动频率相同，其他控制回路都会用到此回路的输出信号。因此谐振子正常工作前，应实现频率的锁定。正常工作条件下，相位角 $\gamma=0$，振型方位角满足 $2\varphi=90°$。此时，在 x 和 y 检测电极上有

$$\begin{aligned} x &= p\cos(\omega t)\cos(2\theta) - q\sin(\omega t)\sin(2\theta) \\ y &= p\cos(\omega t)\cos(2\theta) + q\sin(\omega t)\sin(2\theta) \end{aligned} \tag{3-3-32}$$

由图 3.49 可知谐振子的检测信号形式如式(3-3-32)所示，与其相应的参考信号：

$$\begin{aligned} V_{rc} &= A_c\cos(\omega t) \\ V_{rs} &= A_s\sin(\omega t) \end{aligned} \tag{3-3-33}$$

经乘法器分别相乘可得：

$$\begin{aligned} xV_{rc} &= A_c p\cos^2(\omega t)\sin(2\theta) - A_c q\sin(\omega t)\cos(\omega t)\cos(2\theta) \\ &= \frac{1}{2}A_c p\cos(2\omega t)\sin(2\theta) - \frac{1}{2}A_c q\sin(2\omega t)\cos(2\theta) + \frac{1}{2}A_c p\sin(2\theta) \end{aligned} \tag{3-3-34}$$

$$\begin{aligned} xV_{rs} &= A_s p\sin(\omega t)\cos(\omega t)\sin(2\theta) - A_s q\sin^2(\omega t)\cos(2\theta) \\ &= \frac{1}{2}A_s p\sin(2\omega t)\sin(2\theta) + \frac{1}{2}A_s q\cos(2\omega t)\cos(2\theta) - \frac{1}{2}A_s q\cos(2\theta) \end{aligned} \tag{3-3-35}$$

$$\begin{aligned} yV_{rc} &= A_c p\cos^2(\omega t)\cos(2\theta) + A_c q\sin(\omega t)\cos(\omega t)\sin(2\theta) \\ &= \frac{1}{2}A_c p\cos(2\omega t)\cos(2\theta) + \frac{1}{2}A_c q\sin(2\omega t)\sin(2\theta) + \frac{1}{2}A_c p\cos(2\theta) \end{aligned} \tag{3-3-36}$$

$$\begin{aligned} yV_{rs} &= A_s p\sin(\omega t)\cos(\omega t)\cos(2\theta) + A_s q\sin^2(\omega t)\sin(2\theta) \\ &= \frac{1}{2}A_s p\sin(2\omega t)\sin(2\theta) - \frac{1}{2}A_s q\cos(2\omega t)\sin(2\theta) + \frac{1}{2}A_s q\sin(2\theta) \end{aligned} \tag{3-3-37}$$

该乘积信号再经过低通滤波器，滤除高频项 2ω；或采用积分器取整周期信号作为输出，相应的高频项 2ω 积分为 0，即可实现较高精度求解。对于采用 DSP 芯片的系统或者其他方式数字化的系统，可采用数字滤波或整周期积分的方式求取相应的控制量，半球谐振陀螺的高精度数字化方法可参考相应文献。由此可得下式：

$$\begin{cases} s_x = \dfrac{1}{2}A_c p\sin(2\theta) \\ c_x = -\dfrac{1}{2}A_s q\cos(2\theta) \\ s_y = \dfrac{1}{2}A_c p\cos(2\theta) \\ c_y = \dfrac{1}{2}A_s q\sin(2\theta) \end{cases} \tag{3-3-38}$$

力平衡模式下振幅控制和频率控制通常只加于某一轴向，而正交控制和速率控制只加于与其垂直的轴向。谐振子振动要维持在驻波状态下，且驻波相对壳体静止，由此可得相应的误差控制信号。

3.4 原子陀螺仪

21世纪初,随着信息技术、纳米技术、材料技术、光学技术的发展与应用,一些新原理、新机理、新结构的惯性仪表相继出现,对惯性技术的发展起到了促进作用,其中代表性的有微光机电陀螺(MOEMS)、原子陀螺等。其中,原子陀螺仪以碱金属原子、电子和惰性气体原子为工作介质,具有体积小和精度、灵敏度超高等特点,成为国内外新型惯性仪表的研究重点和热点之一。

原子陀螺技术主要包含了两类:①基于原子干涉的惯性敏感技术;②基于原子自旋的惯性敏感技术(核磁共振陀螺、SERF自旋陀螺)。

3.4.1 原子干涉陀螺仪

萨格奈克效应不仅适用于光子,而且适用于其他大质量粒子,如原子、中子和电子。原子干涉以原子的波动性(德布罗意波)为基础,而低温下原子的波动性得以充分体现,因此原子干涉陀螺仪有时称为冷原子陀螺仪。利用原子干涉进行精密测量得益于激光冷却原子技术的发展,经过激光冷却后的原子,相空间密度显著提升,温度不大于1mK。以铷原子为例,用于干涉的铷原子源,温度一般在10μK量级。

测速原理与敏感相位差的光学陀螺仪工作原理类似。如图3.50所示,碱金属原子(铯、铷)构成的粒子束被操控良好的激光光束进行分束和反射,在环形腔体中进行传播,并利用激光重组形成干涉条纹。按照原子光学,分光器和反射镜分别由不同相位脉冲来实现。

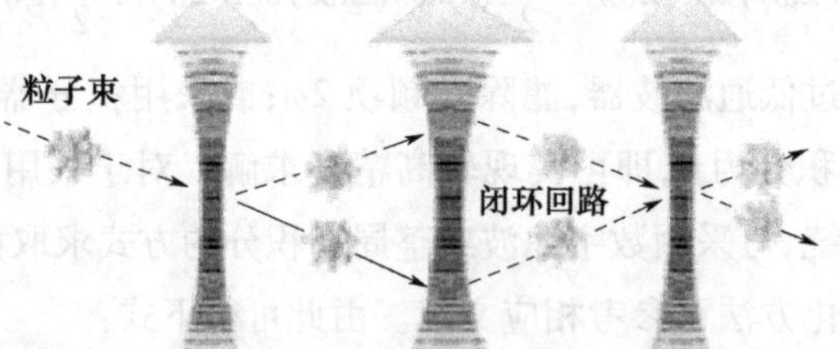

图3.50 原子干涉图

在旋转干涉仪中,旋转 ω 引起的萨格奈克相移为

$$\Delta\phi = \frac{4\pi\omega A}{\lambda v} \tag{3-4-1}$$

式中:A 为原子束传播路径所围的面积;λ 为波长;v 为速度;ω 为转速。

如果用原子的德布罗意波长 $\lambda_{dB} = h/mv_a$(m 为原子质量)代替 λ,用原子的群速度 v_a 代替 v,可得原子束之间的相移公式为

$$\Delta\phi_{原子} = \frac{4\pi m\omega A}{h} \tag{3-4-2}$$

式中：h 为简化的普朗克常数（用以描述量子大小，约为 6.6260693×10^{-34} J）。

通过比较具有相同面积的原子干涉仪和光学干涉仪，得

$$\frac{\Delta\phi_{原子}}{\Delta\phi_{光子}}=\frac{m_{原子}}{h/(\lambda\cdot c)}=\frac{m_{原子}}{m_{运动光子}} \tag{3-4-3}$$

可以看出，原子干涉仪中由旋转产生的相位差比光学的要大很多。考虑到干涉面积以及原子通量等因素，原子干涉陀螺仪理论精度可高于现有光学陀螺仪精度 4～6 个数量级，这也是研究原子陀螺仪的意义所在。

原子干涉陀螺仪精度高，但原子操控和系统实现难度大，工程化周期较长。

3.4.2 原子自旋陀螺仪

原子自旋是原子的内在属性，以原子自旋代替机械转子，能够兼顾陀螺仪高精度与小体积。其旋转角动量乘以相应的旋磁比，得到磁矩。利用原子自旋的进动性和定轴性可实现超高灵敏度的惯性角运动测量，分别对应的是核磁共振陀螺仪与无自旋交换弛豫（spin exchange relaxation free，SERF）陀螺仪。

1. 核磁共振陀螺

原子自旋在自然状态下杂乱无章，如图 3.51 所示，沿 z 轴施加磁感应强度为 B_0 的静磁场，使原子在磁场作用下实现核自旋极化，即一些同位素的原子核具有非零的总自旋角动量和一个与 B_0 磁力线平行的磁矩 $\boldsymbol{M}$。沿 x 轴施加一个外部交流磁场 B_1，则磁矩 $\boldsymbol{M}$ 就会绕 z 轴进动，实现核磁共振。该进动称为拉莫尔进动，进动的特征角频率称为拉莫尔频率，也即核磁共振（NMR）频率，可写为

$$\omega_{\mathrm{NMR}}=\gamma_{\mathrm{g}}B_0 \tag{3-4-4}$$

式中：γ_{g} 为原子的旋磁比，即转动力矩和磁矩之间的比率，取决于特定的同位素。

原子自旋的 NMR 频率 ω_{NMR} 相对惯性空间保持不变。如果陀螺仪随载体相对惯性空间以角速率 ω_{R} 开始旋转，如图 3.52 所示，检测到的频率 ω_{OBS} 将发生变化，为

$$\omega_{\mathrm{OBS}}=\omega_{\mathrm{NMR}}+\omega_{\mathrm{R}} \tag{3-4-5}$$

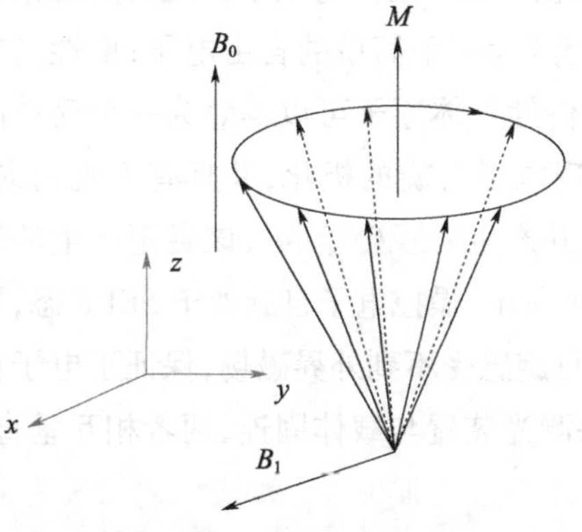

图 3.51　原子核自转轴在磁场下的进动

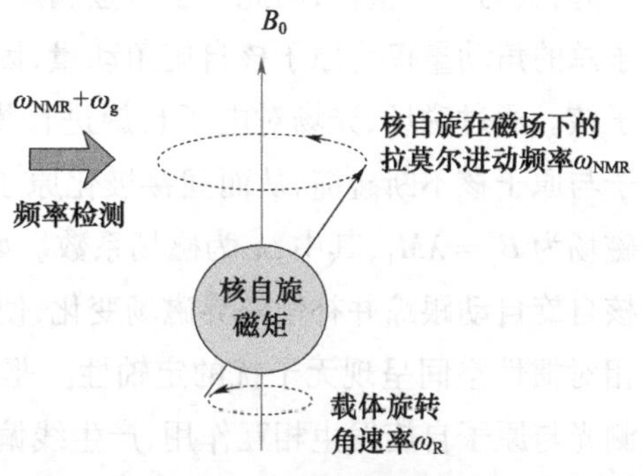

图 3.52　载体角速度测量原理

这意味着对于特定的原子,在磁场恒定的情况下,进动频率会随进动原子核的转动角速率发生改变,测出进动频率的偏移就可以获得输入角速率。因此,核磁共振陀螺仪的原理就是测量由转动引起的 NMR 频移。

核磁共振陀螺仪的基本结构如图 3.53 所示,屏蔽层用来防止外界的磁场对励磁线圈产生磁场扰动,这些线圈产生一个沿输入轴的直流磁场 B_0及交流磁场 B_1。

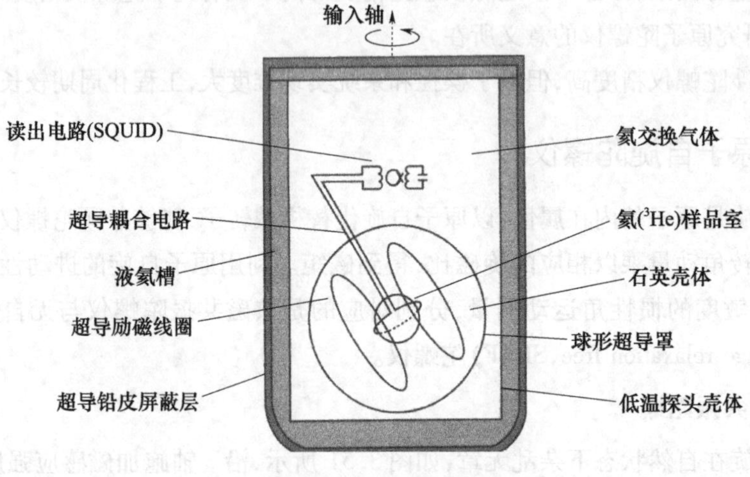

图 3.53　核磁共振陀螺的基本构成

与冷原子陀螺仪相比,核磁共振陀螺技术更成熟,是工程化程度最高的原子陀螺仪,具有精度高((10^{-4})°/h)、体积小和功耗低等特点。

2. SERF 原子自旋陀螺

与核磁共振陀螺仪需要外部磁场激励使原子核拉莫尔进动不一样,SERF 原子自旋陀螺是利用电子自旋角动量在零磁空间中的定轴性来敏感载体转动信息。原子自旋定轴需要采用磁场屏蔽手段,大幅衰减外界环境磁场对原子自旋定轴的影响。

SERF 原子自旋陀螺仪以碱金属原子和惰性气体原子作为介质。碱金属原子只有最外层有一个自由电子,而在弱磁场下,碱金属原子的核自旋角动量与电子自旋有力地耦合在一起,成为一个整体,因此一个碱金属原子可以等效为一个简单的自由电子;惰性气体原子总的角动量仅为原子核自旋角动量,因此一个惰性气体原子可以等效为一个简单的原子核。通过磁场、光场对电子自旋进行操控,实现电子自旋的极化,并具有宏观指向。电子与原子核不断碰撞,从而间接极化原子核自旋并产生宏观磁矩 M_1,该磁矩产生的等效磁场为 $B_2 = \lambda M_1$,其中,λ 为磁场系数。如图 3.54 所示,操控电子自旋处于 SERF 态,原子核自旋自动跟踪并补偿外界磁场变化,使得电子自旋感受不到外界磁场,保证了电子自旋相对惯性空间呈现无干扰的定轴性。驱动光、探测光装置与载体固连,两者相互垂直,探测光与原子自旋发生相互作用,产生线偏振。

当载体相对惯性空间转动时,固连于载体上的驱动光装置跟随载体转动,将强迫原子自旋进动到驱动光方向。而原子自旋在定轴性作用下试图保持方位不变,因此原子自旋在其定轴性和驱动光导致的进动性综合作用下，最终偏离驱动光方向产生一个夹角 α，如图 3.55 所示。同时，探测光与原子自旋的夹角也会发生改变，从而使探测光的线偏振方向发生改变，通过检测这一线偏振方向变化可以实现对角速度 ω_R 的测量。

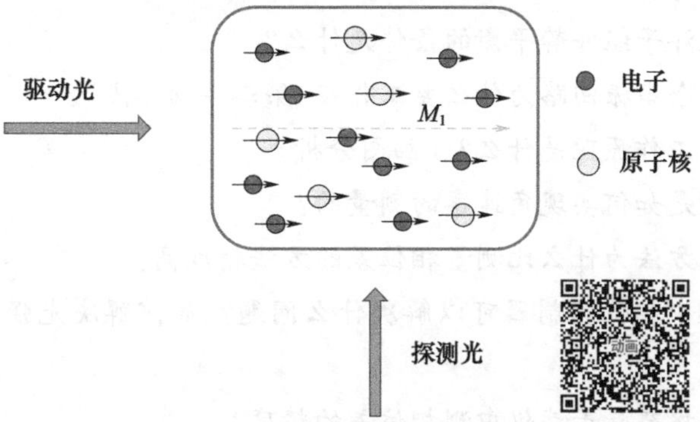

图 3.54　驱动光极化原子自旋实现 SERF 状态示意图

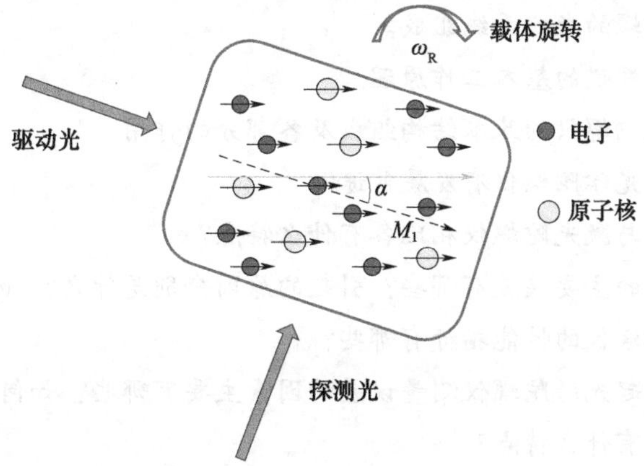

图 3.55　角速率输入下原子自旋方位状态

当载体相对惯性空间以角速度 ω_R 转动时，在角动量 M_1 与 ω_R 作用下，原子受到陀螺力矩 $M_1 \times \omega_R$ 作用。当出现图示 α 角时，即驱动光与原子自旋磁矩 M_1 不在同一方向上，驱动光会像传统机械转子陀螺仪的弹性元件一样产生弹性力矩 $k\alpha$ 强迫原子向其方向进动。稳态时陀螺力矩与弹性力矩相平衡，即有

$$k\alpha = M_1 \omega_R$$

$$\alpha = \frac{M_1}{k}\omega_R \tag{3-4-6}$$

上述即为基于速率模式的 SERF 原子自旋陀螺仪的工作原理。通过设计负反馈回路，也可使 SERF 原子自旋陀螺仪工作在闭环角位置测量工作模式。

与核磁共振陀螺仪相比，SERF 原子自旋陀螺仪精度更高，理论上可达到 $(10^{-8})°/h$。

思考题

1. 单自由度陀螺仪分类的依据是什么?
2. 液浮陀螺仪浮子组件静平衡的条件是什么?
3. 磁悬浮的每个串振回路为什么要工作在“第二半功率点”?
4. 动压气浮的工作原理是什么?(画图分析)
5. 激光陀螺仪是如何实现角速率的测量的?
6. 测量频差的方法为什么比测量相位差的方法精度高?
7. 光纤陀螺仪中相位调制器可以解决什么问题?如何解决光强与相移曲线中的多值问题?
8. 怎样提高萨格奈克干涉仪中测相位差的精度?
9. 什么是萨克奈克效应?
10. 光学陀螺与传统机械陀螺相比,有什么特点?
11. 简述光纤陀螺的光路系统组成。
12. 简述光纤陀螺仪的基本工作原理。
13. 试分析激光陀螺仪的基本结构组成及各部分的作用。
14. 为什么公认光学陀螺仪有发展前途?
15. 光纤陀螺仪与激光陀螺仪相比各有什么特点?
16. 激光陀螺仪的主要误差有哪些?引起的原因分别是什么?如何克服?
17. 描述光纤陀螺仪的性能指标有哪些?
18. 在使用中引起光纤陀螺仪测量误差的因素主要有哪些?如何解决?
19. 微惯性器件有什么特点?
20. 振动陀螺仪的基本测量原理是什么?
21. 可以从哪些方面做工作来解决目前微机械惯性仪表精度低的问题?
22. 原子陀螺仪是如何实现高精度测量的?

第4章 惯性仪表加速度计

加速度计是惯性导航系统的主要惯性元件之一，它的功能是测量载体相对于某参考系的加速度。

在惯性导航中已经得到实际应用的加速度计的类型很多。例如，从所测加速度的性质来分，有角加速度计、线加速度计；从测量的自由度来分，有单轴加速度计、双轴加速度计和三轴加速度计；从测量加速度的原理来分，有压电加速度计、振弦加速度计、莱塞加速度计和摆式加速度计等；从支承方式来分，有液浮加速度计、挠性加速度计和静电加速度计等；从输出信号来分，有加速度计、积分加速度计和双重积分加速度计等。这些不同结构形式的加速度计各有特点，可根据任务使命的要求选用不同的类型。

本章在说明加速度的一般测量原理的基础上，主要介绍液浮摆式加速度计、挠性加速度计、陀螺积分加速度计、振梁加速度计及新型加速度计的结构组成与工作原理。

4.1 加速度的测量原理

虽然加速度计有多种具体形式，但绝大多数的工作原理是相似的，其理论基础都是牛顿第二定律。

4.1.1 比力与比力方程

加速度是速度的变化率，难以直接测量，必须对其进行相应的转换。以一个简单的加速度计模型为例，它的基本组成为：一个用于敏感加速度的质量块，一个支承质量块的弹簧，一个减少超调的阻尼器，一个用于安装质量与弹簧的仪表壳体，以及一个用于读出的刻度，如图4.1所示。

加速度计的工作原理是基于经典的牛顿力学定律。敏感质量（质量设为m）借助弹簧（弹簧刚度设为k）被约束在仪表壳体内，并且通过阻尼器与仪表壳体相连。显然，质量块只能沿弹簧轴线方向往复运动，该方向称为加速度计的敏感轴方向。

当沿加速度计的敏感轴方向无加速度输入时，质量块相对仪表壳体处于零位（图4.1(a)）。当加速度计沿敏感轴方向以加速度a相对惯性空间运动时，仪表壳体也随之做加速运动，但质量块由于保持原来的惯性，故它朝着与加速度相反方向相对壳体位移，压缩（或拉伸）弹簧（图4.1(b)）。

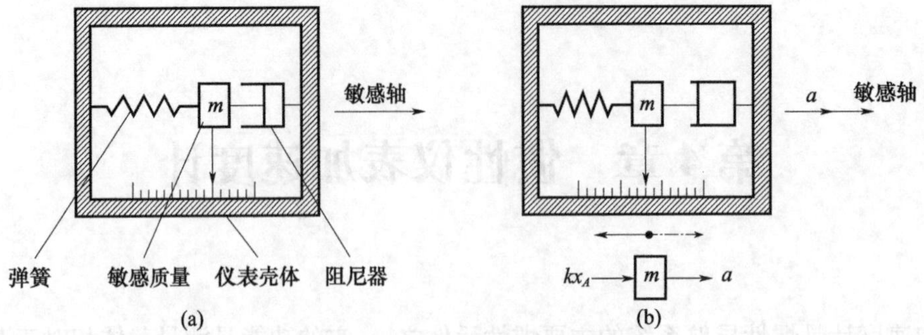

图4.1　加速度计的弹簧－质量模型

当相对位移量达一定值时,弹簧受压(或受拉)变形所给出的弹簧力 kx_A(x_A 为位移量)使质量块以同一加速度 a 相对惯性空间运动。在此稳态情况,有

$$kx_A = m\boldsymbol{a} \text{ 或 } x_A = \frac{m}{k}\boldsymbol{a} \tag{4-1-1}$$

即稳态时质量块的相对位移量 x_A 与运载体的加速度 a 成正比。此时,从刻度上读取相对位移量,即可计算出加速度 a 值来。

从加速度计的工作原理可以看出,加速度计是通过测量检测质量所受的惯性力来间接测量物体的加速度,所测量到的加速度是相对于惯性空间的。但是如果考虑运载体在地球表面飞行,则还必须计入地球引力场的影响。

爱因斯坦在广义相对论提出,如果仅从物体内部进行测量,那么将无法分辨是由于引力还是外力使物体产生加速度。他举出这样的例子,当观察者处于车厢中,由于刹车而体验到一种朝向前方的运动,并由此察觉车厢的非匀速运动。但是对于这种运动的原因,对于处于内部的观察者而言,并不知道有刹车的动作,观察者也可以这样解释他的体验:"我的参考物体(车厢)一直保持静止。但是,对于这个参考物体存在着(在刹车期间)一个方向向前而且对于时间而言是可变的引力场。在这个场的影响下,路基连同地球以这样的方式做非匀速运动,即它们的向后的原有速度是在不断地减小下去。"

假设你处在一个外太空的飞船中,不受引力的影响,当飞船正以"1g"加速,则你将可能站在"地板"上,并感受到你的真实体重。也就是说,如果抛出一个球,它将落向"地板"。为什么呢?因为飞船正向上加速,但球身上并不受到力的作用,所以球不会被加速,它将落在后面,在飞船内部看来,球似乎具有了"1g"的向下加速度。

正是由于加速度计是依据物体内安装的敏感质量敏感加速度,引起弹簧支承变形,从物体内部测量加速度,而地球、月球、太阳和其他天体又存在着引力场,加速度计的测量必将受到引力的影响。为了便于说明,暂且不考虑运载体的加速度。如图4.2所示,设加速度计的质量块受到沿敏感轴方向的引力 $m\boldsymbol{G}$($\boldsymbol{G}$ 为引力加速度)的作用,则质量块将沿着引力作用方向相对壳体位移而拉伸(或压缩)弹簧。当相对位移量达一定值时弹簧受拉(或受压)所给出的弹簧力 kx_G(x_G 为位移量)恰与引力 $m\boldsymbol{G}$ 相平衡。在此稳态情况,有如下关系成立:

$$kx_G = m\boldsymbol{G} \text{ 或 } x_G = \frac{m}{k}\boldsymbol{G} \tag{4-1-2}$$

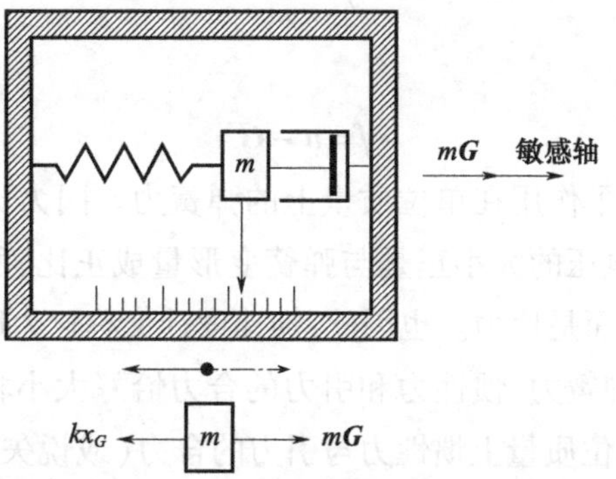

图4.2 引力对加速度计测量的影响

即稳态时质量块的相对位移量 x_G 与引力加速度 $\boldsymbol{G}$ 成正比。

对照图4.1和图4.2可以看出,沿同一轴向的 $\boldsymbol{a}$ 矢量和 $\boldsymbol{G}$ 矢量所引起的质量块位移方向正好相反。综合考虑运载体加速度和引力加速度,在稳态时质量块的相对位移量为

$$x = \frac{m}{k}(\boldsymbol{a} - \boldsymbol{G}) \tag{4-1-3}$$

即稳态时质量块的相对位移量 x 与 $(\boldsymbol{a} - \boldsymbol{G})$ 成正比。阻尼器则用来阻尼质量块到达稳定位置的振荡。借助位移传感器可将该位移量变换成电信号,所以加速度计的输出与 $(\boldsymbol{a} - \boldsymbol{G})$ 成正比。

例如,在地球表面附近,把加速度计的敏感轴安装得与运载体(如火箭)的纵轴平行,当运载体以 $5\boldsymbol{g}$($\boldsymbol{g}$ 为重力加速度)的加速度垂直向上运动,即以 $\boldsymbol{a} = 5\boldsymbol{g}$ 沿敏感轴正向运动时,因沿敏感轴负向的引力加速度 $\boldsymbol{G} \approx \boldsymbol{g}$,故质量块的相对位移量为

$$x \approx \frac{k}{m}(5\boldsymbol{g} + \boldsymbol{g}) = 6\frac{k}{m}\boldsymbol{g}$$

当运载体垂直自由降落,即以 $\boldsymbol{a} = \boldsymbol{g}$ 沿敏感轴正向运动时,因沿敏感轴正向有引力加速度 $\boldsymbol{G} \approx \boldsymbol{g}$,故质量块的相对位移量为

$$x = \frac{k}{m}(\boldsymbol{g} - \boldsymbol{g}) = 0$$

在惯性技术中,通常把加速度计的输入量 $(\boldsymbol{a} - \boldsymbol{G})$ 称为"比力"。这里作用在质量块上的外力包括弹簧力 $\boldsymbol{F}_{弹}$ 和引力 $m\boldsymbol{G}$,根据牛顿第二定律,可以写出

$$\boldsymbol{F}_{弹} + m\boldsymbol{G} = m\boldsymbol{a}$$

移项,得

$$\boldsymbol{F}_{弹} = m\boldsymbol{a} - m\boldsymbol{G}$$

再将上式两边同除以质量 m,得

$$\frac{\boldsymbol{F}_{弹}}{m} = \boldsymbol{a} - \boldsymbol{G}$$

令

$$f=\frac{\boldsymbol{F}_{弹}}{m} \tag{4-1-4}$$

得

$$f=\boldsymbol{a}-\boldsymbol{G} \tag{4-1-5}$$

由此可知,比力代表了作用在单位质量上的弹簧力。因为比力的大小与弹簧变形量成正比而加速度计输出电压的大小正是与弹簧变形量成正比,所以加速度计实际感测的量并非运载体的加速度,而是比力。也因此,加速度计又称比力敏感器。

作用在质量块上的弹簧力、惯性力和引力的合力恰好大小相等,方向相反,于是又可把比力定义为"作用在单位质量上惯性力与引力的合力(或说矢量和)"。应该注意的是,比力具有与加速度相同的量纲。

式(4-1-5)中,$\boldsymbol{a}$ 是运载体的绝对加速度,当运载体在地球表面运动时其表达式为

$$\left.\frac{d^2\boldsymbol{R}}{dt^2}\right|_i=\left.\frac{d^2\boldsymbol{R}_0}{dt^2}\right|_i+\left.\frac{d^2\boldsymbol{r}}{dt^2}\right|_e+\boldsymbol{\omega}_{ie}\times\left.\frac{d\boldsymbol{r}}{dt}\right|_e+2\boldsymbol{\omega}_{ie}\times\left.\frac{d\boldsymbol{r}}{dt}\right|_e+\boldsymbol{\omega}_{ie}\times(\boldsymbol{\omega}_{ie}\times\boldsymbol{r}) \tag{4-1-6}$$

式(4-1-6)推导过程见附录3。式中:$\left.\frac{d^2\boldsymbol{R}}{dt^2}\right|_i$ 为运载体相对惯性空间的加速度,即运载体的绝对加速度;$\left.\frac{d^2\boldsymbol{r}}{dt^2}\right|_e$ 为运载体相对地球的加速度,即运载体的相对加速度;$\left.\frac{d^2\boldsymbol{R}_0}{dt^2}\right|_i$ 为地球公转引起的地心相对惯性空间的加速度,它是运载体牵连加速度的一部分;$\boldsymbol{\omega}_{ie}\times(\boldsymbol{\omega}_{ie}\times\boldsymbol{r})$ 为地球自转引起的牵连点的向心加速度,它也是运载体牵连加速度的另一部分;$2\boldsymbol{\omega}_{ie}\times\left.\frac{d\boldsymbol{r}}{dt}\right|_e$ 为运载体相对地球速度与地球自转角速度的相互影响而形成的附加加速度,即运载体的科里奥利加速度。

式(4-1-5)中,$\boldsymbol{G}$ 是引力加速度,它是地球引力加速度 $\boldsymbol{G}_e$、月球引力加速度 $\boldsymbol{G}_m$、太阳引力加速度 $\boldsymbol{G}_s$ 和其他引力加速度 $\sum_{i=1}^{n=3}\boldsymbol{G}_i$ 的矢量和,即

$$\boldsymbol{G}=\boldsymbol{G}_e+\boldsymbol{G}_m+\boldsymbol{G}_s+\sum_{i=1}^{n=3}\boldsymbol{G}_i \tag{4-1-7}$$

将式(4-1-6)和式(4-1-7)代入式(4-1-5),可得加速度计所敏感的比力为

$$\boldsymbol{f}=\left.\frac{d^2\boldsymbol{R}_0}{dt^2}\right|_i+\left.\frac{d^2\boldsymbol{r}}{dt^2}\right|_e+2\boldsymbol{\omega}_{ie}\times\left.\frac{d\boldsymbol{r}}{dt}\right|_e+\boldsymbol{\omega}_{ie}\times(\boldsymbol{\omega}_{ie}\times\boldsymbol{r})-\left(\boldsymbol{G}_e+\boldsymbol{G}_m+\boldsymbol{G}_s+\sum_{i=1}^{n=3}\boldsymbol{G}_i\right) \tag{4-1-8}$$

一般而言,地球公转引起的向心加速度$d^2\boldsymbol{R}_0/dt^2|_i$ 与太阳引力加速度 $\boldsymbol{G}_s$ 的量值大致相等,故有

$$\left.\frac{d^2\boldsymbol{R}_0}{dt^2}\right|_i-\boldsymbol{G}_s\approx 0$$

在地球表面附近,月球引力加速度的量值 $\boldsymbol{G}_m\approx 3.9\times 10^{-6}\boldsymbol{G}_e$;太阳系的行星中距地球

最近的是金星，其引力加速度约为 $1.9\times10^{-8}\boldsymbol{G}_e$；太阳系的行星中质量最大的是木星，其引力加速度约为 $3.7\times10^{-8}\boldsymbol{G}_e$。至于太阳系外的其他星系，因距地球更远，其引力加速度更加微小。对于一般精度的惯性系统，月球及其他天体引力加速度的影响可以忽略不计。考虑到上述这些关系，加速度计感测的比力可写为

$$\boldsymbol{f}=\left.\frac{\mathrm{d}^2\boldsymbol{r}}{\mathrm{d}t^2}\right|_e+2\boldsymbol{\omega}_{ie}\times\left.\frac{\mathrm{d}\boldsymbol{r}}{\mathrm{d}t}\right|_e+\boldsymbol{\omega}_{ie}\times(\boldsymbol{\omega}_{ie}\times\boldsymbol{r})-\boldsymbol{G}_e \tag{4-1-9}$$

式中：$\mathrm{d}\boldsymbol{r}/\mathrm{d}t|_e$ 为运载体相对地球的运动速度，用 $\boldsymbol{v}$ 代表。同时注意到，地球引力加速度 $\boldsymbol{G}_e$ 与地球自转引起的向心加速度 $\boldsymbol{\omega}_{ie}\times(\boldsymbol{\omega}_{ie}\times\boldsymbol{r})$ 共同形成了地球重力加速度，即

$$\boldsymbol{g}=\boldsymbol{G}_e-\boldsymbol{\omega}_{ie}\times(\boldsymbol{\omega}_{ie}\times\boldsymbol{r}) \tag{4-1-10}$$

这样，加速度计所感测的比力可改写为

$$\boldsymbol{f}=\left.\frac{\mathrm{d}\boldsymbol{v}}{\mathrm{d}t}\right|_e+2\boldsymbol{\omega}_{ie}\times\boldsymbol{v}-\boldsymbol{g} \tag{4-1-11}$$

在惯性系统中，加速度计是被安装在运载体内的某一测量坐标系中工作的。例如直接安装在与运载体固连的运载体坐标系中（对捷联式惯性系统），或安装在与平台固连的平台坐标系中（对平台式惯性系统）。假设安装加速度计的测量坐标系为 p 系，它相对地球坐标系的转动角速度为 $\boldsymbol{\omega}_{ep}$，则有

$$\left.\frac{\mathrm{d}\boldsymbol{v}}{\mathrm{d}t}\right|_e=\left.\frac{\mathrm{d}\boldsymbol{v}}{\mathrm{d}t}\right|_p+\boldsymbol{\omega}_{ep}\times\boldsymbol{v} \tag{4-1-12}$$

于是，加速度计所敏感的比力可进一步写为

$$\boldsymbol{f}=\left.\frac{\mathrm{d}\boldsymbol{v}}{\mathrm{d}t}\right|_p+\boldsymbol{\omega}_{ep}\times\boldsymbol{v}+2\boldsymbol{\omega}_{ie}\times\boldsymbol{v}-\boldsymbol{g} \tag{4-1-13a}$$

或

$$\boldsymbol{f}=\dot{\boldsymbol{v}}+\boldsymbol{\omega}_{ep}\times\boldsymbol{v}+2\boldsymbol{\omega}_{ie}\times\boldsymbol{v}-\boldsymbol{g} \tag{4-1-13b}$$

式（4-1-13b）就是运载体相对地球运动时加速度计所敏感的比力表达式，通常称为比力方程。式中各项所代表的物理意义如下。

$\left.\frac{\mathrm{d}\boldsymbol{v}}{\mathrm{d}t}\right|_p$ 或 $\dot{\boldsymbol{v}}$——运载体相对地球的速度在测量坐标系中的变化率，即在测量坐标系中表示的运载体相对地球的加速度；

$\boldsymbol{\omega}_{ep}\times\boldsymbol{v}$——测量坐标系相对地球转动所引起的向心加速度；

$2\boldsymbol{\omega}_{ie}\times\boldsymbol{v}$——运载体相对地球速度与地球自转角速度的相互影响而形成的科里奥利加速度；

$\boldsymbol{g}$——地球重力加速度。

由于比力方程表明了加速度计所敏感的比力与运载体相对地球的加速度之间的关系，所以它是惯性系统的一个基本方程。不论惯性系统的具体方案和结构如何，该方程都是适用的。

如果令

$$(2\boldsymbol{\omega}_{ie}+\boldsymbol{\omega}_{ep})\times\boldsymbol{v}-\boldsymbol{g}=\boldsymbol{a}_B \tag{4-1-14}$$

则可把式(4-1-13)改写成

$$\boldsymbol{f}-\boldsymbol{a}_{B}=\dot{\boldsymbol{v}} \tag{4-1-15}$$

式中:$\boldsymbol{a}_B$ 为有害加速度。

导航计算中需要的是运载体相对地球的加速度 $\dot{\boldsymbol{v}}$。但从式(4-1-13)看出,加速度计不能分辨有害加速度和运载体相对加速度。因此,必须从加速度计所测得的比力 $\boldsymbol{f}$ 中补偿掉有害加速度 $\boldsymbol{a}_B$ 的影响,才能得到运载体相对地球的加速度 $\dot{\boldsymbol{v}}$,经过数学运算进而获得运载体相对地球的速度 $\boldsymbol{v}$ 及位置等导航参数。

4.1.2 加速度计的基本结构

自1942年德国在V-2火箭上首次使用加速度计以来,曾先后产生过近百种不同类型的加速度计,目前主要研制和使用的加速度计有金属挠性加速度计、石英挠性伺服加速度计、压电加速度计、激光加速度计、光纤加速度计、微机械加速度计等,各种加速度计的工作原理及主要性能如下。

(1)金属挠性加速度计:当加速度沿其敏感轴方向作用时,惯性力使金属挠性杆支承的检测质量偏离中心位置,信号传感器感受到检测质量的偏离角并输出与之成比例的电压信号,此信号经过前置放大、相敏解调和直流放大后,输出与输入加速度成比例的直流电流信号,这一直流电流再反馈到力矩器动线圈而产生一个恢复力矩,此恢复力矩与输入加速度所引起的惯性力矩相平衡。

(2)石英挠性伺服加速度计:采用力反馈摆式结构,将输入加速度转换成检测质量的微小位移,并用反馈力加以平衡。其结构形式和工作原理大致和金属挠性加速度计相同,区别在石英挠性伺服加速度计中采用石英玻璃制作的挠性支承。石英玻璃挠性支承热稳定性好、机械迟滞和弹性后效小,因此相对金属挠性加速度计,其精度较高,加速度计的零位稳定性有所提高。

(3)压电加速度计:利用石英晶体和人工极化陶瓷(PZT)的压电效应设计而成,当石英晶体或人工极化陶瓷受到机械应力作用时,其表面就产生电荷,所形成的电荷密度的大小与所施加的机械应力的大小成线性关系,在一定的条件下,压电晶体受力后产生的电荷与所感受的加速度值成正比。

(4)激光加速度计和光纤加速度计:依据光的干涉测量原理设计。被测加速度使传感器中的光相位发生变化,经相位检测系统,从而测得加速度的大小。激光、光纤加速度计是目前国际、国内重点发展的高精尖技术。

(5)硅微机械加速度计:以IC工艺和微机械加工工艺为基础制作的MEMS器件,MEMS是将尺寸从毫米到微米级的电子元件和机械元件集成到一起的系统,可以对微小尺寸进行敏感、控制、驱动,输出与所敏感到的加速度成比例的电压信号(也可以直接输出数字信号)。目前,在高新技术推动和强势市场需求牵引下,微机械加速度计的研制在国内外已成为MEMS领域的研究热点之一。

(6)单晶硅挠性加速度计:新型加速度计,其精度较高,但是存在很多待突破的技术难点,国内在这方面有所研究。

加速度计的种类繁多,工作过程各异,但一个加速度计至少由三部分组成,即检测质量、固定检测质量的支承及输出与加速度有关信号的传感器。

这三部分的存在并非总是很明显,例如在两块相对放置的极板间放置的压电块,当它被加速时,测量两个板之间的电压。质量是显然的,即压电块。弹性支承即压电的体积(容积)弹性(变形),而传感器是压电效应本身。有些仪表有伺服控制,另外还需要为平衡惯性设计力矩器和电子伺服回路。

1. 弹簧-质量系统

图4.3所示的弹簧-质量系统是基本的单自由度加速度计,而检测质量的大小、阻尼及支承的刚性间的关系决定了它的特性。

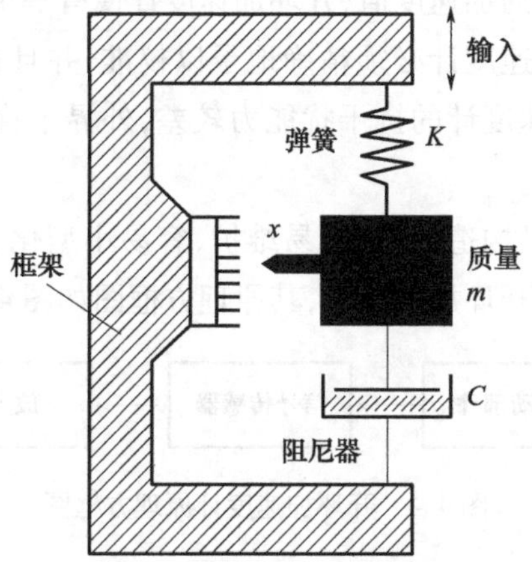

图4.3　弹簧-质量系统

考虑该系统对于沿弹簧轴作用的力的影响,该作用力为惯性力、液体阻尼力及弹簧位移力,由此可得检测质量所受的力平衡方程为

$$m\frac{\mathrm{d}^2x}{\mathrm{d}t^2}=C\frac{\mathrm{d}x}{\mathrm{d}t}+Kx \tag{4-1-16}$$

式中:x为距检测质量平衡位置的位移;C为阻尼系数;K为弹簧刚度。

有些仪表中,阻尼太高,以至于阻尼项超过惯性项,所以式(4-1-16)中最高阶导数为$\frac{\mathrm{d}x}{\mathrm{d}t}$,且方程是一阶的。更为普遍的是惯性项起主导作用,即方程为二阶的。

如果加速度是稳定的,检测质量位移也达到稳态时任何初始瞬态振动已经消失,有

$$ma=m\frac{\mathrm{d}^2x}{\mathrm{d}t^2}=Kx \tag{4-1-17}$$

即惯性力被反向的弹簧力平衡,而x是加速度的量测。

有一种加速度计用金属膜片代替弹簧,用膜片与壳体间的电容作为传感器。用位移

指示加速度的是开环仪表。式(4-1-16)可用无阻尼自振频率$\omega_n(=2\pi f_n)$和阻尼比ξ表示为

$$\begin{cases}\omega_n=\sqrt{\dfrac{K}{m}}\\ \xi=\dfrac{1}{2C\sqrt{Km}}\end{cases}\tag{4-1-18}$$

实际的谐振频率偏离f_n为一小量,该偏移取决于阻尼比

$$\omega=2\pi f=\omega_n\sqrt{1-\xi^2}$$

2. 开环加速度计

开环加速度计又称简单加速度计,也有人称为过载传感器。这类加速度计的测量系统是开环的。加速度值经过敏感元件,不需要把输出量反馈到输入端与输入量进行比较。因此,对应于每一个被测量的加速度值,开环加速度计便有一个输出值与之对应。为了满足实际应用的需要,开环加速度计必须精确地予以校准,并且在工作过程中,保持这种校准值不发生变化。开环加速度计的抗干扰能力较差,外界干扰会对测量精度有较大的影响,一般来说精度也比较低。

开环加速度计的优点是构造简单,容易维护,容易小型化,成本较低。在一般精度要求不太高的情况下,多采用开环加速度计,其原理方框图如图4.4所示。

图4.4 开环加速度计原理方框图

3. 闭环加速度计

闭环加速度计的抗干扰能力较强,在零件、组件精度相同的情况下,采用闭环系统可以提高测量精度。由于有反馈作用,使加速度计的活动系统始终工作在零位附近,还可以扩大量程。

惯性导航与惯性制导系统中使用的加速度计,大部分都是闭环加速度计,其原理方框图如图4.5所示。

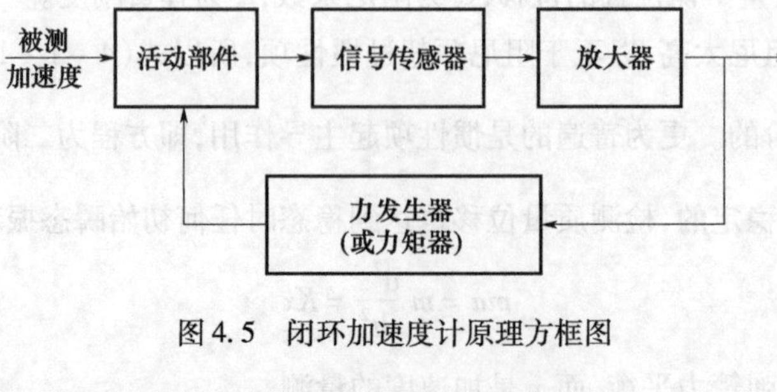

图4.5 闭环加速度计原理方框图

从当前发展情况看,加速度计存在以下几个明显的动向。

(1)力平衡摆式加速度计几乎占领了高精度加速度计的全部市场。因此,应该继续改进液浮摆、挠性摆和石英摆式加速度计的性能,以满足对高精度加速度计的需求。

(2)由于对输出数字化以及大动态范围、高分辨率的迫切要求,石英振梁式加速度计的发展非常迅速。预计未来在几微克到1mg的应用领域将有广泛的应用。

(3)微机械加速度计采用了固态电子工业开发的加工技术,能像制造集成电路那样来生产加速度计,并且可以把器件和信号处理电路集成在同一块硅片上,实现了真正意义上的机电一体化,因而使其具有成本低、可靠性高、尺寸小、质量轻和可大批量生产的优点,在军用和民用中有巨大的潜力,是加速度计发展的一个重要方向。

4.2 液浮摆式加速度计

液体悬浮技术是基于这样的一种考虑:由于滚珠轴承有较大的摩擦力矩,用它来支承加速度计的摆或标定质量就限制了仪表的灵敏度,只有当输入加速度大于一定量值时,作用在摆上的惯性力矩才能克服轴承的摩擦力矩,使摆开始旋转。例如,一个摆性为1g·cm的摆,为使其测量加速度达到$1\times10^{-5}g$,则摆支承中的摩擦力矩要低于1×10^{-7}N·cm。显然,这是任何精密仪表轴承无法达到的。除了静摩擦,在轴承中还存在着动摩擦,作为干扰,一般具有非线性及随机性质。

为了提高摆式加速度计的精度,可以从减少轴承内接触面入手,因此发展了各种支承技术,例如静压气体悬浮、静电悬浮以及下面将要介绍的液体悬浮及挠性支承技术。

4.2.1 液浮摆式加速度计的结构组成和工作原理

液浮摆式加速度计如图4.6所示。

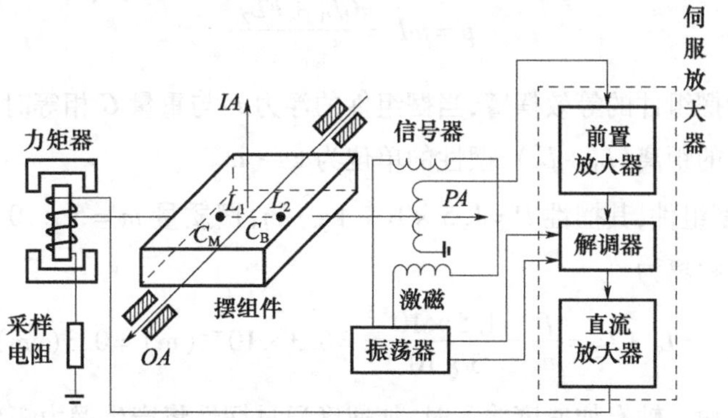

图4.6 液浮摆式加速度计原理示意图

为了减小摆组件支承轴上的摩擦力矩,并得到所需的阻尼,将摆组件悬浮在液体中。摆组件的重心C_M和浮心C_B位于摆组件支承轴(输出轴OA)的两侧。C_M和C_B的连线与摆组件的支承轴垂直,称为摆性轴PA。而同摆性轴PA及输出轴OA垂直的轴,称为输入轴IA。IA,OA及PA三轴共交于一点O,构成一个右手坐标系,称为摆组件坐标系。

首先解释液浮摆式加速度计中有关"摆性"的概念。当有单位重力加速度 g 沿输入轴 IA 作用在摆组件上时,绕输出轴 OA 所产生的摆力矩 M_p 由重力矩及浮力矩组成,如图4.7所示。

$$M_p = GL_1 + FL_2 \tag{4-2-1}$$

式中:G 为作用在重心 C_M 上的摆组件重力;F 为作用在浮心 C_B 上的摆组件浮力;L_1,L_2 分别为摆组件的重心和浮心至输出轴 OA 的距离。

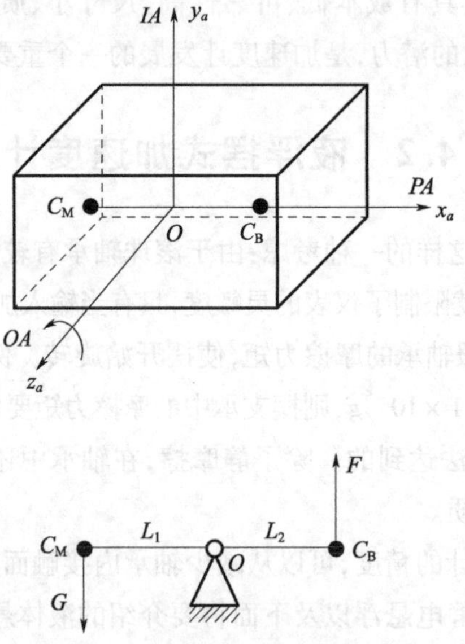

图4.7 摆组件的摆性

在液浮摆式加速度计中,摆组件的摆性由下式表示为

$$p = mL = \frac{GL_1 + FL_2}{g} \tag{4-2-2}$$

这里的 L 为摆组件的等效摆臂,当摆组件的浮力 F 与重量 G 相等时,等效摆臂 L 等于重心与浮心之间的距离(L_1+L_2),摆性的单位为kg·m。

例如,有一摆组件,其摆性 $P=1.5\times10^{-5}$kg·m,摆质量 $m=5\times10^{-3}$kg,则可计算出重心与浮心间的距离为

$$L = L_1 + L_2 = \frac{P}{m} = \frac{1.5\times10^{-5}}{5\times10^{-3}} = 0.3\times10^{-2}(\text{m}) = 0.3(\text{cm})$$

当沿仪表的输入轴有加速度输入时,加速度通过摆性将产生摆力矩作用在摆组件上,使它绕输出轴转动。摆组件绕输出轴相对壳体的偏转角 θ 由信号器敏感,其输出为与偏转角成比例的电压信号 $u=k_u\theta$(k_u 为信号器的放大系数)。该电压输入到伺服放大器,其输出为与电压成正比例的电流信号 $i=k_a u$(k_a 为放大器的放大系数)。该电流输出给力矩器,产生与电流成正比例的力矩 $M=k_m i$(k_m 为力矩器的力矩系数)。这一力矩绕输出轴作用在摆组件上,在稳态时它与摆力矩相平衡。此时力矩器的加矩电流便与输入加速度

成正比例,通过采样电阻则可获得与输入加速度成比例的电压信号。

由信号器、伺服放大器和力矩器所组成的回路,通常称为力矩再平衡回路;所产生的力矩通常称为再平衡力矩,其表达式为

$$M = k_{\mathrm{m}} i = k_{\mathrm{a}} k_{\mathrm{m}} u = k_{\mathrm{u}} k_{\mathrm{a}} k_{\mathrm{m}} \theta \tag{4-2-3}$$

其中 3 个系数的乘积 $k_{\mathrm{u}} k_{\mathrm{a}} k_{\mathrm{m}}$ 即为再平衡回路的增益。

现在列写液浮摆式加速度计的运动方程式。设壳体坐标为 $ox_{\mathrm{b}}y_{\mathrm{b}}z_{\mathrm{b}}$,摆组件坐标系为 $ox_{\mathrm{a}}y_{\mathrm{a}}z_{\mathrm{a}}$,其中 ox_{a} 轴与摆轴 PA 重合,oy_{a} 轴与输入轴 IA 重合。

假设摆组件绕输出轴相对壳体有偏转角 θ,即摆组件坐标系相对壳体坐标系有一偏转角 θ,如图 4.8 所示。并设加速度在壳体坐标系各轴上的分量为 a_{bx}, a_{by}, a_{bz},这时加速度在摆组件坐标系中的分量 a_{ax}, a_{ay}, a_{az},可通过方向余弦矩阵变换得到,即

$$\begin{bmatrix} a_{ax} \\ a_{ay} \\ a_{az} \end{bmatrix} = \begin{bmatrix} \cos\theta & \sin\theta & 0 \\ -\sin\theta & \cos\theta & 0 \\ 0 & 0 & 1 \end{bmatrix} \begin{bmatrix} a_{bx} \\ a_{by} \\ a_{bz} \end{bmatrix} = \begin{bmatrix} a_{bx}\cos\theta + a_{by}\sin\theta \\ -a_{by}\sin\theta + a_{by}\cos\theta \\ a_{bz} \end{bmatrix}$$

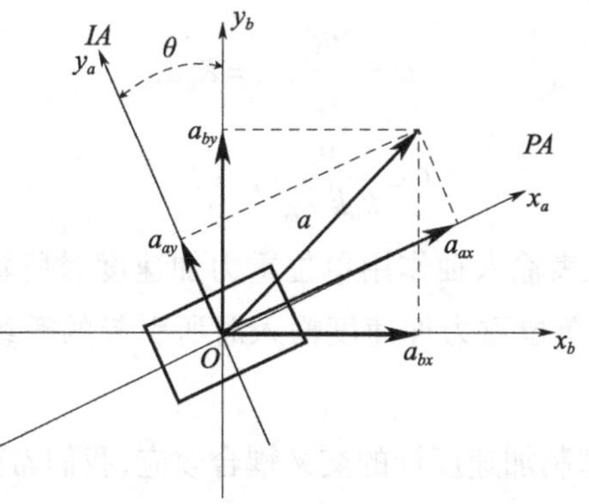

图 4.8 摆组件坐标系与壳体坐标系关系

显然,沿输入轴作用的加速度为

$$a_{ay} = a_{by}\cos\theta - a_{bx}\sin\theta \tag{4-2-4}$$

由此可知,若摆组件的偏转角 θ 较大时,不仅会降低所要测量加速度 a_{by} 的灵敏度,而且还会敏感正交加速度分量 a_{bx},通常称此为加速度计的交叉耦合效应。

在液浮摆式加速度计中,是由力矩再平衡回路所产生的力矩来平衡加速度所引起的摆性力矩。在这种闭路工作状态下,摆组件的运动方程式为

$$I\ddot{\theta} + D\dot{\theta} + k_{\mathrm{u}}k_{\mathrm{a}}k_{\mathrm{m}}\theta = P(a_{by}\cos\theta - a_{bx}\sin\theta) + M_{\mathrm{d}} \tag{4-2-5}$$

再平衡回路应具有足够高的增益,使摆组件的偏转角 θ 足够小,以减小交叉耦合误差。在 θ 为小量角的情况下,上述方程可简化为

$$I\ddot{\theta} + D\dot{\theta} + k_{\mathrm{u}}k_{\mathrm{a}}k_{\mathrm{m}}\theta = P(a_{by} - a_{bx}\theta) + M_{\mathrm{d}} \tag{4-2-6}$$

式中:I 为摆组件绕输出轴的转动惯量;D 为摆组件的阻尼系数;M_{d} 为绕输出轴作用在摆组件上的干扰力矩。

根据液浮摆式加速度计的工作原理,可以画出它的方框图,如图4.9所示。

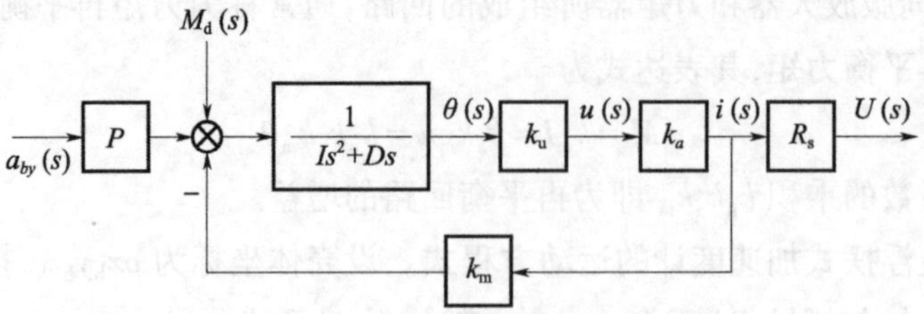

图4.9　液浮摆式加速度计的方框图

从图中可以得出,输出电压U和摆组件偏转角对输入加速度的传递函数分别为

$$\frac{U(s)}{a_{by}(s)}=\frac{R_s k_u k_a P}{Is^2+Ds+k_u k_a k_m} \tag{4-2-7}$$

$$\frac{\theta(s)}{a_{by}(s)}=\frac{P}{Is^2+Ds+k_u k_a k_m} \tag{4-2-8}$$

所输入为阶跃常值加速度,则稳态时分别有

$$U=\frac{PR_s}{k_m}a_{by}=K_u a_{by} \tag{4-2-9}$$

$$\theta=\frac{P}{k_u k_a k_m}a_{by}=K_\theta a_{by} \tag{4-2-10}$$

式中:$K_u=PR_s/k_m$为沿仪表输入轴作用单位重力加速度时所输出的电压,其典型数值为$1\text{V}/g$;$K_\theta=P/(k_u k_a k_m)$为单位重力加速度输入时所引起的摆组件的稳态偏转角,其典型数值为$0.5\times10^{-5}\text{rad}/g$。

很显然为了有效地抑制加速度计的交叉耦合效应,我们希望有足够低的闭环角弹性,或希望有足够高的闭环角刚度。

4.2.2　浮子摆的静平衡问题

液浮摆式加速度计摆的静平衡与液浮陀螺仪浮子组件的静平衡有区别。浮子摆必须具有一定的摆性以敏感加速度。

加工完的浮子摆有三心:

浮心——浮力作用中心;

质心——摆的质量中心或重心;

支心——支承中心。

浮子摆的"静平衡",即摆组合件在中性悬浮(全浮)状态下,质心与浮心的调整。应满足两个条件,如图4.10所示。

(1)重力和浮力相等,即

$$mg=V\rho g \tag{4-2-11}$$

式中:m为浮子摆的质量;g为重力加速度;V为浮子摆的体积;ρ为浮液的密度。

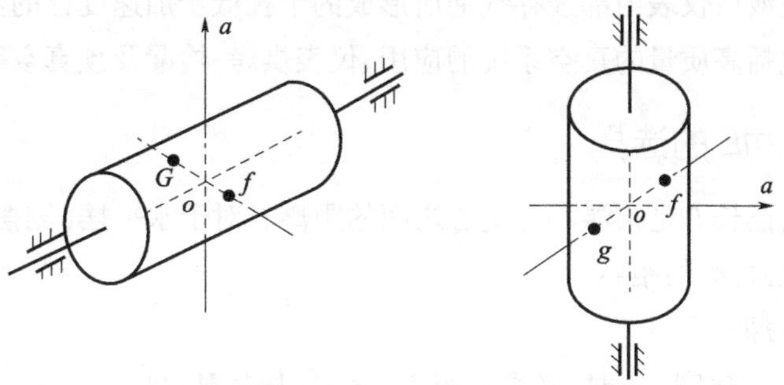

图 4.10　浮子摆的静平衡

浮子摆呈中心悬浮状态,使宝石轴承不受力,仅起定位作用。

(2)三心共线。摆的质心与浮心的连线通过摆的枢轴(支承轴),并垂直于加速度计的敏感轴与枢轴,即使质心、浮心与支心在一条垂直于枢轴与输入轴的直线上,且在设计上应满足下面两个条件。

$$\begin{cases} \sum m_l g L_L = \sum m_r g L_r \\ \sum V_l \rho L_L' = \sum V_r \rho L_r' \end{cases} \tag{4-2-12}$$

式中:m_l,m_r 为 z 轴左、右半部分零件的质量;g 为重力加速度;L_l,L_r 为左、右半部分各零件重心至 z 轴的距离;V_l,V_r 为左、右半部分各零件的体积;L_l',L_r' 为左、右半部各零件浮心至 z 轴的距离。

为了保证在悬浮液体中获得足够的浮力及稳定的摆性,以防止重心及浮心漂移,摆组件结构一般均设计成具有不平衡质量的盲目控体或长方体,并设有专门的重心微调机构。还应保证足够的结构稳定性及密封性,严防液体渗入摆组件中或从摆组件内向液体漏出气体。

为此,摆组件材料通常采用铝镁合金或铍,在装配过程中采用良好的胶接密封工艺,并在仪表充油前对摆组件仔细地进行检漏。

摆组件相对壳体的支承和定心,可采用磁悬浮支承或宝石轴承。磁悬浮支承定心精度高,且可完全消除摆组件与壳体的任何接触,但增加了仪表结构的复杂性,目前大多还是采用宝石轴承。

在摆组件中确保重心与浮心联线同支承轴线正交是异常重要的。因为两者若不正交,在液体密度随温度变化时,摆组件的质量 m 将与其所排开的液体质量 m' 不相等,在侧向加速度作用下,将产生绕输出轴的干扰力矩,此力矩称交耦力矩。为消除交耦力矩,在摆组件上一般均设有适当的调整机构如调整螺钉,用来调整重心、浮心联线与交承轴线正交。

液浮摆式加速度计的悬浮液体不仅为摆组件提供了所需的浮力,而且还为改善仪表动态品质提供了所需的阻尼。所以,悬浮液体的优劣以及仪表充液工艺水平是决定整个加速度计静、动态性能的关键因素。液浮摆式加速度计对浮液物理性能和化学性能的要求,是与液浮陀螺仪相同的。目前常用氟油(聚三氟氯乙烯)作为浮液。为获得良好的充液质量,保证在充液后仪表内部残存气泡所形成的干扰低于加速度计的灵敏度,应采取严格的充液工艺,包括高质量的真空系统的应用、仪表烘烤、检漏及预真空等。

4.2.3 摆性 mL 的选择

对于垂直摆,摆长 L 是指浮心与重心之间的距离。对于水平摆(侧摆)来说,摆长 L 是指重心与支承中心之间的距离。

选择摆性应根据:

(1)敏感最小加速度 $a_{\min}$ 时,必须克服支承摩擦力矩 M_f,即

$$mLa_{\min} > M_f, mL > \frac{M_f}{a_{\min}} \tag{4-2-13}$$

(2)力矩器所产生的最大力矩应能平衡由最大加速度 $a_{\max}$ 所产生的惯性力矩,即

$$mLa_{\max} \leqslant k_m I, mL \leqslant \frac{k_m I}{a_{\max}}$$

故摆性应满足:

$$\frac{k_m I}{a_{\max}} \geqslant mL \geqslant \frac{M_f}{a_{\min}} \tag{4-2-14}$$

对水平摆,受力图如图4.11所示。

$$mgL = F_1 l \quad F_1 = \frac{mgL}{l}$$

$$M_f = \mu Fr = \frac{\mu mgLr}{l} \quad mL \geqslant \frac{\mu mgLr}{l a_{\min}}, a_{\min} \geqslant \frac{\mu gr}{l}$$

式中:μ 为轴承间的摩擦因数;r 为轴半径;g 为重力加速度。

当 $l = 20\text{mm}, r = 0.3\text{mm}, \mu = 0.1$ 时,有

$$a_{\min} \geqslant 1.5 \times 10^{-3} g$$

对垂直摆,运动方程中多一项重浮矩,应由力矩器平衡,如图4.12所示。

设载体的加速度为 a,则有

$$k_m I \geqslant ma_{\max} L + 2mgL$$

$$mL \leqslant \frac{k_m I}{a_{\max} + 2g}$$

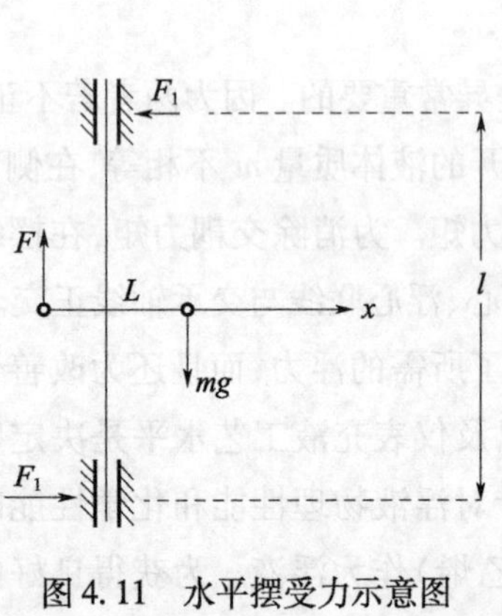

图4.11 水平摆受力示意图

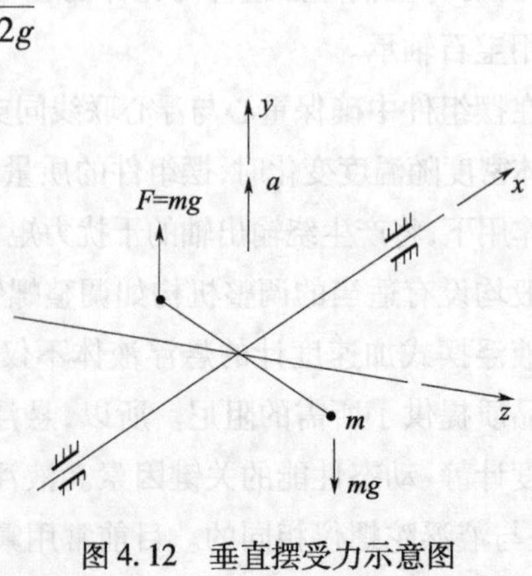

图4.12 垂直摆受力示意图

4.3 挠性加速度计

挠性摆式加速度计是20世纪60年代才迅速发展起来的一种小型加速度计,它采用挠性构件支承摆组件,工作时挠性支承构件将引入微小的弹性力矩。由于在闭路工作状态下,摆组件的偏角很小,这种力矩往往可以忽略,所以仪表能获得优良的性能。

4.3.1 挠性加速度计的结构组成和工作原理

挠性加速度计也是一种摆式加速度计。它与液浮加速度计的主要区别在于,它的摆组件不是悬浮在液体中,而是弹性地连接在某种类型的挠性支承上。挠性支承消除了轴承的摩擦力矩,当摆组件的偏转角很小时,由此引入的微小的弹性力矩往往可以忽略。

挠性加速度计有不同的结构类型,图4.13所示为其中的一种。摆组件的一端通过挠性支承固定在仪表壳体上,另一端可相对输出轴转动。信号器动圈和力矩器线圈固定在摆组件上,信号器定子和力矩器磁钢与仪表壳体相固联。

在挠性加速度计中,由于挠性支承位于摆组件的端部,所以摆组件的重心 C_M 远离挠性轴。挠性轴的输出轴 OA,摆的重心 C_M 至挠性轴的垂线方向为摆性轴 PA,而与 PA、OA 轴正交的轴为输入轴 IA,它们构成右手坐标系,如图4.14所示。当有单位重力加速度 g 沿输入轴 IA 作用时,绕输出轴 OA 产生的摆力矩等于重力矩。当仪表内充有阻尼液体时,摆力矩等于重力矩与浮力矩之差。假设浮心 C_B 位于摆性轴上,则摆组件的摆性为

$$P = mL = \frac{GL_1 - FL_2}{g} \tag{4-3-1}$$

式中:G,F 为摆组件的重力和浮力;L_1,L_2 为摆组件的重心和浮心至输出轴 OA 的距离。

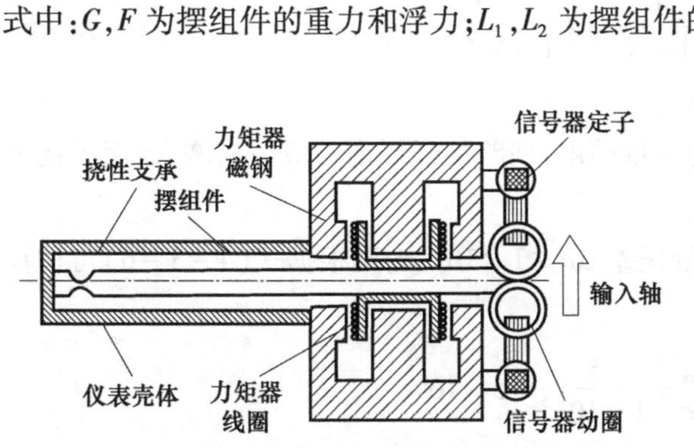

图4.13 挠性加速度计结构示意图

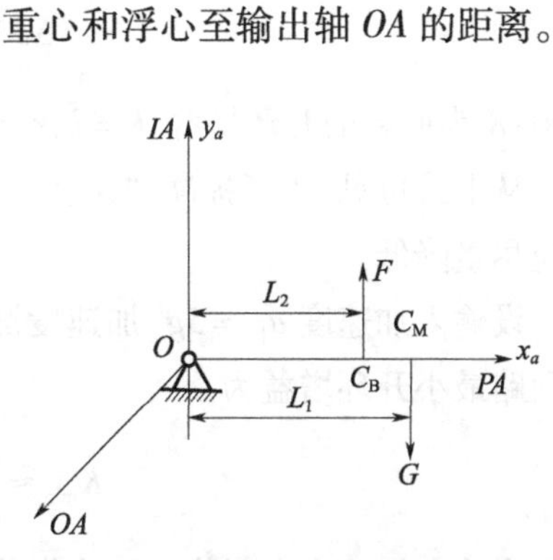

图4.14 挠性加速度计的摆组件坐标系

在挠性加速度计中,同样是由力矩再平衡回路所产生的力矩来平衡加速度所引起的

摆力矩。为了抑制交叉耦合误差,力矩再平衡回路同样必须是高增益的。作用在摆组件上的力矩,除了液浮摆式加速度计中所提到的各项力矩外,这里多了一项力矩,即当摆组件出现偏转角时,挠性支承所产生的弹性力矩。因此,挠性加速度计在闭路工作条件下,摆组件的运动方程式成为

$$I\ddot{\theta}+D\dot{\theta}+(k+k_u k_a k_m)\theta=P(a_{by}-a_{bz}\theta)+M_d \tag{4-3-2}$$

式中:k 为挠性支承的角刚度,其余符号代表的内容与前相同。

根据挠性加速度计的工作原理,可以画出它的方框图,如图4.15所示。

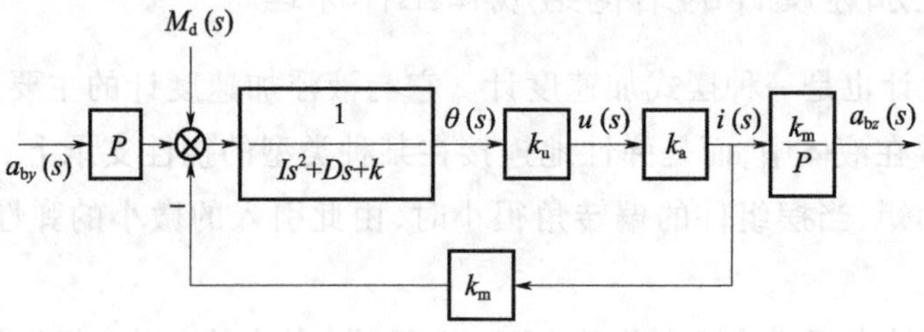

图4.15 挠性加速度计的方框图

从图4.15可得输出加速度的拉普拉斯变换为

$$a_{bz}(s)=\frac{k_u k_a k_m}{Is^2+Ds+k+k_u k_a k_m}\left[a_{by}(s)+\frac{M_d(s)}{P}\right] \tag{4-3-3}$$

加速度误差的拉普拉斯变换为

$$\Delta a(s)=a_{by}(s)-a_{bz}(s)=\frac{(Is^2+Ds+k)a_{by}(s)+(k_u k_a k_m/P)M_d(s)}{Is^2+Ds+k+k_u k_a k_m} \tag{4-3-4}$$

摆组件偏转角的拉普拉斯变换式为

$$\theta(s)=\frac{Pa_{by}(s)+M_d(s)}{Is^2+Ds+k+k_u k_a k_m} \tag{4-3-5}$$

当输入加速度和干扰力矩为常值时,由式(4-3-4)可得稳态时加速度误差的表达式

$$\Delta a=\frac{1}{1+K}a_{by}+\frac{K}{1+K}\frac{M_d}{P} \tag{4-3-6}$$

式中:K 为回路的开环增益,$K=k_u k_a k_m/k$。

从上式可见,为了提高加速度计的测量精度,回路的开环增益应适当增大,而干扰力矩应尽量降低。

设输入加速度 $a_{by}=5g$,加速度测量误差 $\Delta a\leqslant 1\times10^{-5}g$,则根据式(4-3-6)可估算出回路最小开环增益为

$$K_{\min}\approx\frac{a_{by}}{\Delta a}=\frac{5}{1\times10^{-5}}=5\times10^5$$

当输入加速度和干扰力矩为常值时,由式(4-3-5)可得稳态时摆组件偏转角为

$$\theta(s)=\frac{Pa_{by}+M_d}{k+k_u k_a k_m}=\frac{Pa_{by}+M_d}{k(1+K)} \tag{4-3-7}$$

若不考虑干扰力矩，并利用式(4-3-6)的关系，则

$$\theta = \frac{P}{k}\Delta a \tag{4-3-8}$$

由此可见，摆组件的稳态偏转角与加速度测量误差成比例。为了限制交叉耦合误差，希望摆组件的偏转角应尽量小一些。通常，θ/a_{by}的典型数值为0.5×10^{-5} rad/g。

挠性支承实质上是由弹性材料制成的一种弹性支承，它在仪表敏感轴方向上的刚度很小，而在其他方向上的刚度则较大。

适于制造挠性支承的材料，一般应具有如下物理性能：弹性模量低，以获得低刚度的挠性支承；强度极限高，以便在过载情况下挠性支承具有足够的疲劳强度，特别是在采用数字再平衡回路时，摆组件可能经常处于高频振动状态，所以疲劳强度对保证仪表具有高的工作可靠性是非常重要的；加工工艺性好。

挠性支承是挠性加速度计中的关键零部件，它的尺寸小，而几何形状精度和表面粗糙度的要求却很高。

摆组件由支架、力矩器线圈及信号器动圈组成，它通过挠性支承与仪表壳体弹性连接。为了提高信号器的放大系数和分辨率，它的动圈通常被胶接在摆的顶部。一对推挽式力矩器线圈也固定在摆的顶部或中部，以获得较大的力矩系数。在采用单个挠性杆或簧片的结构中，摆支架为一细长杆，而在采用成对挠性杆的结构中，摆支架一般为三角形架。

为了提供仪表需要的摆性，应仔细地设计摆组件的重心。仪表内可以不充油，成为干式仪表。也可充具有一定黏度的液体(如硅油)，以提供适当的阻尼，获得良好的动态特性。

挠性加速度计中所采用的力矩器和信号器，与液浮加速度计所采用的基本上相同。为了使仪表的标度因数不受环境温度变化的影响，也像液浮加速度计一样，必须对仪表进行精确的温度控制，以使阻尼液体的密度、黏度、摆组件重心的位置，以及力矩器磁场受温度变化的影响减至最小。

4.3.2 石英挠性加速度计的结构组成和工作原理

石英挠性加速度计自 20 世纪 70 年代末开始研制，经过不断发展和完善，已成为当今摆式加速度计的主流产品，也是现今加速度计发展的先头兵。在世界各国生产石英挠性加速度计的厂家中，美国的 Honeywell 公司无疑是最有名的，其生产的 Q-FLEX 加速度计产品系列在较大领域范围内得到应用，其中 QA-3000 是基本型中的顶峰产品，可用于空间微重力过程监测。

我国从 20 世纪 80 年代初开始石英挠性加速度计的跟踪研制，经历了从仿制到创新的发展过程。目前，国内从事石英挠性加速度计研制、生产的厂家主要有：廊坊市飞航仪器仪表厂、航天 13 所、航天 33 所、电子部 26 所、航天 801 所等。他们与国内高校一起对石英挠性加速度计开展了大量的研究、试验工作，国内石英挠性加速度计的精度得到了很

大的提高。

自20世纪70年代产生以来,石英挠性加速度计是应用最广、发展最快的加速度计。因其具有阈值低、结构简单、功耗小、质量轻、较强的抗电磁干扰能力、易于小型化及价格低廉等特点,在航空、航天、石油勘探、重力梯度测量、倾斜角度传感测量等众多领域得到广泛的应用。

图4.16所示为石英挠性加速度计原理。摆与挠性接头的一体结构用稳定的非导电材料石英制成。钢的热膨帐系数为 $12\times10^{-6}/℃$,与之相比石英的热膨胀系数是 $0.6\times10^{-6}/℃$,因此摆性随温度的变化不大,而且使之对标度因数误差的影响小。一个石英片近于圆形,通过刻蚀留有两个石英桥以形成挠性接头,如图4.17所示,两个接头对于在结构平面内绕输入轴的角运动提供高的阻力,并减小与敏感轴 *OA* 交叉的加速度耦合误差。图4.18所示为石英挠性加速计结构。两个线圈分别安装在摆的正反两面,形成了力发生器的活动部件,它们载有与磁场相匹配的电流,该磁场是由固定在壳体上的永久磁铁产生的,磁铁固定于壳体的方式与扬声器的驱动器一样,线圈是检测质量的一部分。因而它们的机械稳定性对标度因数稳定的影响决定了它们对摆性的影响。

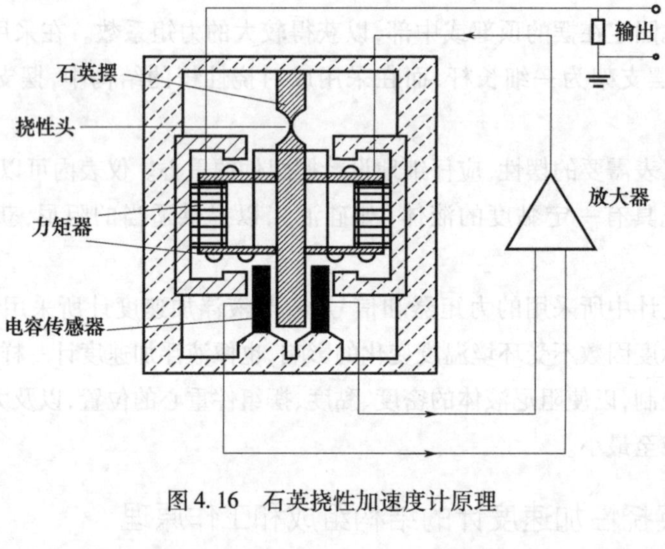

图4.16　石英挠性加速度计原理

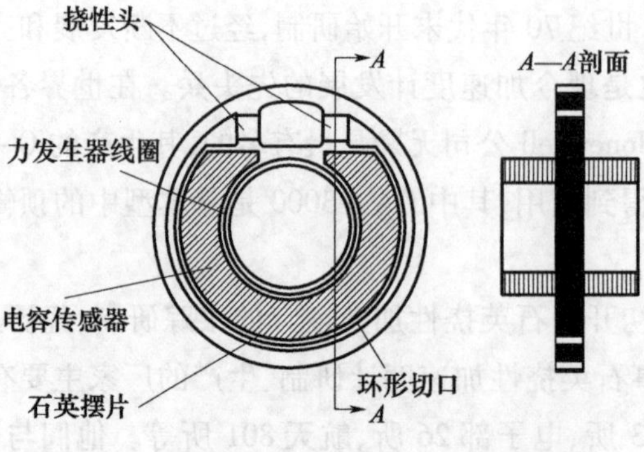

图4.17　石英摆的结构

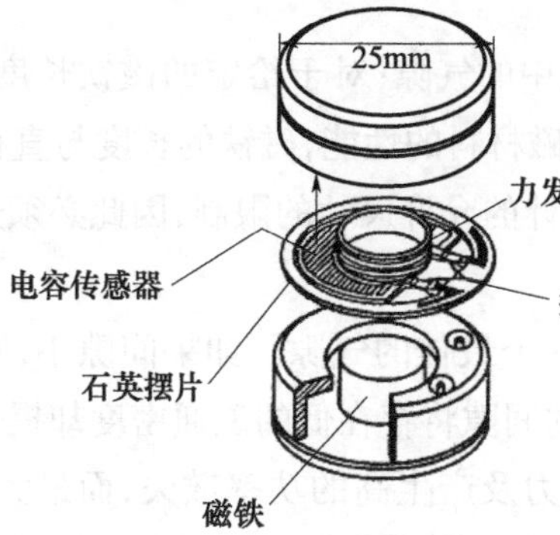

图 4.18　石英挠性加速度计结构

下面对图 4.18 进行说明。

(1)电容性传感器。摆片一部分被镀以金属,且放在两个与壳体固定的平板之间。它们一起构成了电容传感器。当摆居中时,这两个电容相等,而当加速度使摆位移时,一个电容增加而另一个则减小。使电容器成为桥式电路的一部分,以此提供一个输出信号去驱动伺服回路,伺服回路产生电流,该电流通过金属化路径流经力发生器线圈。电容器极板带低电压,以使附加静电力最小。在传感器之间有小间隙,其中的气体压缩提供阻尼,称作压膜阻尼。

(2)力发生器。由于力发生器的线圈携带电流,所以会产生热。在摆上产生的热很难散发,热阻抗越高,线圈中的温度越高。热能经挠性头传导。线圈中的铜丝有 8.9×10^{-6}/℃的膨胀系数,比石英的大得多,必须避免线圈温度过高。力发生器的放置,必须使它平衡加速度产生的惯性力而没有力作用于挠性头上。当力发生器的作用线通过摆的质心时,该条件得到满足。

力发生器产生的力与通过磁铁的磁通密度、线圈的半径及其匝数成正比,即

$$F=\pi Bind \tag{4-3-9}$$

式中:B 为磁通密度;i 为电流;n 为线圈匝数;d 为线圈直径。

由于磁通密度随温度、磁材料特性变化,因此标度因子系数大;温度传感器固连在磁铁上,所以在导航系统中可以进行补偿。

功率散失为

$$N=i^2R \tag{4-3-10}$$

式中:R 为线圈电阻。

线圈电阻与导线的全长成比例(即 N 和 d 成比例),而与导线的横截面积成反比,有

$$R=\rho n\pi d\Big/\left(\frac{1}{4}\pi d_{\mathrm{w}}^2\right)=\frac{4\rho nd}{d_{\mathrm{w}}^2} \tag{4-3-11}$$

式中:ρ 为导线材料的电阻系数(电阻率);d_{w} 为导线直径。

设计力发生器时必须考虑到 ρ 随温度的变化(电阻的温度系数),因为温度越高电阻越高,而散失的功率越大,对于恒定的加速度,力发生器的工作电流为常数。这可以导致

热流失而损坏线圈。

磁通密度 B 依赖于线圈放置中的气隙;对于给定的磁铁长度,间隙越大,磁通密度越低。B 和气隙之间的关系取决于磁材料的性能,磁铁的长度与直径比及磁路的形状。

磁铁的长度受到整个加速度计的允许尺寸的限制,因此必须选择线圈尺寸,使其能提供足够的力而没有太高的阻力。

对于固定的仪表尺寸,存在一个最佳的气隙。如果间隙小,则磁通密度大,而几乎没有空间提供给线圈。反过来,大的间隙将存在低的磁通密度却提供大的线圈空间。显然,极小的间隙将带给线圈很大的阻力及产生高的功率散失,而最大的间隙将使磁通密度过低,以致必须提供很大的电流,又产生太多的热。在两者之间必存在一个最佳的工作点,即单位功率产生最大的力。

设计力发生器时,需要综合考虑式(4-3-9)~式(4-3-11)和安培磁设计规则,确定出单位功率的最大力。

将电源导向线圈而对摆不产生力矩是非常重要的。在石英挠性加速度计中,电流通过一个薄的金属导层横过挠性头,这必须得到精确的控制,因为如果在挠性头的两边金属的厚度不同,则石英和金属之间膨胀系数的差将产生一力矩,而且仪表将具有高的温度偏斜系数。

要保证摆和线圈不受铁磁污染。铁杂质或从机床带来的表面物质将引起大的偏斜,如果处理不当,会发生附着膜是磁性的。

4.4 陀螺积分加速度计

陀螺积分加速度计(也称摆式积分陀螺加速度计),是一个质心偏离框架轴的二自由度陀螺仪。在加速度作用下,该偏心质量对内框架轴形成一个与加速度成正比的惯性力矩,当陀螺组件绕外框架轴转动,惯性力矩与陀螺力矩平衡时,陀螺组件绕外框架轴的转动速度正比于加速度,其转动角度正比于加速度的积分。由于它是以陀螺力矩来平衡惯性力矩的,因此它的精度不像其他类型的加速度计那样受力矩器精度的影响。

陀螺积分加速度计精度高、测量范围大、耐冲击、抗振性好、可靠性高。在工作原理和结构方面与其他类型的加速度计相比有明显的区别,它的作用原理、结构形式、加工调试和测试方法等都具有陀螺的特点。所以,这种加速度计结构复杂,造价较高,体积和重量也较大。

摆式积分陀螺加速度计(PIGA)是目前性能最好的加速度计,用于战略导弹制导。PIGA 是一种非常稳定的线性器件,在宽的动态范围内有很高的分辨率,并且是迄今为止唯一能够满足战略导弹推进轴要求的加速度计。

4.4.1 陀螺积分加速度计的结构组成及工作原理

陀螺积分加速计是一种陀螺仪组成的摆式加速度计,如图 4.19 所示。

双自由度陀螺仪转子角动量为 H。有一质量为 m 的偏心质量块固定在内环上，它至内环轴的距离为 L，构成量值为 mL 的摆性。当载体沿外环轴方向以加速度 a_{by} 运动时，则产生绕内环轴的摆力矩 mLa_{by}。在该力矩的作用下，陀螺仪以图中所示方向绕外环轴进动，进动角速度的大小为

$$\dot{\theta}_y = \frac{mLa_{by}}{H} \tag{4-4-1}$$

而进动的角度为

$$\theta_y = \frac{mL}{H}\int_0^t a_{by}\mathrm{d}t$$

或

$$\theta_y = \frac{mL}{H}(V - V_0) \tag{4-4-2}$$

式中：V 为载体的速度；V_0 为初始速度。

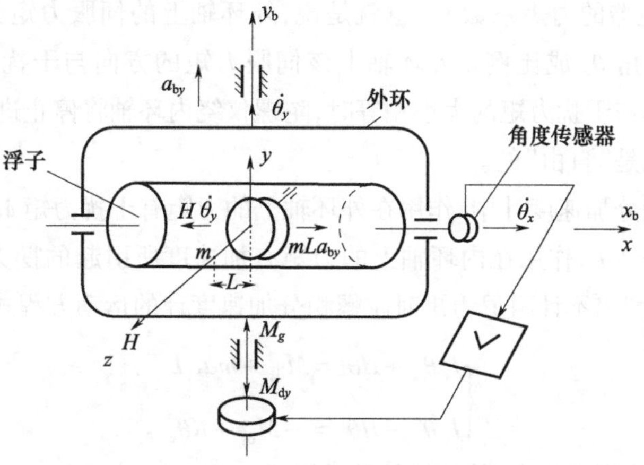

图 4.19　陀螺积分加速度计原理图

陀螺积分加速度计的受力图如图 4.20 所示。

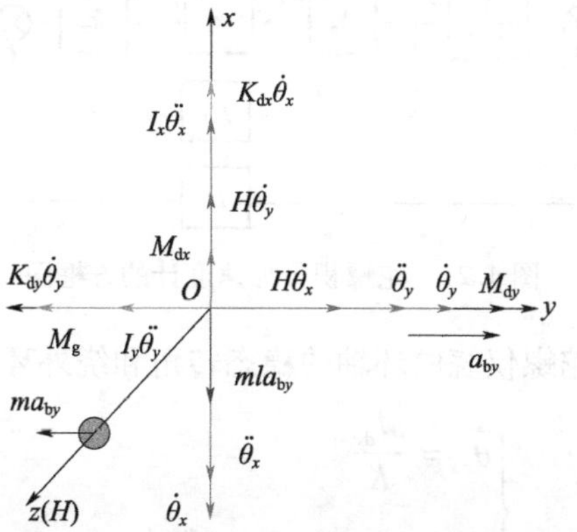

图 4.20　陀螺积分加速度计的受力图

由于陀螺仪绕外环轴的进动转角与载体加速度对时间的积分与其运动速度成正比，所以称为陀螺积分加速度计。又因它是利用内环上的偏心质量块所形成的摆性来感受载体运动加速度，故又称为摆式陀螺积分加速度计。

在陀螺仪的外环轴上不可避免地存在干扰力矩，使陀螺仪产生绕内环轴的进动。设外环轴上的干扰力矩为 M_{dy}，则陀螺仪绕内环轴的进动角速度为 $\dot{\theta}_x = M_{dy}/H$。当出现进动转角 θ_x 时，式(4-4-2)中的角动量 H 和摆臂的有效值都将发生变化，从而造成测量误差。而当进动转角 θ_x 达到90°时，自转轴与外环轴重合，陀螺仪也就无法正常工作。所以，这种简单的陀螺积分加速度计只能在精度要求较低、工作时间较短的情况下使用。

为了提高陀螺积分加速度计的性能与精度，必须增设一套伺服回路或称稳定回路。伺服回路由内环轴上的信号器、伺服放大器以及外环轴上的力矩器组成，如图4.19所示。当外环轴上的干扰力矩使陀螺仪绕内环轴出现进动转角 θ_x 时，信号器输出与转角 θ_x 成比例的电压信号 $u = k_u\theta$（k_u 为信号器的放大系数），经放大器放大后输出与电压 u 成比例的电流信号 $i = k_a u$（k_a 为放大器的放大系数），力矩器则产生与电流 i 成比例的伺服力矩 $M_g = k_m i$（k_m 为力矩器的力矩系数）。也就是说，外环轴上的伺服力矩为 $M_g = k_u k_a k_m \theta_x = K\theta_x$，即它与进动转角 θ_x 成比例。外环轴上该伺服力矩的方向与干扰力矩的方向相反。当伺服力矩的大小与干扰力矩的大小相等时，陀螺仪绕内环轴将停止进动，而此时陀螺仪绕外环轴的进动则是“自由”的。

在这种陀螺积分加速度计中，作用在外环轴上的力矩有干扰力矩 M_{dy} 和伺服回路所产生的伺服力矩 $M_g = K\theta_x$，作用在内环轴上的力矩有加速度所引起的摆力矩 mLa_{by}，以及干扰力矩 M_{dx}。不难列出不计阻尼力矩时陀螺积分加速度计的运动方程式为

$$\begin{cases} I_x \ddot{\theta}_x + H\dot{\theta}_y = M_{dx} + ma_{by}L \\ I_y \ddot{\theta}_y - H\dot{\theta}_x = -M_{dy} + K\theta_x \end{cases} \tag{4-4-3}$$

式中：I_x，I_y 分别为陀螺仪绕内、外环轴的转动惯量。

根据这一运动方程式，还可画出陀螺积分加速度计的方框图，如图4.21所示。

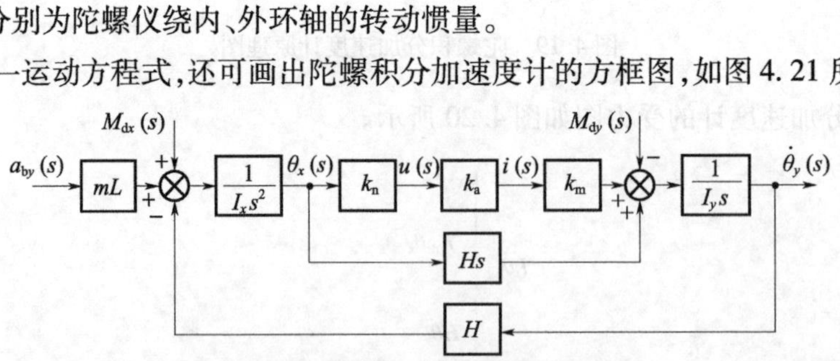

图4.21 陀螺积分加速度计的方框图

从式(4-4-3)可得陀螺仪绕内环轴的稳态转角和绕外环轴的输出转角为

$$\begin{cases} \theta_x = \dfrac{M_{dy}}{K} \\ \theta_y = \dfrac{mL}{H}\displaystyle\int_0^t a_{by}\,dt + \dfrac{1}{H}\displaystyle\int_0^t M_{dx}\,dt \end{cases} \tag{4-4-4}$$

第一式表明，外环轴上的干扰力矩 M_{dy} 引起陀螺仪绕内环轴的稳态转角。当伺服回路的增益足够大时，该转角是足够小的，即自转轴仍然相当精确地与外环轴保持垂直关系，这就消除了外环轴上干扰力矩对仪表工作的影响。第二式表明，在陀螺仪的输出转角中包含了内环轴上干扰力矩 M_{dx} 的影响，从而造成仪表的测量误差。因此，应当尽量减小内环轴上的干扰力矩。当测量精度要求很高时，内环轴的支承可采用液浮支承或气浮支承，但这增加了仪表本身结构的复杂性。

4.4.2　形成摆性 mL 的几种方法

摆式积分陀螺加速度计，既具有陀螺仪的特性，也具有摆式加速度计的特性。以陀螺仪为基础，形成摆性 mL 可有3种方式：一是在 z 轴方向上加配重；二是在 z 轴方向上移动陀螺马达的位置；三是在 z 轴方向上移动内环轴 x。

在这3种情况下，陀螺马达转子、内环组件、外环组件运动方程的推导可参阅有关专著，这里只给出由运动方程组得出的结论。

(1)在这3种情况下推导出的内环运动方程式说明，惯量积对仪表精度的影响是相同的。在设计中应尽量保证在 y 轴方向结构对称，使惯量积 $I_{yz}\to 0$。

(2)因为摆式积分陀螺加速度计有进动速度 $\dot{\theta}_y$ 存在，所以在设计中应注意惯量的匹配，否则在稳态情况下将影响仪表的精度。

①加配重的情况下，应保证 $I_y \approx I_z$。另外，加配重的方法增加内环组件的总重量，对于液浮陀螺加速度计不宜采用。

②移动马达形成摆性 mL 的情况下，马达相对内环轴移动后，马达本身的重量就形成了摆性，与马达不移动的自由陀螺状态相比，I_z 没有变化，而 I_y 将增大。由实验结果可知，对于 H 值小、摆性 mL 也小的摆式积分陀螺加速度计来说，对惯量匹配影响较小，带来的误差也小；而对于 H 值较大、摆性 mL 也大的摆式积分陀螺加速度计，对惯量匹配影响较大，带来的误差也大。

(3)移动内环轴形成摆性 mL 的方法，比较适用于 H 值较大的情况。与移动马达形成摆性 mL 的方法相比较，这是它的优点。在结构参数已定的情况下，可以求出最佳移出距离。

4.5　振梁加速度计

振梁式加速度计是一种以振动理论为基础的一种力－频率变换器。

图4.22给出了振梁式加速度计结构示意图，它有两个检测质量，分别支承在两个挠性支承上。每个检测质量又与各自的振梁传感器相连接，而振梁传感器的另一端与仪表壳体相固联，振梁传感器的振动频率随石英梁所受应力的变化而改变，石英梁受拉力时(承受张力)，频率增大；石英梁受压力时(承受压力)，频率减小。

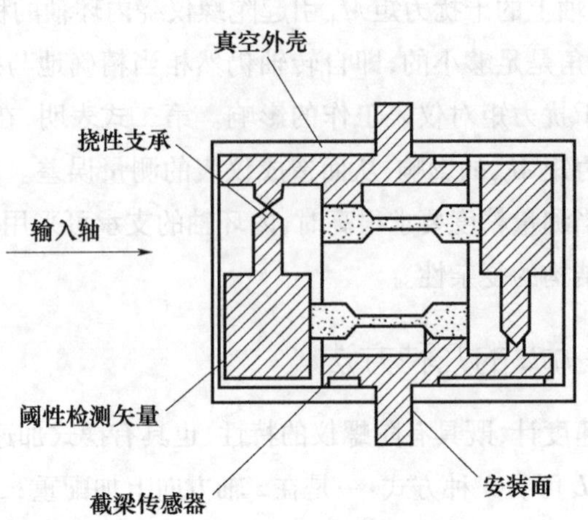

图4.22　振梁式加速度计结构示意图

当加速度同时作用到两个检测质量上时,一个石英梁受拉力,而另一个石英梁则受压力。加速度计的输出就取这两个石英梁的差频,每个石英梁的频率也是输入加速度的非线性函数,一般可以用级数表示。

受拉力振梁传感器1的输出为

$$f_1 = K_{01} + K_{11}a + K_{21}a^2 + K_{31}a^3$$

受拉力振梁传感器2的输出为

$$f_2 = K_{02} - K_{12}a + K_{22}a^2 - K_{32}a^3$$

加速度计的差频输出

$$f_1 - f_2 = (K_{01} - K_{02}) + (K_{11} + K_{12})a + (K_{21} - K_{22})a^2 + (K_{31} + K_{32})a^3 \quad (4-5-1)$$

由式(4-5-1)可见,采用这种双梁推拉式结构,可以大大减小仪表的偏值和2阶非线性系数,只要在仪表装配时,仔细选配两个振梁传感器,使其特性一致,不难做到$K_{01} \approx K_{02}$和$K_{21} \approx K_{22}$,而仪表的标度因数是单个振梁传感器的两倍,仪表的3阶非线性系数虽然也是单个振梁传感器的两倍,但数值很小。

与常规的加速度传感器一样,加速度微传感器也是基于牛顿第二定律,由敏感质量将被测加速度转换为集中力实现测量的。对于谐振式加速度微传感器,集中力致使与敏感质量相连接的硅微结构(一般是梁)产生拉伸或压缩形变,从而改变它的谐振频率。通过测量与被测加速度成有关的谐振频率变化量,就能得到被测加速度的大小和方向。下面介绍基于这种敏感机理的硅谐振梁式加速度微传感器。

图4.23为一种电阻热激励、电阻检测硅的谐振梁式加速度微传感器的原理结构。

敏感质量块悬挂在与其中心轴线平行且对称的两根支撑梁的一端,支撑梁另一端固定在框架上。在两支撑梁中间再平行制作一根用于信号检测的谐振梁,一端与敏感质量块相连,另一端固定在框架上,它们一起组成加速度微传感器的敏感结构。

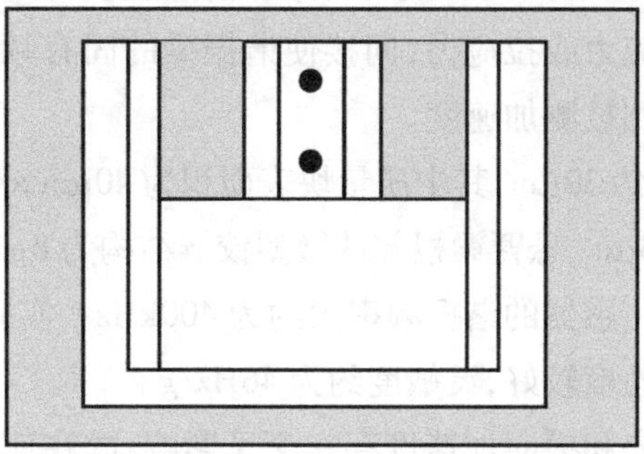

图4.23 谐振梁式加速度微传感器的原理结构

支撑梁的参数设计多从悬挂系统的刚度和支撑梁的强度来考虑。谐振梁的参数则主要根据不受加速度作用时所期望获得的谐振频率和要求的灵敏度来计算确定。为了有利于谐振梁品质因数 P 值的提高，通常是将谐振梁设计成平行三梁结构，中间梁的宽度等于左右相邻两梁宽度之和，且三者在端部经由能量隔离区相互连成一个整体，如图4.24所示。同时，选用三梁的反对称相位的三阶振动模态作为梁的谐振模态，如图4.25所示。中间梁和两边梁在固定端产生的反力和反力矩因方向相反而相互抵消，振动能量储存在硅梁内部，从而减少能量损耗，起到提高 Q 值的作用。

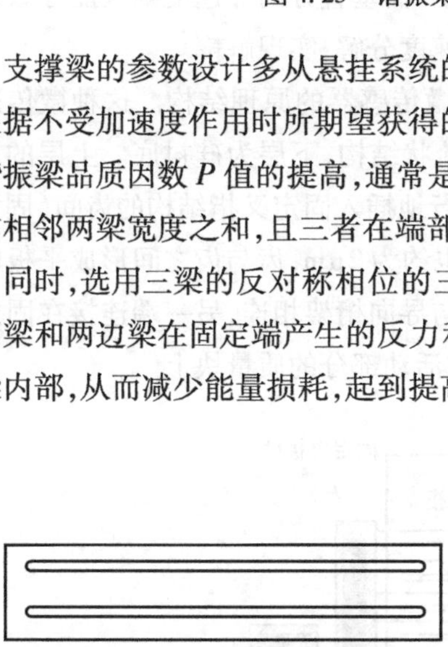

图4.24 平行三梁结构俯视图

图4.25 三阶振动模态

硅谐振梁式加速度微传感器的工作原理如下：当有垂直纸面方向的加速度作用于敏感质量块上时，质量块将在垂直方向移动，并使支撑梁弯曲。因谐振梁与支撑梁的厚度不同，二者的中心轴不在同一平面上，导致谐振梁产生拉伸或压缩应变，进而改变谐振梁在无加速度作用时自身的固有频率，其改变量与被测加速度值成函数关系。处于谐振梁端部的激励电阻上加载交变电压和直流偏压（或只加纯交流电压）时，谐振梁将沿轴向产生交变热应力。若频率与谐振梁固有频率一致，则梁发生谐振。处于梁端部的检测电阻将敏感梁谐振的轴向交变应力，阻值就按相同频率变化，通过电桥即可得到同频变化的电压信号，进而通过此电压信号的频率即可得到加速度值。

这种传感器对质量块位置变化的敏感具有高的分辨力和灵敏度。研究表明，它能够分辨敏感质量的位移约为 5×10^{-4}nm，加速度约为 $10^{-7}g$ 甚至更小。

基于这种硅谐振梁式结构，德国慕尼黑克莱斯勒－奔驰技术中心研制出一种结构和工艺都比较简单的谐振式微加速度计，其敏感质量块由一个悬臂梁支撑，悬臂梁横向连接着一个双端固定的硅梁，在此硅梁上扩散了激励电阻和谐振电阻。当传感器受到沿敏感轴方向(具体方向与悬臂梁根部的铰链形状有关)的加速度时,质量块产生位移使悬臂梁弯曲,在谐振梁上产生压应力或拉应力,间接使谐振梁的固有频率改变,用谐振电阻检测出此频率信号,就可以得到被测加速度。

整个硅微结构厚度大约30μm,其中质量块表面积为40μm×40μm,悬臂梁为130μm×30μm,谐振梁为200μm×3μm,悬臂梁根部的微型铰链结构为8μm×4μm。

在上述结构参数下,传感器的谐振频率大约为400kHz。实验中,当施以幅值为5g的正弦加速度时,系统的线性度较好,灵敏度约为46Hz/g。

上述结构中,垂直方向和横向加速度存在交叉影响,故在使用中,有时采用多支撑对称悬挂结构。这样,横向加速度将导致敏感质量转动,而垂直方向加速度则只能导致敏感质量沿垂直方向平移,从而可把来自任意方向的加速度分解,实现解耦。

图4.26所示为一种多晶硅静电式谐振加速度微传感器的原理结构。这种微传感器采用线振动梳状谐振结构,分为上下两层,上层为梳状结构,下层为硅衬底。上层的左右两侧对称配置可活动的叉指结构(移动电极B),平行地插入固定叉指结构的齿间(固定电极A和C)。齿间空隙一般设计在2μm以内,齿厚也约为2μm,齿与齿之间形成平板电容器。活动的部分由并悬臂弹性梁支撑,两内梁一端与导向桁架相连,另一端连接在固定支座上;两外梁一端也与导向桁架相连,另一端连接在活动部分的质量块上。

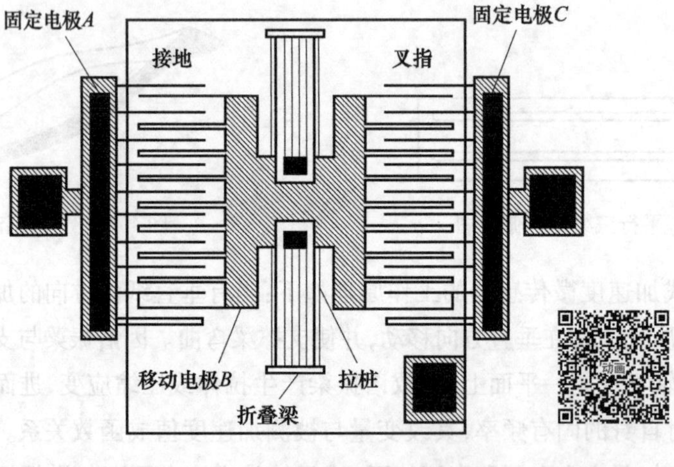

图4.26 多晶硅静电式谐振加速度微传感器的原理结构

活动结构(移动电极B)在交流和直流电压的驱动下(通常是一个固定电极用于驱动,另一个固定电极用于控制),将产生侧向的往复振动。当驱动电压的频率与活动结构的固有频率一致时,活动结构就发生谐振。活动结构由悬臂弹性梁支撑,因此其固有频率也会随梁上的应力变化而变化。当微传感器置于加速度场中时,活动部分的质量块便产生位移,引起所连接的弹性梁发生形变产生应力,改变整个活动结构的固有频率,于是改变了谐振状态。所以,只要扫描测试出活动结构的谐振频率就能测量出加速度场中的加速度。

这种微传感器采用静电驱动的方式，即使在大位移的情况下，梳状谐振结构也能保持线性的机－电转换功能，使得微传感器的输出线性度很好，测量精度高。为了获得高品质因数 Q 值，这种微传感器通常工作于真空环境中，此时 Q 值可高达几万。

振梁式加速度计结构较简单，体积小而轻，因此仅需很小的功率便可以激励石英梁谐振，从而使仪表构成一个石英晶体振荡器。振梁式加速度计的关键元件是石英梁，石英晶体对温度不太敏感，振梁式加速度计的工作准备时间极短，基本上通电后便能立即启动工作，其机械结构和电子线路（振荡器和信号处理器）都比较简单，这有助于降低仪表成本和提高其可靠性。

4.6 新型加速度计

4.6.1 表面声波加速度计

这是一种开环敏感器，其压电石英晶体悬臂梁上有一对表面声波谐振器电极。该梁一端刚性地连在壳体上，另一端带有检测质量块且可自由运动。如图 4.27 所示，利用一对金属电极交互数字阵列之间的正向激励，可产生一系列表面声波，其波长由金属电极（常称为叉指）之间的距离决定。

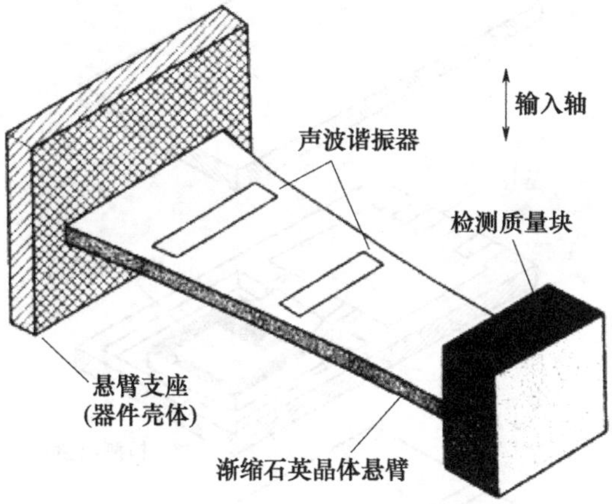

图 4.27　表面声波加速度计

当加速度加在垂直于悬臂梁平面时，该组件的惯性反应引起梁的弯曲。此时，梁的表面出现应变，而表面声波的频率变化与应变成比例，这一变化与基准频率的比较就是对沿敏感轴加速度的直接测量。

其典型性能数据如下。

输入范围：±100g。

标度因数稳定：0.1% ~0.5%。

标度因数非线性：<0.1%。

零偏：<0.5mg。

阈值：1μg～10μg。

带宽：400Hz。

4.6.2 硅加速度计

在过去的十年，一直进行着从硅制造加速度计的研究。作为一种材料，硅有很多其他材料没有的优点，如廉价、弹性好、没有磁性、强度重量比高、电气性能极好等。元器件可通过扩散或表面沉淀来制造，还可以用电气或化学刻蚀的方法做到精度很高的尺寸公差(微米级)。

有一种方案，微型加工技术用来在刻蚀的硅空腔内形成二氧化硅悬臂梁。悬臂梁的端部镀金，形成检测质量块，因而提高仪表的精度。悬臂梁的上表面镀了一层金属，形成电容器的一个板；硅基片形成电容器的另一个板，如图4.28所示。这种形式的加速度计既可以做成开环器件，也可以做成闭环器件。在开环模式，金属板之间的电容随悬臂梁的弯曲，即输入的加速度而变化。在闭环模式，有一对电极用来消除悬臂梁的弯曲。闭环模式能提高灵敏度。尽管这类器件精度不太高，但它们尺寸很小、很结实。

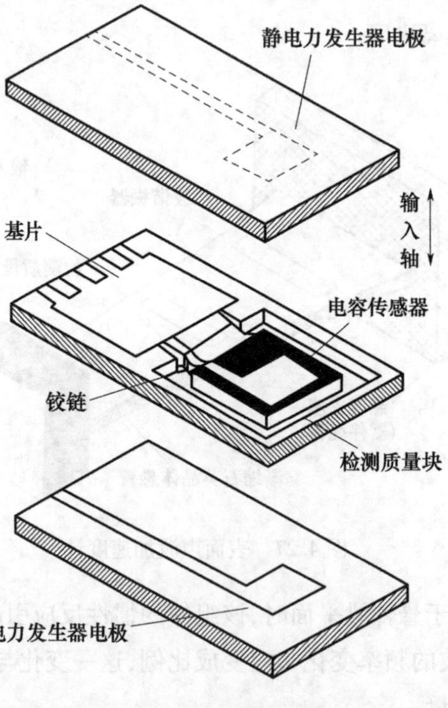

图4.28 硅加速度计

20世纪80年代初，美国研制了一种单片加速度计。圆筒式检测质量块由单晶硅膜片支承，膜片铰接在一个塞维特(Cervit)框架上，如图4.29所示。该仪表为开环式，当有加速度时，用两端的差分电容传感器测量质量块的运动。材料要精心选择，以便提供热稳定的通路。这种仪表的主要问题包括材料加工、实现标度因数线性和元器件黏结等方面的困难。

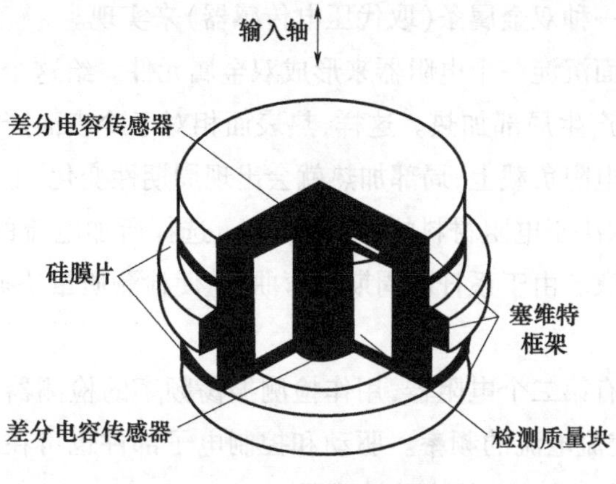

图 4.29　单片加速度计

另一种在研的硅加速度计带有频率敏感谐振系杆，系杆与一个硅检测质量块做成一体。这些系杆保持在机械谐振状态；根据不同的结构，谐振频率一般为 40 ~ 100kHz。当沿敏感轴有加速度时，检测质量块在系杆产生应变，使输入的每单位 g 产生几十赫的频率变化。该频率变化基本上是可测的，图 4.30 给出了这种敏感器的示意图。

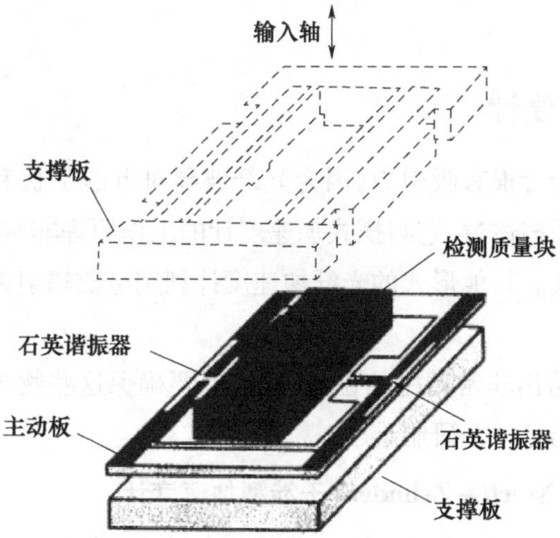

图 4.30　谐振硅加速度计

其典型性能数据如下。

输入范围：±100g。

标度因数稳定性：0.5% ~2%。

标度因数非线性：0.1% ~0.4%。

零偏(带补偿)：<0.025g。

阈值：$10^{-6}g \sim 10^{-5}g$。

带宽：400Hz。

在英国,有人研究了用热激励方法取代压电传感器来激励检测质量块,这种热激励方法通过在系杆上沉淀一种双金属条(取代压电传感器)来实现。

通过在系杆上表面沉淀一个电阻器来形成双金属元件。给这个电阻负载施加一个电势差可在系杆上表面产生局部加热。这样,热表面相对于冷表面产生延伸,使系杆弯曲。如果交流电势加在了电阻负载上,局部加热就会出现周期性变化,上表面也会相对于下表面不断延伸和收缩(取决于电阻材料的加热周期)。选择所加电流的频率,使其与系杆的某一自然谐振频率一致。由于系杆的周期性弯曲,迫使检测质量块振荡(与前面描述的压电激励方法类似)。

每一驱动系杆上有第二个电阻器,用作检测振荡频率的检测器。它然后又被用作反馈信号,来改变输入交流电流的频率。驱动和控制电子部件也可在硅材料内形成。已经演示验证了品质因数超过1000的这种敏感器。

电阻材料在系杆上所产生的加热效应的变化可随交流驱动电流加一个合适的偏差来实现。这样,所加电势极性的变化使电阻材料的热效应按照这个输入电势的频率得到调制。

开发这种激励方法的动机是为了研制全硅敏感器。有几种在系杆上沉淀电阻加热元件的方法,其中的例子包括直接扩散渗杂和多晶硅沉淀,类似的方法也可用来形成检测器。

4.6.3 光纤加速度计

光纤元件在很多场合很有吸引力,因为光纤波导对电磁干扰有免疫力。一种类型的光纤敏感器在前面已经描述过,它与摆式加速度计的工作原理非常类似,只是光纤系统给出了另外一种读出形式。其他形式的光纤加速度计利用电磁辐射来检测元器件内的物理变化。

尽管光纤技术能给出非常精密的位置读数,但要确保这些物理变化与在已知方向上的加速度成比例关系仍是一个研制难题。

1. 马赫-曾德尔(Mach-Zehnder)干涉型加速度计

马赫-曾德尔干涉仪用一条或两条光纤与作为敏感元件的惯性质量相连。当沿光纤轴有加速度输入时,光纤的长度就会有一个小的变化,其变化与所加的加速度成比例。长度的变化可由干涉仪技术检测;干涉仪技术与前面描述的光纤陀螺类似。用两条光纤可使每一条光纤构成干涉仪的一个臂;结合光纤的温度变化补偿,使用零位消除方法可实现更高的灵敏度。另外,需要约束检测质量只能沿仪表的敏感轴方向运动。

图4.31给出了两种可能结构形式的敏感元件的示意图。

把光纤绕在一个弹性构件(橡胶圆筒)上可形成灵敏度很高的加速度计感应元件。当加速度作用在感应元件上时,其尺寸发生变化,因而使干涉仪产生与输入加速度成比例的相位变化。器件的灵敏度与光纤的绕组匝数成正比。当器件工作在反馈模式时可获得最大灵敏度，如图 4.32 所示。分别检测干涉仪两路光束的强度，并在差分放大器内进行比较。该元件的输出信号可用于驱动压电器件，以消除感应元件变形引起的相位变化。差分放大器的输出与所加的加速度成正比。同样需要把元件的运动约束在沿器件的敏感轴方向上。其他的技术关注点是弹性构件的长期稳定性和不同热膨胀系数的影响。

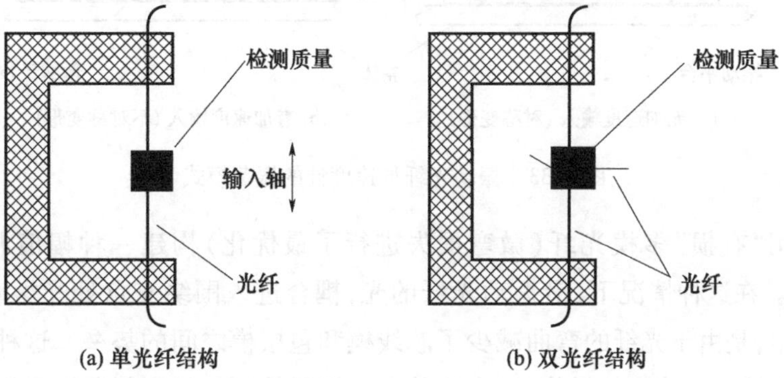

图 4.31　马赫－曾德尔干涉仪加速度计的敏感元件

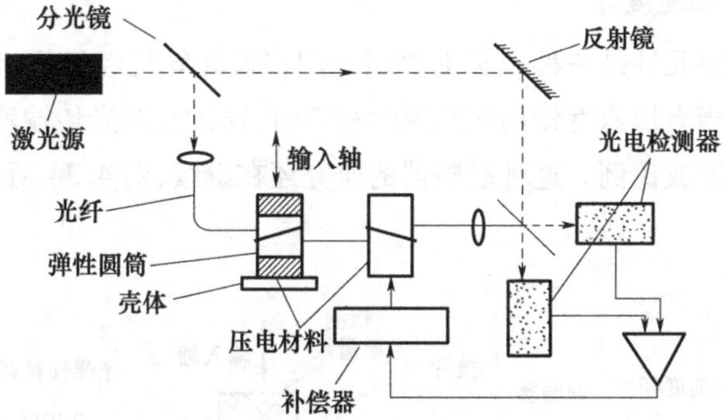

图 4.32　干涉仪加速度计

2. 振动光纤加速度计

用一段单模光纤连在刚性结构的两个回转点之间并使其处于拉紧状态。使该结构振动，从而使光纤以基础频率振荡。如果没有外加加速度，其位移是对称的，且最大伸长出现在最大位移处；过中心线时是最松弛的状态。通过光纤的光以 $2f$ 和 f 的高阶偶数谐波做相位调制（f 为基础频率），当敏感元件在平行于振荡平面的方向感受到加速度时，光纤的位移就不再对称。

此时通过光缆的光将以 f 和 f 的奇次谐波做相位调制。一阶和奇次谐波相位调制的幅值与输入的加速度成比例，其相对于驱动信号的相位取决于输入加速度的方向。这里同样是利用光纤干涉仪方法来检测相位变化。要注意基础频率和设计的选择，以降低垂直加速度灵敏度的影响和环境振动的影响。图 4.33 所示为振动光纤加速度计的振荡模式。

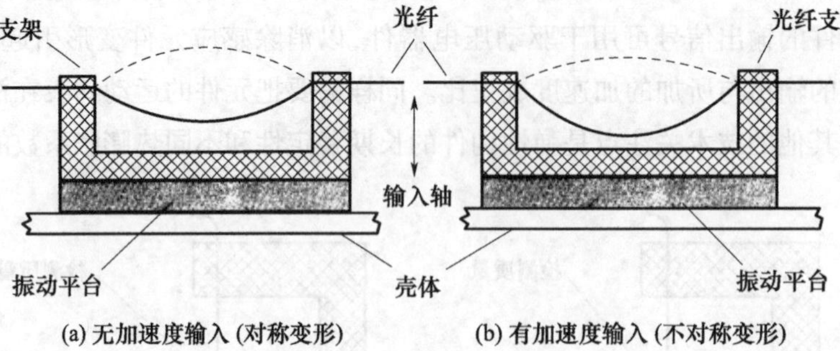

图 4.33　振动光纤加速度计的振荡模式

可以利用“有损”多模光纤(微弯损失进行了最优化)构建一种幅值调制系统,如图4.33所示。在这种情况下,沿振动光纤的光,耦合进入围绕支点处光学芯线的包层。这种情况发生,是由于光纤的弯曲减少了芯线模和包层模之间的势垒。这种系统不需要用干涉仪确定输入加速度的量值,因为这种方法把器件从相位调制器转换为一个幅值调制器。

3. 光弹性光纤加速度计

这种器件的敏感元件是一种双折射材料。用多模光纤将经过适当偏振处理的光,耦合进入敏感元件。当有加速度作用在光弹性材料时,通过它的光传输就会发生变化,这种变化与输入的加速度成比例。这种敏感器的研究还在继续,图 4.34 所示为光弹性光纤加速度计。

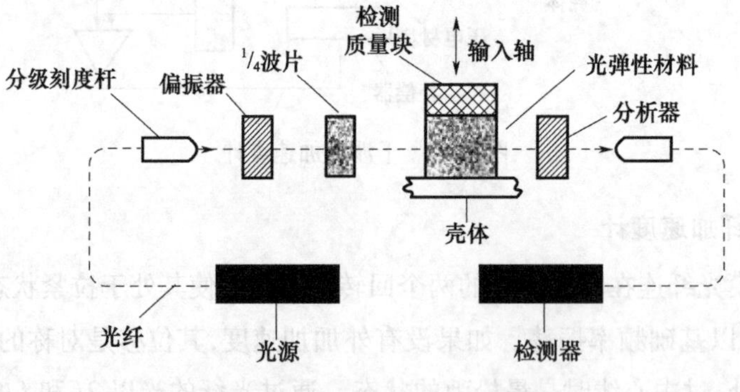

图 4.34　光弹性光纤加速度计

4. 布拉格(Bragg)格栅光纤加速度计

美国和欧洲的丹麦微电子中心的研究工作演示了一种在光学波导中包含布拉格格栅的加速度计。布拉格格栅的中心波长由格栅的特性决定,但温度变化、加在格栅的应变和压力变化都会使其发生变化。因此,当沿波导有加速度时,包含布拉格格栅的光学波导就会变形,沿波导传输的光的波长也会发生变化。波长的变化与输入的加速度成比例。这种变化很小,但可以利用光学干涉仪检测出来。

如果光学波导刚性地黏结在一个检测质量块上，输入加速度的作用还可以加强。图4.35给出了这种敏感器的结构示意图。需要注意的问题是，应确保检测质量块和光纤沿输入加速度的方向运动；当存在跨轴加速度时，它们不会发生偏转。这可利用图4.35(b)中所示的导轨来完成。显然，应确保检测质量块的运动不会受到导轨的阻碍。初步测量显示，这些器件的灵敏度在 μg 级。

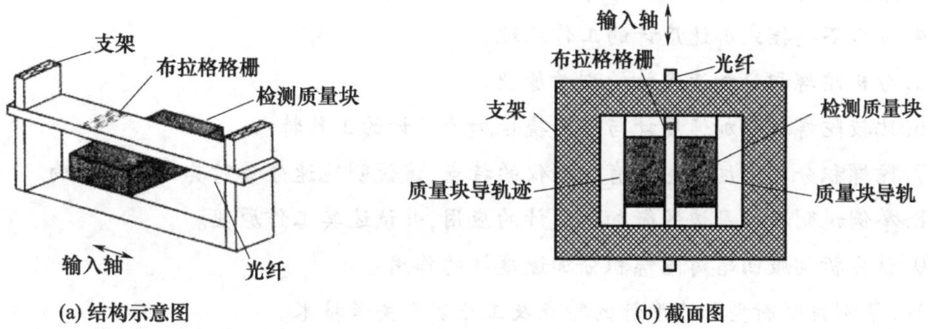

图4.35 布拉格格栅光纤加速度计

5. 组合光纤敏感器

类似材料(如固态激光器、光电检测器和光纤)和通用制造方法的使用，有可能制造出一体化的器件，也就是用一个器件检测角速率和线加速度。每一敏感器单方面的工作原理前面的章节已有论述，这里不再重复。主要的问题涉及单个器件的集成和器件的共用。另外，还需要隔离某些特别的过程(如调制频率)，以便把某些作用单独识别出来。

4.6.4 其他新型加速度计

在过去的半个多世纪，人们为了测量加速度对很多物理作用进行了探索，下面将讨论其他两种有趣的新型加速度计。

1. 固态铁电加速度计

这项研究主要想利用铁磁材料的压电光学效应和介电特性，希望建立输入加速度的量值与这种材料纤维内所产生的应变或压力之间的函数关系。但技术的限制还无法验证这种器件的可行性。

2. 电解液加速度计

这是一种固态离子器件，它利用了外部加速度会使溶液的离子发生转移的现象。这种运动使电解质的电势发生变化，而电势的变化与输入加速度成很好的线性比例。但电解质对热很敏感。这种器件原是第二次世界大战期间德国导弹计划的一部分。

思考题

1. 什么是比力？它与绝对加速度的关系是什么？

2. 请解释比力方程的物理意义。

3. 请分析有害加速度产生的原因。

4. 分析石英摆式加速度计的工作原理。

5. 分析陀螺积分加速度计的测量原理。

6. 比较陀螺积分加速度计与石英挠性加速度计的工作特点。

7. 陀螺积分加速度计也具有陀螺仪的特点,试说明地速分量对其工作的影响。

8. 举例说明在你身边的微加速度计的应用,并试述其工作原理。

9. 试分析伺服回路对陀螺积分加速度计的作用。

10. 举例说明新型加速度计的特点及工程实现关键技术。

第5章　惯性仪表误差建模及标定

随着技术的发展，惯性仪表的性能得到了很大提高，但其精度一直是影响导弹命中精度的主要原因。从材料、制造工艺等硬件方面采取措施来提高惯性仪表的精度，不仅成本居高不下，而且由于加工、装配工艺水平的限制在实践中遇到了很多的困难，这使得误差建模、补偿等信号处理技术在惯性仪表上的应用越来越被重视。

5.1　基本概念

惯性仪表的误差模型描述惯性仪表误差与有关物理量之间的关系，简称误差模型。为了提高导弹惯性系统的精度，需要建立仪表的误差模型，并在系统中进行补偿。

惯性仪表的误差模型通常分为以下几类。

(1) 静态误差模型。在线运动条件下，惯性仪表误差的数学表达式称为静态误差模型，它确定了惯性仪表误差与比力之间的函数关系。

(2) 动态误差模型。在角运动条件下，惯性仪表误差的数学表达式称为动态误差模型，它确定了惯性仪表误差与角速度、角加速度之间的函数关系。

(3) 随机误差模型。引起惯性仪表误差的诸多因素是带有随机性的，应用数理统计与模型辨识理论所建立的描述惯性仪表随机误差的数学表达式，即为随机误差模型。

建立误差模型的方法主要有分析法和实验法。分析法是根据惯性仪表的工作原理，分析引起误差的物理机制，再通过数学推导得出方程，各误差项有明确的物理意义，又称为物理模型；实验法是激励加测试的方法，以试验中取得的大量数据为依据，纯粹用数学方法来构造的数学模型。惯性仪表的静态和动态误差属于系统误差，即为确定性误差，其模型一般通过分析法获得。而随机误差因其不确定性，模型往往通过实验法得出。

5.2　陀螺仪误差模型

5.2.1　转子陀螺仪的静态误差数学模型

下面以单自由度陀螺仪为例，介绍转子陀螺仪静态误差数学模型的建立过程。

1. 单自由度陀螺仪基本的静态误差数学模型

在研究单自由度陀螺仪静态漂移误差时，设壳体坐标系为 $OX_bY_bZ_b$，陀螺坐标系为

$OX_gY_gZ_g$,其中Y_g轴沿输出轴OA,Z_g轴沿转子轴SA,X_g轴与Y_g、Z_g成右手直角坐标系。假设比力在陀螺坐标系上的分量为f_x,f_y,f_z,如图5.1所示。由于实际应用中,陀螺仪往往处于伺服回路中或力矩反馈状态下工作,所以绕输出轴的转角θ_x很小,可以近似认为框架坐标系与壳体坐标系各轴重合在一起。

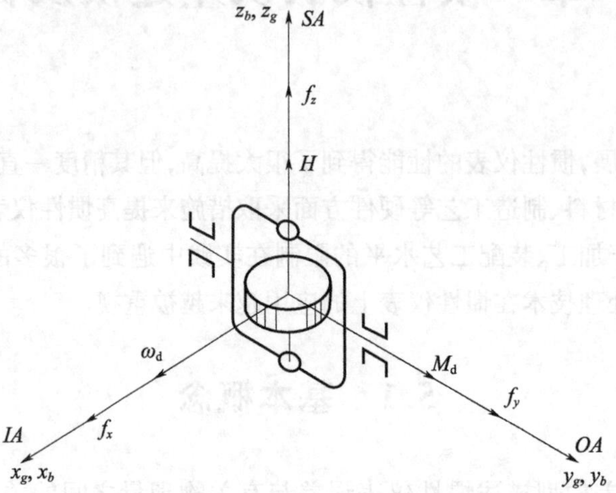

图5.1　比力分量在陀螺仪坐标系中的关系

假设陀螺自转角动量为H,绕输出轴(框架轴)作用的干扰力矩为M_d。根据单自由度陀螺仪漂移的定义及各矢量间关系,可以写出陀螺仪漂移误差的表达式为

$$\omega_d = -\frac{M_d}{H} \tag{5-2-1}$$

对于转子式陀螺仪,绕输出轴作用在陀螺仪上的干扰力矩一般可以表示为由3种不同规律的力矩分量组成,即

$$M_d = M_{d0} + M_{d1} + M_{d2} \tag{5-2-2}$$

式中:M_{d0}为绕输出轴与比力无关的干扰力矩;M_{d1}为绕输出轴与比力一次方成比例的干扰力矩;M_{d2}为绕输出轴与比力二次方成比例的干扰力矩。

1)与比力无关的干扰力矩

主要是由导线弹性约束、电磁反作用力矩、工艺误差等引起的,其大小与方向在一段工作时间内可认为是不变化的,称为零次项误差。

2)质量不平衡力矩

与比力一次方成比例的干扰力矩主要是由质量不平衡等因素引起,称为一次项误差。质量不平衡,是指陀螺组件的质量中心与支撑中心不重合而形成的不平衡。例如,陀螺组件静平衡不精确或各种零件材料热膨胀系数不匹配,都会造成陀螺组件质心偏离支撑中心,从而形成质量不平衡力矩。

设陀螺组件的质量为m,其质心沿陀螺各轴偏离支撑中心的距离分别为l_x,l_y,l_z。在比力作用下,根据图5.2所示,可列写出绕输出轴OA的质量不平衡力矩表达式为

$$M_{d1} = ml_zf_x - ml_xf_z \tag{5-2-3}$$

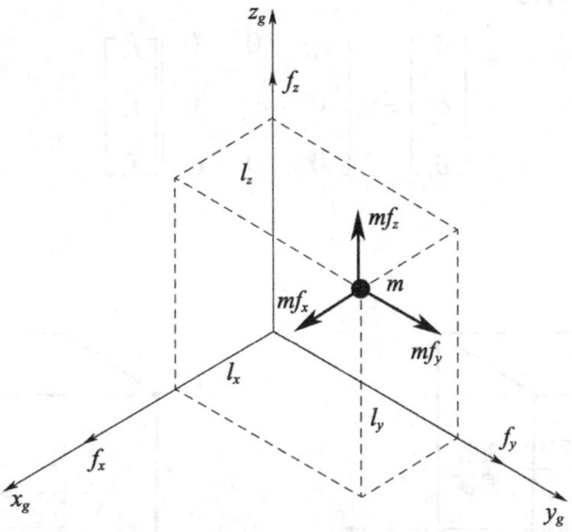

图 5.2 陀螺仪组件的质心偏移

3)非等弹性力矩

与比力二次方成比例的干扰力矩主要是非等弹性力矩,称为二次项误差。是由结构的不等弹性或不等刚度引起。当陀螺组件沿 3 个轴受到外力 F 的作用时,因结构的弹性变形,其质心沿 3 个轴向将产生位移 δ,按胡克定律,有

$$F = k\delta$$

式中:k 为弹性系数。

则质心沿每个轴向的弹性位移均可表示为

$$\delta = \frac{1}{k}F = CF \tag{5-2-4}$$

式中:C 为柔性系数,是弹性系数 k 的倒数,它表示单位力所引起的质心的弹性变性位移。

若陀螺组件质心沿 3 个轴的弹性变形位移与沿这些轴向作用力的比值相等,即沿 3 个轴向的柔性系数均相等,则此结构是等弹性或等刚度的;若不相等,则是不等弹性或不等刚度的。

等弹性的情况下,若受到力的作用,其质心将沿着力的作用方向偏离支撑中心(图 5.3(a)),即力的作用线将通过支撑中心,不会对框架轴形成力矩。在陀螺仪不等弹性的情况下,若受到力的作用,其质心不会正好沿着力的作用偏离支撑中心(图 5.3(b)),即力的作用线不通过支撑中心,从而对框架轴形成力矩,这种性质的力矩称为不等弹性力矩。设陀螺组件沿陀螺各轴的柔性系数不等,分别为 C_{xx},C_{yy},C_{zz}。在比力的作用下,陀螺组件质心沿陀螺各轴的弹性形变可表示为

$$\begin{cases}\delta_x = c_{xx}mf_x \\ \delta_y = c_{yy}mf_y \\ \delta_z = c_{zz}mf_z\end{cases} \tag{5-2-5}$$

如果写成矩阵形式则为

$$\begin{bmatrix}\delta_x\\ \delta_y\\ \delta_z\end{bmatrix}=m\begin{bmatrix}c_{xx}&0&0\\0&c_{yy}&0\\0&0&c_{zz}\end{bmatrix}\begin{bmatrix}f_x\\ f_y\\ f_z\end{bmatrix}\tag{5-2-6}$$

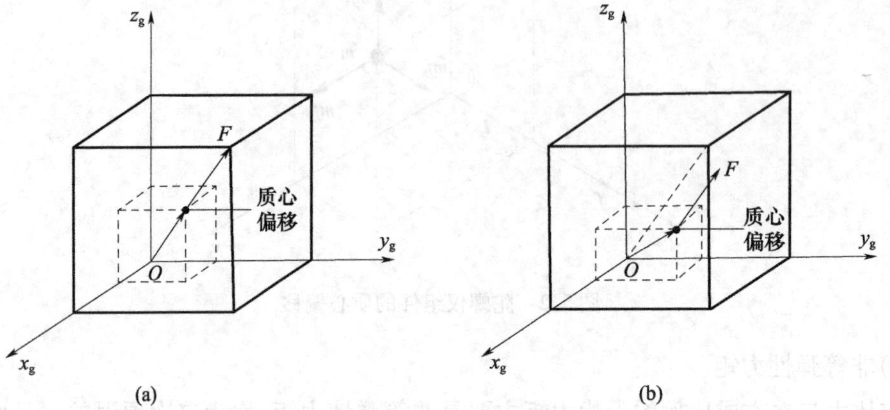

图 5.3　等弹性变形与不等弹性变形

在比力作用下,根据图 5.4 的关系,可列写出绕输出轴 OA 的不等弹性力矩表达式为

$$M_{d2}=m\delta_z f_x-m\delta_x f_z\tag{5-2-7}$$

将式(5-2-6)代入式(5-2-7),得

$$M_{d2}=m^2(c_{zz}-c_{xx})f_z f_x\tag{5-2-8}$$

4)误差模型

将式(5-2-3)、式(5-2-8)代入式(5-2-2)后再代入式(5-2-1),则得单自由度陀螺仪漂移误差的表达式为

$$\omega_d=-\frac{1}{H}\left[M_{d0}+ml_z f_x-ml_x f_z+m^2(c_{zz}-c_{xx})f_z f_x\right]\tag{5-2-9}$$

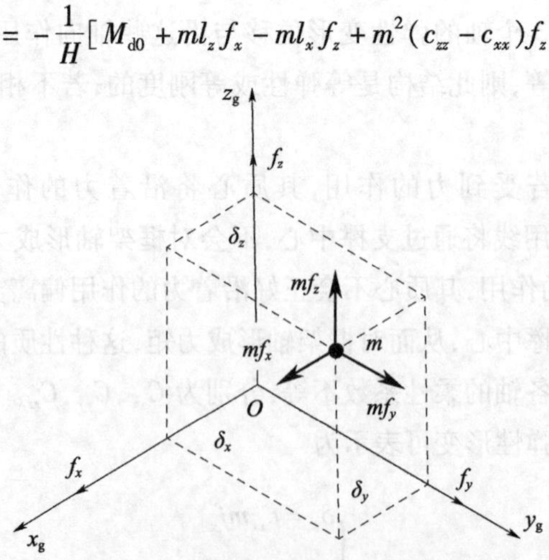

图 5.4　陀螺仪组件质心的弹性变形位移

式(5-2-9)就是单自由度陀螺仪基本的静态漂移误差模型。该漂移误差模型中包含有4个漂移误差项,其中第一项为对比力不敏感的漂移误差项;第二项和第三项为对比力一次方敏感的漂移误差项;第四项为对比力二次项敏感的漂移误差项,各有其确定的物理意义。

2. 单自由度陀螺仪完整的静态误差数学模型

上述不等弹性力矩是在假设沿陀螺某轴的外力仅引起质心沿该轴向的弹性变形位移,即假设柔性主轴与陀螺各轴相重合的情况下推导出来的。在建立比较完整的漂移误差数学模型时,应考虑沿陀螺某轴的外力除引起该轴向的弹性变形位移外,还引起质心沿其他轴向的弹性变形位移,即应考虑柔性主轴与陀螺各轴不相重合的一般情况。在这种情况下,陀螺组件质心沿各轴的弹性变形位移可表示为

$$\begin{bmatrix}\delta_x\\ \delta_y\\ \delta_z\end{bmatrix}=m\begin{bmatrix}c_{xx} & c_{xy} & c_{xz}\\ c_{yx} & c_{yy} & c_{yz}\\ c_{zx} & c_{zy} & c_{zz}\end{bmatrix}\begin{bmatrix}f_x\\ f_y\\ f_z\end{bmatrix} \tag{5-2-10}$$

式中的矩阵称为陀螺组件的弹性变形张量,矩阵中的元素 C_{ij} 代表沿 j 方向的单位力所引起的陀螺组件沿 i 方向的弹性变形位移。

将式(5-2-10)代入式(5-2-7),可得在柔性主轴与陀螺各轴不重合的情况下绕输出轴 OA 的不等弹性力矩表达式为

$$M_{d2}=m^2c_{zy}f_xf_y-m^2c_{xy}f_yf_z+m^2(c_{zz}-c_{xx})f_zf_x+m^2c_{zx}f_x^{\ 2}-m^2c_{xz}f_z^{\ 2} \tag{5-2-11}$$

将式(5-2-3)、式(5-2-11)代入式(5-2-2)后再代入式(5-2-1),则得在这种一般情况下单自由度陀螺仪漂移误差的表达式为

$$\begin{aligned}\omega_{\mathrm{d}}=-\frac{1}{H}[&M_{d0}+ml_zf_x-ml_xf_z+m^2c_{zy}f_xf_y-m^2c_{xy}f_yf_z+\\ &m^2(c_{zz}-c_{xx})f_zf_x+m^2c_{zx}f_x^{\ 2}-m^2c_{xz}f_z^{\ 2}]\end{aligned} \tag{5-2-12}$$

式(5-2-12)就是单自由度陀螺仪比较完整的静态漂移数学模型。该漂移误差模型中包含有8个漂移误差项,其中第一项为对比力不敏感的漂移误差项;第二项和第三项为对比力一次方敏感的漂移误差项;第四项至第八项为对比力二次方敏感的漂移误差项。

为了简明起见,常把上述单自由度陀螺仪静态漂移误差模型改写成以下形式,即

$$\omega_{\mathrm{d}}=D_f+D_xf_x+D_zf_z+D_{xy}f_xf_y+D_{yz}f_yf_z+D_{zx}f_zf_x+D_{xx}f_x^2+D_{zz}f_z^2 \tag{5-2-13}$$

式中各 D 称为单自由度陀螺仪静态误差系数,对应式(5-2-12)中各项的系数。

根据上面的分析和推导过程可以看出,在含有8个误差项的误差漂移模型中,每一项漂移误差都对应有明确的物理意义。从形成漂移误差的物理机制来看,这样的漂移误差模型似乎已经比较完整地描述了线运动条件下单自由度陀螺仪的漂移误差特征。然而,对测试数据分析的结果表明,在某些情况下会出现上面所列8个误差项之外的漂移误差。于是,按经验引入两个漂移误差项 D_yf_y 和 $D_{yy}f_y^{\ 2}$,由此得到如式(5-2-14)所示完整的静态漂移误差数学模型。

$$\omega_d = D_f + D_x f_x + D_y f_y + D_z f_z + D_{xy} f_x f_y + D_{yz} f_y f_z + D_{zx} f_z f_x + D_{xx} f_x^2 + D_{yy} f_y^2 + D_{zz} f_z^2 \quad (5-2-14)$$

5.2.2 转子陀螺仪的动态误差数学模型

利用欧拉动力学方程推得单自由度陀螺仪的运动方程式(2-2-33),等号右边各项中,除了有用输入转角 $H\omega_y$(θ_x 为小角)外,其他均可看成误差项。其中 M_f 对应的干扰力矩利用5.2.1节建立陀螺仪的静态误差模型,而其余部分和角运动量有关,代表壳体角运动引起的干扰力矩 M_c。且令 $I_e + I_{bx} = I_x$,$I_e + I_{by} = I_y$,$I_z + I_{bz} = I_z$,则有

$$M_c = -I_x\dot{\omega}_x + (I_z - I_y)\omega_z\omega_y + [(I_z - I_y)(\omega_y^2 - \omega_z^2) - H\omega_z]\theta_x \quad (5-2-15)$$

将式(5-2-15)代入式(5-2-1),得到单自由度陀螺仪的动态误差模型为

$$\omega_c = \frac{I_x}{H}\dot{\omega}_x - \frac{I_z - I_y}{H}\omega_z\omega_y - \frac{I_z - I_y}{H}(\omega_y^2 - \omega_z^2)\theta_x + \omega_z\theta_x \quad (5-2-16)$$

其中第一项为角加速度误差;第二项为非等惯性误差;第三项为非等惯性耦合误差;第四项为交叉耦合误差。

1. 角加速度误差

角加速度误差由壳体沿输出轴的角加速度 $\dot{\omega}_x$ 以及陀螺仪绕输出轴的转动惯量 I_x 形成的牵连惯性力矩引起的。式中 I_x/H 称为角加速度灵敏度。

通过简单计算可得,当壳体沿输出轴的角加速度为 1rad/s^2 时,所造成的漂移误差将达到140(°)/h以上,故角加速度误差是一项相当大的动态误差项。

2. 非等惯性误差

非等惯性误差由框架组件绕自转轴的转动惯量 I_z 与绕输入轴的转动惯量 I_y 不相等,在角运动条件下形成非等惯性力矩引起的。式中$\frac{I_z - I_y}{H}$称为非等惯性误差系数。

同样通过计算可得,当壳体角速度 ω_z 与 ω_y 的乘积为 1rad/s^2 时,所造成的漂移误差将达到4(°)/h以上。为了减小这项误差,在仪表结构设计中应尽量使框架组件转动惯量相等。

3. 非等惯性耦合误差

非等惯性耦合误差由框架组件绕自转轴的转动惯量 I_z 与绕输入轴的转动惯量 I_y 不相等,且通过与框架转角 θ_x 的耦合而引起的。因为陀螺仪均工作在力反馈工作状态下,且有 $\theta_x = \frac{H}{k}\omega_y$。而力矩再平衡回路增益 k 的数值通常都取得很高,所以 θ_x 很小。加之非等惯性本身的数值较小,所以非等惯性耦合误差是很小的。

将$\frac{I_z - I_y}{k}$称为非等惯性耦合误差系数。

4. 交叉耦合误差

当框架相对壳体出现转角 θ_x 时,壳体沿与输入轴正交的 z_b 轴的角速度 ω_z 的分量 $\omega_z \sin\theta_x \approx \omega_z\theta_x$ 也被陀螺仪敏感到。交叉耦合误差即由 $\omega_z\theta_x$ 形成的绕输出轴的陀螺力矩 $H\omega_z\theta_x$ 而引起。因为 H 数值很大,因此要减小交叉耦合误差,必须保证 θ_x 足够小,即要求力矩再平衡回路具有足够高的增益 k。

5.2.3 陀螺仪的随机误差数学模型

以光学陀螺仪、振动陀螺仪等为代表的固态陀螺仪表,不存在传统转子陀螺仪的误差源,其系统误差主要是零偏误差,即是指在零输入状态下陀螺仪的输出值。但其随机漂移变化规律复杂,从而使这类陀螺的随机漂移成为主要误差源。陀螺仪的随机误差无法精确补偿,多采用对随机性误差建立时间序列模型,并通过设计卡尔曼滤波器来减小误差。本节以光纤陀螺仪为对象,介绍陀螺仪随机误差分析与数学模型的建立方法。

1. 随机误差的 Allan 方差分析

1966 年,美国国家标准局(National Bureau of Standards)的 David Allan 首次提出 Allan 方差理论。这个方法的主要特点是能够非常容易地对各种误差进行分离,并对整个噪声统计特性的贡献进行细致的表征和辨识,因此被广泛应用于陀螺仪的随机误差建模中,已被 IEEE 确定为陀螺仪误差参数分析标准方法。

1) Allan 方差基本原理

以一个固定的采样频率采集陀螺输出的角速度信号,设整个样本长度为 N,将样本分成 K 组,每组有 M 个样本点,即 $K = N/M$,每组的平均值由下面的表达式确定:

$$\omega_k(M) = \frac{1}{M}\sum_{i=1}^{M}\omega_{(k-1)}M + i, k = 1,2,\cdots,K \tag{5-2-17}$$

则 Allan 方差定义为

$$\sigma_{\mathrm{A}}^2(\tau_M) = \frac{1}{2}[(\omega_{k+1}(M) - \omega_k(M))^2] \approx \frac{1}{2(k-1)}\sum_{k=1}^{K-1}(\omega_{k+1}(M) - \omega_k(M))^2 \tag{5-2-18}$$

式中:[ ]表示总体均值,τ_M 为相关时间。

Allan 标准差的估计精度随着 K 的增加而提高,通常,对于 K 个组的相对精度:

$$\%\,\mathrm{error} = \frac{100}{\sqrt{2(k-1)}} \tag{5-2-19}$$

通过选取不同的数组长度或相关时间,可以得到相应的 Allan 方差或 Allan 标准差。在双对数坐标下,$\sigma(\tau) - \tau$ 的关系曲线如图 5.5 所示。

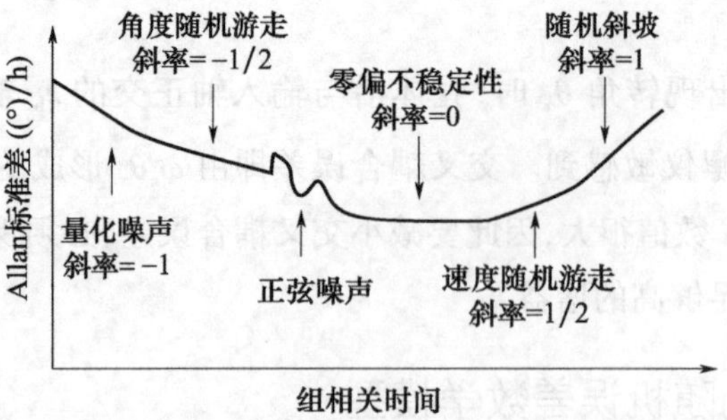

图 5.5 Allan 方差法分析结果示意图

2)基于 Allan 方差的光纤陀螺仪随机误差分析

(1)量化噪声。

光纤陀螺以数字量形式输出角速度,必然存在量化过程,从而出现了量化误差,量化噪声代表了光纤陀螺的最小分辨率。量化噪声的 Allan 方差表达式为

$$\sigma_Q^2(\tau)=\frac{3Q^2}{\tau^2} \tag{5-2-20}$$

式中:Q 为量化噪声系数(°)。

在 $\sigma(\tau)-\tau$ 的双对数坐标曲线中,量化噪声对应的斜率为 -1。

(2)角度随机游走。

角度随机游走对于光纤陀螺来说是一个主要误差源,它是对宽带噪声积分的结果。造成这种噪声的主要来源有量化噪声、探测器的散粒噪声等。其 Allan 方差表达式为

$$\sigma_N^2(\tau)=\frac{N^2}{\tau} \tag{5-2-21}$$

式中:N 是以$(°)/\sqrt{\mathrm{h}}$为单位的角度随机游走系数。

在 $\sigma(\tau)-\tau$ 的双对数坐标曲线中,量化噪声对应的斜率为 -1/2。

(3)零偏不稳定性。

零偏不稳定性主要是低频零偏抖动,其来源与光纤陀螺中电噪声、环境噪声或其他可能产生随机闪烁的部件有关。其 Allan 方差表达式为

$$\sigma_B^2(\tau)=\left|\frac{B}{0.6648}\right|^2 \qquad \tau \gg \frac{1}{f_0} \tag{5-2-22}$$

式中:B 为零偏不稳定系数((°)/h);f_0 为 3dB 截止频率。

在 $\sigma(\tau)-\tau$ 的双对数坐标曲线中,零偏不稳定性噪声对应的斜率为 0 的一段。

(4)角速度随机游走。

角速度随机游走是对宽带加速度信号的功率谱密度积分的结果。这是一个不明原因的随机过程,可能是具有长相关时间的指数相关噪声的极限情况。其 Allan 方差表达式为

$$\sigma_K^2=\frac{K_r^2}{3}\tau \tag{5-2-23}$$

式中：K_r 为角速度随机游走系数（$(°)/h^{\frac{3}{2}}$）。

在 $\sigma(\tau)-\tau$ 的双对数坐标曲线中，角速度随机游走噪声对应的斜率为1/2的一段。

(5)角速度随机斜坡。

角速度随机斜坡是指由于光纤陀螺内部存在一个缓慢的长时间变化（如光强的强弱变化、温度引起的光纤长度变化等），或者存在一个很小的角加速度输入，而使得输出的信号中存在一个斜坡变化。相应的Allan方差表达式为

$$\sigma_R^2(\tau)=\frac{R^2\tau^2}{2} \tag{5-2-24}$$

式中：R 为随机斜坡系数（$(°)/h$）。

在 $\sigma(\tau)-\tau$ 的双对数坐标曲线中，随机斜坡噪声对应的斜率为1的一段。

虽然还存在其他类型的噪声，但一般都可归并到主要的这5种噪声中。假设各噪声成分相对独立，有

$$\sigma^2(\tau)=\sigma_Q^2(\tau)+\sigma_N^2(\tau)+\sigma_B^2(\tau)+\sigma_K^2(\tau)+\sigma_R^2(\tau) \tag{5-2-25}$$

即

$$\sigma_A^2(\tau)=\frac{3Q^2}{\tau^2}+\frac{N^2}{\tau}+(0.6648B)^2+\frac{K^2\tau}{3}+\frac{R^2\tau^2}{2}=\sum_{n=-2}^{2}A_n\tau^n \tag{5-2-26}$$

式中：σ_A 的单位为度/时，τ 的单位为秒，可以得到各误差系数和 A_n 之间的关系式为

$$\begin{cases} Q=\dfrac{\sqrt{A_{-2}}}{\sqrt{3}} \\ K_r=60\sqrt{3}\sqrt{A_1} \\ N=\dfrac{A_{-1}}{60} \\ R=3600\sqrt{2}\sqrt{A_2} \\ B=\dfrac{\sqrt{A_0}}{0.6648} \end{cases} \tag{5-2-27}$$

光纤陀螺各项随机误差的功率谱及其与Allan方差对应关系如表5.1所列。

表5.1 随机误差的功率谱及其与Allan方差对应关系

误差项	参数	Allan方差	单位	斜率
量化噪声	Q	$3Q^2/\tau^2$	$(°)$	-1
角度随机游走	N	N^2/τ	$(°)/h^{0.5}$	$-\frac{1}{2}$
零偏不稳定性	B	$(0.6643B)^2$	$(°)/h$	0
角速率随机游走	K	$K^2\tau/3$	$(°)/h^{1.5}$	$+\frac{1}{2}$
角速率随机斜坡	R	$R^2\tau^2/2$	$(°)/h^2$	$+1$

2. 随机误差时间序列建模

建立光纤陀螺随机漂移误差数学模型,大都采用时间序列统计建模方法,其中自回归滑动平均模型(ARMA(n,m))是常用方法。由于 ARMA(n,m)模型要求信号必须满足平稳、正态分布和零均值的条件,而光纤陀螺随机漂移是一个非平稳的随机过程,所以要对陀螺输出信号进行平稳性、正态性以及零均值的检验处理后,才能建立 ARMA 模型。其中零均值的检验与处理可以作为平稳性检验与处理的一部分。

1)平稳性检验

平稳性检验的目的是检验光纤陀螺随机漂移序列是否具有不随时间原点的推移而变化的统计特性。如果光纤陀螺随机漂移序列满足平稳性的条件,且为各态历经性的,则对光纤陀螺随机漂移的研究,就可以用单个样本记录的时间序列来代替总体平均。这就给数据处理带来了极大方便。

随机过程中包含的随时间缓慢变化的趋势项是造成其不平稳的主要因素,因此检验非平稳趋势项可采用简单的逆序法。如果不满足平稳性条件,则需要进行平稳化处理,即提取趋势项。

2)正态性检验

对随机漂移进行正态性检验,可以通过图示法、偏度和峰度计算法、非参数检验法等。如果数据不是正态分布,可以做一些函数变化,如对数变换、平方根变换等,但其反变化处理算法较复杂。一般情况下,当陀螺仪测试数据样本量比较大时(1000 以上),通常是符合正态分布的,因此工程应用上可以通过增大样本量来满足数据正态分布要求。

3)ARMA(n,m)模型建立

ARMA(n,m)模型参数的估计过程是非线性回归过程,按照模型参数估计中所采取的理论与方法不同,ARMA(n,m)模型参数的估计方法可大致分为 3 类:一类是由时序理论本身所发展的参数估计方法,称为 ARMA(n,m)模型参数时序理论估计法;二是将优化理论中的迭代算法用于模型参数估计,称为 ARMA(n,m)模型参数的优化理论估计法;三是将控制理论中差分模型的参数估计方法用于模型参数估计,称为 ARMA(n,m)模型参数的控制理论估计法。下面采用 ARMA(n,m)模型参数时序理论估计法。

ARMA(n,m)模型可表示为

$$x_k = \sum_{i=1}^{n} \Phi_i x_{k-i} - \sum_{j=1}^{m} \theta_j a_{k-j} + a_k \tag{5-2-28}$$

对自回归参数 $\Phi_i(i=1,2,\cdots,n)$ 和滑动平均参数 $\theta_j(j=1,2,\cdots,m)$ 进行估计可以采用长自回归模型法,其思路是:基于观测时序建立起来的 AR(p)模型、MA(q)模型、ARMA(n,m)模型,都是等价系统的数学模型,由这些模型确定的等价系统的传递函数在形式上虽不同,但传递函数应相等。基于这个原则,可以先估计出 AR(p)模型,再根据传递函数相等的关系估计出 ARMA(n,m)模型的参数 $\Phi_i(i=1,2,\cdots,n)$ 和滑动平均参数 $\theta_j(j=1,2,\cdots,m)$。

5.3　加速度计误差模型

5.3.1　加速度计的静态误差数学模型

在线运动条件下，加速度计的测量误差与比力之间关系的数学表达式称为加速度计的静态误差数学模型。但实际上，在加速度计的静态数学模型中就已包含了静态误差数学模型，而且在加速度计测试中所用的也是静态数学模型。所以，对加速度计而言，通常不再单独列出它的静态误差数学模型。本节亦采取这样的处理方法。

1. 线运动条件下绕输出轴力矩表达式

如图5.6所示，取壳体坐标系 $ox_by_bz_b$ 和摆组件坐标系 $ox_ay_az_a$。

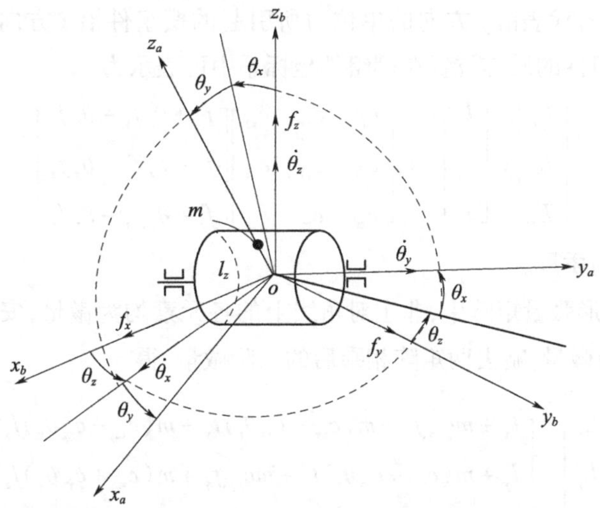

图5.6　有安装误差角时摆组件坐标系与壳体坐标系的关系

设在初始位置时，摆组件坐标系各轴与壳体坐标系各轴不相重合，而是相差安装误差角 θ_x 和 θ_z。当摆组件坐标系相对壳体坐标系绕输出 oy_a 转动 θ_y 角时，两个坐标系之间的关系如图5.6所示。安装误差角 θ_x 和 θ_z 为小角度，摆组件转角 θ_y 也为小角度(因加速度计处于力矩反馈状态下工作，此条件可得到满足)。当 $\theta_x,\theta_y,\theta_z$ 均为小角度时，壳体坐标系对摆组件坐标系的方向余弦矩阵为

$$C_b^a=\begin{bmatrix}1 & \theta_z & -\theta_y\\ -\theta_z & 1 & \theta_x\\ \theta_y & -\theta_x & 1\end{bmatrix} \tag{5-3-1}$$

假设沿壳体坐标系各轴的比力分量分别为 f_x,f_y,f_z。当摆组件坐标系相对壳体坐标系有偏角 $\theta_x,\theta_y,\theta_z$ 时，可以利用方向余弦矩阵，把这些比力分量交换到摆组件坐标系上来表示，即

$$\begin{bmatrix} f_{ax} \\ f_{ay} \\ f_{az} \end{bmatrix} = \begin{bmatrix} 1 & \theta_z & -\theta_y \\ -\theta_z & 1 & \theta_x \\ \theta_y & -\theta_x & 1 \end{bmatrix} \begin{bmatrix} f_x \\ f_y \\ f_z \end{bmatrix} = \begin{bmatrix} f_x + \theta_z f_y - \theta_y f_z \\ f_y - \theta_z f_x + \theta_x f_z \\ f_z + \theta_y f_x - \theta_x f_y \end{bmatrix} \tag{5-3-2}$$

设在比力为零时,摆组件的质心不仅沿摆性轴(Z_a 轴)方向有偏移 l_z(这是加速度计工作原理所要求的),而且还沿摆组件坐标系的另两根轴(x_a 轴和 y_a 轴)方向有偏移 l_x 和 l_y(这是加速度计装配调试误差所造成的)。在比力的作用下,由于摆组件结构的弹性变形,摆组件质心将产生弹性变形位移。如果考虑柔性主轴与组件各轴不重合的一般情况,则摆组件的弹性变形张量(柔性系数矩阵)可表示为

$$C = \begin{bmatrix} c_{xx} & c_{xy} & c_{xz} \\ c_{yx} & c_{yy} & c_{yz} \\ c_{zx} & c_{zy} & c_{zz} \end{bmatrix} \tag{5-3-3}$$

矩阵中的元素 c_{ij} 代表沿 j 方向的单位力所引起的摆组件沿 i 方向的弹性变形位移。在这种情况下,摆组件的质心位置在摆组件坐标系中可表示为

$$\begin{bmatrix} L_x \\ L_y \\ L_z \end{bmatrix} = \begin{bmatrix} l_x \\ l_y \\ l_z \end{bmatrix} + m \begin{bmatrix} c_{xx} & c_{xy} & c_{xz} \\ c_{yx} & c_{yy} & c_{yz} \\ c_{zx} & c_{zy} & c_{zz} \end{bmatrix} \begin{bmatrix} f_x + \theta_z f_y - \theta_y f_z \\ f_y - \theta_z f_x + \theta_x f_z \\ f_z + \theta_y f_x - \theta_x f_y \end{bmatrix}$$

式中:m 为摆组件的质量。

摆组件弹性变形张量矩阵中,非主对角线上的各元素均为微量,安装误差角 θ_x,θ_y 和摆组件转角 θ_z 也为微量,略去两矩阵相乘后的二阶微量,得

$$\begin{bmatrix} L_x \\ L_y \\ L_z \end{bmatrix} = \begin{bmatrix} l_x + mc_{xx} f_x + m(c_{xy} + c_{xx}\theta_z) f_y + m(c_{xz} - c_{xx}\theta_y) f_z \\ l_y + m(c_{yx} - c_{yy}\theta_z) f_x + mc_{yy} f_y + m(c_{yz} + c_{yy}\theta_x) f_z \\ l_z + m(c_{zx} + c_{zz}\theta_y) f_x + m(c_{zy} - c_{zz}\theta_x) f_y + mc_{zz} f_z \end{bmatrix} \tag{5-3-4}$$

在比力的作用下,摆组件的质心偏移将会形成绕3个轴的力矩。但只有绕输出轴的力矩才会引起摆组件偏转而产生输出。根据图5.7所示的关系,可列写出绕输出轴作用在摆组件上的力矩表达式为

$$M_y = mL_z f_{ax} - mL_x f_{az} \tag{5-3-5}$$

将式(5-3-2)、式(5-3-4)代入式(5-3-5),并忽略二阶微量,得

$$\begin{aligned} M_y = {} & ml_z(f_x + \theta_z f_y - \theta_y f_z) - ml_x(f_z + \theta_y f_x - \theta_x f_y) + \\ & m^2[c_{zx} f_x^2 + c_{zy} f_x f_y - c_{xy} f_y f_z + (c_{zz} - c_{xx}) f_z f_x - c_{xz} f_z^2] \end{aligned} \tag{5-3-6}$$

对于一个理想的加速度计,希望只敏感沿输入轴的比力 f_x,由比力和摆性 ml_z 所形成的绕输出轴的力矩为 $ml_z f_x$。所以在式(5-3-6)中,除第一项力矩 $ml_z f_x$ 以外,其余力矩均为误差力矩。

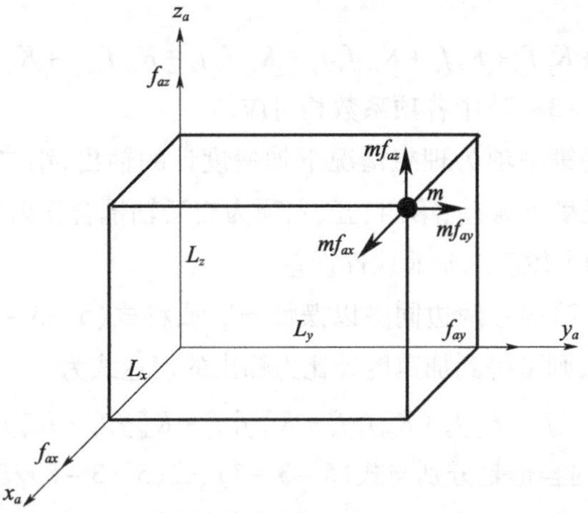

图 5.7　摆组件的质心偏移

前已述及，加速度计必须处在力矩反馈状态下工作。在理想情况下，再平衡回路的反馈力矩 $K\theta_y$（K 为力矩再平衡回路增益）与输入力矩 $ml_z f_x$ 相平衡，也即摆组件绕输出轴的稳态转角应当满足

$$\theta_y = \frac{ml_z}{K} f_x$$

在有误差力矩的情况下，摆组件的稳态转角将不再是这一数值，而是

$$\theta_y^* = \frac{M_y}{K}$$

当用信号器把该转角变换成电信号输出时，输出当中就包含了各种误差因素的影响，从而造成比力的测量误差。

但在估计误差力矩的量值时，式(5－3－6)中的 θ_y 仍可近似用式 $\theta_y = \frac{ml_z}{K} f_x$ 代入，这样得到

$$M_y = ml_z f_x + m(l_x\theta_x - l_z\theta_z)f_y - ml_x f_z + m^2 c_{zy} f_x f_y - m^2 c_{xy} f_y f_z + m^2\left[(c_{zz} - c_{xx}) - \frac{l_z^2}{K}\right] f_z f_x + m^2\left(c_{zx} - \frac{l_x l_z}{K}\right) f_x^2 - m^2 c_{zx} f_z^2 \tag{5-3-7}$$

在该力矩表达式中，除了包含由摆性 ml_z 和沿输入轴比力 f_x 所形成的第一项力矩（输入力矩）外，还包含了由摆组件的安装误差角 θ_x 和 θ_z 而引起的交叉耦合误差力矩，由摆组件的质量不平衡 ml_x 而引起的质量不平衡误差力矩，由摆组件的交叉弹性 c_{zy}，c_{xy} 和不等弹性 $(c_{zz} - c_{xx})$ 而引起的交叉耦合误差力矩，以及由摆组件的交叉弹性 c_{zx} 而引起的二阶非线性误差力矩。

2. 加速度计的静态（误差）数学模型

为了得到加速度计的电压输出值，引入加速度计每单位电压输出值（毫伏或伏）的再平衡力矩 M_U。将式(5－3－7)等号两边同除以 M_U，便可得到加速度计电压输出的表达式

为

$$U=K_xf_x+K_yf_y+K_zf_z+K_{xy}f_xf_y+K_{yz}f_yf_z+K_{zx}f_zf_x+K_{xx}f_x^2+K_{zz}f_z^2 \quad (5-3-8)$$

式中各 K 符号与式(5-3-7)中各项系数相对应。

式(5-3-8)中的第一项为理想情况下加速度计的输出;第二项为输出轴灵敏度误差;第三项为摆性轴灵敏度误差;第四、五、六项为交叉轴耦合误差;第七项为二阶非线性误差;第八项为摆性轴灵敏度二阶非线性误差。

如果将式(5-3-7)等号两边同除以摆性 ml_z,或将式(5-3-8)等号两边同除以加速度计的刻度因数 K_x,则可得到加速度计比力输出的表达式为

$$f=f_x+K_y^*f_y+K_z^*f_z+K_{xy}^*f_xf_y+K_{yz}^*f_yf_z+K_{zx}^*f_zf_x+K_{xx}^*f_x^2+K_{zz}^*f_z^2 \quad (5-3-9)$$

式中各系数所代表的内容也是分别与式(5-3-7)、式(5-3-8)相对应的。

以上加速度计输出的表达式,就是在线运动条件下加速度计的静态数学模型。而且,数学模型中的各项对应有明确的物理意义。该数学模型表明,在线运动条件下,加速度计的稳态输出中不仅包含有沿输入轴比力的线性项,而且还包含有二阶非线性项、交叉轴耦合效应项。由此可见,加速度计的静态数学模型实际上就包含了静态误差数学模型。一般来说,对于两者不必严格区分。

如果考虑更为一般的情况,还必须在上述数学模型的基础上再进行扩充。由于在输入比力为零时加速度计有零位输出,故必须增加零位误差项(或称偏值),即 K_F 项。当运载体的加速度很大或进行加速度计的线振动试验时,则必须增加输入轴比力三阶非线性项,即 $K_{xx}f_x^3$ 项。这样,可以得到如下的静态数学模型

$$U=K_F+K_xf_x+K_yf_y+K_zf_z+K_{xy}f_xf_y+K_{yz}f_yf_z+K_{zx}f_zf_x+K_{xx}f_x^2+K_{zz}f_z^2+K_{xx}f_x^3 \quad (5-3-10)$$

这里所增加的零位误差项是由信号器的零位误差引起的,它仍然有明确的物理意义。至于所增加的输入轴比力三阶非线性项,可以更加精确地表述大比力条件下加速度计的静态特性。

5.3.2 加速度计的动态误差数学模型

与陀螺仪的动态误差模型建立过程一样,较为完整的加速度计动态误差数学模型通常也是采用欧拉动力学方程来建立。

如图5.6所示坐标系中,设沿着壳体坐标系3个轴向的角加速度、角速度量分别为 $\dot{\omega}_x$、ω_x、$\dot{\omega}_y$、ω_y、$\dot{\omega}_z$、ω_z。取摆组件坐标系为动坐标系,只考虑惯性主轴上的转动惯量 J_x、J_y、J_z 影响,则利用欧拉动力学方程式可推得摆式加速度计完整的运动方程为

$$M=J_y(\ddot{\theta}_y+\dot{\omega}_y)-(J_z-J_x)\omega_z\omega_x-(J_z-J_x)(\omega_x{}^2-\omega_z{}^2)\theta_y \quad (5-3-11)$$

M 为绕输出轴作用在摆组件上的外力矩,包括比力作用下的输入力矩、阻尼和弹性力矩、反馈力矩,以及干扰力矩等。由式(5-3-11)可看出,角运动误差力矩 M_c 为

$$M_c=-J_y\dot{\omega}_y+(J_z-J_x)\omega_z\omega_x+(J_z-J_x)(\omega_x{}^2-\omega_z{}^2)\theta_y \quad (5-3-12)$$

则按比力误差表示的动态误差数学模型表达式为

$$\delta f = -\frac{J_y}{ml_z}\dot{\omega}_y + \frac{J_z - J_x}{ml_z}\omega_z\omega_x + \frac{J_z - J_x}{ml_z}(\omega_x^{\ 2} - \omega_z^{\ 2})\theta_y \tag{5-3-13}$$

式中第一项为角加速度误差项；第二项为不等惯性误差项；第三项为不等惯性耦合误差项。其具体含义与陀螺仪的类似。

5.4 惯性仪表误差的标定测试

惯性仪表的静态、动态误差模型建立好后，必须通过试验测试计算出模型中各系数，称为惯性仪表的标定测试。在此基础上才能进行误差补偿。从5.2节和5.3节推得的误差模型可看出，原则上只要给定不同的比力或角速率输入，采集不同状态下的输出，再通过联立方程就可解得各系数。角速率的激励可通过速率转台、角振动台提供，可标定出惯性仪表的动态误差系数。而静态误差的标定测试是通过1g重力场试验进行的，即以地球自转角速度和当地地球重力加速度g作为陀螺仪和加速度计的输入。目前，弹上只对惯性仪表的静态误差进行补偿，因此这里主要讨论惯性仪表静态误差系数的标定测试方法。

实验室条件下，对惯性仪表进行误差标定测试时，利用地球重力加速度作为输入，输入范围限于$\pm 1g$，测试时可通过改变仪表输入轴相对重力加速度矢量的位置，以获得更多的输入信息。因此，在这种条件下，沿仪表各轴的比力分量就等于重力加速度分量，即

$$f_x = g_x, f_y = g_y, f_z = g_z$$

同时为了使测试及数据处理不至于过于复杂，根据实际工程应用往往对数学误差模型加以简化，忽略其中次要的误差项，得到的结果仍然是相当精确的。

5.4.1 陀螺仪静态漂移误差系数标定

1. 测试方法

以单自由度陀螺仪为例，常用的测试方法有伺服回路法和力矩反馈法。

1）伺服回路法

伺服回路法是将需要标定的陀螺仪安装在高精密转台上，使陀螺的输入轴与转台的旋转轴平行，陀螺仪传感器、伺服回路与转台驱动电机构成一个典型的负反馈闭环系统，如图5.8所示。

假设通过安装调平使转台基座处于水平状态，这时陀螺仪敏感到地速天向分量ω_ξ，陀螺仪传感器有信号输出，输出信号里包含了地速天向分量ω_ξ和干扰引起的陀螺漂移ω_d。此输出信号经过伺服回路处理和放大后加到转台驱动电机上，驱动转台朝减小陀螺仪传感器输出的方向转动。可以看出，转台转动角速度ω_T是地速和陀螺仪漂移误差的综合反映，即有

$$\omega_T = -(\omega_\xi + \omega_d) \tag{5-4-1}$$

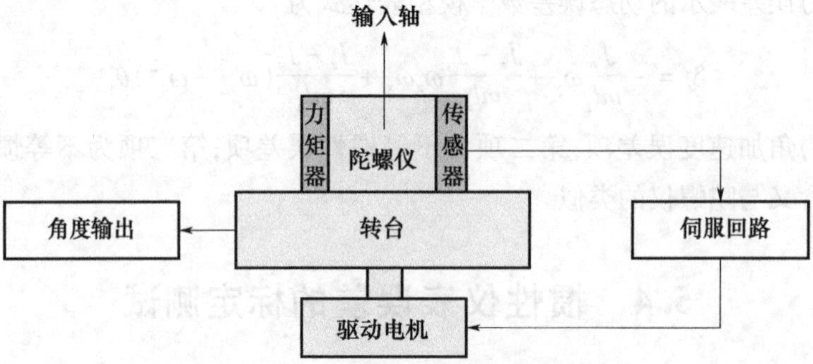

图 5.8　伺服回路法原理示意图

经过一段时间精确测量,转台相对于基座转过的角度除以测试时间后得到转台转动角速度 ω_T,扣除地速影响后,就得到陀螺的漂移误差 ω_d。

伺服回路法测试精度较高,但需要复杂、昂贵的高精密转台设备。

2)力矩反馈法

力矩反馈法是利用陀螺仪传感器、力矩反馈回路与陀螺仪力矩器组成的负反馈闭环系统,如图 5.9 所示。陀螺仪在干扰力矩 M_T 的作用下,会产生转角 β,通过传感器输出电压信号,电压信号经过一个反馈回路放大器变换放大成电流信号 I,输入到陀螺仪力矩器中产生电磁力矩 M_β,与干扰力矩 M_T 平衡。回路稳定后,电磁力矩 M_β 与干扰力矩 M_T 相平衡,通过测定反馈电流 I,就能计算出陀螺的漂移角速度 ω_d。当然,如果陀螺仪安装在地面进行测试时,陀螺仪的输出信号也会包含地速分量,数据处理时也要进行相应的扣除。

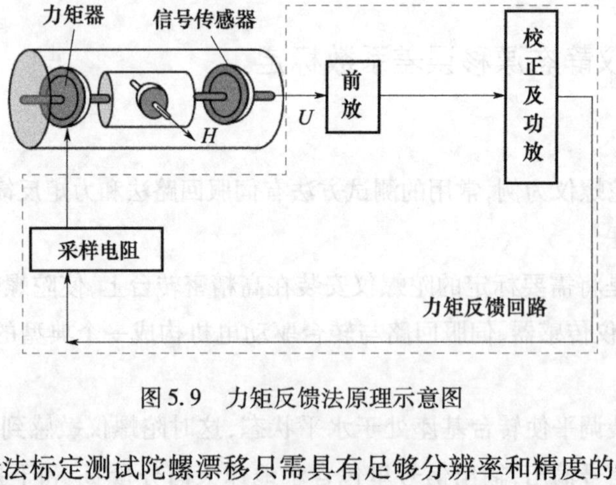

图 5.9　力矩反馈法原理示意图

采用力矩反馈法标定测试陀螺漂移只需具有足够分辨率和精度的信号采集设备,测试方便。但相对伺服回路法,对陀螺仪力矩器的稳定性和线性度有很高的要求。

2. 多位置标定

1)位置设定

以当地地理坐标系为基准,利用误差数学模型中每一项与陀螺仪坐标系上重力加速度分量（分别对应陀螺仪输入、输出和自转轴的分量 g_I、g_O 和 g_S）的关系，从而获得所需要的激励。在实验室状态下，忽略二次项系数，单自由度陀螺仪静态误差模型一般简化为

$$\omega_d = D_f + D_x f_x + D_y f_y + D_z f_z \quad (5-4-2)$$

通常可采用八位置方法标定出陀螺仪的零次项和一次项。位置设置如表5.2所列。

表5.2 八位置标定陀螺位置取向

位置	陀螺仪输入I、输出O和自转轴H在地理坐标系中的指向	输出方程
1	下西北	$K_t I_1 = D_f - D_x g - \omega_{ie}\sin\phi$
2	东下北	$K_t I_1 = D_f - D_y g$
3	上东北	$K_t I_3 = D_f + D_x g + \omega_{ie}\sin\phi$
4	西上北	$K_t I_4 = D_f + D_y g$
5	西北下	$K_t I_5 = D_f - D_z g$
6	北东下	$K_t I_6 = D_f - D_z g + \omega_{ie}\cos\phi$
7	东南下	$K_t I_7 = D_f - D_z g$
8	南西下	$K_t I_8 = D_f - D_z g - \omega_{ie}\cos\phi$

注：K_t 为陀螺仪力矩器系数；ω_{ie}为地球自转角速度；ϕ 为测试点纬度；I_i 为不同位置时陀螺仪输出的反馈电流。

通过上述8个方程即可解得陀螺仪的4个误差系数。

2）数据处理

为了减小测试误差，惯性仪表的标定测试采用多次测试取平均的处理方法。测试次数根据指标要求，使用数理统计，寻找出用最少的测试次数来满足所要求的性能指标。而性能指标要求为

$$K = \overline{m} + 2.7\sigma \quad (5-4-3)$$

式中：$\overline{m}$ 为多次测试的平均值；σ 为标准偏差。

陀螺仪漂移误差测量结果服从正态分布，由数理统计学得知，均值 m，标准差 σ，正态随机变量落在$[m-2.7\sigma, m+2.7\sigma]$区间上的概率为0.993，即随机点落入以 m 为中心，2.7σ 为半径的区间内几乎是必然事件。

3. 速率标定

陀螺仪的标度因数是陀螺仪输出量与输入角速率的比值，因此采用速率标定方法标定参数。由速率转台提供多组激励，对输出利用最小二乘法拟合求得最终数值。

要求陀螺仪通过安装夹具固定在高精度速率转台上，转台轴平行于地垂线，对准精度在若干角分之内，陀螺输入轴平行于转台轴。均匀选取输入角速率，在正、反转方向输入角速率范围内，选取多个值，角速度的增加间隔为10(°)/s，并跳过零度。标度因数的计算方法如下。

设 $\overline{F}_j$ 为第 j 个输入角速率 Ω_{ij}时，陀螺仪输出的平均值，有

$$\overline{F}_j = \frac{1}{N}\sum_{p=1}^{N} F_{jp} \quad (5-4-4)$$

式中：F_{jp}为陀螺仪第 p 个输出值((°)/s)；N 为采样次数。

设陀螺仪的零位输出的平均值 $\overline{F}_r$ 为

$$\overline{F}_r = \frac{1}{2}(\overline{F}_s + \overline{F}_e) \tag{5-4-5}$$

式中：$\overline{F}_r$ 为转台静止时，陀螺仪输出的平均值((°)/s)；$\overline{F}_s$ 为测试开始前，陀螺仪输出的平均值((°)/s)；$\overline{F}_e$ 为测试结束后，陀螺仪输出的平均值((°)/s)。

则可得到陀螺仪在第 j 个输入角速率 Ω_{ij}时的输出值为

$$F_j = \overline{F}_j - \overline{F}_r \tag{5-4-6}$$

因此，通过式(5-4-4)~式(5-4-6)可求得陀螺仪在每一角速率输入下的确定输出值。

为了求解标度因数，需要建立陀螺仪输入输出关系的线性模型，即式(5-4-7)。

$$F_j = K\Omega_{ij} + F_0 + \nu_j \tag{5-4-7}$$

式中：K 为标度因数；F_0 为拟合零位((°)/s)；ν_j 为拟合误差((°)/s)。

利用最小二乘法即可求得所要求的标定因数 K。

5.4.2 加速度计误差系数标定

加速度计静态数学模型描述了其稳态输出与比力之间关系，因此也采用 $1g$ 重力场试验进行位置标定。

位置的设定根据模型的选择和标定精度要求而定。

1. 二位置标定

平台惯导系统上应用的石英加速度计，在实验室条件下只要求标定其主要系数，即加速度计的偏值 K_0(零次项)和比例系数 K_1(一次项)，则如式(5-3-10)所示的误差模型可简化为

$$U = K_0 + K_1 g$$

那么就可以采用两点试验的二位置标定方法，即使加速度计正置(输入轴 Y 垂直向上)和倒置(输入轴 Y 垂直向下)，然后按式(5-4-8)计算偏值和比例系数。

$$\begin{cases} K_0 = (U_{180} + U_0)/2 \\ K_1 = (U_{180} - U_0)/2 \end{cases} \tag{5-4-8}$$

式中：U_0，U_{180}为加速度计输入轴正向与重力加速度方向的夹角为0°、180°(正置、倒置)时，加速度计输出的电压值。

2. 六位置标定

对于捷联式惯导系统中应用的石英加速度计，其误差模型可简化为

$$U = K_F + K_x f_x + K_y f_y + K_z f_z + K_{xx} f_x^2 \tag{5-4-9}$$

位置设置如表5.3所列。

表 5.3　六位置标定加速度计位置取向

位置	加速度计输入 IA、输出 OA 和摆轴 PA 的指向	输出方程
1	西南上	$U_1 = K_F + K_z g$
2	东南下	$U_2 = K_F - K_z g$
3	下西北	$U_3 = K_F - K_x g + K_{xx} g^2$
4	东下北	$U_4 = K_F - K_y g$
5	上东北	$U_5 = K_F + K_x g + K_{xx} g^2$
6	西上北	$U_6 = K_F + K_y g$

通过表中 6 个方程即可解得加速度计的相应误差系数，数据处理方法与陀螺仪误差系数的类似。

思考题

1. 有一积分陀螺仪，组件质量 $G=0.2\text{kg}$，其角动量为 $H=106\text{g}\cdot\text{cm}^2/\text{s}$。要求漂移角速度为 $\omega=0.01(°)/\text{h}$，那么积分陀螺仪绕输出轴的干扰力矩为多少？若假设这个力矩完全是由陀螺组件质心偏移造成的，则质心偏移要求为多少？从计算结果能得出什么结论？
2. 惯性器件的输出误差包括哪些？具体含义是什么？
3. 建立惯性元件误差模型的方法有哪些？
4. 试建立二自由度陀螺仪静态误差模型。
5. 试建立二自由度陀螺仪动态误差模型。
6. 如何减小陀螺仪、加速度计各误差项影响？
7. 惯性仪表标定测试的目的是什么？
8. 分离单自由度陀螺漂移系数的原理和方法是什么？如何保证分离测试的精度？
9. 如何进行陀螺加速度计的静态误差标定测试？数据如何处理？
10. 试描述陀螺仪随机误差分析与处理的基本方法。

第6章　陀螺稳定平台惯导系统

导航系统在工作过程中，需要计算出一系列的导航参数，如载体的位置（经度和纬度）、速度和高度、航向角和姿态角等。陀螺稳定平台是由陀螺仪、加速度计和伺服回路组成能承受干扰力矩保持方位稳定的装置。陀螺稳定平台模拟一个选定的导航坐标系，如果沿平台坐标系3个轴上各安装一个加速度计，就可以测得载体相对导航坐标系的加速度3个分量，再根据相应坐标系的关系就可以计算出导航参数。

图6.1所示为平台惯导系统各组成部分。加速度计安装在惯导系统平台上，为导航计算机的计算提供加速度信息。导航计算机根据加速度信息和控制台给定的初始条件进行导航计算，得出载体的运动参数及导航参数，送去显示器显示。从平台框架轴上的同步器（角传感器）可以提取载体的姿态信息送给显示器显示。如果选定的导航坐标系为惯性坐标系，通过平台稳定回路控制平台相对惯性空间保持方位不变。如果选定的导航坐标系为地理坐标系，就必须给平台上的陀螺仪施加相应的指令信号，通过平台稳定回路以使平台按规定的角速度转动，从而精确地跟踪所选定的导航坐标系。指令角速度可分为3个轴上的指令角速率，分别以控制信号的形式施加给相应陀螺上的控制轴。当然，指令角速率的信号由载体的运动信息经计算机解算后提供。

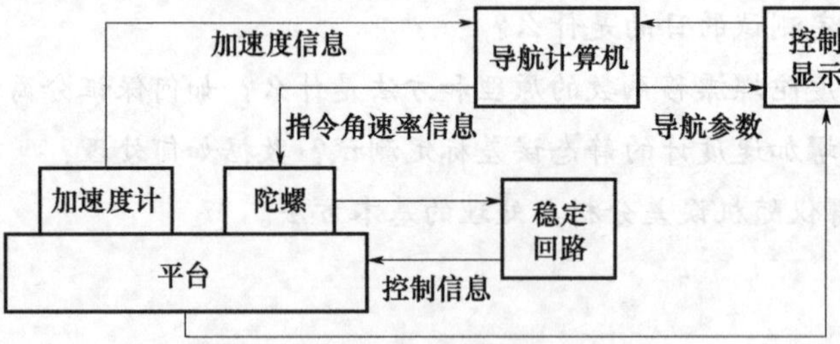

图6.1　平台惯导系统各组成部分

由此可见，陀螺稳定平台惯导系统主要包括以下几个部分。

（1）加速度计：加速度计用来测量载体运动加速度。

（2）陀螺稳定平台：该平台模拟一个导航坐标系，是加速度计的安装基准。另外，平台还可以提供载体的姿态信息。

（3）导航计算机：计算机完成导航参数的计算，给出控制平台运动的指令角速率信息。

（4）控制器：控制器给出初始条件及系统需要的其他参数。

（5）显示器：显示器用来显示导航参数。

6.1　陀螺稳定平台的组成及分类

6.1.1　陀螺稳定平台的组成

陀螺稳定平台按其模拟坐标系的不同,可以分为空间稳定平台和跟踪平台。前者模拟惯性坐标系,后者模拟任一需要的导航坐标系,多数是模拟地理坐标系。陀螺稳定平台中使用的陀螺仪可以是单自由度的,也可以是二自由度的陀螺仪。一个空间的三轴陀螺稳定平台需要3个单自由度陀螺仪,而使用二自由度陀螺仪时,只需要2个陀螺仪即可。图6.2为用3个单自由度陀螺仪构成的三轴陀螺稳定平台结构示意图。

加速度计安装在用于隔离载体角运动的平台上,加速度计的敏感轴方向按所希望的坐标系方向放置,这个坐标系是由平台上放置的陀螺仪及其稳定回路和修正回路共同来实现的。陀螺仪是敏感平台相对惯性空间旋转运动的敏感器,相对惯性空间建立一个三轴稳定平台,就要用3个单自由度陀螺仪,使它们的输入轴方向互相垂直设置。或者用2个二自由度陀螺仪,2个陀螺仪的转子轴方向要互相垂直设置。多余的一个敏感轴可考虑用于修正或监控用。

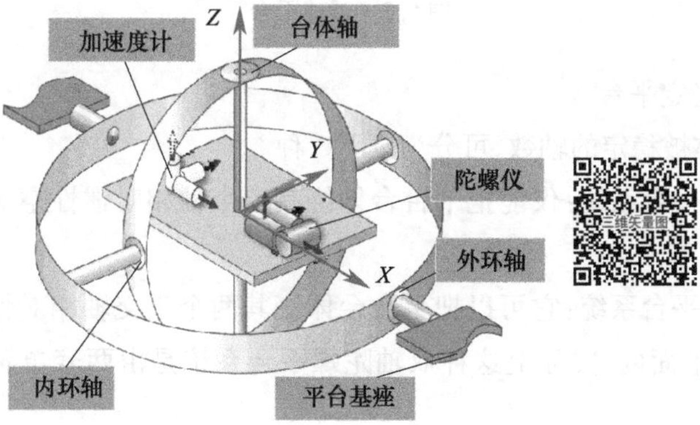

图6.2　三轴陀螺稳定平台结构示意图

6.1.2　陀螺稳定平台的分类

陀螺稳定平台有不同的类型,按以下4种常见的不同的分类原则,大致可进行如下分类。

1. 按结构形式不同分类

1)浮球平台

浮球平台主要由球体、球壳、外罩组成。按其功能分为悬浮、液压和力矩、信号检测、供电、温控和电子线路6个主要部分。其作用是:为惯性制导系统的加速度计提供稳定的惯性坐标系测量基准。

浮球平台是利用球体支承,不存在“框架锁定”现象,适用于载体大姿态机动飞行。如图6.3所示。

图6.3　浮球平台

2)框架陀螺稳定平台

按照平台台体被稳定的轴数,可分为以下3种。

(1)单轴陀螺平台系统:仅能把平台台体绕其一个轴相对惯性空间或当地地垂线稳定的系统。

(2)双轴陀螺平台系统:它可以把平台台体绕其两个正交轴相对惯性空间或当地地垂线稳定在一个平面内,实际上这种双轴陀螺平台系统是由两套单轴陀螺平台系统所组成。

(3)三轴陀螺平台系统:它可以把平台台体绕其3个相互垂直的转轴相对惯性空间或某一参考坐标系稳定。三轴陀螺稳定平台组成示意图如图6.4所示。

按支承的形式不同,还有四轴陀螺平台,也称全姿态平台,它是在三轴陀螺平台的外面再增加一个附加环和一套伺服系统,可以利用其冗余自由度来克服“框架锁定”现象,绕每个轴的转角不受限制,因而适用载体做机动大姿态的飞行。

2. 按选用的导航坐标系(按提供稳定的方位基准)分类

1)地理坐标系平台

这种平台是用平台坐标系模拟地理坐标系,它使平台台体按照所要求的导航规律相对惯性空间运动。也就是要求平台坐标系跟踪地理坐标系,使台体相对当地地垂线不断保持稳定,以提供地理坐标系或地平坐标系的导航方位基准。

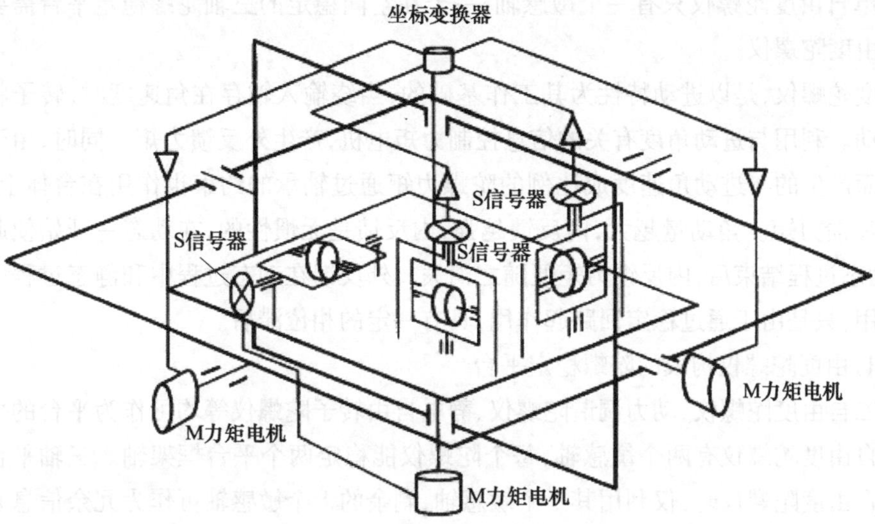

图 6.4　三轴陀螺稳定平台组成示意图

这种平台的导航坐标系是地理坐标系。属于这类平台的系统称为半解析式平台惯导系统(半解析式陀螺平台与相应的电子线路组成的系统),它的平台台体平面始终平行于当地水平面,方位可以指地理北,也可以指给定的某一方位。陀螺仪和加速度计均放置在台体上,两只加速度计相互垂直,不敏感重力加速度 g。加速度计测出的是相对惯性空间且沿水平面的分量,它要消除由于地球自转载体速度等引起的有害加速度之后,才能得到载体经解算后而相对于地理坐标系的速度和位置。这种系统适用于舰船、飞机和飞航式导弹。

这类惯导系统又分为指北方位惯导系统、游动方位惯导系统及自由方位惯导系统。这些系统中都有一个水平平台,只是方位指向不同。

2)惯性坐标系平台

它是用平台坐标系模拟惯性坐标系,即用平台台体的实体实现惯性坐标系。平台坐标系相对惯性坐标系无转动。由惯性坐标系平台与相应的电子线路组成的系统,称为空间稳定平台惯导系统,又称解析式平台惯导系统。

解析式平台惯导系统的陀螺稳定平台组成形式和半解析式惯导系统的陀螺稳定平台相同,只是在工作时,它是相对惯性空间稳定。因此,在正常工作状态下,陀螺稳定平台只需要 3 个稳定回路即可。这种系统适用于弹道式导弹。

3. 按陀螺仪的类型分类

1)由单自由度陀螺仪构成的陀螺稳定平台

可用作陀螺稳定平台敏感元件的单自由度陀螺仪有速率陀螺仪、积分陀螺仪等。这些陀螺仪敏感台体的角运动,并分别输出与台体角速度、台体转角或台体角度积分值成比例的控制信号,将这些信号分别进行处理后,输给平台相应框架轴的力矩电机使台体在惯性空间保持稳定。

每一个单自由度陀螺仪只有一个敏感轴,一个在空间稳定的三轴陀螺稳定平台需要有3个单自由度陀螺仪。

单自由度陀螺仪,是以进动特性为其工作基础的,当绕输入轴存在角速度时,转子将绕进动轴转动。利用与进动角度有关的信息控制力矩电机,产生外反馈力矩。同时,由于转子的进动而产生的与进动角速度成比例的陀螺力矩通过轴承的约束也作用在台体上,因而形成内反馈力矩。角动量越大,内反馈越强,内反馈是无惯性的,在动态一开始便起作用,但在动态过程结束后,内反馈力矩便随之消失。外反馈在动态过程中和静态过程中均起稳定作用,只是由于通过稳定回路起作用,具有一定的相位滞后。

2)由二自由度陀螺仪构成的陀螺稳定平台

框架式二自由度陀螺仪、动力调谐陀螺仪、静电自由转子陀螺仪等均可作为平台的敏感元件。二自由度陀螺仪有两个敏感轴,每个陀螺仪能稳定两个平台框架轴。三轴平台采用两个二自由度陀螺仪时,仅利用其3个敏感轴,剩余的1个敏感轴可作为冗余信息来提高平台的可靠性,也可以将该轴锁定。

二自由度陀螺仪是利用其定轴性原理工作的,在理想的没有干扰的情况下,其自转轴方向在惯性空间保持稳定。当台体因受干扰力矩的作用而偏离初始位置时,平台台体和陀螺转子轴之间产生相对转动,形成偏差角,利用与该偏差角有关的信号来控制力矩电机,形成外反馈力矩。二自由度陀螺仪在平台稳定过程中不产生陀螺力矩,因而不存在内反馈。

二自由度陀螺仪有两个敏感轴,每个陀螺仪能稳定两个平台框架轴,三轴平台采用两个二自由度陀螺仪时,仅利用其3个敏感轴,剩余的1个敏感轴可作为冗余信息用于提高平台的可靠性,也可以将该轴锁定,以提高另一敏感轴的稳定精度。

4. 按陀螺平台工作状态分类

稳定平台在惯性系统的功能,简单地说,就是支承加速度计并把加速度计稳定在惯性空间。按导航计算的指令使加速度计相对惯性空间转动。从自动控制角度讲,平台可以看作是一种稳定系统和伺服系统相结合的自动控制系统。从惯性系统的要求讲,它应当能够完善地工作在几何稳定状态和空间积分状态。几何稳定状态(简称稳定工作状态),指的是平台不受基座运动和干扰力矩的影响而能相对惯性空间保持方位稳定的工作状态;空间积分状态(又称指令跟踪状态或指令角速率状态),指的是在指令角速度(或指令电流)控制下平台相对惯性空间以给定规律转动的工作状态。

在惯性导航系统中,建立一个空间导航坐标系,需要用一个三轴陀螺稳定平台,而三轴稳定平台可以看成是由3套单轴陀螺稳定平台构成的。因此,单轴陀螺稳定平台是分析、设计三轴陀螺稳定平台的基础,为此,在讨论三轴陀螺稳定平台之前,将先介绍单轴陀螺稳定平台。

6.1.3 单轴陀螺稳定平台

图6.5所示为浮子积分陀螺单轴稳定器结构。

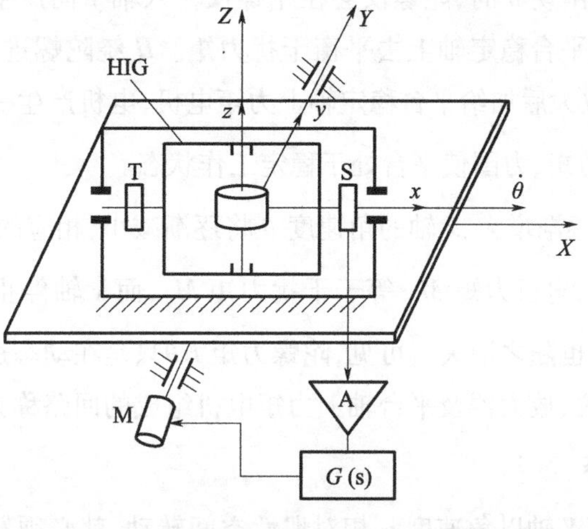

HIG—积分陀螺仪；S—陀螺信号传感器；T—陀螺力矩器；A—放大器；
M—平台轴上力矩电机；XYZ—平台坐标系，Y—平台稳定轴；
xyz—陀螺坐标系；x—陀螺进动轴(输出轴)；θ—陀螺进动角速度。

图6.5　浮子积分陀螺单轴稳定器结构

平台台体的转动轴(具有自由度的那个轴)即是稳定轴，设为 Y 轴；台体通过 Y 轴与基座相连，台体绕稳定轴相对基座的转角用 α_y 表示。台体上安装一个单自由度陀螺仪，其敏感轴 y 轴与平台的稳定 Y 轴平行，保证平台的稳定轴和陀螺的进动轴(输出轴)、转子轴相互垂直；陀螺仪的输出通过稳定回路送到稳定轴上的力矩电机。

1. 几何稳定工作状态

平台台体是被稳定对象，平台稳定回路的任务就是控制该受控对象不受基座干扰，而能够在惯性空间保持方向稳定。

平台几何稳定工作状态的工作过程可以用如图6.6所示方框图说明。

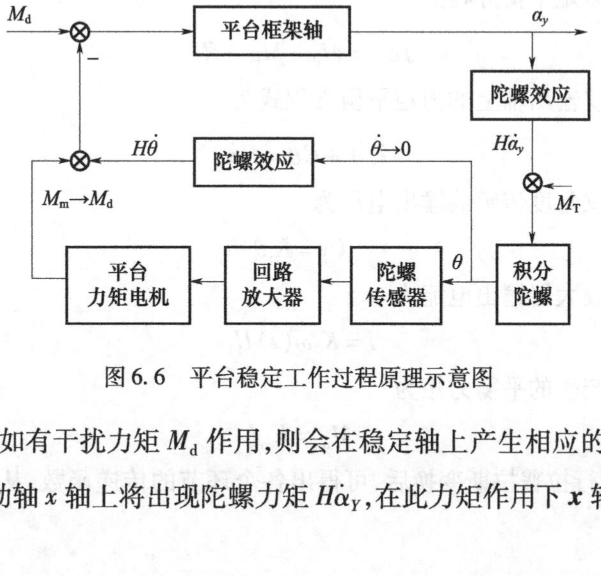

图6.6　平台稳定工作过程原理示意图

平台稳定轴上如有干扰力矩 M_d 作用，则会在稳定轴上产生相应的角速度 $\dot{\alpha}_Y$。在 $\dot{\alpha}_Y$ 的作用下，陀螺进动轴 x 轴上将出现陀螺力矩 $H\dot{\alpha}_Y$，在此力矩作用下 $\boldsymbol{x}$ 轴上出现角速度 $\dot{\theta}$，

继而出现 θ 转角。当出现 $\dot{\theta}$ 时,陀螺仪会在陀螺仪输入轴 y 向产生一个陀螺力矩 $H\dot{\theta}$,此力矩将会直接作用在平台稳定轴上去平衡干扰力矩。H 绕陀螺进动轴进动 θ 角后,信号传感器出现电压 V,放大后加给平台稳定轴上力矩电机,电机产生一个力矩 M_m,与陀螺力矩 $H\dot{\theta}$一起平衡干扰力矩,力图使平台处于稳定工作状态。

当电机力矩 M_m 逐渐增大,x 轴的角速度 $\dot{\theta}$ 将逐渐减小,相应的陀螺力矩 $H\dot{\theta}$也逐渐减小。达到稳定状态后,电机力矩 M_m 等于干扰力矩 M_d,而 x 轴停止转动,x 轴的角速度 $\dot{\theta}$ 将为零,陀螺力矩 $H\dot{\theta}$也随之消失。可见,陀螺力矩 $H\dot{\theta}$只是在动态过程中存在。

将平台轴、陀螺仪、放大器及平台轴上力矩电机组成的回路称为平台的稳定回路。

2. 空间积分状态

如果要求平台绕 Y 轴以角速度 $\dot{\alpha}$ 相对惯性空间转动,就必须给陀螺仪力矩器输入一个与 $\dot{\alpha}$ 的大小成正比的指令电流 I,该指令电流使力矩器产生一个沿陀螺仪输出轴作用的指令力矩 $M_{指}$。在 $M_{指}$作用下,陀螺仪将绕输出轴进动。这样,陀螺仪信号传感器就输出与 $M_{指}$成比例的电压信号 V,该电压信号经放大器放大后驱动平台力矩电机,力矩电机带动平台绕 Y 轴相对惯性空间以角速度 $\dot{\alpha}$ 转动。此时陀螺力矩 $H\dot{\alpha}$作用在陀螺仪输出轴上,即有:$H\dot{\alpha}_Y = M_{指} = K_m I$,则,$\alpha = \frac{K_m}{H}\int I\mathrm{d}t$。可见,在指令电流 I 控制下,平台相对惯性坐标系的转角 α 将和这个电流的积分成正比。

3. 单轴稳定平台静态稳定特性分析

1)方框图与传递函数

利用动静法建立稳定回路中各环节方程式。若不考虑初始条件 $\dot{\alpha}_{Y0}$、α_{Y0}与 $\dot{\theta}_0$、θ_0 及各环节的零位输出,则有

(1)平台轴上力矩平衡方程为

$$J\ddot{\alpha}_Y = M_d - M_m - H\dot{\theta} \tag{6-1-1}$$

(2)积分陀螺仪输出轴上的力矩平衡方程式为

$$I_x\ddot{\theta} + C\dot{\theta} = H\dot{\alpha}_Y \tag{6-1-2}$$

(3)积分陀螺仪角度传感器输出电压为

$$U_1 = K_t\theta \tag{6-1-3}$$

(4)稳定回路放大器输出电流为

$$I = K_0\omega(t)U_1 \tag{6-1-4}$$

(5)力矩电机产生的平衡力矩为

$$M_m = K_m I \tag{6-1-5}$$

对上述方程进行拉普拉斯变换后,可得出各个环节的传递函数,从而可画出如图6.7所示的方框图。

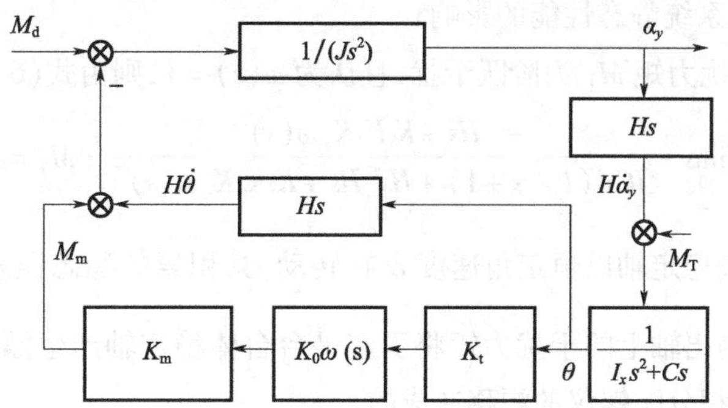

图 6.7　平台稳定回路方框图

经方框图变换,可得系统传递函数为

$$\frac{\alpha_Y(s)}{M_d(s)}=\frac{I_x s+C}{JCs^2(I_x/cs+1)+H[Hs+K_tK_0K_m\omega(s)]} \tag{6-1-6}$$

$$\frac{\alpha_Y(s)}{M_T(s)}=\frac{-[Hs+K_tK_0K_m\omega(s)]}{JCs^3(I_x/cs+1)+Hs[Hs+K_tK_0K_m\omega(s)]} \tag{6-1-7}$$

$$\frac{\theta(s)}{M_d(s)}=\frac{H}{JCs^2(I_x/cs+1)+H[Hs+K_tK_0K_m\omega(s)]} \tag{6-1-8}$$

$$\frac{\theta(s)}{M_T(s)}=\frac{Js}{JCs^2(I_x/cs+1)+H[Hs+K_tK_0K_m\omega(s)]} \tag{6-1-9}$$

2)静态特性分析

平台稳定系统主要有两个干扰输入:一个是沿平台轴作用着的干扰力矩 M_d;另一个是沿陀螺输出轴作用着的干扰力矩 M_T。因此,应分别研究它们对平台轴转角 α_Y 的影响。

(1)M_d 对平台系统静态性能的影响。

设输入干扰力矩 M_d 为阶跃干扰,因为阶跃干扰通常反映了较苛刻的工作条件,同时也容易产生。且认为 $\omega(s)=1$,则由式(6-1-6)可得稳态误差为

$$\alpha_Y=\lim_{s\to 0}s\cdot\frac{I_x s+C}{JCs^2(I_x/cs+1)+H[Hs+K_tK_0K_m\omega(s)]}\cdot\frac{M_d}{s}=\frac{C}{HK}M_d \tag{6-1-10}$$

式中:$K=K_tK_0K_m$。

由此可见,沿平台内框架轴上的常值干扰力矩将导致平台沿内框架轴处于稳态时已转过一个很小的角度 $\alpha_Y=\frac{C}{HK}M_d$,该角度称为稳态误差角。

令 $S_\alpha=\frac{HK}{C}$

则平台稳定精度 $\alpha_Y=\frac{M_d}{S_\alpha}$。

S_α 称为平台静态抗扰刚度,它表示平台在常值干扰力矩作用下保持方位的稳定能力。为了减小外干扰力矩作用下的平台静差,保证动态稳定质量,液浮陀螺平台稳定回路的静态特性具有较高的静态抗扰刚度。

(2)M_T 对平台系统静态性能的影响。

同样设输入干扰力矩 M_T 为阶跃干扰,且认为 $\omega(s)=1$,则由式(6-1-7)可得

$$S\cdot\alpha_Y(s)=\dot{\alpha}_Y=\lim_{s\to 0}s\cdot\frac{-[Hs+K_tK_0K_m\omega(s)]}{JCs^3(I_x/cs+1)+Hs[Hs+K_tK_0K_m\omega(s)]}\cdot M_T=-\frac{M_T}{H}\quad(6-1-11)$$

这表明,平台绕稳定轴以恒定角速度 $\dot{\alpha}$ 在转动,其积累的稳态误差角为 $\alpha_Y=-\frac{M_T}{H}t$。因此,积分陀螺仪输出轴上的干扰力矩将引起平台台体稳定轴产生漂移误差。这说明平台的漂移实质是由积分陀螺仪的漂移造成的。

6.1.4 三轴陀螺稳定平台

导弹、飞机、潜艇、坦克等运载体的运动轨迹均为空间任意曲线,要对其进行导航或制导控制,需要测量其沿导航坐标系3个坐标轴方向的线运动和沿其载体坐标系3个坐标轴方向的角运动,因此需要在载体上安装三轴陀螺稳定平台(后简称三轴平台)。

三轴平台因其结构和工作原理方面的特点,在实现几何稳定和空间积分两种工作状态的过程中出现了许多特殊问题。这些问题包括:陀螺仪信号的合理分配;基座角运动的耦合与隔离;陀螺仪输出轴的交叉耦合;三轴平台系统的交叉耦合;三轴平台的误差来源;三轴平台的框架锁定等。

虽然三轴平台有以上特殊问题需要讨论,但它还是基于单轴平台的,因此前述关于单轴平台的工作原理,系统的组成和传递函数,伺服回路设计的性能指标及伺服回路设计方法等方面的内容也适于三轴平台。

为了隔离载体的转动,平台至少应有3个框架、3个转轴,这就是三轴平台。三轴平台可以初步看作是3个单轴平台的适当组合,其结构原理图如图6.8所示。三轴平台主要由下列几个部分组成。

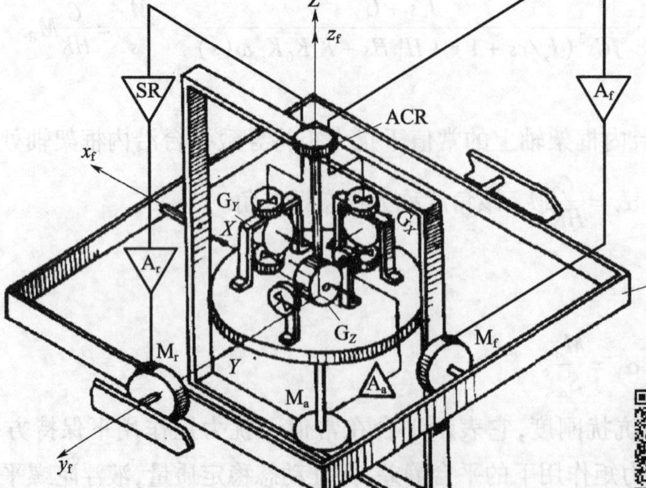

图6.8 三轴平台结构示意图

(1)3 个用轴和轴承连接在一起能相对转动的框架,通常按由外向里的顺序称为外框架(外环)、内框架(内环)和台体。外环通过轴和轴承与基座相连。

(2)3 个力矩电机分别装在 3 个转轴上,它输出力矩以克服平台轴上的干扰力矩,保持台体的惯性稳定,或驱动框架按要求转动。

(3)3 个角度传感器分别装在 3 个转轴上,测量框架间的相对转角和外环相对于基座的转角,从而得到载体的姿态角。当 3 个框架轴互相垂直时传感器输出为零。

(4)3 个单自由度陀螺(或 2 个二自由度陀螺)装在台体上作为台体角速度(或角度)敏感元件。

(5)在台体上装有 2 个或 3 个加速度计,依具体任务要求而定。

(6)3 套基本相同的平台伺服放大器,其组成与单轴平台相似。

(7)在框架轴上装有一个或多个分解器(旋转变压器)用以坐标转换。

陀螺和加速度计在台体上的取向应仔细考虑,一条明显的原则是 3 个陀螺的输入轴应互相垂直,3 个加速度计的输入轴也应互相垂直。通常把 3 个加速度计输入轴组成的直角坐标系定义为台体坐标系。满足这一要求的方案有许多个,究竟选择哪个方案,取决于平台的具体应用。

在一般情况下,3 个陀螺的输入轴分别与 3 个框架轴重合,用它们的输出信号通过伺服放大器分别控制 3 个框架轴上的力矩电机,如图 6.9 所示。根据单轴平台的工作原理,当载体绕任何轴转动时,平台台体相对于惯性空间将不转动,从而建立起惯性参考基准。

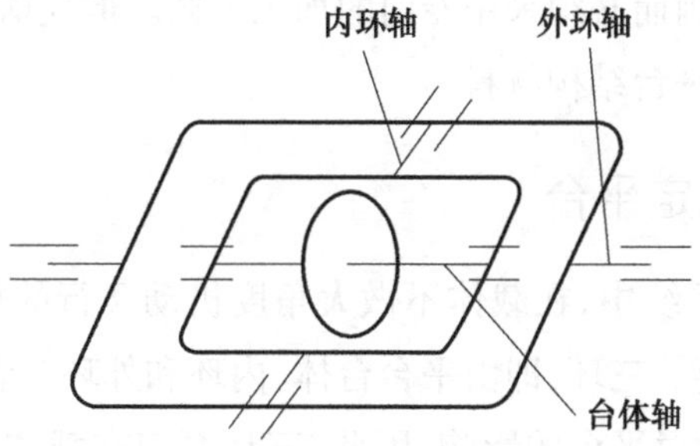

图 6.9　三轴陀螺稳定平台的框架自锁

但是,平台的这种转动隔离作用是有一定条件的:第一,陀螺是理想的、无漂移的。当然这是不可能的。陀螺的漂移将引起台体的转动。但是只要陀螺的精度足够高,使得在执行任务期间漂移所引起的导航误差在允许范围之内,平台的这种缓慢转动就是许可的。第二,内环相对于外环的转角不能太大,否则将不能隔离载体的转动。图 6.9 是内环相对于外环转角达 90°的情况,这时 3 个框架轴位于同一平面中,这将引起两个问题:一是,原来用于敏感台体绕外环轴转动的陀螺将失去这一作用,因为它的输入轴现在已与外环轴垂直;二是,如果载体绕与 3 个框架轴所在的平面相垂直的方向(Z 轴)旋转,台体将被强迫一同转动,而不能起稳定隔离作用。

实际上只要内环相对于外环的转角接近 90°,平台系统已不能正常工作。通常限制三轴平台绕内环轴转角不得超过60°。如果惯性导航系统不能满足这一要求,则必须采用四框架平台。

平台是精密机电器件,陀螺、加速度计在台体上的安装精度很高,安装误差不应超过10″。平台设计的一个重要问题是努力减小作用在框架轴上的干扰力矩,从而降低力矩电机的功率和尺寸;降低惯性器件附近的磁场和热源,并使平台的结构更加紧凑。平台轴上的干扰力矩主要来自框架的静不平衡、非等弹性、轴承摩擦及引线力矩等。平台轴承几乎都用滚珠轴承。在选择轴承时除要求低摩擦外还要考虑负荷条件、轴向及径向刚度。如果平台的框架角是不受限制的,则必须采用导电滑环作为输电装置。如果框架转角允许有一定限制,则可以直接引线,但要设法减小引线力矩。平台的转轴大都是中空的,以便从中引线或放置滑环。为了使惯性器件不致承受过大的振动,必须消除平台结构对环境振动的共振,为此大多数平台均有减震器或采取适当结构的阻尼措施。

平台结构材料的选择,主要出发点是减轻重量、减小体积和改善平台的工作性能。在这些方面,铍与铝合金、镁合金、不锈钢、铁合金等材料相比具有一系列优点。要降低重量必须减小结构尺寸,但这又会降低结构刚度。因此,刚度与重量比是一项重要的结构材料参数。而铍的刚度与重量比大约是上述其他材料的6倍。相互连接的零件,如果膨胀系数相差过大则在环境温度改变时会引起变形,这会降低尺寸精度和性能。铍与轴承钢、钛的膨胀系数十分接近,而铝和镁合金的膨胀系数是铍的两倍多。此外,铍的尺寸稳定性和热传导性也都比较好。铍的缺点是加工困难和成本高,铍粉有毒,因而加工时必须采取特别的安全措施。铍质脆,因而必须采用专门的加工工艺。但权衡利弊,对大多数应用场合来说,铍仍是一种最好的平台结构材料。

6.1.5 四轴陀螺稳定平台

在一般的惯性导航系统中,在载体不做大角度机动飞行的情况时,三环(三轴)式平台就可以满足导航的需要。三环,即由平台台体、内环和外环三者组成。由于平衡环系统的作用在于隔离载体运动对平台的影响,因此,三环系统在载体上的安装方式不同,它允许载体的最大旋转角度是不同的,否则它就不能起到隔离载体运动的目的,而是载体将带着平台一起转动,平台就失去了相对惯性空间的稳定性。图6.10(a)所示为一个三环式系统在导弹上安装的情况,其外环轴安装于导弹的俯仰轴方向。这样安装的平台,允许载体在方位轴和俯仰轴方向做±360°的转动,而在滚动轴方向只允许做小于±90°的转动。当滚动角为90°时,如图6.10(b)所示,弹体将带动外环转动90°,使外环和中环在一个平面上,这时的惯导平台只有两个自由度,平衡环系统就不能隔离和平衡环面垂直的载体的转动,平衡环的这种现象称作平衡环的闭锁现象。

对上述的三环式平台,当外环轴位于导弹的滚动轴时,只要当弹体俯仰角达到90°时就出现闭锁现象。因此,必须根据载体的运动规律来选择三环式平台的安装方式,无论如何选择安装方式,三环式平台在原理上总是存在有一个旋转轴方向有闭锁现象的可能。

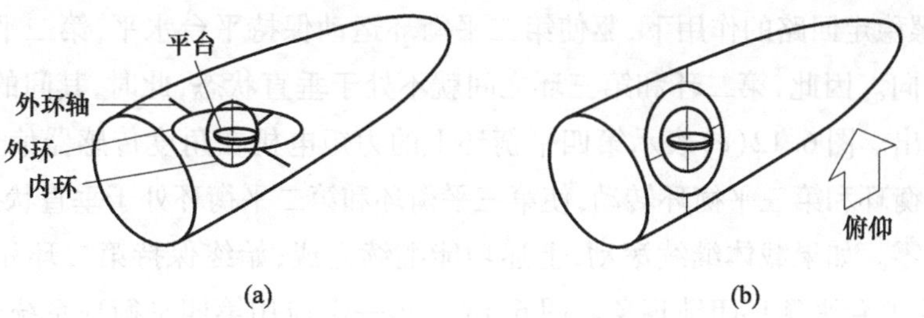

图 6.10 平衡环的闭锁

为了避免这一点,则必须选用四平衡环四轴式系统。通常,在上述安装方式下,当载体有绕滚动轴转动时,就必须采用四平衡环四轴式系统。这种系统的机械编排如图 6.11 所示,第三平衡环相对第二平衡环垂直并限定转动在范围之内,在第二个平衡环和第三个平衡环之间装有角度传感器,给出两环间的正交性,角度传感器和第四个平衡环的力矩电机构成随动系统,通过第四个平衡环的转动带动第三个平衡环的转动,第四个平衡环功用是任何时候都要保证第三个平衡环和第二个平衡环垂直,使惯导平台在任何的工作条件下均能保持相对惯性空间有 3 个自由度,也称为全姿态稳定平台。图 6.12 对四平衡环系统的工作原理作进一步的说明。

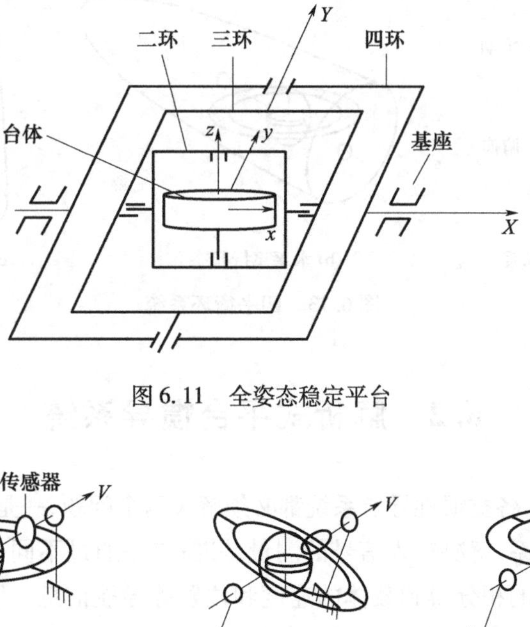

图 6.11 全姿态稳定平台

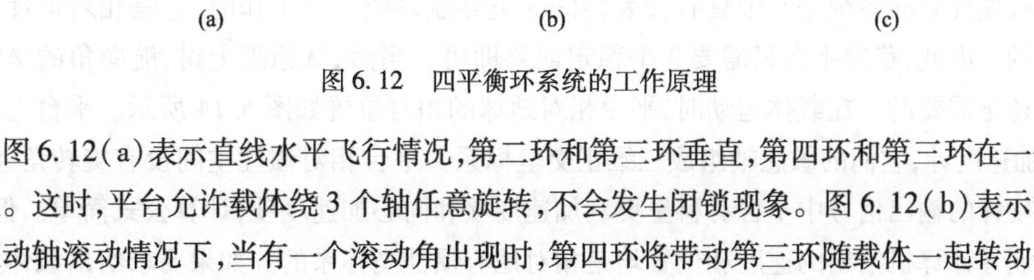

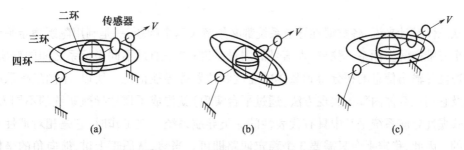

图 6.12 四平衡环系统的工作原理

图 6.12(a)表示直线水平飞行情况,第二环和第三环垂直,第四环和第三环在一个平面上。这时,平台允许载体绕 3 个轴任意旋转,不会发生闭锁现象。图 6.12(b)表示载体绕滚动轴滚动情况下,当有一个滚动角出现时,第四环将带动第三环随载体一起转动一个

角度,在陀螺稳定回路的作用下,驱使第二平衡环运动保持平台水平,第二平衡环仍保持初始垂直方向。因此,第二环和第三环之间就不处于垂直状态,此时,其间的角度传感器将有信号输出。图6.12(c)表示第四平衡环上的力矩电机在角度传感器信号的作用下,带动第四平衡环和第三平衡环转动,使第三平衡环和第二平衡环处于垂直状态,使角度传感器输出为零。如果载体继续滚动,上述功能继续完成,始终保持第二环和第三环的垂直,从而达到避免平衡环闭锁现象。图6.13给出一个应用第四平衡环系统的例子,在图6.13(a)所示平台坐标系中,水平飞行状态如图6.13(b)所示。由于四平衡环结构,保证了平台不存在闭锁现象,图6.13(c)则为导弹的发射状态,即垂直发射。这时,四环平台的工作程序仍如上述的话,平台的稳定性将被破坏,如第二环和第三环之间的角度传感器给出一个不垂直信号时,这时第四环的任何转动都不能消除以上的不垂直的状态,因第四环的转轴和第三环的转轴垂直,第四环将带动第三环和第二环相对平台一起飞转,使平衡环系统失去稳定。为避免上述现象发生,对垂直发射的弹体,规定发射时第四环锁定,断开随动系统,成为三环式系统。当发射后俯仰角开始小于90°时,第四平衡环才接入。

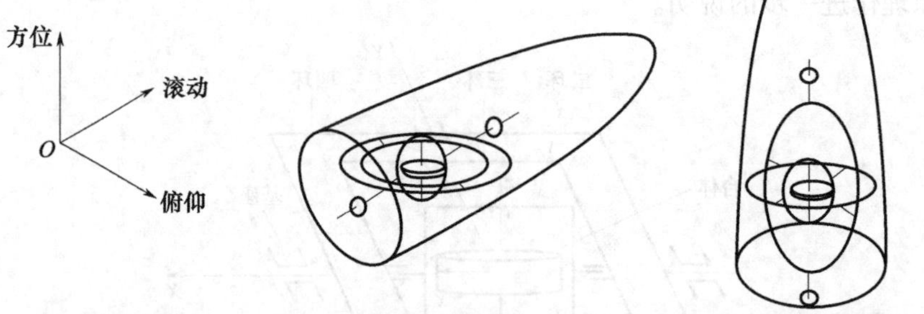

(a) 平台坐标系　(b) 水平飞行状态　(c) 垂直发射状态

图6.13　四平衡环系统

6.2　解析式平台惯导系统

从总体设计来说,各类惯性导航系统都必须解决两个问题,一是利用陀螺稳定平台建立一个三维空间坐标系,解决输入信号的测量基准;二是通过不同坐标系之间的变换,利用加速度计输出信息的积分得到载体的速度和位置等导航信息。所以,不同坐标系的选取以及它们在载体内部的实现方法(通过平台实现)就构成了惯性导航系统的不同方案。解析式惯性导航系统是其中具有代表性的一类导航系统。在工作时,它是相对惯性空间稳定的。因此,稳定平台只需要3个稳定回路即可。当然,从原理上讲,航向角的坐标变换器还是需要的。在载体运动时,平台相对地球的相对位置如图6.14所示。平台上安装3个加速度计,它们的敏感轴组成三维正交坐标系。平台相对惯性空间没有旋转角速度,加速度计的输出信号中不含有科里奥利加速度项和向心加速度项,计算公式简单。但是,经过制导计算机给出的速度和位置均是相对地心惯性坐标系的。如果要求给出载体相对地球的速度和地理坐标系的位置,则必须进行适当的坐标变换。由于平台是相对惯性空间稳定的,当载体运动后,平台坐标系相对重力加速度 $\boldsymbol{g}$ 的方向是在不断变化的,因此出现在3个加速度计输出信号中的 $\boldsymbol{g}$ 分量值是在不断变化的,必须通过计算机对 $\boldsymbol{g}$ 分量值的计算,从信号中消除相应的 $\boldsymbol{g}$ 分量,然后进行积分才能得到相对惯性坐标系的速度和位置分量。图6.15所示为相对惯性空间稳定的一个平台上重力加速度 $\boldsymbol{g}$ 随位移 (x,y,z) 变化的情况。

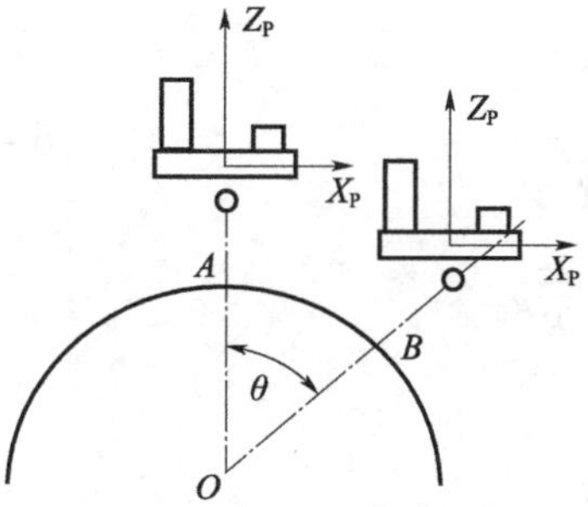

图6.14　解析式惯导平台

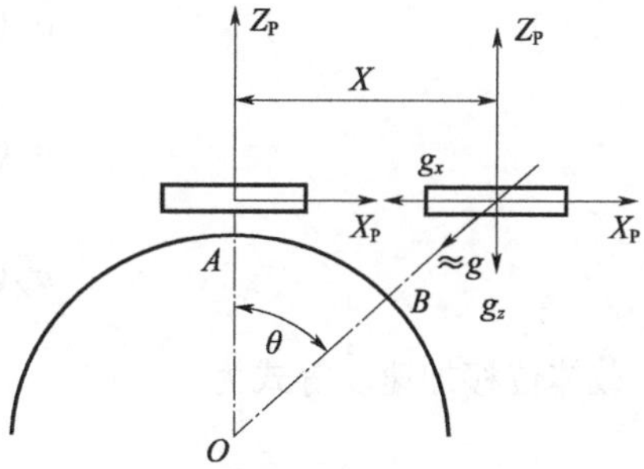

图6.15　惯导平台上重力加速度的变化

6.2.1　基本工作原理

下面推导载体相对空间的位置表达式及给出解析式惯导系统原理方框图。解析式惯导平台多用于武器发射的主动段或战术武器,因此连续工作时间比较短,设计系统时将忽略地球自转角速度对系统的影响。设平台在起始点 A 时,重力加速度 $\boldsymbol{g}$ 正好与平台垂直,因此平台上水平安置的加速度计将不感受重力加速度 $\boldsymbol{g}$ 的分量。平台坐标系 $OX_PY_PZ_P$ 模拟地心惯性坐标系,当载体在惯性空间从点 A 移动到点 B 时,加速度计除了敏感位移加速度外,还将敏感重力加速度分量 g_X、g_Y、g_Z,从图6.15可见

$$g_X = -g\sin\theta = -g\frac{x}{R+h} \tag{6-2-1}$$

类似地可得

$$g_Y = -g\frac{y}{R+h} \tag{6-2-2}$$

及

$$g_Z = -g\cos\theta = -g\frac{R}{R+h} \tag{6-2-3}$$

式中:R 为地球半径;h 为载体飞行高度。

当 $h \ll R$ 时,将 $g = g_0\dfrac{R^2}{(R+h)^2}$ 代入式(6-2-1)和式(6-2-2),得

$$\begin{aligned} g_X &\approx -g_0\frac{x}{R} \\ g_Y &\approx -g_0\frac{y}{R} \end{aligned} \tag{6-2-4}$$

又有

$$g_Z \approx -g = -g_0 \frac{R^2}{(R+h)^2} \approx -g_0 \frac{R^2}{(R+z)^2} \approx -g_0\left(1-\frac{2z}{R}\right) = -g_0 + \frac{2z}{R}g_0 \quad (6-2-5)$$

从式(6-2-4)和式(6-2-5)可见,g_X、g_Y、g_Z 分别为载体坐标(x,y,z)的函数。

对于加速度计来说,仪表所感受的重力加速度 $\boldsymbol{g}$ 的方向应该和重力的方向相反,所以,加速度计输出信号为

$$\begin{aligned} a_X(t) &= \ddot{x} + g_0 \frac{x}{R} \\ a_Y(t) &= \ddot{y} + g_0 \frac{y}{R} \\ a_Z(t) &= \ddot{z} + g_0 - \frac{2z}{R} g_0 \end{aligned} \quad (6-2-6)$$

载体位移加速度等式为

$$\begin{aligned} \ddot{x} &= a_X(t) - g_0 \frac{x}{R} \\ \ddot{y} &= a_Y(t) - g_0 \frac{y}{R} \\ \ddot{z} &= a_Z(t) - g_0 + \frac{2z}{R} g_0 \end{aligned} \quad (6-2-7)$$

载体相对地心惯性坐标系的速度分量为

$$\begin{aligned} V_X(t) &= V_{X0} + \int_0^t \ddot{x} \mathrm{d}t \\ V_Y(t) &= V_{Y0} + \int_0^t \ddot{y} \mathrm{d}t \\ V_Z(t) &= V_{Z0} + \int_0^t \ddot{z} \mathrm{d}t \end{aligned} \quad (6-2-8)$$

载体相对地心惯性坐标系的坐标值为

$$\begin{aligned} x(t) &= x_0 + \int_0^t V_X(t) \mathrm{d}t \\ y(t) &= y_0 + \int_0^t V_Y(t) \mathrm{d}t \\ z(t) &= z_0 + \int_0^t V_Z(t) \mathrm{d}t \end{aligned} \quad (6-2-9)$$

式中:x、y、z 为载体初始位置坐标值。

根据以上公式,画出解析式惯导系统方框图,如图 6.16 所示。由图可见,解析式惯导系统没有半解析式惯导系统的修正回路,而是增加了消除重力加速度 $\boldsymbol{g}$ 分量的回路,并且给出了相对惯性坐标系的速度和位移。

将以上数据输入到制导计算机中,与程序中的预定数据比较后,差值信号输入到控制火箭或飞行器的控制系统,使其按预定飞行轨迹选择发动机的最佳关机点。

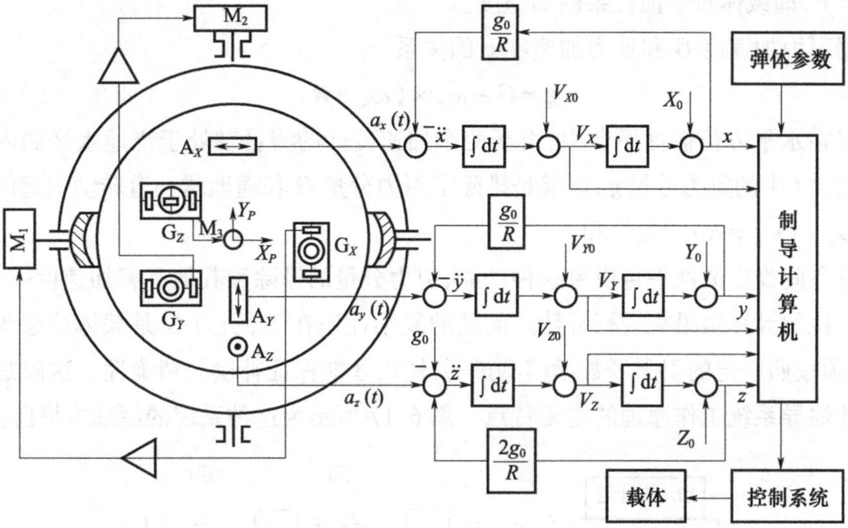

图 6.16　解析式惯导系统原理图

如果需要计算载体相对地球的位置坐标,首先要确定载体所在位置的垂线方向,用相对惯性坐标系的方向余弦值来表示,其值为

$$
\begin{aligned}
\cos\alpha &= \frac{x}{R+h} = \frac{x}{\sqrt{x^2+y^2+z^2}} \\
\cos\beta &= \frac{y}{R+h} = \frac{y}{\sqrt{x^2+y^2+z^2}} \\
\cos\gamma &= \frac{z}{R+h} = \frac{z}{\sqrt{x^2+y^2+z^2}}
\end{aligned}
\tag{6-2-10}
$$

按照方向余弦值及初始经纬度便可实时计算经纬度值 λ 及 φ。

载体在地面上的飞行高度可表达为

$$
h = \sqrt{x^2+y^2+z^2} - h_0 \tag{6-2-11}
$$

通过上述分析可见,由于在推导公式中不考虑地球自转等因素,该系统使用范围受到严格的限制。

6.2.2 导航解算

解析式平台惯导系统是取地心惯性坐标系 $o_e x_i y_i z_i$ 为导航坐标系,用 o 代替 o_e,即 $ox_i y_i z_i$ 坐标系。oz_i 与地轴自转轴一致,ox_i、oy_i 轴在赤道平面内,初始对准以后,平台坐标系 $ox_p y_p z_p$ 与地心惯性坐标系 $ox_i y_i z_i$ 的方位应一致,无相对转动。

在平台上沿平台轴正交安装 3 个加速度计,当载体做任意运动时,可测得载体的比力沿惯性坐标系的 3 个分量 f_x^i、f_y^i、f_z^i,由于地心惯性坐标系不随地球一道转动,所测得的比力 f 中不能排除地心引力加速度 $\boldsymbol{G}$,由第 4 章可知,有

$$
\boldsymbol{f} = \boldsymbol{a} - \boldsymbol{G} = \ddot{\boldsymbol{r}} - \boldsymbol{G} \tag{6-2-12}
$$

式中: $\boldsymbol{a}=\ddot{\boldsymbol{r}}$,即载体对于惯性系的加速度。

根据引力加速度 $\boldsymbol{G}$ 和重力加速度 $\boldsymbol{g}$ 的关系

$$\boldsymbol{g}=\boldsymbol{G}-\boldsymbol{\omega}_{\mathrm{ie}}\times(\boldsymbol{\omega}_{\mathrm{ie}}\times\boldsymbol{R}) \tag{6-2-13}$$

所以在水平方位惯性平台中,由于两个加速度计的测量轴处于当地水平面内而自然排除了比力 f 中的重力分量 $\boldsymbol{g}$,也就是排除了引力分量 $\boldsymbol{G}$ 和随地球一道转动引起的离心惯性力 $-\boldsymbol{\omega}_{\mathrm{ie}}\times(\boldsymbol{\omega}_{\mathrm{ie}}\times\boldsymbol{R})$ 的矢量和。

但是空间稳定惯性平台没有这种功能,引力分量的排除和其他有害加速度一样,只能根据计算机的计算结果来进行补偿。问题的复杂性还在于,引力 $\boldsymbol{G}$ 是载体位置矢量 $\boldsymbol{r}$ 的函数,必须按照一定的引力场数学模型进行计算,才能保证补偿的精确性。这就是空间稳定平台式惯导系统工作原理的主要特点。图6.17所示为这种系统的原理方框图。

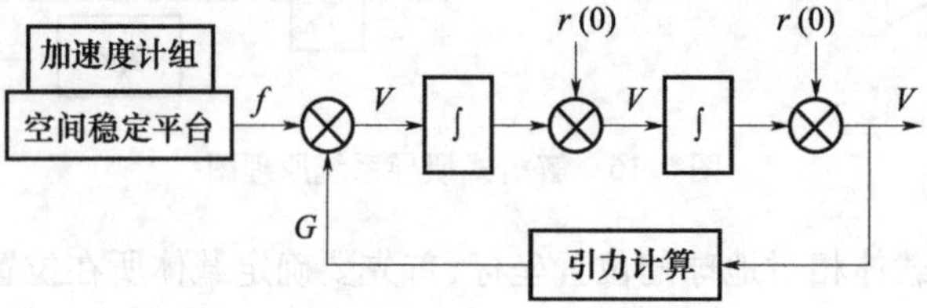

图6.17 空间稳定惯导系统原理方框图

按照地心惯性坐标系的约定,用载体的地心位置矢量 $\boldsymbol{r}$ 进行导航参数的计算,如图6.18所示。

B 为载体所在位置,其地心位置矢量为 $\boldsymbol{r}$,其他参数如图中所示,设初始时,地心惯性系 $ox_iy_iz_i$ 与地球坐标系 $ox_ey_ez_e$ 互相重合,在地球自转的过程中,oz_i 与 oz_e 始终重合,但 ox_i 与 ox_e 在赤道平面里的夹角应为 $\omega_{ie}t$。我们知道,在地球上某一子午面的经度是以格林尼治子午面为基准来度量的,如图所示,设载体所在的子午面的经度为 λ,地球坐标系 ox_e 轴所在的子午面的经度为 λ_0,而载体子午面相对惯性系 ox_i 所在子午面的夹角为 λ',则有

$$\lambda=\lambda_0+\lambda'-\omega_{ie}t \tag{6-2-14}$$

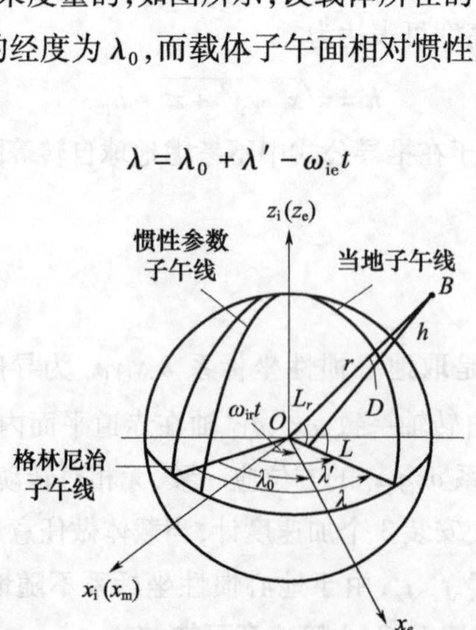

图6.18 不同坐标系与地球的几何关系

由图可得载体地心矢量的分量为

$$\boldsymbol{r}^{\mathrm{i}}=\begin{bmatrix} r_x^i \\ r_y^i \\ r_z^i \end{bmatrix}=\begin{bmatrix} r\cos\varphi_0\cos\lambda' \\ r\cos\varphi_0\sin\lambda' \\ r\sin\varphi_0 \end{bmatrix} \tag{6-2-15}$$

式中:φ_0 为载体的地心纬度,它与地理纬度 φ 的关系是

$$D=\varphi-\varphi_0 \tag{6-2-16}$$

式中:D 称为该点的垂线偏差。

图6.19中给出了式(6-2-16)各量在载体所在子午面中的关系,注意到垂线偏差 D 的形成在于地球模型为参考椭球,不难看出,地心位置矢量 $\boldsymbol{r}$ 在地理坐标系中的分量为

$$\boldsymbol{r}^{\mathrm{i}}=\begin{bmatrix} 0 \\ -r\sin D \\ r\cos D \end{bmatrix} \tag{6-2-17}$$

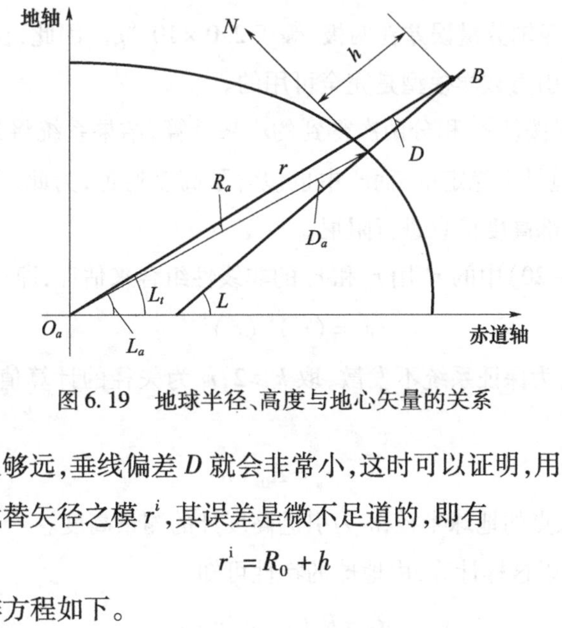

图6.19 地球半径、高度与地心矢量的关系

若载体离地表足够远,垂线偏差 D 就会非常小,这时可以证明,用当地地球半径 R_0 与载体高度 h 之和来代替矢径之模 r^i,其误差是微不足道的,即有

$$r^{\mathrm{i}}=R_0+h \tag{6-2-18}$$

系统的机械编排方程如下。

(1)平台指令角速率。

由于要求平台坐标系相对地心惯性坐标系无转动,因此,加给平台的指令角速率为零,即 $\boldsymbol{\omega}_{\mathrm{ip}}^{\mathrm{p}}=0$。

(2)惯性坐标系中的加速度。

系统得到的加速度计的测量值为比力 $\boldsymbol{f}$,有

$$\boldsymbol{f}^{\mathrm{i}}=\ddot{\boldsymbol{r}}^{\mathrm{i}}-\boldsymbol{G}^{\mathrm{i}} \tag{6-2-19}$$

由于空间稳定制导系统只要求得到载体在惯性空间的速度 $\dot{\boldsymbol{r}}$ 和位置 $\boldsymbol{r}$,一般并不要求得到载体的地速和经纬度,所以只要从比力 $\boldsymbol{f}$ 中补偿掉引力分量 $\boldsymbol{G}$,即得 $\ddot{\boldsymbol{r}}$,对其积分得 $\dot{\boldsymbol{r}}$,再积分得 $\boldsymbol{r}$,没有必要像水平方位惯导系统那样将 $\ddot{\boldsymbol{r}}$ 进行分解和补偿。

(3)引力加速度的计算。

在地心惯性坐标系中,引力加速度矢量 $\boldsymbol{G}$ 的数学模型可表示为

$$\boldsymbol{G}^{\mathrm{i}}=-\frac{\mu}{r^{3}}\begin{bmatrix}\left\{1+\frac{3}{2}J_{2}\left(\frac{R_{e}}{r}\right)^{2}\left[1-5\left(\frac{r_{z}}{r}\right)^{2}\right]\right\}r_{x}\\ \left\{1+\frac{3}{2}J_{2}\left(\frac{R_{e}}{r}\right)^{2}\left[1-5\left(\frac{r_{x}}{r}\right)^{2}\right]\right\}r_{y}\\ \left\{1+\frac{3}{2}J_{2}\left(\frac{R_{e}}{r}\right)^{2}\left[3-5\left(\frac{r_{z}}{r}\right)^{2}\right]\right\}r_{z}\end{bmatrix} \tag{6-2-20}$$

式中:μ 为地球质量与万有引力常数的乘积$(3.9860305 \pm 0.0000003) \times 10^{14}\mathrm{m/s^2}$;$R_{\mathrm{e}}$ 为地球赤道半径$(6378165 \pm 25\mathrm{m})$;$J_2=(1.0823 \pm 0.0002) \times 10^{3}$,为常数;$\boldsymbol{r}$ 为载体在地心惯性坐标系中的位置矢量,$\boldsymbol{r}^{\mathrm{i}}=[r_x \quad r_y \quad r_z]^{\mathrm{T}}$。

用这个数学模型计算地心引力加速度,赤道分量的最大误差在纬度量 $\varphi_0=65°$处,为 $1.5\times10^{-5}g$,最大的极轴分量误差在两极,等于 $2.0\times10^{-6}g$。因此,在使用分辨率为$10^{-5}g$ 的加速度计时,上述引力数学模型是完全可用的。

位置矢量 $\boldsymbol{r}$ 如果按从 $\ddot{\boldsymbol{r}}^{\mathrm{i}}$ 积分两次得到的$\boldsymbol{r}^{\mathrm{i}}$ 来计算,结果系统将是发散的。原因是纯惯导系统的高度通道是不稳定的,而$\boldsymbol{r}^{\mathrm{i}}$ 中也包含了高度通道,为此,和水平方位惯导系统一样,也需要引进外部高度信息进行阻尼。

通常,式(6-2-20)中的 r^3 用 r_{i} 和 r_{a} 的非线性组合来估计,即

$$r^{3}=(r_{\mathrm{a}})^{k}(r_{\mathrm{i}})^{3-k} \tag{6-2-21}$$

式中:k 为加权因子,为保证系统不发散,取 $k \geqslant 2$;r_{i} 为矢径的计算值的模,r_{a} 为引进高度信息后的组合模,即

$$r_{\mathrm{a}}=R_{0}+h \tag{6-2-22}$$

其中:R_0 为载体所在点的地球半径;h 为引进高度计的测量高度。

至于 R_0 的值可以这样计算,由地球的特性可知

$$R_{0}=R_{\mathrm{e}}(1-e\sin^{2}\varphi_{0}) \tag{6-2-23}$$

由图6.19可得

$$\sin\varphi_{0}=\frac{r_{z}}{r} \tag{6-2-24}$$

所以,有

$$R_{0}=R_{\mathrm{e}}\left[1-e\left(\frac{r_{z}}{r}\right)^{2}\right] \tag{6-2-25}$$

把上式和式(6-2-20)中的二阶小量中出现的$\frac{R_{\mathrm{e}}}{r}$和$\frac{r_z}{r}$,其分母一律用 r_{a} 代之,于是可得

$$
\boldsymbol{G}^{\mathrm{i}} = -\frac{\mu}{r_{\mathrm{a}}^{k} r_{\mathrm{i}}^{3-k}} \begin{bmatrix} \left\{1+\frac{3}{2}J_2\left(\frac{R_{\mathrm{e}}}{r_{\mathrm{a}}}\right)^2\left[1-5\left(\frac{r_z}{r_{\mathrm{a}}}\right)^2\right]\right\} r_x \\ \left\{1+\frac{3}{2}J_2\left(\frac{R_{\mathrm{e}}}{r_{\mathrm{a}}}\right)^2\left[1-5\left(\frac{r_x}{r_{\mathrm{a}}}\right)^2\right]\right\} r_y \\ \left\{1+\frac{3}{2}J_2\left(\frac{R_{\mathrm{e}}}{r_{\mathrm{a}}}\right)^2\left[3-5\left(\frac{r_z}{r_{\mathrm{a}}}\right)^2\right]\right\} r_z \end{bmatrix} \tag{6-2-26}
$$

(4)姿态角的获取。由空间稳定平台的环架轴安装的姿态角传感器,即可获得弹体相对平台的转角,也就是弹体相对惯性坐标系的姿态角。

最后,还有两点需要说明。

(1)在平台式制导系统中,可以由$\dot{\boldsymbol{r}}^{i}$和$\boldsymbol{r}^{i}$以及有关的射程偏导数来组成关机指令,也可以用比力$\boldsymbol{f}^{\mathrm{i}}$的积分值(视速度和视位置)来组成关机指令,后一种方式的引力计算将作为制导指令的一部分来起作用。

(2)如果以上介绍的空间稳定惯导系统是用于飞机和舰船,那就还需要由$\dot{\boldsymbol{r}}^{\mathrm{i}}$和$\boldsymbol{r}^{\mathrm{i}}$算出地速和经纬度信息,并且由于工作时间比导弹长得多,因此对高度计算还要进行专门的阻尼。

总之,空间稳定惯导系统的引力加速度$\boldsymbol{G}^{\mathrm{i}}$的补偿比较复杂,位置计算的发散性使它不宜长时间使用,因此在飞机和舰船惯导中很少被采用,而主要用于惯性制导系统。

6.3 半解析式平台惯导系统

半解析式平台惯导系统采用的陀螺稳定平台(有时称惯性平台或简称平台)始终跟踪当地水平面,使平台上放置的两个敏感轴相互垂直的加速度计不敏感重力加速度是半解析式惯性导航系统的主要特征。

图6.20所示为半解析式惯导平台系统。当载体从地面点A移到点B,稳定平台始终跟踪当地水平面。依据平台相对地面的方位不同,半解析式惯性导航系统又可分为两种类型。

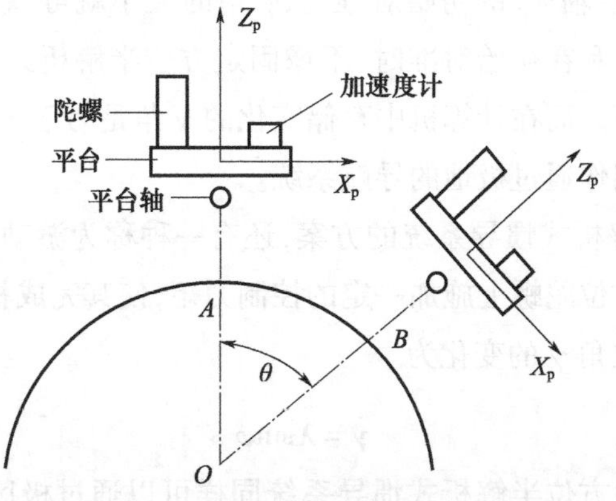

图6.20 半解析式惯导系统平台

一类是平台相对地面的方位是固定的,通常是使平台上的一个敏感轴固定指向地球的北方向,称其为固定方位半解析式惯性导航系统。以后如不经特殊指出,所说的半解析式惯性导航系统就是指固定方位半解析式惯性导航系统。这种系统的平台坐标系将模拟地理坐标系,因此在高纬度区实现这种系统有一定的困难。在高纬度区,单位经度角对应地球表面的弧度长度变短,所以,平台为了模拟地理坐标系,要求平台在方位上有较快的变化率,为此要求方位陀螺仪的力矩器接受很大的控制电流,又要求平台以较高的速率绕方位轴转动,这为陀螺和平台回路在工程上的实现带来很大的困难。另一个困难是因为当纬度接近90°时,计算机在计算 $\tan\varphi$ 的程序中会出现发散现象。因此,固定方位半解析式惯性导航系统不适合于全球导航应用。

另一类是平台相对地球的方位是不固定的,自由方位半解析式惯导系统就是其中的一种,这种系统除了平台由两个水平回路保持在当地水平面之外,其平台的方位和真北方向的夹角是不加控制的。平台坐标系的方位轴 Z_P 和当地垂线重合,而平台的水平轴 X_P 和 Y_P 则分别与东方向、北方向相差 γ 角,如图 6.21 所示。平台相对于北方向的方位角 γ 作为一个计算量存储于计算机中,因平台绕垂线是自由的,故 γ 角的变化为

$$\dot{\gamma} = (\dot{\lambda} + \omega_e)\sin\varphi \tag{6-3-1}$$

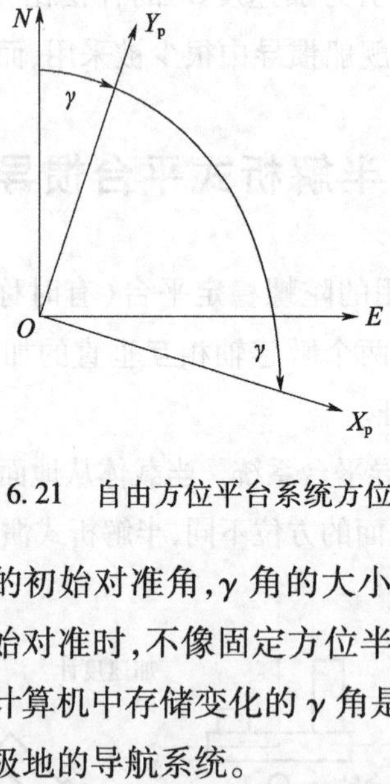

图 6.21 自由方位平台系统方位角

因此,只要知道平台轴 X_P 的初始对准角,γ 角的大小就可以实时计算出来。这种系统的优点是在高纬度处和在初始对准时,不像固定方位半解析式惯导系统那样使方位陀螺需要施加很大的力矩。而在计算机中存储变化的 γ 角是易于工程实现的。故自由方位半解析式惯导系统常用作通过极地的导航系统。

属于自由方位半解析式惯导系统的方案,还有一种称为游动自由方位半解析式惯导系统。它的特点是在方位陀螺上施加一定的控制力矩,使其完成相对惯性空间的旋转,大小为 $\omega_e\sin\varphi$,所以,方位角 γ 的变化为

$$\dot{\gamma} = \dot{\lambda}\sin\varphi \tag{6-3-2}$$

这种系统有和自由方位半解析式惯导系统同样可以通过极区的优点。通过分析,发现它在导航参数的计算上有一定的优越性,因此,更具有实用意义。

6.3.1 基本工作原理

图 6.22 所示为指北固定方位半解析式惯导系统原理图，采用了 3 个单自由度浮子积分陀螺仪作为敏感元件来稳定平台。通过 3 条稳定回路使平台相对惯性空间稳定，在此基础上，再通过 3 条修正回路使平台坐标系 $OX_PY_PZ_P$ 始终跟踪地理坐标系 $OEN\zeta$。所以，平台保持了水平和固定的北向方位。

首先讨论这种系统的定位过程。

假设在初始时刻平台是水平的，且平台的 Y_P 坐标轴总是保持指北方位。在平台上安装的两个加速度计 A_X 及 A_Y 的敏感轴分别沿着东西和南北两个方位放置，分别测出载体的东向及北向加速度分量。加速度计的输出信号中，除了有载体相对地球的运动加速度以外，还含有科里奥利加速度及向心加速度项，后者被称为有害加速度项。由于我们假设平台在运动时始终与重力加速度 $\boldsymbol{g}$ 的方向垂直，所以加速度计应该不感受重力加速度的分量。在加速度计输出信号进入导航计算机之前，必须补偿有害加速度 A_{EB} 及 A_{NB}，见图 6.22，经过一次积分则可得出速度分量，即

$$\begin{aligned} V_E(t) &= V_{E0} + \int_0^t (A_E + A_{EB})\mathrm{d}t \\ V_N(t) &= V_{N0} + \int_0^t (A_N + A_{NB})\mathrm{d}t \end{aligned} \tag{6-3-3}$$

从图 6.22 可以看出，再经过一次积分及运算之后，即可得到载体相对地球的经度和纬度的变化量 $\Delta\lambda$ 及 $\Delta\varphi$。

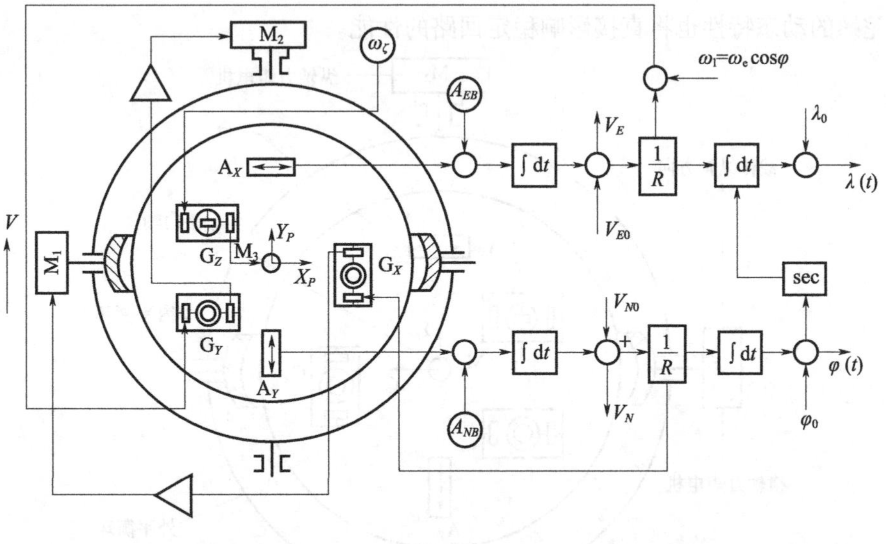

M₁—横轴力矩电机；M₂—纵轴力矩电机；M₃—平台轴力矩电机；

[符号]—角动量H垂直平台面；[符号]—角动量H平行平台面；[符号]—加速度计敏感轴方向。

图 6.22　指北固定方位半解析式惯导系统原理图

如果输入起始点的经度及纬度分别是 λ_0 和 φ_0,即可实时计算得到载体的经度 $\lambda(t)$ 及纬度 $\varphi(t)$ 为

$$\begin{cases}\lambda(t) = \lambda_0 + \dfrac{1}{R}\displaystyle\int_0^t V_E(t)\sec\varphi \mathrm{d}t \\ \varphi(t) = \varphi_0 + \dfrac{1}{R}\displaystyle\int_0^t V_N(t)\mathrm{d}t\end{cases} \tag{6-3-4}$$

下面叙述惯导平台是如何实现对惯性空间稳定和跟踪当地水平面的。

如图6.23所示,平台有3个自由度,这是由平台轴、内平衡环和外平衡环在结构上保证的。在平台上放置3个单自由度浮子式积分陀螺仪,它们的输入轴是互相垂直的,陀螺 G_Y 的输入轴平行于平台的 OY_P 轴,将敏感沿南北方向的角速度输入。陀螺 G_X 的输入轴平行于平台的 OX_P 轴,将敏感沿东西方向的角速度输入。陀螺 G_Z 的输入轴平行于平台的 OZ_P 轴(方位轴),陀螺 G_Z 将敏感沿垂线方向的角速度输入。当平台的外环轴沿载体的纵轴方向安放时,陀螺 G_Y 将敏感平台绕外环轴的旋转角速度。因此,当平台受到干扰以某一角速度绕外环轴旋转时,陀螺 G_Y 将感受到这个旋转角速度,并绕陀螺的输出轴进动,同时输出一个角度的信号,此信号经放大后送纵轴力矩电机,此力矩电机产生的力矩使平台绕外环轴以相反的角速度旋转,直到平台恢复到原来的水平位置。由于系统参数的适当选择,这一历程将在瞬间完成。实现了陀螺 G_Y 稳定平台的一个水平轴,使其不受外界干扰的影响。同理,陀螺 G_X 和 G_Z 分别稳定平台的另一个水平轴和垂直轴(方位轴)。这样就构成了一个三轴稳定平台,如果在陀螺上不再加控制信号,平台将相对惯性空间稳定。使平台相对惯性空间稳定的3条控制回路称为平台的稳定回路。在上边讨论的回路中,单自由度浮子式积分陀螺是稳定回路的敏感元件,是稳定回路中的一个环节,因此,陀螺的动态特性也将直接影响稳定回路的性能。

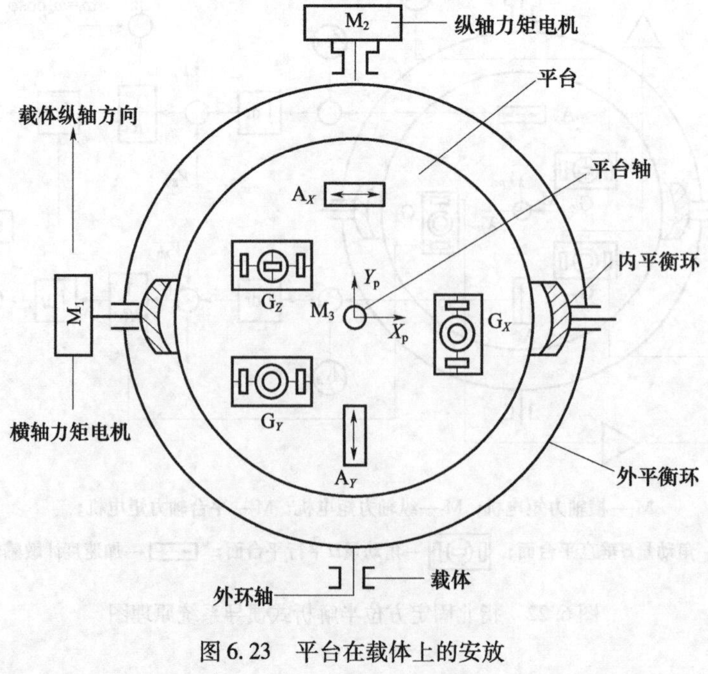

图6.23 平台在载体上的安放

上面介绍的是载体的纵轴和稳定平台的外环轴均沿南北方向设置的情况，这时若有干扰力矩沿外环轴方向作用在平台上，陀螺 G_Y 将输出一信号，经放大后输入至纵轴力矩电机使平台绕外环轴以相反的运动方向转动，或者说，纵轴力矩电机产生一个力矩与干扰力矩平衡，因而使平台相对惯性空间绕 Y 轴方向稳定。如果载体的航向发生 90°的变化，此时平台的外环轴将随载体转动到东西方向，而陀螺 G_Y 的敏感轴仍将稳定在原来的方向，因此，陀螺 G_Y 的敏感轴仍将指向南北方向，而平台的内环轴被载体带到南北方向。所以，此时陀螺 G_Y 只能敏感平台受干扰后沿内环轴方向的旋转角速度或干扰力矩，如果陀螺 G_Y 的输出信号经放大后，仍然输入到纵轴力矩，控制平台转动，这不但不能平衡沿内环轴的干扰力矩，而且还增加了新的沿外环轴方向的干扰力矩，进一步破坏了平台的稳定工作。在此情况下，陀螺 G_Y 的输出信号只能输入到平台的内环轴的力矩电机，才能达到稳定平台的作用。同理，陀螺 G_X 的输出信号必须转接给纵轴力矩电机才能使平台稳定。可见，陀螺 G_X 和 G_Y 的输出信号，须经坐标变换器按航向做适当的分配后，才能分别输入到纵轴（外环轴）及横轴（内环轴）力矩电机以控制平台，使其稳定。

下面叙述平台如何保持当地水平面。如果陀螺不加力矩控制信号，此平台将相对惯性空间稳定，但是由于地球自转以及载体做相对地球的运动，按照地理坐标系的定义，可以发现地理坐标系将在惯性空间以角速度 ω_E、ω_N、ω_ζ 转动，即当地水平面和方位相对惯性空间是在不断地变化。因此，如果要使平台始终保持水平和固定指北方向，也就是要使平台跟踪地理坐标系，这就必须使平台以地理坐标系相对惯性空间的角速度 ω_E、ω_N、ω_ζ 相对惯性空间转动。因此，必须加控制电流给陀螺力矩器，使陀螺 G_X、G_Y、G_Z 产生如下的进动角速度：

$$\begin{aligned}
\omega_X &= -\frac{V_N}{R} \\
\omega_Y &= \frac{V_E}{R} + \omega_e\cos\varphi \\
\omega_Z &= \frac{V_E}{R}\tan\varphi + \omega_e\sin\varphi
\end{aligned} \tag{6-3-5}$$

当陀螺以上述角速度进动时，陀螺输出信号给稳定回路，通过稳定回路使平台也以上述角速度相对惯性空间转动。因此，使平台跟踪地理坐标系，将始终保持水平和保持固定的指北方向。这些控制陀螺使平台跟踪地理坐标系的回路，称为修正回路。整个系统有北向水平、东向水平和方位 3 条修正回路。根据上边的讲述，从图 6.22 中可以看出，修正回路指从加速度计的输出，消除有害加速度环节到一次积分反馈给陀螺力矩器的回路，包括了稳定回路。

修正回路工作之前，必须注意初始条件的调整，即平台在初始时刻必须要调整在当地水平面及固定指北方向。

下面介绍坐标变换器的工作原理。坐标变换器相当于一个正余弦旋转变换器，绕组排列如图 6.24 所示。E_1 和 E_2 为定子绕组，分别接在 G_X 陀螺信号传感器上，定子绕组本体和平台轴相固联，E_{01}和E_{02}为转子绕组，分别接到横轴和纵轴力矩电机控制绕组的相应通道上，转子绕组本体则和内环相固联，所以定子绕组和转子绕组相对转角为航向角ψ，转子绕组输出有下列等式成立。

$$E_{01}=KE_1\cos\psi+KE_2\sin\psi$$
$$E_{02}=KE_2\cos\psi-KE_1\sin\psi \tag{6-3-6}$$

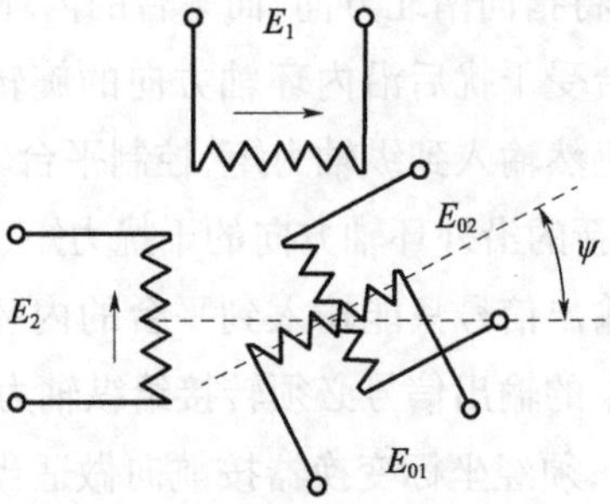

图 6.24　坐标变换器电气原理图

K为绕组的转换系数并假设对所有的绕组是一致的，或写成矩阵的形式，即

$$\begin{bmatrix}E_{01}\\E_{02}\end{bmatrix}=K\begin{bmatrix}\cos\psi & \sin\psi\\-\sin\psi & \cos\psi\end{bmatrix}\begin{bmatrix}E_1\\E_2\end{bmatrix} \tag{6-3-7}$$

从式(6-3-7)可见，当航向角$\psi=0$时，$E_{01}=KE_1$，$E_{02}=KE_2$，分别由陀螺G_X和G_Y单独控制平台的内环轴和外环轴力矩电机。而当$\psi=90°$时，$E_{01}=KE_2$，$E_{02}=KE_1$，则分别由陀螺G_X和G_Y单独控制平台的外环轴和内环轴力矩电机，完成了航向信号的转换任务。

6.3.2　舒拉调谐原理

具有跟踪水平面特性的半解析式惯导平台，当运载体经受横向或纵向加速度时，导致平台坐标系偏离开位于水平面内的导航坐标系，此即平台的加速度误差。

以单摆为例，设地球半径为R，地面位置Ⅰ处放置一个单摆，忽略单摆距地面的高度。在地面上处于静止状态的单摆能够准确地指示当地地垂线的方向。但是在载体上，水平加速度将使单摆摆动，偏离当地地垂线方向。

如图6.25所示，单摆的摆长为l，当单摆处于Ⅰ位置时，与当地地垂线重合，后由于载体以加速度a运动，移动到位置Ⅱ处。由于加速度的影响，在位置Ⅱ处，单摆不再与当地地垂线重合，而是沿着与加速度a相反的方向转过角度θ_a，与当地地垂线的夹角为θ。做位置Ⅰ、Ⅱ当地地垂线的延长线，两延长线的夹角为θ_b，则有

$$\theta_a=\theta_b+\theta \tag{6-3-8}$$

$$\ddot{\theta}_a=\ddot{\theta}_b+\ddot{\theta} \tag{6-3-9}$$

$$\ddot{\theta}_b=\frac{a}{R} \tag{6-3-10}$$

通过对单摆进行受力分析，得

$$J\ddot{\theta}_a = mla\cos\theta - mlg\sin\theta \tag{6-3-11}$$

将上式代入，得

$$J\left(\frac{a}{R} + \ddot{\theta}\right) = mla\cos\theta - mlg\sin\theta \tag{6-3-12}$$

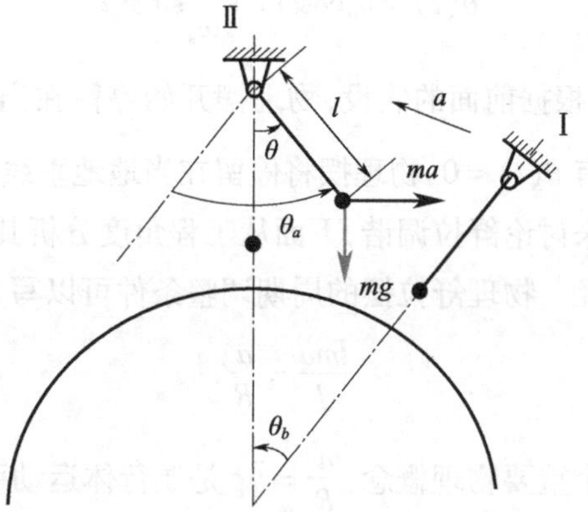

图6.25 单摆受加速度运动的影响

又考虑到研究的目的是让单摆能够不受加速度影响时时保持当地地垂线，可以认为θ是一个小角度，所以可做如下的近似，即

$$J\left(\frac{a}{R} + \ddot{\theta}\right) = mla - mlg\theta \tag{6-3-13}$$

将上式重新整理后，有

$$\ddot{\theta} + \frac{lmg}{J}\theta = \left(\frac{lm}{J} - \frac{1}{R}\right)a \tag{6-3-14}$$

在上式中，载体加速度a为输入量，单摆与当地地垂线夹角θ为输出，研究的目的，就是使输出θ不受输入a影响的条件。从上式可以看出，这一条件是当a前面的系数为0时，而单摆的转动惯量为$J = ml^2$，即

$$\frac{lm}{J} - \frac{1}{R} = 0 \rightarrow \frac{1}{l} - \frac{1}{R} = 0 \rightarrow l = R \tag{6-3-15}$$

即单摆的长度为地球的半径。同时，有

$$\ddot{\theta} + \frac{g}{l}\theta = 0 \rightarrow \ddot{\theta} + \frac{g}{R}\theta = 0 \tag{6-3-16}$$

即单摆的固有振荡角频率为

$$\omega_s = \sqrt{\frac{g}{R}} \tag{6-3-17}$$

单摆的固有振荡周期为

$$T = \frac{2\pi}{\omega_s} = 2\pi\sqrt{\frac{g}{R}} = 84.4\text{min} \tag{6-3-18}$$

这一结论首先由舒拉(Schuler)提出,所以也称为舒拉调谐周期。舒拉是德国科学家,1923年他在研究加速度对陀螺罗盘的影响时,发现如果陀螺具有84.4min周期,它将保持在重力平衡位置,而不受航行体任意运动的干扰。

解方程可以得到

$$\theta(t)=\theta_0\cos\omega_s t+\frac{\dot{\theta}_0}{\omega_s}\sin\omega_s t \tag{6-3-19}$$

式中:θ_0、$\dot{\theta}_0$ 为起始条件,根据前面的假设,物理摆开始停留在当地垂线方向不动,即相当于 $\theta_0=0$、$\dot{\theta}_0=0$,那么将有 $\theta(t)=0$,物理摆将停留在当地地垂线方向。

以上是从运动角度来讨论舒拉调谐,下面从工程角度分析其实现的可能性,从而找到实现这个原理的技术途径。物理舒拉摆的周期调整条件可以写为

$$\frac{lma}{J}=\frac{a}{R} \tag{6-3-20}$$

它意味着这样的一个重要物理概念:$\frac{a}{R}=\ddot{\theta}_b$ 是航行体运动引起的地垂线变化的角加速度,而$\frac{lma}{J}$是物理摆在加速度 a 作用下具有的角加速度。如果使摆的角加速度等于地垂线改变的角加速度,那么摆便跟踪地垂线运动,这样摆不再偏离当地地垂线,即 $\alpha(t)=0$(在 $\theta_0=0$、$\dot{\theta}_0=0$ 条件下)。再详细地追述一下作用过程细节,又会给我们有益的提示:航行体以加速度 a 沿大圆弧航行,引起地垂线加速度为$\frac{a}{R}=\ddot{\theta}_b$,而物理摆在惯性力矩 lma 作用下,使摆产生角加速度 $\ddot{\alpha}_a=\frac{lma}{J}$,若这个力矩控制得恰到好处,即满足:$\frac{lma}{J}=\frac{a}{R}$,问题即得到解决。通过设计物理摆的参数 m、i、J,使其满足$\frac{lm}{J}=\frac{1}{R}$条件,即可以达到目的。

当然,对于单摆而言,要求其长度等于地球半径 R,在工程上是无法实现的。但这一过程仍然具有理论意义。

下面以单轴陀螺稳定平台为例说明舒拉调谐周期在平台中的应用。

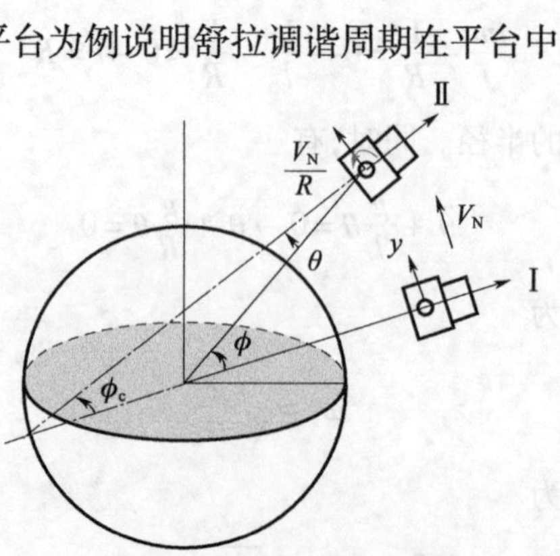

图6.26 单轴陀螺稳定平台舒拉调谐周期示意图

如图 6.26 所示，一个单自由度惯导系统，我们要将平台在航行过程中时刻保持在当地水平面内。为描述简便起见，设地球为标准球体，半径为 R，该平台沿地球子午线向北航行。起始位置Ⅰ处，平台与当地水平面保持水平，航行体此时以速度 V_N 沿子午线向北航行，经一段时间后，到达位置Ⅱ。作平台在位置Ⅰ、Ⅱ处与地心的连线，夹角为 ϕ，平台在位置Ⅱ处的垂线与当地地垂线夹角为 θ，作平台在位置Ⅰ、Ⅱ处垂线的延长线，夹角为 ϕ_c。

如果在航行过程中平台要保持在当地水平面内，则平台应以角速度 $-\dfrac{V_N}{R}$ 绕 OX 轴转动，并始终保持 $\theta=0$，将这个角速度作为指令信号加给东向陀螺力矩器便可实现。

若这个系统各环节都没有误差，初始对准也很精确，则平台坐标系与地理坐标系开始时重合。由加速度计输出 a_N 信号，经一次积分得到北向速度 V_N，再将这个速度被地球半径 R 除并取负值，则得指令角速率 $-\dfrac{V_N}{R}$ 信号，然后把这个信号加给陀螺力矩器，平台便可在这个力矩的控制下绕稳定轴 OX 转动，使平台按 $-\dfrac{V_N}{R}$ 角速率运动并保持在当地水平面内，也就是能随进保持平台坐标系与地理坐标系始终重合，平台的工作过程如图 6.27 所示。

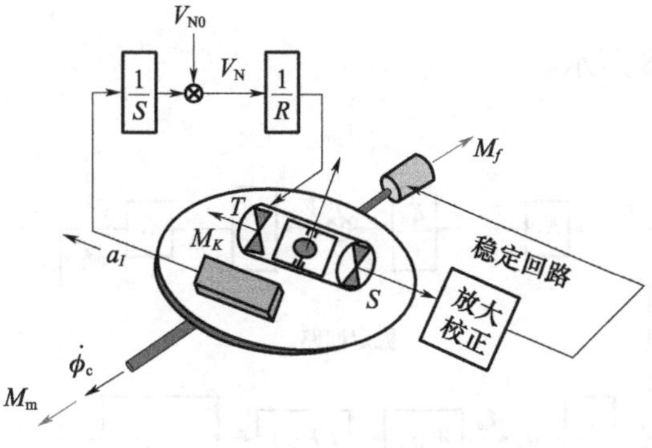

图 6.27 平台跟踪当地水平面的工作过程

从系统控制回路方块图中划分稳定回路与修正回路，按它们各自在惯导系统中的作用或者功能来划分。稳定回路的作用主要是隔离航行体的角运动，当航行体角运动或平台轴受到干扰力矩时，通过稳定回路的作用可以使平台轴稳定在惯性空间不做转动运动。例如，当平台稳定轴受到干扰力矩作用时，陀螺绕进动轴进动，产生的陀螺运动作用于稳定轴，并平衡干扰力矩。同时，通过陀螺角传感器输出信号，经过稳定回路放大校正之后控制平台稳定电机。稳定电机产生的力矩将干扰力矩卸荷，以保持平台轴的合力矩为零，从而使平台稳定轴在惯性空间不动。我们把从受到干扰力矩的平台轴为输入端，经过上述环节过程，使平台轴得到稳定电机力矩为止，这样的回路称为稳定回路。稳定回路由陀螺信号器、放大校正环节和稳定电机组成。

修正回路的作用是使平台按照我们要求的运动规律即指令角速度相对惯性空间运动。例如前面的例子,当航行体以 V_N 航行时,要想使平台稳定在当地水平面内,则要求平台以 $-\frac{V_N}{R}$角速率相对惯性空间运动。这里特别强调指出,要想让平台以 $-\frac{V_N}{R}$角速率运动,必须将此指令角速率信号加在相应陀螺力矩器上才能使平台运动。企图将 $-\frac{V_N}{R}$信号直接加在平台稳定轴上是不行的,因为稳定轴没有办法区别是干扰运动还是控制运动。根据平台稳定回路的作用原理,如果将一控制信号通过稳定电机加控制加矩在稳定轴上,那么稳定电机在稳定回路的作用下产生一个卸荷力矩,将原来的控制力矩抵消掉。总之,只有将控制指令信号加在相应陀螺力矩器上,也就是施矩于陀螺,才能控制平台运动。

从输入加速度开始,经过加速度计、积分器、陀螺力矩器、陀螺浮子组件、陀螺角传感器、稳定回路放大校正环节、稳定电机等环节去控制平台转动。如果上述过程中各环节是理想的,那么,平台将转动 $\phi_c=\frac{a_N}{RS^2}$角度,误差角 $\theta=0$;否则将有误差角 θ 出现,平台偏离水平角 θ 后加速度计将感受到重力加速度的分量 $g\cdot\theta$,我们把从输入加速度到加速度计为输入端,经过上述一系列环节到加速度计感受到 $g\cdot\theta$ 为止,这样的回路称为修正回路。

系统的方框图如图 6.28 所示。

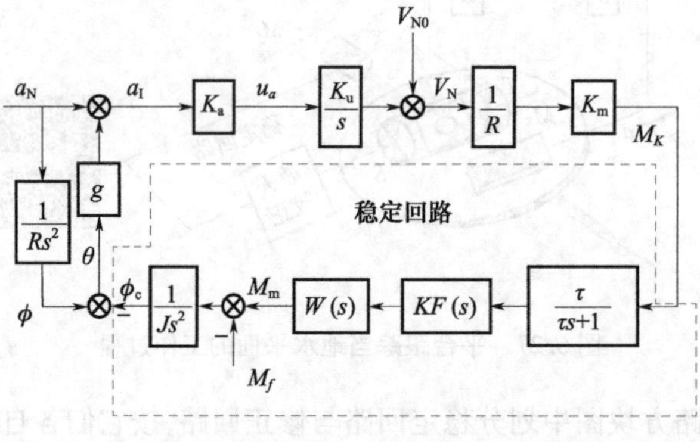

图 6.28 单自由度惯导跟踪当地水平面方框图 1

在惯导系统设计中,这两个作用不同的回路可以分别进行设计,因为修正回路是具有 84.4min 周期的很缓慢运动的控制回路,而稳定回路则是快速控制回路,它的超调衰减运动的周期还不到秒级的时间。当我们研究修正回路时,可以用静态传递函数$\frac{1}{HS}$表示稳定回路,不必考虑稳定回路的过渡过程。这样,单自由度惯导系统方块图如图 6-29 所示。

为了更清楚地表示陀螺和平台进动之间的关系,可将图 6.29 改画为图 6.30。因为是表示舒拉摆应用,所以仅为修正回路方框图。

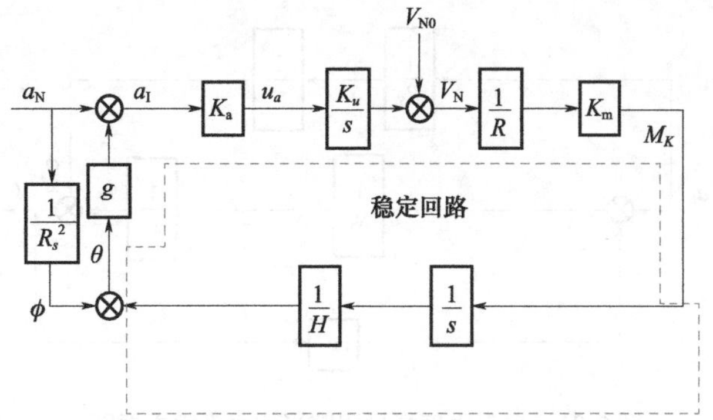

图6.29　单自由度惯导跟踪当地水平面方框图2

我们将这个方框图与单摆加以比较,对我们理解修正回路作用原理大有好处。首先这两个系统的目的都是跟踪地垂线,其次它们都是感受加速度之后产生力矩,只是产生力矩的方法不同而已。单摆是通过惯性力 ma 及摆长 l 产生力矩 $M=lma$,而单轴修正回路,是将加速度积分后转换成角速率,然后把它以电流形式加给陀螺力矩器并产生力矩。再者,单摆受到力矩后绕支点产生角运动去找垂线,而在单轴修正回路中,是在陀螺施矩后平台绕稳定轴进动去找垂线。

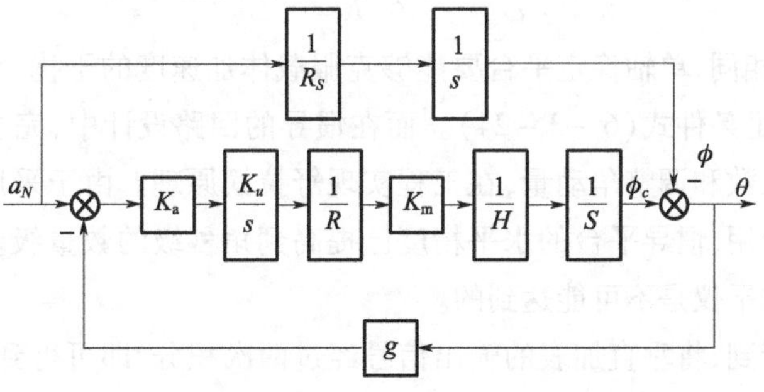

图6.30　单自由度惯导跟踪当地水平面方框图3

惯导修正回路经过舒拉摆调整后可以准确跟踪地垂线,而不受航行体任意运动的干扰。从图中可以看出,若要使垂线误差 $\theta=0$,那么必须使 $\phi=\phi_c$ 才能满足要求,要想使 $\phi=\phi_c$,则修正回路的参数应满足以下条件:

$$\frac{K_a K_u K_m}{H}=1 \qquad (6-3-21)$$

如果这个关系式中的静态传递函数精度很高,能满足条件要求,那么修正回路将具有84.4min 的振荡周期,式(6-3-21)即为舒拉摆调整条件,在满足上述条件后,方框图可进一步简化为图6.31。

这个方框图最简洁明了地讲清了舒拉摆原理本质。当航行体以 a_N 运动时,将感测的加速度通过计算精确施矩于陀螺,使平台进动,若进动的角速率 $\dot{\phi}_c$ 恰好等于理想情况下地垂线改变的角速率 $\dot{\phi}=\frac{a_N}{RS}$时,平台将精确保持在水平位置。

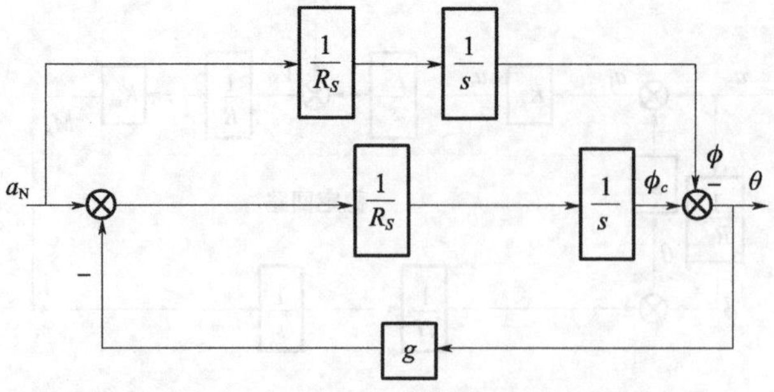

图6.31　单自由度惯导跟踪当地水平面方框图4

根据图6.31可以得到系统方程式为

$$\left(S^2+\frac{g}{R}\right)\theta=0 \tag{6-3-22}$$

若初始条件 $\theta_0=0,\dot{\theta}_0=0$,则 $\theta(t)=0$;若 $\theta_0\neq0$ $\dot{\theta}_0\neq0$,则可得到

$$\theta(t)=\theta_0\cos\omega_s t+\frac{\dot{\theta}_0}{\omega_s}\sin\omega_s t \tag{6-3-23}$$

$$T=\frac{2\pi}{\omega_s}=2\pi\sqrt{\frac{g}{R}}=84.4\text{min} \tag{6-3-24}$$

可见,与单摆相同,单轴稳定平台要能够克服载体加速度的干扰,其系统也要实现舒拉调谐,即必须满足条件式(6-3-24)。而在惯导的回路设计中,完全可以通过适当选择各器件的放大系数和调整角动量,在工程实现舒拉摆原理。由于采用了高精度的惯性元件和舒拉摆的应用,惯导平台的水平精度已提高到角秒级的数量级。这么高精度的水平基准一般普通水平仪是不可能达到的。

在前面我们看到,将垂直加表的输出信号经过两次积分,即可得到导弹的飞行高度。但实际上,这种计算方法是不稳定的,工程上是无法利用的。这是因为:

设地球为不自转的球体,地球表面的重力加速度为

$$g_0=K\frac{M}{R^2} \tag{6-3-25}$$

式中:M 为地球质量。

离地球表面 h 处的重力加速度 g 为

$$g=K\frac{M}{(R+h)^2} \tag{6-3-26}$$

根据以上两式可得到

$$g=g_0\frac{R^2}{(R+h)^2} \tag{6-3-27}$$

当 $h\ll R$ 时,式(6-3-27)可近似表示如下

$$g=g_0\left(1-\frac{2h}{R}\right) \tag{6-3-28}$$

式(6－3－28)表明随着 h 的增加,重力加速度将下降,根据此公式,惯导系统高度通道方块图如图6.32所示。

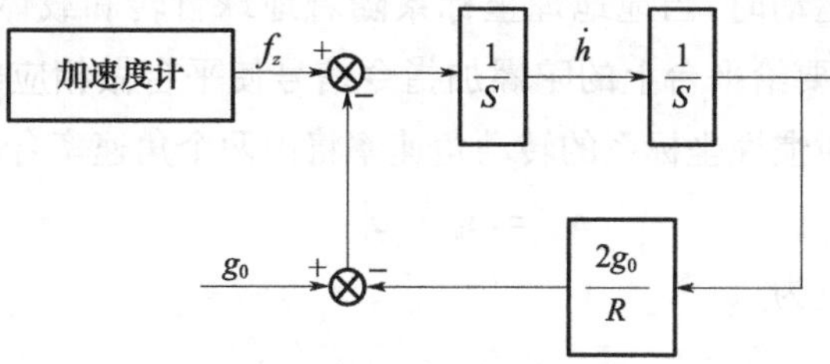

图6.32　惯导系统高度通道方块图

系统的特征方程式为

$$\left(S^2-\frac{2g_0}{R}\right)h=0 \tag{6-3-29}$$

$$\left(S+\sqrt{\frac{2g_0}{R}}\right)\left(S-\sqrt{\frac{2g_0}{R}}\right)=0 \tag{6-3-30}$$

从上式可以看出,重力加速度修正的闭环系统特征式中有一个正根,系统是不稳定的发散系统。正根 $e^{\sqrt{\frac{2g_0}{R}}t}$ 有关时间常数 $\sqrt{\frac{R}{2g_0}}=565\text{s}$。如起始高度误差 $\Delta h_0=2\text{m}$,那么经2h后将产生高度误差 $\Delta h=\Delta h_0 e^{\frac{1}{565}\times 7200}=2e^{12.7}=655\text{km}$。因此,不可能用纯惯性的方法靠这种系统来在较长时间内确定高度。作为巡航导弹用的惯导系统,其飞行高度变化不大,但飞行时间较长,所以在高度通道中可以采用气压高度系统来确定飞行高度。关于气压高度系统的内容请参见专门书籍。

6.3.3　指北方位惯导系统

指北方位惯导系统主要是指平台所处的坐标状况而言的。设想有一个三轴平台,它模拟地理坐标系 $ox_ty_tz_t$,根据对坐标系指向的规定,ox_ty_t 在水平面内,oz_t 轴与地垂线重合,oy_t 指向北方向。这样的一个惯导系统就是一个指北方位惯导系统,其平台平面控制在当地水平面内,而其方位控制在北方向。严格地讲,这种系统应该称为水平指北平台惯导系统。

有了这样一个模拟地理坐标系的水平指北方位平台,实质上就在运载体内建立了一个真实的地理坐标系。在这个平台的坐标轴方向装上3个加速度计,其方位分别指向东、北、天向。这样,运载体以任意向量加速度运动时,便可以测得东、北、天3个方向的加速度向量 $\boldsymbol{a}$ 的分量 $a_x^t\ a_y^t\ a_z^t$。得到这3个加速度分量后通过力学分析,即可以计算出我们所需要的导航参数。

1. 平台指令计算

指北方位惯导系统在工作时,平台坐标系始终模拟地理坐标系。在前面讲过,惯性元件陀螺仪是相对惯性空间稳定的,而要使平台坐标系与地理坐标系重合,就需要给平台施加控制指令,使平台坐标系跟踪地理坐标系。

当运载体在地球上运动时,当地地理坐标系随着地球自转和载体航行而不断改变。为使平台系跟踪地理系,要给平台上的陀螺加指令信号使平台做相应的转动。运载体所在位置的地理坐标系相对惯性坐标系的转动角速率将由两个角速率合成,即

$$\boldsymbol{\omega}_{it}^{t} = \boldsymbol{\omega}_{ie}^{t} + \boldsymbol{\omega}_{et}^{t} \tag{6-3-31}$$

地球自转角速率分量为

$$\boldsymbol{\omega}_{ie}^{t} = \begin{bmatrix} \omega_{iex}^{t} \\ \omega_{iey}^{t} \\ \omega_{iez}^{t} \end{bmatrix} = \begin{bmatrix} 0 \\ \omega_{ie}\cos\phi \\ \omega_{ie}\sin\phi \end{bmatrix} \tag{6-3-32}$$

运载体相对地球运动而引起的地理坐标系的角速率分量为

$$\boldsymbol{\omega}_{et}^{t} = \begin{bmatrix} \omega_{etx}^{t} \\ \omega_{ety}^{t} \\ \omega_{etz}^{t} \end{bmatrix} = \begin{bmatrix} -\dfrac{V_{ety}^{t}}{R} \\ \dfrac{V_{etx}^{t}}{R} \\ \dfrac{V_{etx}^{t}}{R}\tan\phi \end{bmatrix} \tag{6-3-33}$$

这样,为使平台坐标系跟踪地理坐标系,考虑到

$$\boldsymbol{\omega}_{ip}^{p} = \boldsymbol{\omega}_{it}^{t} \tag{6-3-34}$$

平台总的指令角速度分量为

$$\boldsymbol{\omega}_{ip}^{p} = \begin{bmatrix} \omega_{ipx}^{p} \\ \omega_{ipy}^{p} \\ \omega_{ipz}^{p} \end{bmatrix} = \begin{bmatrix} -\dfrac{V_{ety}^{t}}{R} \\ \omega_{ie}\cos\phi + \dfrac{V_{etx}^{t}}{R} \\ \omega_{ie}\sin\phi + \dfrac{V_{etx}^{t}}{R}\tan\phi \end{bmatrix} \tag{6-3-35}$$

将这一角速率分量作为控制指令分别加给相应的陀螺力矩器,平台便自动跟踪地理坐标系,这样便建立了一个物理平台,它的方位环控制在当地垂线方向,而平台的方位轴始终指向北。如果考虑地理的椭圆度,则上式应改写为

$$\boldsymbol{\omega}_{ip}^{p} = \begin{bmatrix} \omega_{ipx}^{p} \\ \omega_{ipy}^{p} \\ \omega_{ipz}^{p} \end{bmatrix} = \begin{bmatrix} -\dfrac{V_{ety}^{t}}{R_{yt}} \\ \omega_{ie}\sin\phi + \dfrac{V_{etx}^{t}}{R_{xt}} \\ \omega_{ie}\sin\phi + \dfrac{V_{etx}^{t}}{R_{xt}}\tan\phi \end{bmatrix} \tag{6-3-36}$$

其中,R_{yt}为当地子午圈的主曲率半径;R_{xt}为与子午圈垂直的当地卯酉圈的曲率半径。

指北方位系统的优点是：由于平台坐标系和地理坐标系相重合，不需要坐标变换就可直接输出运载体的姿态和航向信息，使用比较直观。同时，由于平台控制在当地地理坐标系内，3个正交加速度计分别测出东、北、天向的比力，这些信号解算导航参数的力学方程比较简单，可以说是力学编排中最简单的一种，对计算机的要求也低。但是，其主要缺点是：由于要求平台方位始终指北，在高纬度区因经度线的极点会聚，东西向速度会引起很大的经度变化率，势必要求给方位陀螺施加过大的控制力矩，平台跟踪速度很大，对陀螺力矩器设计和平台稳定回路的设计带来较大困难。当运载体飞越极区时，会使平台丧失工作性能。因此，指北方位系统一般适用于纬度小于60°的地区。

2. 速度计算

由于指北方位惯导系统的平台系 p 系与地理坐标系 t 系保持一致，所以

$$\dot{\boldsymbol{V}}_{et}^{t}=\boldsymbol{f}^{t}-(2\boldsymbol{\omega}_{ie}^{t}+\boldsymbol{\omega}_{et}^{t})\times\boldsymbol{V}_{et}^{t}+\boldsymbol{g}^{t} \tag{6-3-37}$$

将上式展开并略去 $\dot{v}_{et}^{t}$ 和 v_{et}^{t} 分量的下标，有

$$\begin{bmatrix}\dot{V}_x^t\\ \dot{V}_y^t\\ \dot{V}_z^t\end{bmatrix}=\begin{bmatrix}f_x^t\\ f_y^t\\ f_z^t\end{bmatrix}-\begin{bmatrix}0 & -(2\omega_{iez}^{t}+\omega_{etz}^{t}) & (2\omega_{iey}^{t}+\omega_{ety}^{t})\\ (2\omega_{iez}^{t}+\omega_{etz}^{t}) & 0 & -(2\omega_{iex}^{t}+\omega_{etx}^{t})\\ -(2\omega_{iey}^{t}+\omega_{ety}^{t}) & (2\omega_{iex}^{t}+\omega_{etx}^{t}) & 0\end{bmatrix}\times\begin{bmatrix}V_x^t\\ V_y^t\\ V_z^t\end{bmatrix}+\begin{bmatrix}0\\ 0\\ -g\end{bmatrix} \tag{6-3-38}$$

将上式展开后，有如下方程组：

$$\begin{cases}\dot{V}_x^t=f_x^t+\left(2\omega_{ie}\sin\varphi+\dfrac{V_x^t}{R_{xt}}\tan L\right)V_y^t-\left(2\omega_{ie}\cos\varphi+\dfrac{V_x^t}{R_{xt}}\right)V_z^t\\ \dot{V}_y^t=f_y^t-\left(2\omega_{ie}\sin\varphi+\dfrac{V_x^t}{R_{xt}}\tan L\right)V_x^t-\left(\dfrac{V_y^t}{R_{yt}}\right)V_z^t\\ \dot{V}_z^t=f_z^t+\left(2\omega_{ie}\cos\varphi+\dfrac{V_x^t}{R_{xt}}\right)V_x^t+\left(\dfrac{V_y^t}{R_{yt}}\right)V_y^t-g\end{cases} \tag{6-3-39}$$

由于平台的高度通道另行计算，在这里只考虑水平两路通道，式中有害加速度即为

$$\begin{cases}a_{Bx}=-\left(2\omega_{ie}\sin\varphi+\dfrac{V_x^t}{R_{xt}}\tan L\right)V_y^t+\left(2\omega_{ie}\cos\varphi+\dfrac{V_x^t}{R_{xt}}\right)V_z^t\\ a_{By}=\left(2\omega_{ie}\sin\varphi+\dfrac{V_x^t}{R_{xt}}\tan L\right)V_x^t+\left(\dfrac{V_y^t}{R_{yt}}\right)V_z^t\end{cases} \tag{6-3-40}$$

可见，从加速度计测量的比力中，分别扣除有害加速度的影响，即可得到东向和北向的速度：

$$\begin{cases}V_x^t=\int_0^t\dot{V}_x^t\mathrm{d}t+V_{x0}^t\\ V_y^t=\int_0^t\dot{V}_y^t\mathrm{d}t+V_{y0}^t\end{cases} \tag{6-3-41}$$

3. 经度和纬度计算

对于指北方位惯导系统而言,纬度变化率 $\dot{\varphi}$ 和经度变化率 $\dot{\lambda}$ 与相应的地速分量间有如下的关系式。

$$\begin{cases}\dot{\varphi}=\dfrac{V_y^{\mathrm{t}}}{R_{y\mathrm{t}}}=-\omega_{\mathrm{et}x}^{\mathrm{t}}\\ \dot{\lambda}=\dfrac{V_x^{\mathrm{t}}}{R_{x\mathrm{t}}\cos\varphi}=\dfrac{\omega_{\mathrm{et}z}^{t}}{\sin\varphi}\end{cases}\tag{6-3-42}$$

对上式积分,即可求出纬度 φ 和经度 λ,即

$$\begin{cases}\varphi=\displaystyle\int_0^t\frac{V_y^{\mathrm{t}}}{R_{y\mathrm{t}}}\mathrm{d}t+\varphi_0\\ \lambda=\displaystyle\int_0^t\frac{V_x^{\mathrm{t}}}{R_{x\mathrm{t}}}\sec\varphi\mathrm{d}t+\lambda_0\end{cases}\tag{6-3-43}$$

式中:φ_0,λ_0 为初始纬度和经度。

4. 高度计算

纯惯性的高度(垂直)通道是不稳定的,必须引入外部(如气压式高度表、无线电高度表、雷达高度表或大气数据系统等)的高度信号来对高度通道构成阻尼回路。这样,两方面可以取长补短,得到动态品质较好而误差又不随时间发散的组合高度系统。图6.33所示为惯导与组合高度信号构成的垂直通道二阶阻尼回路。

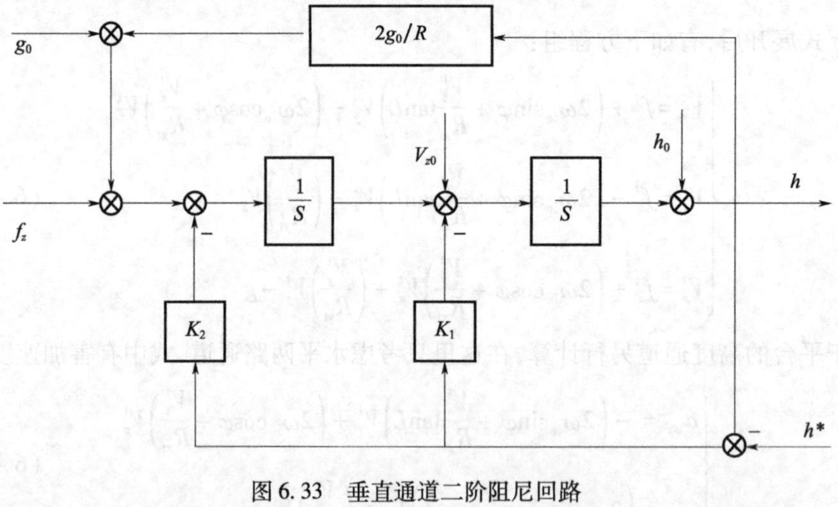

图6.33 垂直通道二阶阻尼回路

图中,h_0,V_{z0} 为初始高度和初始垂直速度;k_1,k_2 为反馈回路传递系数。

引入外部高度信息 h^* 与惯导高度通道的高度 h 相减,利用二者的差值信息($h-h^*$)分别对系统的 $\dot{h}$ 和 $\ddot{h}$ 进行负反馈,得到所需的阻尼效果,可得系统的传递函数为

$$\begin{cases}\delta v_z=f_z+\dfrac{2g_0}{R}h-g_0-k_2(h-h^*)\\ \delta h=V_z-k_1(h-h^*)\end{cases}\tag{6-3-44}$$

写成矩阵形式，有

$$\begin{bmatrix} s & k_2 - \frac{2g_0}{R} \\ -1 & s + k_1 \end{bmatrix} \begin{bmatrix} V_z \\ h \end{bmatrix} = \begin{bmatrix} f_z - g_0 + k_2 h^* \\ k_1 h^* \end{bmatrix} \tag{6-3-45}$$

系统的特征方程为

$$s(s + k_1) + k_2 - \frac{2g_0}{R} = 0 \tag{6-3-46}$$

可见，适当地选择 k_1 和 k_2，作为典型的二阶系统可以得到期望的动态特性。如果在二阶阻尼回路的基础上再增加一些速率反馈和积分环节，可以组成三阶阻尼回路，使选择参数的余地更大。

5. 姿态角获取

由于平台坐标系模拟了当地地理坐标系，所以从平台框架轴上安装的角度传感器，就可直接取得载体的航向角、俯仰角和横滚(倾斜)角信号。

6.3.4 自由方位惯导系统

自由方位惯导系统不像指北方位惯导系统那样，其方位始终指向一个方向——北方向。自由方位平台的方位可以和北向成任意夹角，但却始终指向惯性空间的某一个方向。容易想象，既然水平自由方位平台的方位保持在惯性空间不动，那么由于地球的旋转和导弹的运动，使这个平台方位相对地球北方向有任意的角度。从这个任意角度意义上讲，我们称具有这种特点的惯导平台为自由方位平台。很显然，此时对平台上的方位陀螺不施加控制信号，而只给使控制平台保持在当地水平面内的陀螺施加控制指令信号。当运载体在高纬度地区运动时，就克服了指北方位平台实现方位陀螺施矩及方位稳定回路中的困难。

设自由方位平台坐标系 $ox_py_pz_p$ 和地理坐标系 $ox_ty_tz_t$ 与垂直轴 oz_p 和 oz_t 重合，ox_py_p 及 ox_ty_t 均处于当地水平面内，但它们的水平轴之间有一个自由方位角 $K(t)$。

为了便于区别自由方位平台和指北方位平台，根据前面已推出的地理坐标系(也就是指北方位平台)相对惯性角速率分量，不难求得自由方位平台相对惯性空间的角速率分量如下。

$$\begin{bmatrix} \omega_{ipx}^{p} \\ \omega_{ipy}^{p} \\ \omega_{ipz}^{p} \end{bmatrix} = \begin{bmatrix} \cos K & \sin K & 0 \\ -\sin K & \cos K & 0 \\ 0 & 0 & 1 \end{bmatrix} \begin{bmatrix} \omega_{itx}^{t} \\ \omega_{ity}^{t} \\ \omega_{itz}^{t} \end{bmatrix} + \begin{bmatrix} 0 \\ 0 \\ \dot{K}(t) \end{bmatrix} \tag{6-3-47}$$

由前所述可知，自由方位平台要求：

$$\omega_{ipz}^{p} = 0 \tag{6-3-48}$$

所以，有

$$\omega_{itz}^{t} + \dot{K}(t) = 0 \tag{6-3-49}$$

则有

$$\dot{K}(t) = -\left(\omega_{ie}\sin\varphi + \frac{V_x^t}{R}\tan\varphi\right) \tag{6-3-50}$$

$$K(t) = K(0) - \int_0^t \left(\omega_{ie}\sin\varphi + \frac{V_x^t}{R}\tan\varphi\right) dt \tag{6-3-51}$$

从上式可以明显看出,自由方位角 $K(t)$ 为任意角度,它是纬度和飞行速度的函数。为了保持平台在当地水平面内,两个相应的控制指令角速率为

$$\begin{bmatrix} \omega_{ipx}^p \\ \omega_{ipy}^p \end{bmatrix} = \begin{bmatrix} \cos K & \sin K \\ -\sin K & \cos K \end{bmatrix} \begin{bmatrix} \omega_{itx}^t \\ \omega_{ity}^t \end{bmatrix} \tag{6-3-52}$$

载体的航向角 ψ 与自由方位角 $K(t)$ 的关系如图6.34所示。图中 y_t 指向正北,y_b 代表载体纵轴的水平方位,它们之间的夹角即航向角 ψ;y_f 代表自由方位平台的对应轴的方位。从平台轴上的角传感器只能读载体相对平台的偏航角 ψ_{fb},所以必须知道自由方位角 $K(t)$ 的大小,才能由 $\psi=\psi_{fb}-K(t)$ 求出航向角。

很明显,由于自由方位系统的 $\omega_{ipz}^p=0$,方位陀螺不需施矩,平台绕方位轴也就没有控制跟踪的角速率。因而,前述指北方位系统在高纬度区飞行时遇到的问题可以避免。

然而,这种方案也带来另一方面的问题。由于平台系不再与地理系保持一致,使导航计算过程变得复杂起来。例如,由自由方位平台上的加速度计测出并经一次积分后得到的速率分量,必须向地理坐标系投影才能得到在地理东向和北向上的速度分量,以便进一步计算出地理位置。但是这两个坐标系绕方位轴的夹角为 $K(t)$,是我们无法直接测出的。

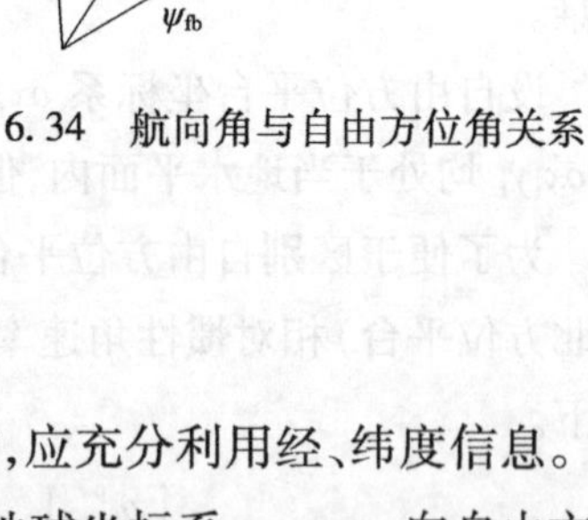

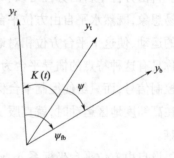

图6.34 航向角与自由方位角关系

由于 $K(t)$ 是纬度 φ、地速分量 V_x^t 等的函数,需要首先求出纬度 φ、地速分量 V_x^t。

1. 利用方向余弦矩阵求导航参数

为了得到与导航参数相关的方程,在进行坐标转换时,应充分利用经、纬度信息。因此,坐标变换的初始坐标系选为地球坐标系 $o_e x_e y_e z_e$,在由地球坐标系 $o_e x_e y_e z_e$ 向自由方位坐标系变换时,采用欧拉角转动法。由于欧拉角转动方法的不唯一性,在工程中可能会有不同的转动方案,这将会导致坐标变换矩阵的不唯一。本节中,采用这样的转动方法:以地球坐标系 $o_e x_e y_e z_e$ 为起始位置,首先将地球坐标系沿 $o_e z_e$ 轴旋转 $(\lambda+90°)$ 角,获得坐标系 $o_e x_1 y_1 z_1$,然后将原点由地心 o_e 平移至 o 点,再沿 ox_1 轴旋转 $(90°-\varphi)$ 角,便与当地地理坐标系 $ox_t y_t z_t$ 重合,最后再绕 oz_t 轴旋转 $K(t)$ 角,即可得到自由方位的平台坐标系 $ox_p y_p z_p$。平台坐标系与地球坐标系之间的坐标变换关系为

$$\begin{bmatrix} x_p \\ y_p \\ z_p \end{bmatrix} = \begin{bmatrix} \cos K & \sin K & 0 \\ -\sin K & \cos K & 0 \\ 0 & 0 & 1 \end{bmatrix} \begin{bmatrix} 1 & 0 & 0 \\ 0 & \sin\varphi & \cos\varphi \\ 0 & -\cos\varphi & \sin\varphi \end{bmatrix} \begin{bmatrix} -\sin\lambda & \cos\lambda & 0 \\ -\cos\lambda & -\sin\lambda & 0 \\ 0 & 0 & 1 \end{bmatrix} \begin{bmatrix} x_e \\ y_e \\ z_e \end{bmatrix}$$

$$= \begin{bmatrix} -\cos K\sin\lambda - \sin K\sin\varphi\cos\lambda & \cos K\cos\lambda - \sin K\sin\varphi\sin\lambda & \sin K\cos\varphi \\ \sin K\sin\lambda - \cos K\sin\varphi\cos\lambda & -\sin K\cos\lambda - \cos K\sin\varphi\sin\lambda & \cos K\cos\varphi \\ \cos\varphi\cos\lambda & \cos\varphi\sin\lambda & \sin\varphi \end{bmatrix} \begin{bmatrix} x_e \\ y_e \\ z_e \end{bmatrix}$$

$$= \boldsymbol{C}_e^p \begin{bmatrix} x_e \\ y_e \\ z_e \end{bmatrix} \tag{6-3-53}$$

式中的$\boldsymbol{C}_e^p$即 e 系对 p 系的方向余弦矩阵，将矩阵元素表示为

$$\boldsymbol{C}_e^p = \begin{bmatrix} C_{11} & C_{12} & C_{13} \\ C_{21} & C_{22} & C_{23} \\ C_{31} & C_{32} & C_{33} \end{bmatrix} \tag{6-3-54}$$

与导航计算有关的元素为

$$\begin{cases} C_{13} = \sin K\cos\varphi \\ C_{23} = \cos K\cos\varphi \\ C_{31} = \cos\varphi\cos\lambda \\ C_{32} = \cos\varphi\sin\lambda \\ C_{33} = \sin\varphi \end{cases} \tag{6-3-55}$$

于是可得

$$\begin{cases} \varphi = \arcsin C_{33} \\ \lambda_{主} = \arctan \dfrac{C_{32}}{C_{31}} \\ K_{主} = \arctan \dfrac{C_{13}}{C_{23}} \end{cases} \tag{6-3-56}$$

由以上三式得出的是反三角函数的主值。实际使用中，纬度定义在(-90°，+90°)区间，经度定义在(-180°，+180°)区间，自由方位角 K 定义在(0°，+360°)区间。这样，φ 的主值即为真值，而 λ 和 K 的真值还需通过一些附加的判式来决定其在哪个象限。通过分析可得出表 6.1、表 6.2 以供判断。

表 6.1　λ 真值的计算

C_{31}符号	$\lambda_{主}$符号	λ 真值	所在象限
+	+	$\lambda_{主}$	东经(0°,90°)
−	−	$\lambda_{主}+180°$	东经(90°,180°)
−	+	$\lambda_{主}-180°$	西经(-180°,-90°)
+	−	$\lambda_{主}$	西经(-90°,0°)

表6.2　K真值的计算

C_{23}符号	$K_主$符号	K真值	所在象限
+	+	$K_主$	(0°,90°)
−	−	$K_主$ +180°	(90°,180°)
−	+	$K_主$ +180°	(180°,270°)
+	−	$K_主$ +360°	(270°,360°)

利用方向余弦阵来求解导航参数,方向余弦阵是地球坐标系到平台坐标系的转换矩阵,转换矩阵包含有φ、λ、K的信息。如果能够得到载体导航方向余弦阵,也就可以得出载体的经、纬度及游移角,方向余弦阵有9个值,若解方向余弦阵,则需解9个微分方程,而利用四元数法来解,则只需解4个微分方程。关于四元数的基本理论请参见7.2节。

利用四元数方法来求解方向余弦阵,四元数的初始值为

$$\begin{aligned}
q_{00} &= -\sin\frac{\varphi_0}{2}\sin\frac{\lambda_0}{2}\sin\frac{K_0}{2}+\cos\frac{\varphi_0}{2}\cos\frac{\lambda_0}{2}\cos\frac{K_0}{2}\\
q_{10} &= -\sin\frac{\varphi_0}{2}\cos\frac{\lambda_0}{2}\cos\frac{K_0}{2}+\cos\frac{\varphi_0}{2}\sin\frac{\lambda_0}{2}\sin\frac{K_0}{2}\\
q_{20} &= \sin\frac{\varphi_0}{2}\cos\frac{\lambda_0}{2}\sin\frac{K_0}{2}+\cos\frac{\varphi_0}{2}\sin\frac{\lambda_0}{2}\cos\frac{K_0}{2}\\
q_{30} &= \sin\frac{\varphi_0}{2}\sin\frac{\lambda_0}{2}\cos\frac{K_0}{2}+\cos\frac{\varphi_0}{2}\cos\frac{\lambda_0}{2}\sin\frac{K_0}{2}
\end{aligned} \tag{6-3-57}$$

$$\dot{q}(t+1)=0.5\cdot\begin{bmatrix}0 & -\omega_{epx} & -\omega_{epy} & -\omega_{epz}\\ \omega_{epx} & 0 & \omega_{epz} & -\omega_{epy}\\ \omega_{epy} & -\omega_{epz} & 0 & \omega_{epx}\\ \omega_{epz} & \omega_{epy} & -\omega_{epx} & 0\end{bmatrix}\cdot q(t) \tag{6-3-58}$$

$$q(t+1)=\dot{q}(t+1)\cdot\Delta t+q(t) \tag{6-3-59}$$

根据四元数,可以得到实时方向余弦阵为

$$\boldsymbol{C}_e^p=\begin{bmatrix}1-2(q_2^2+q_3^2) & 2(q_1q_2+q_0q_3) & 2(q_1q_3-q_0q_2)\\ 2(q_1q_2-q_0q_3) & 1-2(q_1^2+q_3^2) & 2(q_2q_3+q_0q_1)\\ 2(q_1q_3+q_0q_2) & 2(q_2q_3-q_0q_1) & 1-2(q_1^2+q_2^2)\end{bmatrix} \tag{6-3-60}$$

也就是

$$\boldsymbol{C}_e^p=\begin{bmatrix}-\cos K\sin\lambda-\sin K\sin\varphi\cos\lambda & \cos K\cos\lambda-\sin K\sin\varphi\sin\lambda & \sin K\cos\varphi\\ \sin K\sin\lambda-\cos K\sin\varphi\cos\lambda & -\sin K\cos\lambda-\cos K\sin\varphi\sin\lambda & \cos K\cos\varphi\\ \cos\varphi\cos\lambda & \cos\varphi\sin\lambda & \sin\varphi\end{bmatrix} \tag{6-3-61}$$

2. 求角速率

由于精确导航的要求,应把地球看成是一参考椭球,在计算ω_{epx}^p和ω_{epy}^p时需借助于两

个方向的主曲率半径 R_{yt} 和 R_{xt}。这样就需要反复投影为下面各式：

$$\begin{bmatrix} V_x^t \\ V_y^t \end{bmatrix} = \begin{bmatrix} \cos K & -\sin K \\ \sin K & \cos K \end{bmatrix} \begin{bmatrix} V_x^p \\ V_y^p \end{bmatrix} \tag{6-3-62}$$

$$\begin{bmatrix} \omega_{epx}^t \\ \omega_{epy}^t \end{bmatrix} = \begin{bmatrix} 0 & -\dfrac{1}{R_{yt}} \\ \dfrac{1}{R_{xt}} & 0 \end{bmatrix} \begin{bmatrix} V_x^t \\ V_y^t \end{bmatrix} \tag{6-3-63}$$

$$\begin{bmatrix} \omega_{epx}^p \\ \omega_{epy}^p \end{bmatrix} = \begin{bmatrix} \cos K & \sin K \\ -\sin K & \cos K \end{bmatrix} \begin{bmatrix} \omega_{epx}^t \\ \omega_{epy}^t \end{bmatrix} \tag{6-3-64}$$

联立以上3式，得

$$\begin{aligned} \begin{bmatrix} \omega_{epx}^p \\ \omega_{epy}^p \end{bmatrix} &= \begin{bmatrix} -\left(\dfrac{1}{R_{yt}} - \dfrac{1}{R_{xt}}\right)\sin K\cos K & -\left(\dfrac{\cos^2 K}{R_{yt}} + \dfrac{\sin^2 K}{R_{xt}}\right) \\ \dfrac{\sin^2 K}{R_{yt}} + \dfrac{\cos^2 K}{R_{xt}} & \left(\dfrac{1}{R_{yt}} - \dfrac{1}{R_{xt}}\right)\sin K\cos K \end{bmatrix} \begin{bmatrix} V_x^p \\ V_y^p \end{bmatrix} \\ &= \boldsymbol{C}_f \begin{bmatrix} V_x^p \\ V_y^p \end{bmatrix} \end{aligned} \tag{6-3-65}$$

当系统根据初始条件解出 $\boldsymbol{C}_e^p$ 各元素后，即可反馈回去求得曲率阵 $\boldsymbol{C}_f$。这时只要提供 $\boldsymbol{V}_p$ 就可求得 $\boldsymbol{\omega}_{ep}^p$，$\boldsymbol{V}_p$ 的求取将在下面讨论。

3. 速度计算

在前面已知：

$$\dot{\boldsymbol{V}}_{ep}^p = \boldsymbol{f}^p - (2\boldsymbol{\omega}_{ie}^p + \boldsymbol{\omega}_{ep}^p) \times \boldsymbol{V}_{ep}^p + \boldsymbol{g}^p \tag{6-3-66}$$

式中：$\boldsymbol{\omega}_{ie}^p = \boldsymbol{C}_e^p \boldsymbol{\omega}_{ie}$，即

$$\begin{bmatrix} \omega_{iex}^p \\ \omega_{iey}^p \\ \omega_{iez}^p \end{bmatrix} = \begin{bmatrix} C_{11} & C_{12} & C_{13} \\ C_{21} & C_{22} & C_{23} \\ C_{31} & C_{32} & C_{33} \end{bmatrix} \begin{bmatrix} 0 \\ 0 \\ \omega_{ie} \end{bmatrix} \tag{6-3-67}$$

将上式展开后，写为标量形式，有

$$\begin{cases} \dot{V}_x^p = f_x^p - (2\omega_{ie} C_{33} + \omega_{epy}^p) V_z^p + \omega_{ie} C_{33} V_y^p \\ \dot{V}_y^p = f_y^p + (2\omega_{ie} C_{13} + \omega_{epx}^p) V_z^p - \omega_{ie} C_{33} V_x^p \\ \dot{V}_z^p = f_z^p + (2\omega_{ie} C_{23} + \omega_{epy}^p) V_x^p - (2\omega_{ie} C_{13} + \omega_{epx}^p) V_y^p + g \end{cases} \tag{6-3-68}$$

与前面的指北方位系统一样，平台的高度通道另行计算，必须引入外部信息进行阻尼。

4. 平台指令角速度

平台指令角速度可表示为：$\boldsymbol{\omega}_{ip}^p = \boldsymbol{\omega}_{ie}^p + \boldsymbol{\omega}_{ep}^p$

展开为标量形式：

$$\begin{cases}\omega_{ipx}^{p}=\omega_{iex}^{p}+\omega_{epx}^{p}\\ \omega_{ipy}^{p}=\omega_{iey}^{p}+\omega_{epy}^{p}\\ \omega_{ipz}^{p}=0\end{cases} \tag{6-3-69}$$

将前面的结论代入后，有

$$\begin{cases}\omega_{ipx}^{p}=\omega_{ie}C_{13}+\omega_{epx}^{p}\\ \omega_{ipy}^{p}=\omega_{ie}C_{23}+\omega_{epy}^{p}\\ \omega_{ipz}^{p}=0\end{cases} \tag{6-3-70}$$

自由方位惯导系统的工作原理框图如图6.35所示。

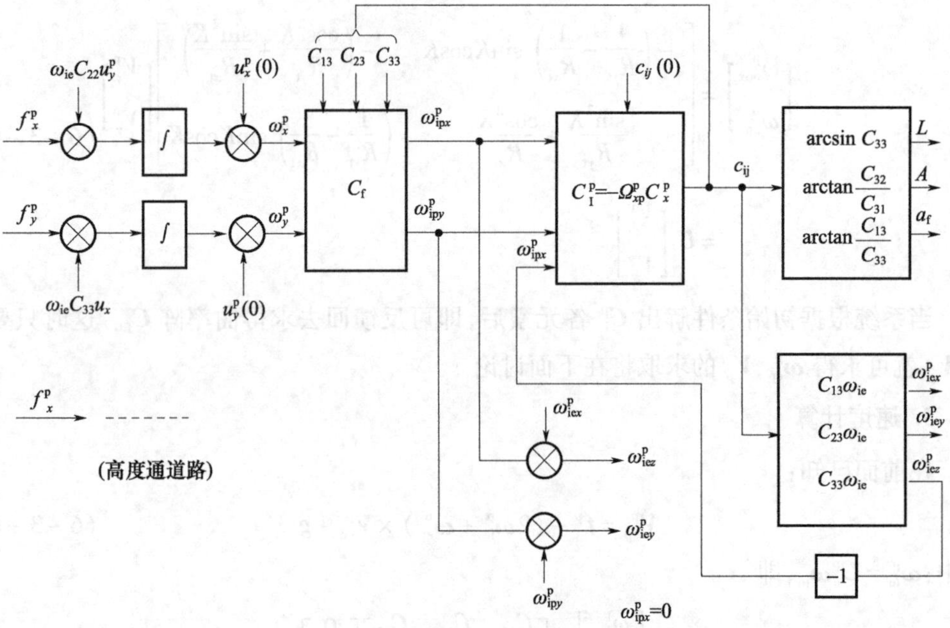

图6.35　自由方位惯导系统原理框图

6.3.5　游移方位惯导系统

游移方位惯导系统平台的方位既不能指北也不相对惯性空间稳定，它的方位相对惯性空间以 $\omega_{ipz}^{p}=\omega_{ie}\sin\varphi$ 进动，相对于在飞行过程中方位没有确定的指向。若在地球静基座上工作时，平台方位相对地球没有表观运动。这种方案由于平台方位相对地球北向间夹角是任意的，所以将它归为自由方位类型惯导系统。自由方位惯导系统和游动自由方位惯导系统主要区别就在于它们方位轴的控制指令速率不同：前者 $\omega_{ipz}^{p}=0$；后者 $\omega_{ipz}^{p}=\omega_{ie}\sin\varphi$。另外，它和指北方位惯导系统的区别是：指北方位平台的方位轴控制指令角速率除地球的角速率垂直分量 $\omega_{ie}\sin\varphi$ 之外，还要加入运载体运动引起的位置角速度分量 $\omega_{etz}^{t}=\frac{V_x^t}{R_{xt}}\tan\varphi$，也就是 $\omega_{ipz}^{p}=\omega_{itz}^{t}=\omega_{ie}\sin\varphi+\frac{V_x^t}{R_{xt}}\tan\varphi$，游动自由方位平台在空间的位置介于自由方位平台与指北方位平台之间。

我们仍然设游动方位平台系为 $ox_py_pz_p$，只是它与地理坐标系(t)之间存在一个游动方位角 α。oz_p 与 oz_t 重合，地理坐标系(t)绕 oz_t 旋转 α 角，得游动平台坐标系(p)。α 角相对地理坐标系(t)反时针为正。这两个坐标系之间的关系如图 6.36 所示。

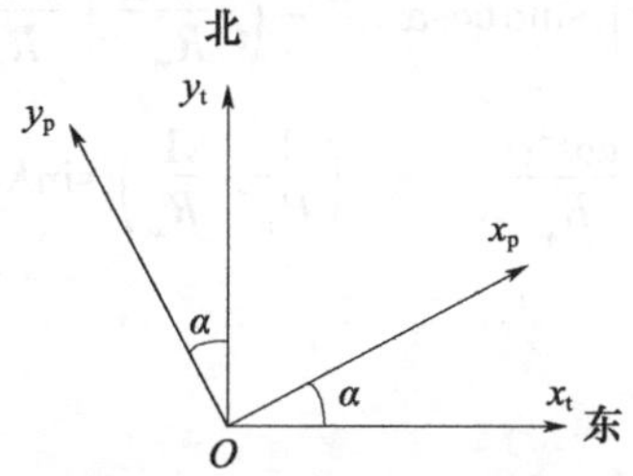

图 6.36　游移坐标系与地理坐标系水平面的夹角关系

游动方位惯导系统对平台施加的控制指令角速率为

$$\begin{aligned}\omega_{ipx}^{p} &= \omega_{ie}\cos\varphi\sin\alpha + \omega_{epx}^{p}\\ \omega_{ipy}^{p} &= \omega_{ie}\cos\varphi\cos\alpha + \omega_{epy}^{p}\\ \omega_{ipz}^{p} &= \omega_{ie}\sin\varphi\end{aligned} \tag{6-3-71}$$

式中：第一项为补偿地球转动的指令角速率；第二项为补偿由于运载体速度所引起的围绕地球转动的控制角速率。

半解析式惯导系统的 3 种导航方案的对比如表 6.3 所列。

可得游移自由方位角 α 为

$$\alpha = \alpha_0 - \int_0^t \frac{V_{etx}^{t}}{R_{xt}}\tan\varphi\,dt \tag{6-3-72}$$

可见，游动方位系统与自由方位系统区别不大，可以在前述自由方位系统的基础上来列写游动方位系统的机械编排方程。

表 6.3　半解析式惯导系统 3 种方案对比

	指北方位	自由方位	游动方位
方位轴控制指令(相对惯性空间角速率)	$\omega_{ie}\sin\varphi + \dfrac{v_{etx}^{t}}{R+h}\tan\varphi$	0	$\omega_{ie}\sin\varphi$
方位轴相对地理坐标系角速率	0	$-\omega_{ie}\sin\varphi$	0
相对运动引起的方位轴角速率	0	$-\dfrac{v_{etx}^{t}}{R+h}\tan\varphi$	

1. 速度方程

仍从式 $\dot{V}_{ep}^{p} = f^{p} - (2\omega_{ie}^{p} + \omega_{ep}^{p}) \times V_{ep}^{p} + g^{p}$ 出发，有

$$\begin{cases}\dot{V}_x^{p} = f_x^{p} - (2\omega_{ie}C_{33} + \omega_{epy}^{p})V_z^{p} + 2\omega_{ie}C_{33}V_y^{p}\\ \dot{V}_y^{p} = f_y^{p} + (2\omega_{ie}C_{13} + \omega_{epx}^{p})V_z^{p} - 2\omega_{ie}C_{33}V_x^{p}\\ \dot{V}_z^{p} = f_z^{p} + (2\omega_{ie}C_{33} + \omega_{epy}^{p})V_x^{p} - (2\omega_{ie}C_{13} + \omega_{epx}^{p})V_y^{p} + g\end{cases} \tag{6-3-73}$$

2. 角速率方程

推导过程同自由方位惯导系统的角速率方程,表达完全一样,只是将自由方位角 K 换成了游移自由方位角 α:

$$\begin{bmatrix}\omega_{\text{ep}x}^{\text{p}}\\ \omega_{\text{ep}y}^{\text{p}}\end{bmatrix}=\begin{bmatrix}-\left(\dfrac{1}{R_{yt}}-\dfrac{1}{R_{xt}}\right)\sin\alpha\cos\alpha & -\left(\dfrac{\cos^2\alpha}{R_{yt}}+\dfrac{\sin^2\alpha}{R_{xt}}\right)\\ \dfrac{\sin^2\alpha}{R_{yt}}+\dfrac{\cos^2\alpha}{R_{xt}} & \left(\dfrac{1}{R_{yt}}-\dfrac{1}{R_{xt}}\right)\sin K\cos K\end{bmatrix}\begin{bmatrix}V_x^{\text{p}}\\ V_y^{\text{p}}\end{bmatrix}$$

$$=\boldsymbol{C}_{\text{f}}\begin{bmatrix}V_x^{\text{p}}\\ V_y^{\text{p}}\end{bmatrix}\tag{6-3-74}$$

3. 方向余弦矩阵

推导过程同自由方位惯导系统的坐标转换矩阵,表达完全一样,只是将$\boldsymbol{C}_{\text{e}}^{\text{p}}$中自由方位角 K 换成了游移自由方位角 α:

$$\boldsymbol{C}_{\text{e}}^{\text{p}}=\begin{bmatrix}-\cos\alpha\sin\lambda-\sin\alpha\sin\varphi\cos\lambda & \cos\alpha\cos\lambda-\sin\alpha\sin\varphi\sin\lambda & \sin\alpha\cos\varphi\\ \sin\alpha\sin\lambda-\cos\alpha\sin\varphi\cos\lambda & -\sin\alpha\cos\lambda-\cos\alpha\sin\varphi\sin\lambda & \cos\alpha\cos\varphi\\ \cos\varphi\cos\lambda & \cos\varphi\sin\lambda & \sin\varphi\end{bmatrix}\tag{6-3-75}$$

求解方向余弦矩阵时,可采用微分方程或四元数的方法。由于在游动自由方位系统中,$\omega_{\text{ep}z}^{\text{p}}=0$,使微分方程得到了简化,便于求解。

4. 导航参数的计算

推导过程同自由方位惯导系统,可得

$$\begin{cases}\varphi=\arcsin C_{33}\\ \lambda_{主}=\arctan\dfrac{C_{32}}{C_{31}}\\ K_{主}=\arctan\dfrac{C_{13}}{C_{23}}\end{cases}\tag{6-3-76}$$

载体的航向角为

$$\psi=\psi_{ab}-\alpha\tag{6-3-77}$$

式中:ψ_{ab}可从平台方位轴的角度传感器中获得。

游动方位系统虽在方位陀螺上加有指令信号,但由于指令角速度 $\omega_{\text{ip}z}^{\text{p}}$很小,因此也不会发生指北方位系统在高纬度区航行时所遇到的问题,即仍保持了自由方位系统的优点。而在利用方向余弦矩阵解算导航参数时,此方案比自由方位系统要简单,计算量要小。因此,现行半解析式惯导系统大部分采用游动方位的方案。

前面曾经提到,在极区航行时还有一个问题,即计算机在计算位置参数和指令角速率时要进行 $\tan\varphi$ 的运算,而当纬度接近 90°时计算机容易溢出,以致与三角函数有关的表达式失效。当然可以采取一些措施,使在极区航行时取得近似的计算值。但要取得精确的极区导航参数,还得运用其他方法,如采用横向经纬度坐标法,可以较好地解决这个问题。

思考题

1. 如何正确理解沿单自由度陀螺输出轴作用的干扰力矩会引起平台的漂移?

2. 试分析平台稳定工作过程。

3. 如果在单轴稳定器中采用二自由度陀螺仪作为敏感元件,试说明:

(1)如何实现原理方案;

(2)画出系统方块图;

(3)对系统进行动态过程分析,写出传递函数;

(4)对系统进行静态分析;

(5)与积分陀螺仪为敏感元件的系统性能进行比较。

4. 试画出游移方位惯导系统的工作原理框图,说明平台从加速度计开始,计算出运载体的经、纬度信息,速度信息,平台角速率等信息的过程。

5. 试对比飞机与导弹的惯性平台,在选择导航方案时的异同及原因。

6. 在运载体大机动飞行中为什么要采用四轴平台?简要说明四轴平台的构成原理。

第7章　捷联惯导系统

7.1　捷联惯性导航系统工作原理

“捷联”(strapdown)这一术语的英文原意就是“捆绑的”的意思。捷联式惯性导航系统(简称捷联惯导系统或捷联惯导,又称捷联惯性测量组合或捷联惯组、惯组),就是将惯性仪表陀螺仪、加速度计直接固联在载体上,利用惯性仪表的输出和初始信息来确定载体的姿态、方位、位置和速度的导航系统。

捷联式惯导系统的惯性测量元件刚性固连于载体,所以必须具有较好的抗、耐环境条件的性能。但捷联惯导系统具有体积小、成本低、反应时间短、可靠性高、惯性仪表便于安装维护与更换,以及便于实现冗余技术的特点。随着激光陀螺、光纤陀螺、微机电陀螺等新型固态陀螺的逐渐成熟以及高速大容量数字计算机技术的不断进步,捷联式惯性导航系统在低成本、中等精度惯性导航领域已取代平台式惯导系统。

7.1.1　捷联惯性导航系统基本组成

从结构上看,捷联惯导系统与平台惯导系统的主要区别是前者没有实体的陀螺稳定平台。一般由加速度计、陀螺仪和导航计算机等器件组成,如图7.1所示。加速度计敏感轴与弹体坐标系各轴平行,用以测量视加速度在弹体坐标系各轴上的分量,如图7.2所

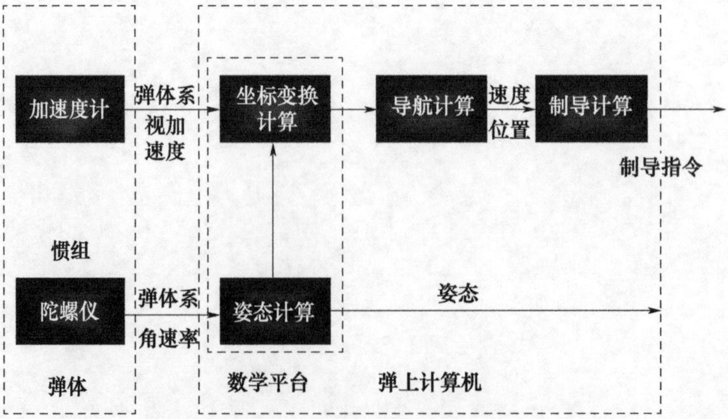

图7.1　捷联式惯导系统的组成原理框图

示;导弹的姿态,可由二自由度位置陀螺仪测量,也可用速率陀螺仪测量姿态角速度增量,经过复杂的计算求得,如图 7.3 所示。前者称为位置捷联惯导系统,后者称为速率捷联惯导系统。导航计算机则根据所测数据进行计算,得到相对导航坐标系的导航参数。

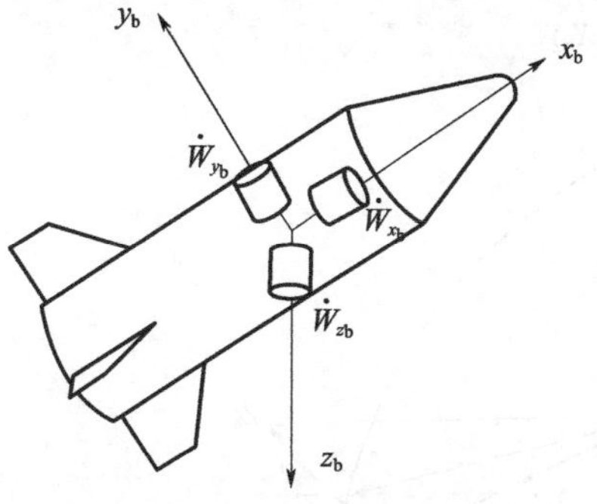

图 7.2　视加速度测量

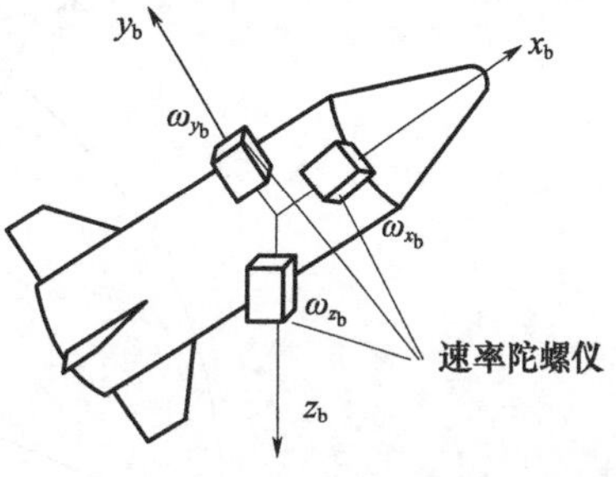

图 7.3　姿态测量

因为捷联式惯性导航系统没有实体物理平台,因此没有实际的惯性导航坐标系,需依靠陀螺仪测量值经过坐标转换算法建立了一个数学平台。

7.1.2　角位置捷联惯导系统

角位置捷联惯导系统(简称位置捷联惯导系统),由能测量大姿态角的位置陀螺仪(如框架式二自由度陀螺仪或静电陀螺仪)和加速度计等组成。用陀螺仪测出运动中弹(箭)体的姿态角,再由这些姿态角计算出坐标变换矩阵。

弹道式导弹应用的位置捷联惯导系统,其典型的惯性测量装置(IMU)的构成原理如图 7.4 所示。该系统使用了两个框架式二自由度陀螺仪,其中一个称为水平陀螺仪,其外框架轴可测出弹(箭)体的俯仰角 φ;另一个称为垂直陀螺仪,其内、外框架可分别测出弹(箭)体的滚动角 γ、偏航角 ψ。系统中有 3 个加速度计,其敏感轴分别沿弹(箭)体坐标系的 3 个坐标轴安装,用来测量弹(箭)体相应轴的运动加速度分量。

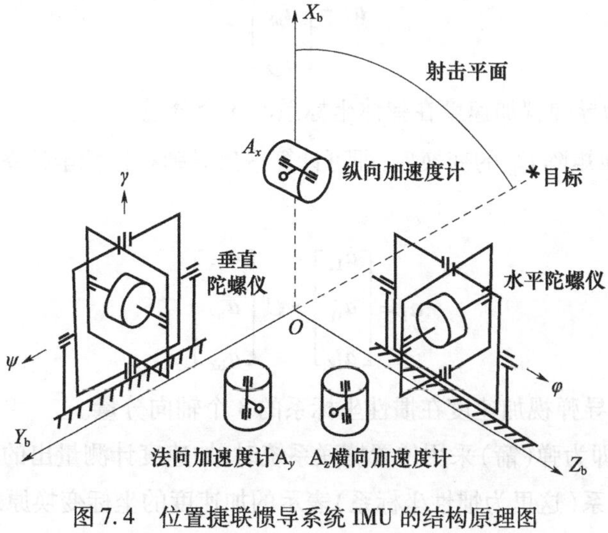

图 7.4　位置捷联惯导系统 IMU 的结构原理图

假设选定的导航坐标系 $OX_NY_NZ_N$ 为惯性坐标系 $OX_IY_IZ_I$,如图 7.5 所示。并假设运动的弹(箭)体从与惯性坐标系重合的位置开始,首先绕 OX_I(OZ_N)轴转动 φ 角,再绕 OY' 轴转动 ψ 角,最后绕 OX_b 轴转动 γ 角,使弹(箭)体坐标系 $OX_bY_bZ_b$ 处于图 7.5 所示位置。

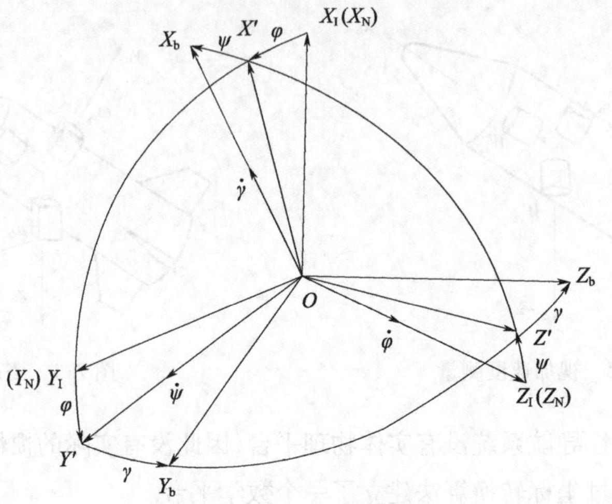

图 7.5　坐标变换关系

按克雷洛夫角 φ、ψ、γ 所做出的弹(箭)体坐标系变换至惯性坐标系的变换矩阵为

$$C_b^I = \begin{bmatrix} \cos\varphi\cos\psi & -\sin\varphi\cos\gamma + \cos\varphi\sin\gamma\sin\psi & \sin\varphi\sin\gamma + \cos\gamma\cos\varphi\sin\psi \\ \cos\psi\sin\varphi & \cos\varphi\cos\gamma + \sin\varphi\sin\gamma\sin\psi & -\cos\varphi\sin\gamma + \sin\varphi\sin\psi\cos\gamma \\ -\sin\psi & \cos\psi\sin\gamma & \cos\psi\cos\gamma \end{bmatrix} \quad (7-1-1)$$

由式(7-1-1)可见,变换矩阵和姿态角有关,故变换矩阵 C_b^I 又称为姿态矩阵,即为捷联惯导系统所建立的数学平台。3 个加速度计的敏感轴分别沿 OX_b,OY_b,OZ_b 方向安装,所测出的是按弹(箭)体坐标系的弹(箭)视加速度向量 $\boldsymbol{a}_b$,其矩阵形式为

$$\boldsymbol{a}_b = \begin{bmatrix} a_{bX} \\ a_{bY} \\ a_{bZ} \end{bmatrix} \quad (7-1-2)$$

式中:a_{bX},a_{bY},a_{bZ} 为导弹视加速度在弹体坐标系的 3 个分量。

矢量 $\boldsymbol{a}_b$ 经变换矩阵 C_b^I 的变换后,即可计算得出导弹在惯性坐标系的加速度矢量 $\boldsymbol{a}_I$,以矩阵形式表示为

$$\boldsymbol{a}_I = \begin{bmatrix} a_{IX} \\ a_{IY} \\ a_{IZ} \end{bmatrix} = C_b^I \begin{bmatrix} a_{bX} \\ a_{bY} \\ a_{bZ} \end{bmatrix} \quad (7-1-3)$$

式中:a_{IX},a_{IY},a_{IZ} 为导弹视加速度在惯性坐标系的 3 个轴向分量。

式(7-1-3)即为弹(箭)采用位置捷联系统时,加速度计测量出的弹(箭)体加速度,转换成以导航坐标系(这里为惯性坐标系)表示的加速度的坐标变换原理。

7.1.3 速率捷联惯导系统

速率捷联惯导系统是利用能测量弹(箭)体角速度的陀螺仪(如动力调谐陀螺仪、光学陀螺仪、振动陀螺仪等)和加速度计等组成的一种捷联惯导系统。陀螺仪用来测量弹(箭)的姿态角速度,利用这些角速度信息,通过弹(箭)上计算机,可计算出坐标变换矩阵,并对相对弹(箭)体坐标系的加速度作变换,计算出相对导航坐标系的加速度。速率捷联惯导系统中的加速度计,其使用情况与位置捷联惯导系统中的相同。

采用单自由度速率陀螺仪组成的速率捷联惯导系统,其典型的 IMU(Inertial Measurement Unit)构成原理如图 7.6 所示。该系统使用了 3 个单自由度速率陀螺仪 G_x、G_y、G_z,用以测量弹(箭)体绕 3 个坐标轴的姿态角速度,用 3 个摆式加速度计 A_x、A_y、A_z 测量弹(箭)体沿 3 个坐标轴的运动加速度。

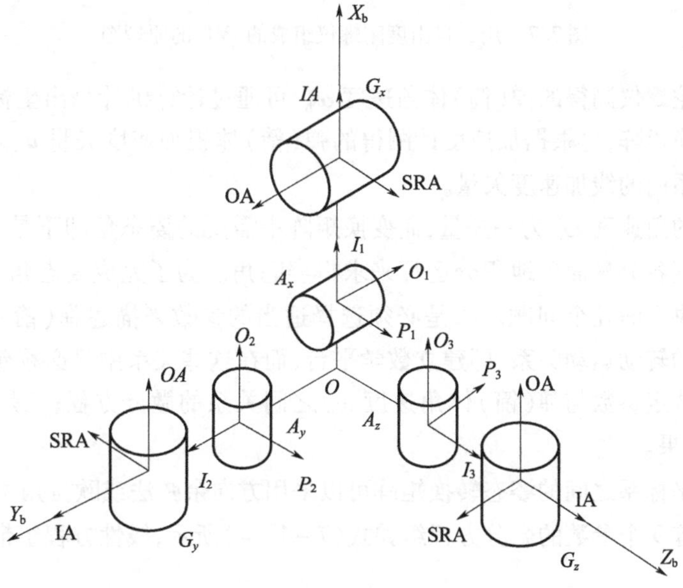

图 7.6　用单自由度陀螺仪组成的 IMU 的原理图

采用两个二自由度陀螺仪组成的速率捷联惯导系统,其典型的 IMU 的构成原理如图 7.7所示。该系统使用两个带有再平衡回路的动力调谐陀螺仪 G_1、G_2,用以测量弹(箭)体绕 3 个坐标轴的姿态角速度分量,其合成角速度矢量表示为 $\boldsymbol{\omega}_b$,用 3 个挠性摆式加速度计 A_x、A_y,A_z 来分别测量弹(箭)体沿 3 个坐标轴的线加速度分量,其合成加速度矢量表示为 $\boldsymbol{a}_b$。

设与弹(箭)体固联的直角坐标系为 $OX_bY_bZ_b$。动力调谐陀螺仪 G_1 的转子轴 O_1Z_1 与弹(箭)体坐标系的 OY_b 轴平行,两个测量轴 O_1X_1、O_1Y_1 分别与弹(箭)体坐标系的 OZ_b,OX_b 轴相平行。陀螺仪 G_1 可测量出弹(箭)体绕其坐标轴 OX_b,OZ_b 的角速度 ω_{bX},ω_{bZ}。动力调谐陀螺仪 G_2 的转子轴 O_2Z_2 与弹(箭)体坐标系的 OZ_b 轴平行,它的一个测量轴 O_2Y_2 与弹(箭)体坐标系 OY_b 轴平行,可测出弹(箭)体角速度 ω_{bY},另一个测量轴 O_2X_2 可测出弹(箭)体角速度 ω_{bX}。两个陀螺仪中有两个测量轴 O_1X_1、O_2X_2 的输出量代表弹(箭)

体角速度 ω_{bX}，实用中往往只用其一，另一个并不引出。

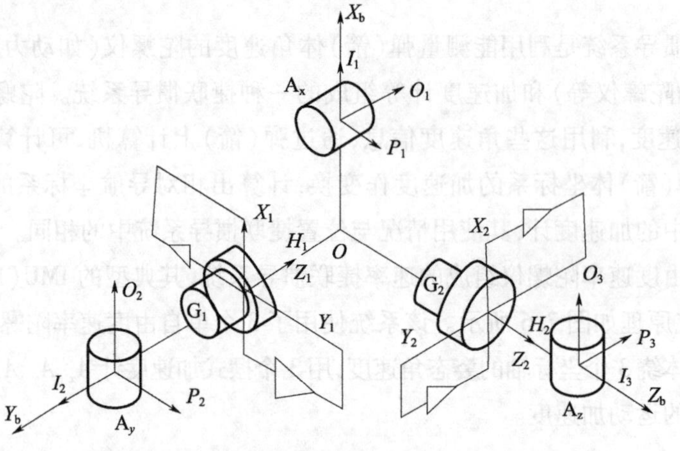

图7.7　用二自由度陀螺仪组成的IMU的原理图

如果根据陀螺仪测得的弹(箭)体角速度 $\boldsymbol{\omega}_b$，可通过计算机计算出坐标变换矩阵 $\boldsymbol{C}_b^I$，则可利用此变换矩阵，再根据加速度计测得的弹(箭)体视加速度矢量 $\boldsymbol{a}_b$，计算出弹(箭)体在导航坐标系内的线加速度矢量。

由于测得的角速度 $\boldsymbol{\omega}_b$ 为一矢量，而变换矩阵中需要的姿态角却不是矢量，因此不能将已知的角速度各分量简单地积分运算来求得姿态角。为了完成姿态角的计算，捷联惯导系统必须解决下面几个问题。一是必须选择适当的参数来描述弹(箭)体坐标系与导航坐标系之间的转动运动关系，即建立数学平台，而在这些关系中又必须包含角速度 ω_b；二是必须建立选定参数与弹(箭)体角速度 ω_b 之间关系的微分方程；三是解算上述微分方程，求得其结果。

有关两个坐标系之间的姿态转换矩阵可以采用方向余弦法或欧拉角法求得。求解方向余弦转换矩阵9个参数的微分方程组如式(7-1-4)所示，线性方程组带来了计算量大的问题。

$$
\begin{aligned}
\dot{C}_{11} &= C_{12}\omega_Z - C_{13}\omega_Y \\
\dot{C}_{12} &= C_{13}\omega_X - C_{11}\omega_Z \\
\dot{C}_{13} &= C_{11}\omega_Y - C_{12}\omega_X \\
\dot{C}_{21} &= C_{22}\omega_Z - C_{23}\omega_Y \\
\dot{C}_{22} &= C_{23}\omega_X - C_{21}\omega_Z \\
\dot{C}_{23} &= C_{21}\omega_Y - C_{22}\omega_X \\
\dot{C}_{31} &= C_{32}\omega_Z - C_{33}\omega_Y \\
\dot{C}_{33} &= C_{33}\omega_X - C_{31}\omega_Z \\
\dot{C}_{33} &= C_{31}\omega_Y - C_{32}\omega_X
\end{aligned}
\tag{7-1-4}
$$

而利用欧拉角法求得3个角运动参数的微分方程如式(7-1-5)所示,公式包含三角函数运算且当姿态角为90°时,方程会出现奇点,方程式退化,故不能全姿态工作。

$$\begin{bmatrix}\dot{\gamma}\\ \dot{\psi}\\ \dot{\varphi}\end{bmatrix}=\frac{1}{\cos\varphi}\begin{bmatrix}\cos\varphi\cos\psi & 0 & \sin\psi\cos\varphi\\ \cos\varphi\sin\psi & \cos\varphi & \cos\varphi\cos\psi\\ \sin\psi & 0 & -\cos\psi\end{bmatrix}\begin{bmatrix}\omega_{xb}\\ \omega_{yb}\\ \omega_{zb}\end{bmatrix} \tag{7-1-5}$$

导弹武器及航天器上多采用四元数方法实现坐标的转换。

7.2 基于四元数法的姿态更新

7.2.1 四元数基本理论

早在1843年B. P. 哈密顿就提出了四元数(Quaternion)的基本概念,但一直停留在理论概念探讨阶段,没有得到广泛的实际应用。20世纪70年代开始,由于航天技术、数字计算机技术的发展,才促进了四元数理论和技术的应用。

1. 四元数的定义

四元数 $\boldsymbol{Q}$ 定义为

$$\boldsymbol{Q}=q_0 1+q_1\boldsymbol{i}+q_2\boldsymbol{j}+q_3\boldsymbol{k} \tag{7-2-1}$$

四元数是由1个实数单位1和3个虚数单位 i、j、k 四个元组成的一个数。1是实数部分的基,以后略去不写,$\boldsymbol{i}$、$\boldsymbol{j}$、$\boldsymbol{k}$ 为四元数的另外3个基。四元数 $\boldsymbol{Q}$ 包括 q_0、q_1、q_2、q_3,它们都是实数。从向量空间看,实数单位1和3个虚数单位 $\boldsymbol{i}$、$\boldsymbol{j}$、$\boldsymbol{k}$ 可以看成是一个四维空间的单位的向量。在运算过程中,$\boldsymbol{i}$、$\boldsymbol{j}$、$\boldsymbol{k}$ 既具有代数中单位向量的性质,又具有复数运算中虚数单位的性质。四元数 $\boldsymbol{Q}$ 本身既不是标量,也不是向量。当 $q_1=q_2=q_3=0$,则四元数退化为实数。当 $q_2=q_3=0$,则四元数退化为平面复数。

2. 四元数的表示方法

四元数可用向量式、复数式、指数式、三角式及矩阵等形式表示。

(1)四元数的向量式。

$$\boldsymbol{Q}=q_0+\boldsymbol{q} \tag{7-2-2}$$

(2)四元数的复数形式。

$$\boldsymbol{Q}=q_0+q_1\boldsymbol{i}+q_2\boldsymbol{j}+q_3\boldsymbol{k} \tag{7-2-3}$$

(3)四元数的三角式。

用 $|Q|$ 代表四元数的模,即

$$|Q|=\sqrt{q_0^2+q_1^2+q_2^2+q_3^2}=\sqrt{\|Q\|} \tag{7-2-4}$$

式中:$\|Q\|$ 表示四元数的范数(定义见后)。

令

$$\cos\frac{\delta}{2}=\frac{q_0}{|Q|}\quad \sin\frac{\delta}{2}=\frac{\boldsymbol{q}}{|Q|} \tag{7-2-5}$$

$\boldsymbol{i}$、$\boldsymbol{j}$、$\boldsymbol{k}$ 是正交单位向量,引入按 $\boldsymbol{Q}$ 定义的单位向量 $\boldsymbol{n}$,即对于四元数的向量部分 $\boldsymbol{q}$,其单位向量为 $\boldsymbol{n}$,显然

$$\boldsymbol{n}=\frac{q_1\boldsymbol{i}+q_2\boldsymbol{j}+q_3\boldsymbol{k}}{\sqrt{q_1^2+q_2^2+q_3^2}} \tag{7-2-6}$$

于是 $\boldsymbol{Q}$ 可表示为

$$\boldsymbol{Q}=q_0+\boldsymbol{q}=|Q|\left(\frac{q_0}{|Q|}+\frac{\sqrt{q_1^2+q_2^2+q_3^2}}{|Q|}\cdot\frac{q_1\boldsymbol{i}+q_2\boldsymbol{j}+q_3\boldsymbol{k}}{\sqrt{q_1^2+q_2^2+q_3^2}}\right) \tag{7-2-7}$$

$$\boldsymbol{Q}=|Q|\left(\cos\frac{\delta}{2}+\boldsymbol{n}\sin\frac{\delta}{2}\right) \tag{7-2-8}$$

式(7-2-7)是任意四元数 $\boldsymbol{Q}$ 的三角表示式。当 $\boldsymbol{Q}$ 是一个单位四元数,即 $\|Q\|=1$ 时,则有

$$\cos\frac{\delta}{2}=q_0,\sin\frac{\delta}{2}=q_1\boldsymbol{i}+q_2\boldsymbol{j}+q_3\boldsymbol{k}$$

因而

$$\boldsymbol{Q}=\cos\frac{\delta}{2}+\boldsymbol{n}\sin\frac{\delta}{2} \tag{7-2-9}$$

式(7-2-9)是单位四元数的三角表示式。式中:δ 为刚体有限转角,三角式中取转角的一半;$\boldsymbol{n}$ 为沿瞬时转轴的单位向量。

取 $\theta=2\cdot\frac{\delta}{2}$,当 Q 为单位四元数时,此时

$$\cos\theta=q_0$$

$$\sin\theta=\sqrt{q_1^2+q_2^2+q_3^2} \tag{7-2-10}$$

(4)四元数的指数式。

$$\boldsymbol{Q}=\mathrm{e}^{\boldsymbol{n}\cdot\frac{\delta}{2}} \tag{7-2-11}$$

(5)四元数的矩阵式。

$$\boldsymbol{Q}=[q_0\ q_1\ q_2\ q_3]^{\mathrm{T}} \tag{7-2-12}$$

3. 四元数的性质

(1)两个四元数相等的条件是其对应的4个元素相等。即对于两个四元数:

$$\begin{aligned}\boldsymbol{Q}_1&=q_{01}+q_{11}\boldsymbol{i}+q_{21}\boldsymbol{j}+q_{31}\boldsymbol{k}\\ \boldsymbol{Q}_2&=q_{02}+q_{12}\boldsymbol{i}+q_{22}\boldsymbol{j}+q_{32}\boldsymbol{k}\end{aligned} \tag{7-2-13}$$

如果有

$$\begin{cases} q_{01}=q_{02} \\ q_{11}=q_{12} \\ q_{21}=q_{22} \\ q_{31}=q_{32} \end{cases} \tag{7-2-14}$$

则有

$$\boldsymbol{Q}_1=\boldsymbol{Q}_2$$

(2)设一个四元数为

$$\boldsymbol{Q}=q_0+q_1\boldsymbol{i}+q_2\boldsymbol{j}+q_3\boldsymbol{k} \tag{7-2-15}$$

另一个四元数为

$$\boldsymbol{M}=\mu_0+\mu_1\boldsymbol{i}+\mu_2\boldsymbol{j}+\mu_3\boldsymbol{k} \tag{7-2-16}$$

则四元数 $\boldsymbol{Q}$ 和 $\boldsymbol{M}$ 之和为四元数，其诸元为 $\boldsymbol{Q}_i+\boldsymbol{M}_i(i=0,1,2,3)$

$$\boldsymbol{Q}+\boldsymbol{M}=(q_0+\mu_0)+(q_1+\mu_1)\boldsymbol{i}+(q_2+\mu_2)\boldsymbol{j}+(q_3+\mu_3)\boldsymbol{k} \tag{7-2-17}$$

(3)当四元数乘以标量 a 时，其所有各元素都乘以该数。

$$a\boldsymbol{Q}=aq_0+aq_1\boldsymbol{i}+aq_2\boldsymbol{j}+aq_3\boldsymbol{k} \tag{7-2-18}$$

(4)四元数的负数其诸元素均变号。

$$-\boldsymbol{Q}=-q_0-q_1\boldsymbol{i}-q_2\boldsymbol{j}-q_3\boldsymbol{k} \tag{7-2-19}$$

(5)零四元数的诸元素均为零。

$$\boldsymbol{Q}=0+0\boldsymbol{i}+0\boldsymbol{j}+0\boldsymbol{k}=0 \tag{7-2-20}$$

(6)两个四元素相乘的结果为

$$\begin{aligned}\boldsymbol{Q}_1\circ\boldsymbol{Q}_2&=(q_{01}+q_{11}\boldsymbol{i}+q_{21}\boldsymbol{j}+q_{31}\boldsymbol{k})(q_{02}+q_{12}\boldsymbol{i}+q_{22}\boldsymbol{j}+q_{32}\boldsymbol{k})\\&=q_{01}q_{02}-q_{11}q_{12}-q_{21}q_{22}-q_{31}q_{32}+q_{01}(q_{12}\boldsymbol{i}+q_{22}\boldsymbol{j}+q_{32}\boldsymbol{k})+\\&\quad q_{02}(q_{11}\boldsymbol{i}+q_{21}\boldsymbol{j}+q_{31}\boldsymbol{k})+\begin{vmatrix}\boldsymbol{i}&\boldsymbol{j}&\boldsymbol{k}\\q_{11}&q_{21}&q_{31}\\q_{12}&q_{22}&q_{32}\end{vmatrix}\end{aligned} \tag{7-2-21}$$

(7)四元数的基 $\boldsymbol{i},\boldsymbol{j},\boldsymbol{k}$ 的自乘和交乘有如下性质

$$1\circ\boldsymbol{i}=\boldsymbol{i}\circ1=\boldsymbol{i},1\circ\boldsymbol{j}=\boldsymbol{j}\circ1=\boldsymbol{j},1\circ\boldsymbol{k}=\boldsymbol{k}\circ1=\boldsymbol{k}$$

$$\boldsymbol{i}\circ\boldsymbol{i}=\boldsymbol{i}^2=-1,\boldsymbol{j}\circ\boldsymbol{j}=\boldsymbol{j}^2=-1,\boldsymbol{k}\circ\boldsymbol{k}=\boldsymbol{k}^2=-1$$

$$\boldsymbol{i}\circ\boldsymbol{j}=\boldsymbol{k},\boldsymbol{j}\circ\boldsymbol{i}=-\boldsymbol{k},\boldsymbol{j}\circ\boldsymbol{k}=\boldsymbol{i},\boldsymbol{k}\circ\boldsymbol{j}=-\boldsymbol{i},\boldsymbol{k}\circ\boldsymbol{i}=\boldsymbol{j},\boldsymbol{i}\circ\boldsymbol{k}=-\boldsymbol{j}$$

注意四元数的乘积不同于矢量代数中的矢量点乘和叉乘：

$$\begin{aligned}&\boldsymbol{i}\cdot\boldsymbol{i}=\boldsymbol{j}\cdot\boldsymbol{j}=\boldsymbol{k}\cdot\boldsymbol{k}=1\\&\boldsymbol{i}\times\boldsymbol{i}=\boldsymbol{j}\times\boldsymbol{j}=\boldsymbol{k}\times\boldsymbol{k}=0\end{aligned} \tag{7-2-22}$$

4. 共轭四元数与范数

(1)四元数的共轭

设四元数 $\boldsymbol{Q}=q_0+\boldsymbol{q}$，则 $\boldsymbol{Q}$ 的共轭为

$$\boldsymbol{Q}^*=q_0-\boldsymbol{q} \tag{7-2-23}$$

(2)n 个四元数之和的共轭四元数等于 n 个共轭四元数之和

$$(\boldsymbol{Q}+\boldsymbol{P})^*=\boldsymbol{Q}^*+\boldsymbol{P}^* \tag{7-2-24}$$

(3)两个四元数乘积的共轭四元数等于这两个四元数的共轭四元数以相反的顺序相乘的乘积

$$\begin{aligned}(\boldsymbol{Q}_1\circ\boldsymbol{Q}_2)^* &= [(q_{01}+q_1)(q_{02}+q_2)]^* \\ &= (q_{01}q_{02}-q_1\cdot q_2+q_{01}q_2+q_{02}q_1+q_1\times q_2)^* \\ &= q_{01}q_{02}-q_1\cdot q_2-q_{01}q_2-q_{02}-q_1+q_1\times q_2 \\ &= (q_{02}-q_2)(q_{01}-q_1) \\ &= \boldsymbol{Q}_2^*\circ\boldsymbol{Q}_1^*\end{aligned} \tag{7-2-25}$$

(4)四元数的范数

非负实数 $\|\boldsymbol{Q}\|$ 称为四元数 $\boldsymbol{Q}$ 的范数,定义为

$$\|\boldsymbol{Q}\|=q_0^2+q_1^2+q_2^2+q_3^2 \tag{7-2-26}$$

当利用共轭四元数时,则四元数 Q 的范数为

$$\|\boldsymbol{Q}\|=\boldsymbol{Q}\cdot\boldsymbol{Q}^*=\boldsymbol{Q}^*\cdot\boldsymbol{Q}=q_1^2+q_2^2+q_3^2+q_4^2 \tag{7-2-27}$$

可见,范数是一个标量,当 $|\boldsymbol{Q}|=1$,称 $\boldsymbol{Q}$ 为规范化四元数。以后若没有特别指出,都是规范四元数。

5. 四元数乘法

四元数加法运算适合交换率和结合率,乘法运算适合结合率、分配率,但不适合交换率。两个四元数 q 和 p 相乘:

$$\begin{aligned}\boldsymbol{q}\circ\boldsymbol{p}=&(q_0+q_1\boldsymbol{i}+q_2\boldsymbol{j}+q_3\boldsymbol{k})\cdot(p_0+p_1\boldsymbol{i}+p_2\boldsymbol{j}+p_3\boldsymbol{k})=(q_0p_0-q_1p_1-q_2p_2-\\&q_3p_3)+\boldsymbol{i}(q_0p_1+p_0q_1+q_2p_3-q_3p_2)+\boldsymbol{j}(q_0p_2+p_0q_2+q_3p_1-q_1p_3)+\\&\boldsymbol{k}(q_0p_3+p_0q_3+q_1p_2-q_2p_1)\end{aligned} \tag{7-2-28}$$

写成矩阵式为

$$\boldsymbol{q}\circ\boldsymbol{p}=\begin{bmatrix}q_0&-q_1&-q_2&-q_3\\q_1&q_0&-q_3&q_2\\q_2&q_3&q_0&-q_1\\q_3&-q_2&q_1&q_0\end{bmatrix}\begin{bmatrix}p_0\\p_1\\p_2\\p_3\end{bmatrix}\text{或}\begin{bmatrix}p_0&-p_1&-p_2&-p_3\\p_1&p_0&p_3&-p_2\\p_2&-p_3&p_0&p_1\\p_3&p_2&-p_1&q_0\end{bmatrix}\begin{bmatrix}q_0\\q_1\\q_2\\q_3\end{bmatrix} \tag{7-2-29}$$

连乘时可以直接写出矩阵形式:

$$\boldsymbol{q}\circ\boldsymbol{p}\circ\boldsymbol{m}=\begin{bmatrix}q_0&-q_1&-q_2&-q_3\\q_1&q_0&-q_3&q_2\\q_2&q_3&q_0&-q_1\\q_3&-q_2&q_1&q_0\end{bmatrix}\begin{bmatrix}p_0&-p_1&-p_2&-p_3\\p_1&p_0&-p_3&-p_2\\p_2&p_3&p_0&-p_1\\p_3&-p_2&p_1&p_0\end{bmatrix}\begin{bmatrix}m_0\\m_1\\m_2\\m_3\end{bmatrix} \tag{7-2-30}$$

具有零标量的四元数的乘积

$$\boldsymbol{q}\circ\boldsymbol{p}=\begin{bmatrix}0 & -q_1 & -q_2 & -q_3\\ q_1 & 0 & -q_3 & q_2\\ q_2 & q_3 & 0 & -q_1\\ q_3 & -q_2 & q_1 & 0\end{bmatrix}\begin{bmatrix}0\\ p_1\\ p_2\\ p_3\end{bmatrix}$$

$$=-(q_1p_1+q_2p_3+q_3p_3)+(q_2p_3-q_3p_2)i+(q_3p_1-q_1p_3)j+(q_1p_2-q_2p_1)k$$

$$=-q\cdot p+q\times p \tag{7-2-31}$$

7.2.2 用四元数变换描述向量的转动

由欧拉定理知,空间矢量绕定点旋转,在瞬间必须是绕一欧拉轴旋转一角度,如图7.8所示。图中矢量 $\boldsymbol{r}$ 绕定点 O 旋转 $\boldsymbol{r}'$,设 $\boldsymbol{E}$ 为矢量 $\boldsymbol{r}$ 绕定点 O 旋转的瞬时欧拉轴,其转角为 α,α 在垂直于 $\boldsymbol{E}$ 轴的平面 Q 上,P 为 $\boldsymbol{E}$ 轴在平面 Q 上的交点,图中 $\boldsymbol{OM}=\boldsymbol{r}$,作 $\boldsymbol{KN}\perp\boldsymbol{MP}$,则有

$$\boldsymbol{r}'=\boldsymbol{ON}=\boldsymbol{OM}+\boldsymbol{MK}+\boldsymbol{KN} \tag{7-2-32}$$

而

$$|\boldsymbol{MK}|=|\boldsymbol{MP}|-|\boldsymbol{KP}|=|\boldsymbol{MP}|-|\boldsymbol{NP}|\cos\alpha=|\boldsymbol{MP}|(1-\cos\alpha) \tag{7-2-33}$$

则

$$\boldsymbol{MK}=(1-\cos\alpha)(\boldsymbol{OP}-\boldsymbol{OM}) \tag{7-2-34}$$

由于

$$\boldsymbol{OP}=\left(\boldsymbol{r}\cdot\frac{\boldsymbol{E}}{|\boldsymbol{E}|}\right)\frac{\boldsymbol{E}}{|\boldsymbol{E}|}=(\boldsymbol{r}\cdot\boldsymbol{E})\frac{\boldsymbol{E}}{|\boldsymbol{E}|^2} \tag{7-2-35}$$

$\boldsymbol{KN}$ 矢量方向与($\boldsymbol{OP}\times\boldsymbol{OM}$)方向相同,其长度为

$$|\boldsymbol{KN}|=|\boldsymbol{MP}|\sin\alpha=|\boldsymbol{r}|\sin\varphi\cos\alpha \tag{7-2-36}$$

故

$$\boldsymbol{KN}=\left(\frac{\boldsymbol{E}}{|\boldsymbol{E}|}\times\boldsymbol{r}\right)\sin\alpha \tag{7-2-37}$$

所以,有

$$\boldsymbol{r}'=\boldsymbol{r}\cos\alpha+(1-\cos\alpha)(\boldsymbol{r}\cdot\boldsymbol{E})\frac{\boldsymbol{E}}{|\boldsymbol{E}|^2}+\left(\frac{\boldsymbol{E}}{|\boldsymbol{E}|}\times\boldsymbol{r}\right)\sin\alpha \tag{7-2-38}$$

再根据矢量 $\boldsymbol{E}$ 和角 α 定义一个四元数

$$\boldsymbol{Q}=|\boldsymbol{E}|\left(\cos\frac{\alpha}{2}+\frac{\boldsymbol{E}}{|\boldsymbol{E}|}\sin\frac{\alpha}{2}\right) \tag{7-2-39}$$

研究四元数变换:

$$\boldsymbol{Q}\circ\boldsymbol{r}\circ\boldsymbol{Q}^{-1}=\left[|\boldsymbol{E}|\left(\cos\frac{\alpha}{2}+\frac{\boldsymbol{E}}{|\boldsymbol{E}|}\sin\frac{\alpha}{2}\right)\right]\circ\boldsymbol{r}\circ\left[|\boldsymbol{E}|\left(\cos\frac{\alpha}{2}+\frac{\boldsymbol{E}}{|\boldsymbol{E}|}\sin\frac{\alpha}{2}\right)\frac{1}{|\boldsymbol{E}|^2}\right] \tag{7-2-40}$$

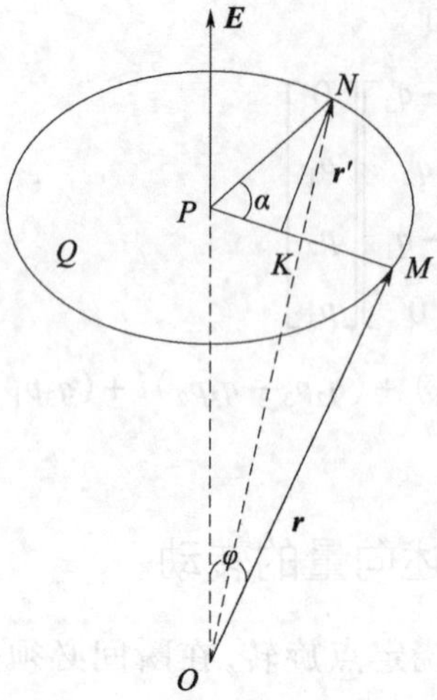

图7.8　空间矢量旋转关系图

经过推导,得

$$\boldsymbol{Q}\circ\boldsymbol{r}\circ\boldsymbol{Q}^{-1}=\boldsymbol{r}\cos\alpha+(1-\cos\alpha)(\boldsymbol{r}\cdot\boldsymbol{E})\frac{\boldsymbol{E}}{|\boldsymbol{E}|^{2}}+\left(\frac{\boldsymbol{E}}{|\boldsymbol{E}|}\times\boldsymbol{r}\right)\sin\alpha \quad (7-2-41)$$

比较式(7-2-38)和式(7-2-41),两者完全相同,因此有

$$\boldsymbol{r}'=\boldsymbol{Q}\circ\boldsymbol{r}\circ\boldsymbol{Q}^{-1} \quad (7-2-42)$$

即$\boldsymbol{r}$与其绕$\boldsymbol{E}$轴旋转α角后的$\boldsymbol{r}'$之间的关系可用式(7-2-42)表示,$\boldsymbol{Q}$称为$\boldsymbol{r}'$对$\boldsymbol{r}$的四元数。反之,$\boldsymbol{r}'$绕$-\boldsymbol{E}$轴旋转角α必然得$\boldsymbol{r}$,则同理得

$$\boldsymbol{r}=\boldsymbol{Q}^{-1}\circ\boldsymbol{r}'\circ\boldsymbol{Q}$$

$\boldsymbol{Q}^{-1}$称为$\boldsymbol{r}$对$\boldsymbol{r}'$的四元数。

当旋转四元数$\boldsymbol{Q}$为规范化四元数,即$\boldsymbol{Q}^{-1}=\boldsymbol{Q}^{*}$,则有

$$\boldsymbol{r}'=\boldsymbol{Q}\circ\boldsymbol{r}\circ\boldsymbol{Q}^{*} \quad (7-2-43)$$

若$\boldsymbol{r}$绕$\boldsymbol{E}$轴旋转α角后得$\boldsymbol{r}'$,$\boldsymbol{r}$对$\boldsymbol{r}'$的规范化四元数为$\boldsymbol{Q}$,$\boldsymbol{r}'$再绕$\boldsymbol{N}$轴旋转β角后得$\boldsymbol{r}''$,$\boldsymbol{r}'$对$\boldsymbol{r}''$的规范化四元数为$\boldsymbol{P}$,$\boldsymbol{r}''$对$\boldsymbol{r}$的规范化四元数为$\boldsymbol{R}$,则有

$$\boldsymbol{r}''=\boldsymbol{P}\circ\boldsymbol{r}'\circ\boldsymbol{P}^{*}=\boldsymbol{P}\circ\boldsymbol{Q}\circ\boldsymbol{r}\circ\boldsymbol{Q}^{*}\circ\boldsymbol{P}^{*}=\boldsymbol{P}\circ\boldsymbol{Q}\circ\boldsymbol{r}\circ(\boldsymbol{P}\circ\boldsymbol{Q})^{*}=\boldsymbol{R}\circ\boldsymbol{r}\circ\boldsymbol{R}^{*} \quad (7-2-44)$$

式中:$\boldsymbol{R}=\boldsymbol{P}\circ\boldsymbol{Q}$。

7.2.3　转动四元数与转动方向余弦的关系

如图7.9所示,动系$OX_bY_bZ_b$相对定系$OX_IY_IZ_I$的关系,其单位向量分别为$\boldsymbol{i}_b$、$\boldsymbol{j}_b$、$\boldsymbol{k}_b$、$\boldsymbol{i}_I$、$\boldsymbol{j}_I$、$\boldsymbol{k}_I$,设某向量$\overrightarrow{OM}$,它在动系和定系的投影分别为

$$\overrightarrow{OM}=x_I\boldsymbol{i}_I+y_I\boldsymbol{j}_I+z_I\boldsymbol{k}_I$$
$$\overrightarrow{OM}=x_b\boldsymbol{i}_b+y_b\boldsymbol{j}_b+z_b\boldsymbol{k}_b \quad (7-2-45)$$

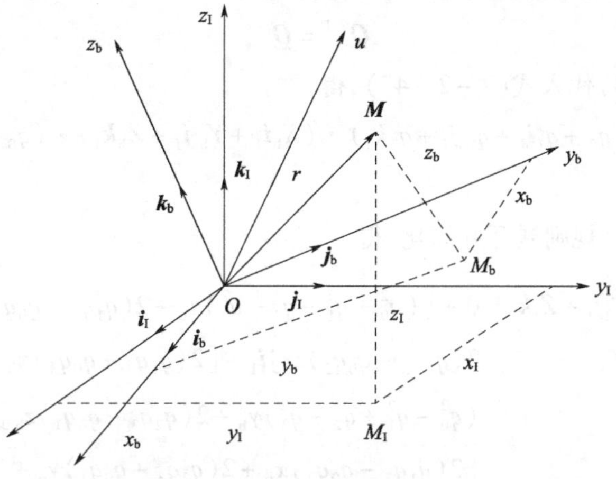

图 7.9　向量 $\boldsymbol{M}$ 在定系和动系的投影

而坐标系 $OX_bY_bZ_b$ 可以看成绕 q 轴转动 θ 角获得的。根据向量投影的相对关系可知，当向量 $\overrightarrow{OM}$ 不动而动系 $OX_bY_bZ_b$ 相对定系 $OX_IY_IZ_I$ 绕 q 转动 θ 角以后 $\overrightarrow{OM}$ 在两个坐标系上的投影，与坐标系 $OX_IY_IZ_I$ 不动而向量 $\overrightarrow{OM}$ 绕 q 轴转动 $-\theta$ 角度其转动前后的向量 $\boldsymbol{r}'$，$\boldsymbol{r}$ 在同一坐标系的投影（图 7.10）是相等的。显然 r 的投影可以表示动系的位置，r' 的投影可以表示定系的位置。这两个矢径的四元数表示形式分别为

$$\begin{aligned}\boldsymbol{r}' &= 0 + x_I\boldsymbol{i}_I + y_I\boldsymbol{j}_I + z_I\boldsymbol{k}_I \\ \boldsymbol{r} &= 0 + x_b\boldsymbol{i}_b + y_b\boldsymbol{j}_b + z_b\boldsymbol{k}_b\end{aligned} \tag{7-2-46}$$

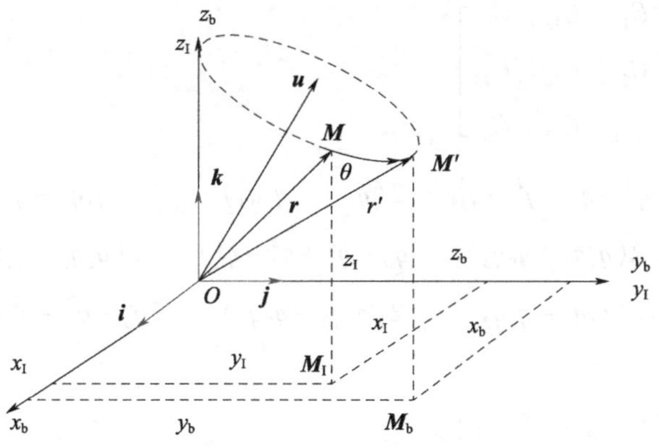

图 7.10　矢径转动前后在同一坐标系中的两次投影

若采用相反方向转动，即将矢径 $\boldsymbol{r}$ 绕 $\boldsymbol{q}$ 轴转动 θ 角后得到的矢径 $\boldsymbol{r}'$，因此有

$$\boldsymbol{r}' = \boldsymbol{Q} \cdot \boldsymbol{r} \cdot \boldsymbol{Q}^{-1} \tag{7-2-47}$$

式中

$$\begin{cases}\boldsymbol{Q} = q_0 + q_1\boldsymbol{i}_I + q_2\boldsymbol{j}_I + q_3\boldsymbol{k}_I \\ \boldsymbol{Q}^{-1} = q_0 - q_1\boldsymbol{i}_I - q_2\boldsymbol{j}_I - q_3\boldsymbol{k}_I\end{cases} \tag{7-2-48}$$

注意:单位四元数的逆等于其共轭四元数,即

$$\boldsymbol{Q}^{-1}=\boldsymbol{Q}^{*} \tag{7-2-49}$$

将式(7-2-48)代入式(7-2-47),得

$$X_{\mathrm{I}}\boldsymbol{i}_{\mathrm{I}}+Y_{\mathrm{I}}\boldsymbol{j}_{\mathrm{I}}+Z_{\mathrm{I}}\boldsymbol{k}_{\mathrm{I}}=(q_0+q_1\boldsymbol{i}_{\mathrm{I}}+q_2\boldsymbol{j}_{\mathrm{I}}+q_3\boldsymbol{k}_{\mathrm{I}})\cdot(X_{\mathrm{b}}\boldsymbol{i}_{\mathrm{I}}+Y_{\mathrm{b}}\boldsymbol{j}_{\mathrm{I}}+Z_{\mathrm{b}}\boldsymbol{k}_{\mathrm{I}})\cdot(q_0-q_1\boldsymbol{i}_{\mathrm{I}}-q_2\boldsymbol{j}_{\mathrm{I}}-q_3\boldsymbol{k}_{\mathrm{I}}) \tag{7-2-50}$$

按照四元数运算规则展开并简化,得

$$\begin{aligned}X_{\mathrm{I}}\boldsymbol{i}_{\mathrm{I}}+Y\boldsymbol{j}_{\mathrm{I}}+Z_{\mathrm{I}}\boldsymbol{k}_{\mathrm{I}}=0+[&(q_0^2+q_1^2-q_2^2-q_3^2)x_{\mathrm{b}}+2(q_1q_2-q_0q_3)y_{\mathrm{b}}+\\&2(q_1q_3-q_0q_2)z_{\mathrm{b}}]\boldsymbol{i}_{\mathrm{I}}+[2(q_1q_2+q_0q_3)x_{\mathrm{b}}+\\&(q_0^2-q_1^2+q_2^2-q_3^2)y_{\mathrm{b}}+2(q_2q_3-q_0q_1)z_{\mathrm{b}}]\boldsymbol{j}_{\mathrm{I}}+\\&[2(q_1q_3-q_0q_2)x_{\mathrm{b}}+2(q_2q_3+q_0q_1)y_{\mathrm{b}}+\\&(q_0^2-q_1^2-q_2^2+q_3^2)z_{\mathrm{b}}]\boldsymbol{k}_{\mathrm{I}}\end{aligned} \tag{7-2-51}$$

将上式的3个投影式写成矩阵形式,得

$$\begin{bmatrix}X_{\mathrm{I}}\\Y_{\mathrm{I}}\\Z_{\mathrm{I}}\end{bmatrix}=\begin{bmatrix}q_0^2+q_1^2-q_2^2-q_3^2 & 2(q_1q_2-q_0q_3) & 2(q_1q_3-q_0q_2)\\2(q_1q_2+q_0q_3) & (q_0^2-q_1^2+q_2^2-q_3^2) & 2(q_2q_3-q_0q_1)\\2(q_1q_3-q_0q_2) & 2(q_2q_3+q_0q_1) & (q_0^2-q_1^2-q_2^2+q_3^2)\end{bmatrix}\begin{bmatrix}x_{\mathrm{b}}\\y_{\mathrm{b}}\\z_{\mathrm{b}}\end{bmatrix} \tag{7-2-52}$$

将上式与附录1中式(1)比较,可以看出转动四元数 $\boldsymbol{Q}$ 与转动方向余弦矩阵有着对应关系。

$$\begin{aligned}\boldsymbol{C}_{\mathrm{b}}^{\mathrm{I}}&=\begin{bmatrix}C_{11} & C_{12} & C_{13}\\C_{21} & C_{22} & C_{23}\\C_{31} & C_{32} & C_{33}\end{bmatrix}\\&=\begin{bmatrix}q_0^2+q_1^2-q_2^2-q_3^2 & 2(q_1q_2-q_0q_3) & 2(q_1q_3-q_0q_2)\\2(q_1q_2+q_0q_3) & (q_0^2-q_1^2+q_2^2-q_3^2) & 2(q_2q_3-q_0q_1)\\2(q_1q_3-q_0q_2) & 2(q_2q_3+q_0q_1) & (q_0^2-q_1^2-q_2^2+q_3^2)\end{bmatrix}\end{aligned} \tag{7-2-53}$$

其转置矩阵为

$$\begin{aligned}\boldsymbol{C}_{\mathrm{I}}^{\mathrm{b}}&=\begin{bmatrix}C_{11} & C_{21} & C_{31}\\C_{12} & C_{22} & C_{32}\\C_{13} & C_{23} & C_{33}\end{bmatrix}\\&=\begin{bmatrix}q_0^2+q_1^2-q_2^2-q_3^2 & 2(q_1q_2+q_0q_3) & 2(q_1q_3-q_0q_2)\\2(q_1q_2-q_0q_3) & (q_0^2-q_1^2+q_2^2-q_3^2) & 2(q_2q_3+q_0q_1)\\2(q_1q_3-q_0q_2) & 2(q_2q_3-q_0q_1) & (q_0^2-q_1^2-q_2^2+q_3^2)\end{bmatrix}\end{aligned} \tag{7-2-54}$$

因此,当 q_0、q_1、q_2、q_3 确定后,根据上式关系就可唯一地确定了方向余弦矩阵。

7.2.4 四元数坐标变换

四元数与欧拉角一样可表示导弹的姿态，也同样可表示不同坐标系间转换关系，因此可以解决弹体坐标系测量参数如何转换到惯性导航坐标系上的问题。

设矢量 $\boldsymbol{r}$ 与弹体坐标系 $ox_1y_1z_1$ 固连，坐标为 x_1,y_1,z_1。$oxyz$ 为惯性坐标系，矢量 $\boldsymbol{r}'$ 与它固连，其坐标为 x、y、z。当 $ox_1y_1z_1$ 转到与 $oxyz$ 重合时，$\boldsymbol{r}$ 对 $\boldsymbol{r}'$ 相重合，那么，由式(7-2-47)得

$$\boldsymbol{r}'=\boldsymbol{Q}\circ\boldsymbol{r}\circ\boldsymbol{Q}^*=(q_0+\boldsymbol{i}q_1+\boldsymbol{j}q_2+\boldsymbol{k}q_3)\circ(0+\boldsymbol{i}x_1+\boldsymbol{j}y_2+\boldsymbol{k}z_3)\circ(q_0-\boldsymbol{i}q_1-\boldsymbol{j}q_2-\boldsymbol{k}q_3) \tag{7-2-55}$$

$$\begin{bmatrix}0\\x\\y\\z\end{bmatrix}=\begin{bmatrix}q_0&-q_1&-q_2&-q_3\\q_1&q_0&-q_3&q_2\\q_2&q_3&q_0&-q_1\\q_3&-q_2&q_1&q_0\end{bmatrix}\begin{bmatrix}0&-x_1&-y_1&-z_1\\x_1&0&-z_1&y_1\\y_1&z_1&0&-x_1\\z_1&-y_1&x_1&0\end{bmatrix}\begin{bmatrix}q_0\\-q_1\\-q_2\\-q_3\end{bmatrix} \tag{7-2-56}$$

经展开整理，其矩阵表达式可写为

$$\begin{bmatrix}x\\y\\z\end{bmatrix}=\boldsymbol{A}_0\begin{bmatrix}x_1\\y_1\\z_1\end{bmatrix} \tag{7-2-57}$$

$$\boldsymbol{A}_0=\begin{bmatrix}q_0^2+q_1^2-q_2^2-q_3^2&2(q_1q_2-q_0q_3)&2(q_0q_2+q_1q_3)\\2(q_1q_2+q_0q_3)&q_0^2+q_2^2-q_1^2-q_3^2&2(q_2q_3-q_0q_1)\\2(q_1q_3-q_0q_2)&2(q_2q_3+q_0q_1)&q_0^2+q_3^2-q_1^2-q_2^2\end{bmatrix} \tag{7-2-58}$$

$\boldsymbol{A}_0$ 为用四元数表示的弹体坐标系与惯性坐标系间的转换关系矩阵。

如果 $\Delta W_x,\Delta W_y,\Delta W_z$ 为导弹相对惯性坐标系各轴视速度增量，$\Delta W_{x_1},\Delta W_{y_1},\Delta W_{z_1}$ 为导弹相对弹体坐标系各轴的视速度增量，则由式(7-2-58)可得

$$\begin{bmatrix}\Delta W_x\\\Delta W_y\\\Delta W_z\end{bmatrix}=\boldsymbol{A}_0\begin{bmatrix}\Delta W_{x_1}\\\Delta W_{y_1}\\\Delta W_{z_1}\end{bmatrix} \tag{7-2-59}$$

反过来可得

$$\begin{bmatrix}\Delta W_{x_1}\\\Delta W_{y_1}\\\Delta W_{z_1}\end{bmatrix}=\boldsymbol{A}_0^{\mathrm{T}}\begin{bmatrix}\Delta W_x\\\Delta W_y\\\Delta W_z\end{bmatrix} \tag{7-2-60}$$

$\boldsymbol{A}_0^{\mathrm{T}}$ 为 $\boldsymbol{A}_0$ 矩阵的转置矩阵。

同理利用式(7-2-58)也可解算出导弹飞行的姿态，从而方便地实现数学平台的功能。

一般可利用欧拉角表示两个坐标系之间的转换关系,如弹体坐标系与惯性坐标系间可用俯仰角(φ)、偏航角(ψ)和滚动角(γ)表示相互之间的转换关系。

根据速率陀螺仪测量得到的角度变化率,可以由式(7-1-5)按照如下关系求得欧拉角:

$$\begin{cases}\dot{\boldsymbol{\varphi}} = \boldsymbol{\omega}_{x_b}\sec\psi\cos\gamma + \boldsymbol{\omega}_{y_b}\sec\psi\sin\gamma \\ \dot{\boldsymbol{\psi}} = \boldsymbol{\omega}_{y_b}\cos\gamma - \boldsymbol{\omega}_{z_b}\sin\gamma \\ \dot{\boldsymbol{\gamma}} = \boldsymbol{\omega}_{x_b} + (\boldsymbol{\omega}_{y_b}\sin\gamma + \boldsymbol{\omega}_{z_b}\cos\gamma)\tan\psi\end{cases} \tag{7-2-61}$$

但利用该式求解要利用数值积分法,不利于弹上计算机实现,更方便的方法是利用四元数。

四元数与欧拉角一样可以表示导弹(火箭)姿态,也同样可以表示不同坐标系之间的转换关系。由四元数表示的弹体坐标系到发射惯性坐标系的坐标转换矩阵为

$$\begin{bmatrix} X_I \\ Y_I \\ Z_I \end{bmatrix} = \begin{bmatrix} q_0^2+q_1^2-q_2^2-q_3^2 & 2(q_1q_2-q_0q_3) & 2(q_1q_3-q_0q_2) \\ 2(q_1q_2+q_0q_3) & (q_0^2-q_1^2+q_2^2-q_3^2) & 2(q_2q_3-q_0q_1) \\ 2(q_1q_3-q_0q_2) & 2(q_2q_3+q_0q_1) & (q_0^2-q_1^2-q_2^2+q_3^2) \end{bmatrix} \begin{bmatrix} x_b \\ y_b \\ z_b \end{bmatrix} \tag{7-2-62}$$

比较用欧拉角与用四元数表示的坐标转换公式(参见式(1-3-10)),可得四元数与欧拉角之间的关系为

$$\begin{cases}\tan\varphi = \dfrac{\sin\varphi\cos\psi}{\cos\varphi\cos\psi} = \dfrac{2(q_1q_2+q_0q_3)}{q_0^2+q_1^2-q_2^2-q_3^2} \\ \psi = -2(q_1q_3-q_0q_2) \\ \gamma = \dfrac{\sin\gamma\cos\psi}{\cos\gamma\cos\psi} = \dfrac{2(q_0q_1+q_2q_3)}{q_0^2+q_3^2-q_1^2-q_2^2}\end{cases} \tag{7-2-63}$$

利用四元数建立的坐标变换矩阵省去了欧拉角三角函数的烦琐计算,避免了欧拉角三角计算中出现的不利因素,减轻了计算机的负担,从而得到广泛应用。

7.2.5 四元数微分方程

四元数是通过解算四元数微分方程得到的。

弹体坐标系中位置矢量 $\boldsymbol{r}_1$ 与对应的惯性坐标系中位置矢量 $\boldsymbol{r}$ 转换关系可表示为矩阵形式

$$\boldsymbol{r} = \boldsymbol{A}_0\boldsymbol{r}_1 \tag{7-2-64}$$

对式(7-2-64)两边求导,得

$$\dot{\boldsymbol{r}} = \boldsymbol{A}_0\dot{\boldsymbol{r}}_1 + \dot{\boldsymbol{A}}_0\boldsymbol{r}_1 \tag{7-2-65}$$

根据刚体的运动学理论，得

$$\dot{\boldsymbol{r}} = \dot{\boldsymbol{r}}_1 + \boldsymbol{\omega} \times \boldsymbol{r}_1 \tag{7-2-66}$$

式中：$\boldsymbol{\omega}$ 为弹体坐标系相对发射惯性坐标系的旋转角速度。且

$$\boldsymbol{\omega} \times \boldsymbol{r}_1 = \begin{bmatrix} 0 & -\omega_{z1} & \omega_{y1} \\ \omega_{z1} & 0 & -\omega_{x1} \\ -\omega_{y1} & \omega_{x1} & 0 \end{bmatrix} \begin{bmatrix} x_1 \\ y_1 \\ z_1 \end{bmatrix} \tag{7-2-67}$$

令

$$\boldsymbol{\Omega} = \begin{bmatrix} 0 & -\omega_{z1} & \omega_{y1} \\ \omega_{z1} & 0 & -\omega_{x1} \\ -\omega_{y1} & \omega_{x1} & 0 \end{bmatrix} \tag{7-2-68}$$

并将式(7-2-66)投影到弹体坐标系中，得

$$\boldsymbol{A}_0^{-1}\dot{\boldsymbol{r}} = \dot{\boldsymbol{r}}_1 + \boldsymbol{\Omega}\boldsymbol{r}_1 \tag{7-2-69}$$

上式两边乘以 $\boldsymbol{A}_0$，并将得到的式子与式(7-2-66)比较，得

$$\dot{\boldsymbol{A}}_0 = \boldsymbol{A}_0\boldsymbol{\Omega} \tag{7-2-70}$$

将 $\boldsymbol{A}_0$ 代入，并考虑到规范化四元数性质

$$q_0^2 + q_1^2 + q_2^2 + q_3^2 = 1 \tag{7-2-71}$$

和

$$q_0\dot{q}_0 + q_1\dot{q}_1 + q_2\dot{q}_2 + q_3\dot{q}_3 = 0 \tag{7-2-72}$$

便可推得四元数微分方程的形式为

$$\begin{bmatrix} \dot{q}_0 \\ \dot{q}_1 \\ \dot{q}_2 \\ \dot{q}_3 \end{bmatrix} = \frac{1}{2} \begin{bmatrix} 0 & -\omega_{x_1} & -\omega_{y_1} & -\omega_{z_1} \\ \omega_{x_1} & 0 & \omega_{z_1} & -\omega_{y_1} \\ \omega_{y_1} & -\omega_{z_1} & 0 & \omega_{x_1} \\ \omega_{z_1} & \omega_{y_1} & -\omega_{x_1} & 0 \end{bmatrix} \begin{bmatrix} q_0 \\ q_1 \\ q_2 \\ q_3 \end{bmatrix} \tag{7-2-73}$$

从四元数微分方程看出，它是由4个线性方程组组成的线性方程组，因此，四元数方程具有以下特点。

(1)与欧拉角速度方程不同，它是一组非退化的线性微分方程，没有奇点，原则上总是可解的。

(2)与方向余弦方程相比，四元数有最低数目的非退化参数和最低数目的联系方程，通过四元数的形式运算，可单值地给定正交变换的运算。

(3)四元数可明确地表示出刚体运动的两个重要物理参数，即旋转欧拉轴和旋转角。

(4)四元数代数法，可用超复数空间矢量来表示欧拉旋转矢量，超复数空间与三维空间相对应。

因此，用四元数来研究刚体的运动特性是最方便的。

7.2.6 四元数递推公式

四元数方程组是一个线性微分方程组,常用的解算方法有:四元数的级数表示法、四元数方程解的积分表示法、四元数方程的递推解法和四元数方程的数值积分法。本节介绍四元数的递推解法。

四元数的递推解是指已知前一时刻的四元数 $\boldsymbol{Q}(t)$ 和经过 Δt 时间的刚体运动信息,求 $t+\Delta t$ 时的四元数 $\boldsymbol{Q}(t+\Delta t)$。

$$[\dot{\boldsymbol{Q}}]=\frac{1}{2}[\boldsymbol{\omega}][\boldsymbol{Q}] \tag{7-2-74}$$

的解为

$$\boldsymbol{Q}(t+\Delta t)=\boldsymbol{Q}(t)\exp\int_t^{t+\Delta t}\frac{1}{2}\boldsymbol{\omega}\mathrm{d}t \tag{7-2-75}$$

因为

$$\int_t^{t+\Delta t}\boldsymbol{\omega}\mathrm{d}t=\Delta\boldsymbol{\theta}=\Delta\theta_{x_1}\boldsymbol{i}+\Delta\theta_{y_1}\boldsymbol{j}+\Delta\theta_{z_1}\boldsymbol{k} \tag{7-2-76}$$

将 $\Delta\boldsymbol{\theta}$ 在 $t\sim t+\Delta t$ 期间内的角度增量值代入式(7-2-75),得

$$\boldsymbol{Q}(t+\Delta t)=\boldsymbol{Q}(t)\mathrm{e}^{\frac{1}{2}\Delta\boldsymbol{\theta}}=\boldsymbol{Q}(t)\left[1+\frac{1}{2}\Delta\boldsymbol{\theta}+\frac{1}{2!}\left(\frac{1}{2}\Delta\theta\right)^2+\cdots\right] \tag{7-2-77}$$

由于

$$\begin{aligned}\Delta\boldsymbol{\theta}^2&=(\Delta\theta_{x_1}\boldsymbol{i}+\Delta\theta_{y_1}\boldsymbol{j}+\Delta\theta_{z_1}\boldsymbol{k})(\Delta\theta_{x_1}\boldsymbol{i}+\Delta\theta_{y_1}\boldsymbol{j}+\Delta\theta_{z_1}\boldsymbol{k})\\&=-(\Delta\theta_{x_1}^2+\Delta\theta_{y_1}^2+\Delta\theta_{z_1}^2)=\Delta\boldsymbol{\theta}_j^2\end{aligned} \tag{7-2-78}$$

$$\Delta\boldsymbol{\theta}^3=\Delta\boldsymbol{\theta}^2\cdot\Delta\boldsymbol{\theta}=-\Delta\theta_j^2(\Delta\theta_{x_1}\boldsymbol{i}+\Delta\theta_{y_1}\boldsymbol{j}+\Delta\theta_{z_1}\boldsymbol{k}) \tag{7-2-79}$$

所以

$$\begin{aligned}\boldsymbol{Q}(t+\Delta t)=\boldsymbol{Q}(t)\Big[&\left(1-\frac{1}{8}\Delta\boldsymbol{\theta}_j^2\right)+\Delta\theta_{x_1}\left(\frac{1}{2}-\frac{1}{48}\Delta\boldsymbol{\theta}_j^2\right)\boldsymbol{i}+\\&\Delta\theta_{y_1}\left(\frac{1}{2}-\frac{1}{48}\Delta\boldsymbol{\theta}_j^2\right)\boldsymbol{j}+\Delta\theta_{z_1}\left(\frac{1}{2}-\frac{1}{48}\Delta\boldsymbol{\theta}_j^2\right)\boldsymbol{k}+\cdots\Big]\end{aligned} \tag{7-2-80}$$

整理成矩阵形式,且令 $\Delta t=T_0$ 为采样周期,$\boldsymbol{Q}(t)$ 为前一周期之 $\boldsymbol{Q}$ 值,j 表示为本周期,$j-1$ 表示前一个采样周期,则得四元数递推解:

$$\begin{bmatrix}q_0\\q_1\\q_2\\q_3\end{bmatrix}_j=\begin{bmatrix}q_0&-q_1&-q_2&-q_3\\q_1&q_0&-q_3&q_2\\q_2&q_3&q_0&-q_1\\q_3&-q_2&q_1&q_0\end{bmatrix}_{j-1}\begin{bmatrix}1-\frac{1}{8}\Delta\boldsymbol{\theta}_j^2\\\left(\frac{1}{2}-\frac{1}{48}\Delta\boldsymbol{\theta}_j^2\right)\Delta\theta_{x_1}\\\left(\frac{1}{2}-\frac{1}{48}\Delta\boldsymbol{\theta}_j^2\right)\Delta\theta_{y_1}\\\left(\frac{1}{2}-\frac{1}{48}\Delta\boldsymbol{\theta}_j^2\right)\Delta\theta_{z_1}\end{bmatrix}_j \tag{7-2-81}$$

或写成

$$[\boldsymbol{Q}]_j=[\boldsymbol{Q}]_{j-1}\begin{bmatrix}1-\frac{1}{8}\Delta\boldsymbol{\theta}_j^2\\ \left(\frac{1}{2}-\frac{1}{48}\Delta\boldsymbol{\theta}_j^2\right)\Delta\theta_{x_1}\\ \left(\frac{1}{2}-\frac{1}{48}\Delta\boldsymbol{\theta}_j^2\right)\Delta\theta_{y_1}\\ \left(\frac{1}{2}-\frac{1}{48}\Delta\boldsymbol{\theta}_j^2\right)\Delta\theta_{z_1}\end{bmatrix}_j \tag{7-2-82}$$

式中：$\Delta\theta_j^2=\Delta\theta_{x_1}^2+\Delta\theta_{y_1}^2+\Delta\theta_{z_1}^2$，$\Delta\theta_{x_1}$，$\Delta\theta_{y_1}$，$\Delta\theta_{z_1}$是根据速率陀螺仪测量得到的角速度计算得到的在一个积分步长内的姿态角增量，即

$$\begin{aligned}\Delta\theta_{x_1}&=\int_{hh}^{(n+1)h}\omega_{x1}\mathrm{d}t\\ \Delta\theta_{y_1}&=\int_{hh}^{(n+1)h}\omega_{y1}\mathrm{d}t\\ \Delta\theta_{z_1}&=\int_{hh}^{(n+1)h}\omega_{z1}\mathrm{d}t\end{aligned} \tag{7-2-83}$$

由上式看出，只要测得弹体系中 3 个轴的角度增量，就能连续计算四元数 $\boldsymbol{Q}$ 之值。

7.2.7 四元数初始值的确定

当用式(7-2-81)或式(7-2-82)求 j 时刻的四元数 $\boldsymbol{Q}$ 之值时，除要知道该时刻的欧拉角增量外，还需知道 $j-1$ 时刻的四元数 $\boldsymbol{Q}$ 之值。当然该方法用于计算导弹运动姿态时必须知道导弹起飞瞬时的初始四元数之值。

在理想情况下，导弹起飞前处于垂直发射状态，其弹体坐标系 ox_1 轴与发射坐标系（发射惯性坐标系）oy 轴重合，oy_1 轴与 ox 轴反向，oz_1 轴与 oz 轴重合，如图 7.11 所示。此时 $\Delta\varphi_0=\psi_0=\gamma_0=0$，$\varphi=90°$。当由于某种干扰引起对准误差，即存在初始姿态角误差 $\Delta\varphi_0$，ψ_0，γ_0 可将弹体坐标系视为是绕发射坐标系（发射惯性坐标系）3 轴独立连续旋转 3 次的结果，如图 7.12 所示。它们对应的四元数分别为

$$\begin{cases}\boldsymbol{Q}_1=\cos\left(\dfrac{90^\circ+\Delta\varphi_0}{2}\right)+\boldsymbol{k}\sin\left(\dfrac{90^\circ+\Delta\varphi_0}{2}\right)\approx\dfrac{\sqrt{2}}{2}\left[\left(1-\dfrac{\Delta\varphi_0}{2}\right)+\boldsymbol{k}\left(1+\dfrac{\Delta\varphi_0}{2}\right)\right]\\ \boldsymbol{Q}_2=\cos\dfrac{\psi_0}{2}+\boldsymbol{i}\sin\dfrac{\psi_0}{2}\approx1+\boldsymbol{i}\dfrac{\Delta\psi_0}{2}\\ \boldsymbol{Q}_3=\cos\dfrac{\gamma_0}{2}+\boldsymbol{j}\sin\dfrac{\gamma_0}{2}\approx1+\boldsymbol{j}\dfrac{\Delta\gamma_0}{2}\end{cases} \tag{7-2-84}$$

根据刚体连续多次转动的结果，可用一次转动等效的计算方法，将 $\boldsymbol{r}_1=\boldsymbol{Q}_1\circ\boldsymbol{r}\circ\boldsymbol{Q}_1^*$、$\boldsymbol{r}_2=\boldsymbol{Q}_2\circ\boldsymbol{r}_1\circ\boldsymbol{Q}_2^*$ 依次代入式 $\boldsymbol{r}_3=\boldsymbol{Q}_3\circ\boldsymbol{r}_2\circ\boldsymbol{Q}_3^*$，则得

$$\boldsymbol{r}_3=\boldsymbol{Q}_3\circ\boldsymbol{Q}_2\circ\boldsymbol{Q}_1\circ\boldsymbol{r}\circ\boldsymbol{Q}_1^*\circ\boldsymbol{Q}_2^*\circ\boldsymbol{Q}_3^*=\boldsymbol{Q}\circ\boldsymbol{r}\circ\boldsymbol{Q}^* \tag{7-2-85}$$

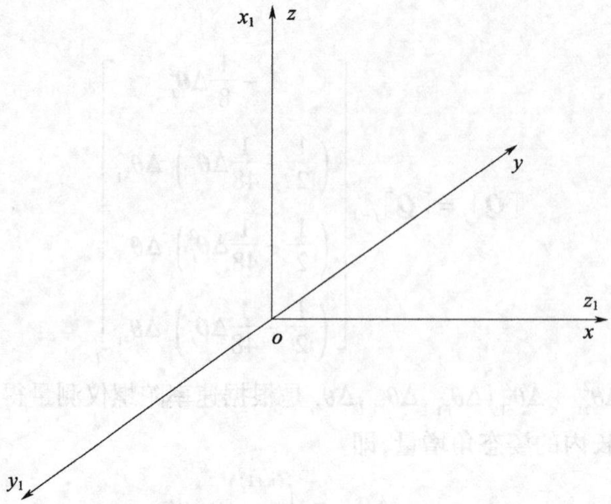

图7.11　导弹起飞前理想情况下弹体坐标系与发射坐标系关系图

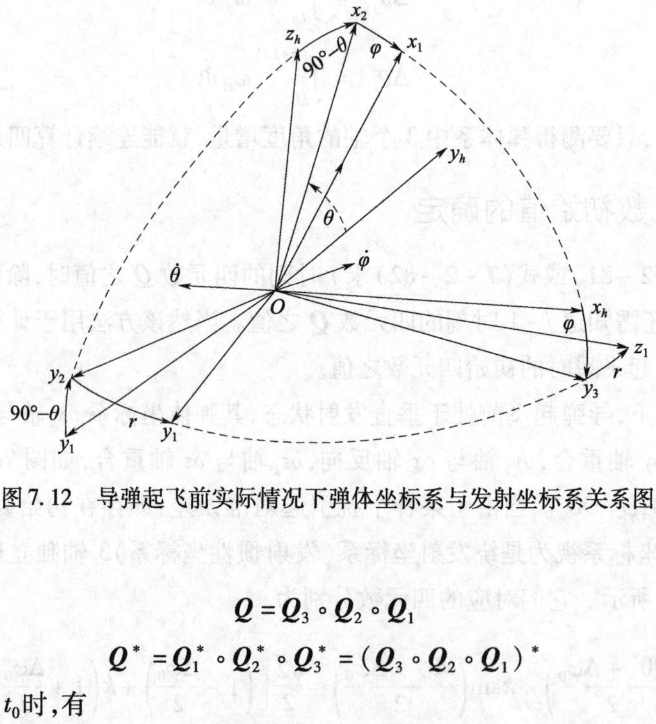

图7.12　导弹起飞前实际情况下弹体坐标系与发射坐标系关系图

式中

$$\boldsymbol{Q}=\boldsymbol{Q}_3\circ\boldsymbol{Q}_2\circ\boldsymbol{Q}_1 \tag{7-2-86}$$

$$\boldsymbol{Q}^*=\boldsymbol{Q}_1^*\circ\boldsymbol{Q}_2^*\circ\boldsymbol{Q}_3^*=(\boldsymbol{Q}_3\circ\boldsymbol{Q}_2\circ\boldsymbol{Q}_1)^* \tag{7-2-87}$$

于是,当 $t=t_0$ 时,有

$$\begin{cases} q_0=q_{00}-\dfrac{\gamma_0}{2}q_{20} \\ q_1=q_{10}+\dfrac{\gamma_0}{2}q_{30} \\ q_2=q_{20}+\dfrac{\gamma_0}{2}q_{00} \\ q_3=q_{30}-\dfrac{\gamma_0}{2}q_{10} \end{cases} \tag{7-2-88}$$

式中

$$\begin{cases} q_{00}=\dfrac{\sqrt{2}}{2}\left(1-\dfrac{\Delta\varphi_0}{2}\right) \\ q_{10}=-\dfrac{\psi_0}{2}q_{00} \\ q_{20}=\dfrac{\psi_0}{2}q_{30} \\ q_{30}=\dfrac{\sqrt{2}}{2}\left(1+\dfrac{\Delta\varphi_0}{2}\right) \end{cases} \tag{7-2-89}$$

当 $\gamma_0=0$,而只有对准误差 $\Delta\varphi_0$、ψ_0 时,由式(7-2-88)和式(7-2-89),得

$$\begin{cases} q_0=\dfrac{\sqrt{2}}{2}\left(1-\dfrac{\Delta\varphi_0}{2}\right) \\ q_1=-\dfrac{\psi_0}{2}q_0 \\ q_2=\dfrac{\psi_0}{2}q_3 \\ q_3=\dfrac{\sqrt{2}}{2}\left(1+\dfrac{\Delta\varphi_0}{2}\right) \end{cases} \tag{7-2-90}$$

在理想发射情况下,即 $\Delta\varphi_0=\psi_0=\gamma_0=0$ 时,四元数初值为

$$\begin{cases} q_0=\dfrac{\sqrt{2}}{2} \\ q_1=0 \\ q_2=0 \\ q_3=\dfrac{\sqrt{2}}{2} \end{cases} \tag{7-2-91}$$

因此,确定四元数初值时,首先要测得导弹初始对准误差测量值 $\Delta\varphi_0,\psi_0,\gamma_0$。

7.3 捷联惯导系统的导航解算

7.3.1 捷联惯组相对输出模型

1. 速率陀螺输出信息模型

飞行中的导弹绕弹体坐标系 3 个轴的转动角速度 $\dot{\theta}_{x_1},\dot{\theta}_{y_1},\dot{\theta}_{z_1}$ 是用安装在它上面的 3 个速率陀螺仪测量的。由于仪器的制造和安装误差,其输出值并不是真正的导弹运动角速度。陀螺仪输出值与导弹运动角速度和视加速度之间的关系式为(以转子式速率陀螺仪为例)

$$\begin{cases} NB_{x_1} = D_{0x} + D_{1x}\dot{W}_{x_1} + D_{2x}\dot{W}_{y_1} + D_{3x}\dot{W}_{z_1} + K_{1x}\dot{\theta}_{x_1} + E_{1x}\dot{\theta}_{y_1} + E_{2x}\dot{\theta}_{z_1} \\ NB_{y_1} = D_{0y} + D_{1y}\dot{W}_{x_1} + D_{2y}\dot{W}_{y_1} + D_{3y}\dot{W}_{z_1} + E_{1y}\dot{\theta}_{x_1} + K_{1y}\dot{\theta}_{y_1} + E_{2y}\dot{\theta}_{z_1} \\ NB_{z_1} = D_{0z} + D_{1z}\dot{W}_{x_1} + D_{2z}\dot{W}_{y_1} + D_{3z}\dot{W}_{z_1} + E_{1z}\dot{\theta}_{x_1} + E_{2z}\dot{\theta}_{y_1} + K_{1z}\dot{\theta}_{z_1} \end{cases} \quad (7-3-1)$$

式中：NB_{x_1},NB_{y_1},NB_{z_1}为各陀螺仪输出的脉冲速率；D_{0x},D_{0y},D_{0z}为各陀螺仪零次项漂移项值；K_{1x},K_{1y},K_{1z}为各陀螺仪的比例系数；E_{1x},E_{2x},E_{1y},E_{2y},E_{1z},E_{2z}为安装误差系数；D_{1x},D_{2x},D_{3x},D_{1y},D_{2y},D_{3y},D_{1z},D_{2z},D_{3z}为导弹飞行过载引起的陀螺漂移系数。

以上零次项漂移和各误差系数均由测试、试验确定，D_{1x},D_{2x},D_{3x},D_{1y},D_{2y},D_{3y},D_{1z},D_{2z},D_{3z}因过载引起的漂移系数由在标定点g_0作用下测得，当$\dot{W}_{x_1}$,$\dot{W}_{y_1}$,$\dot{W}_{z_1}$用单位"$\mathrm{m/s^2}$"表示时，应分别除以g_0。

如果捷联惯导系统选用的陀螺仪为非转子式陀螺仪，比如光学陀螺仪或微机械陀螺仪，则其误差模型又可将式(7-3-1)中与视加速度有关的D_{1i}、D_{1i}、D_{3i}的误差项忽略。

由式(7-3-1)解出的$\dot{\theta}_{x_1}$,$\dot{\theta}_{y_1}$,$\dot{\theta}_{z_1}$可表示为

$$\begin{cases} \dot{\theta}_{x_1} = \dfrac{1}{K_{1x}}NB_{x_1} - \dfrac{E_{1x}}{K_{1x}}\dot{\theta}_{y_1} - \dfrac{E_{2x}}{K_{1x}}\dot{\theta}_{z_1} - \dfrac{D_{1x}}{K_{1z}g_0}\dot{W}_{x_1} - \dfrac{D_{2x}}{K_{1x}g_0}\dot{W}_{y_1} - \dfrac{D_{3x}}{K_{1x}g_0}\dot{W}_{z_1} - \dfrac{D_{0x}}{K_{1x}} \\ \dot{\theta}_{y_1} = \dfrac{1}{K_{1y}}NB_{y_1} - \dfrac{E_{1y}}{K_{1y}}\dot{\theta}_{x_1} - \dfrac{E_{2y}}{K_{1y}}\dot{\theta}_{z_1} - \dfrac{D_{1y}}{K_{1y}g_0}\dot{W}_{x_1} - \dfrac{D_{2y}}{K_{1y}g_0}\dot{W}_{y_1} - \dfrac{D_{3y}}{K_{1y}g_0}\dot{W}_{z_1} - \dfrac{D_{0y}}{K_{1y}} \\ \dot{\theta}_{z_1} = \dfrac{1}{K_{1z}}NB_{z_1} - \dfrac{E_{1z}}{K_{1z}}\dot{\theta}_{x_1} - \dfrac{E_{2z}}{K_{1z}}\dot{\theta}_{y_1} - \dfrac{D_{1z}}{K_{1z}g_0}\dot{W}_{x_1} - \dfrac{D_{2z}}{K_{1z}g_0}\dot{W}_{y_1} - \dfrac{D_{3z}}{K_{1z}g_0}\dot{W}_{z_1} - \dfrac{D_{0z}}{K_{1z}} \end{cases} \quad (7-3-2)$$

因等式右端含E,D的各项都是小量，故近似可得

$$\begin{cases} \dot{\theta}_{x_1} \approx \dfrac{1}{K_{1x}}NB_{x_1} \\ \dot{\theta}_{y_1} \approx \dfrac{1}{K_{1y}}NB_{y_1} \\ \dot{\theta}_{z_1} \approx \dfrac{1}{K_{1z}}NB_{z_1} \end{cases} \quad (7-3-3)$$

将其代入式(7-3-2)，且令T_{11},T_{12},$\cdots$,R_{11},$\cdots$,b_{30}为相应的量，其矩阵形式为

$$\begin{bmatrix} \dot{\theta}_{x_1} \\ \dot{\theta}_{y_1} \\ \dot{\theta}_{z_1} \end{bmatrix} = \begin{bmatrix} T_{11} & T_{12} & T_{13} \\ T_{21} & T_{22} & T_{23} \\ T_{31} & T_{32} & T_{33} \end{bmatrix} \begin{bmatrix} NB_{x_1} \\ NB_{y_1} \\ NB_{z_1} \end{bmatrix} - \begin{bmatrix} R_{11} & R_{12} & R_{13} \\ R_{21} & R_{22} & R_{23} \\ R_{31} & R_{32} & R_{33} \end{bmatrix} \begin{bmatrix} \dot{W}_{x_1} \\ \dot{W}_{y_1} \\ \dot{W}_{z_1} \end{bmatrix} - \begin{bmatrix} b_{10} \\ b_{20} \\ b_{30} \end{bmatrix} \quad (7-3-4)$$

对式(7-3-3)两端进行积分,便得 $t\sim t+\Delta t$ 区间内姿态角增量 $\delta\theta_{x_1},\delta\theta_{y_1},\delta\theta_{z_1}$,即

$$\begin{bmatrix}\delta\theta_{x_1}\\ \delta\theta_{y_1}\\ \delta\theta_{z_1}\end{bmatrix}=\begin{bmatrix}T_{11} & T_{12} & T_{13}\\ T_{21} & T_{22} & T_{23}\\ T_{31} & T_{32} & T_{33}\end{bmatrix}\begin{bmatrix}N_{\omega x_1}\\ N_{\omega y_1}\\ N_{\omega z_1}\end{bmatrix}-\begin{bmatrix}R_{11} & R_{12} & R_{13}\\ R_{21} & R_{22} & R_{23}\\ R_{31} & R_{32} & R_{33}\end{bmatrix}\begin{bmatrix}\delta W_{x_1}\\ \delta W_{y_1}\\ \delta W_{z_1}\end{bmatrix}-\begin{bmatrix}b_{10x}\\ b_{20y}\\ b_{30z}\end{bmatrix}\quad(7-3-5)$$

式中:$b_{10x}=b_{10}\Delta t;b_{10y}=b_{20}\Delta t;b_{10z}=b_{30}\Delta t$。

从上式可以看出,只要计算时间 $t\sim t+\Delta t$ 内各姿态通道获得的脉冲数,并测得弹体坐标系 3 轴向视速度增量 $\delta W_{x_1},\delta W_{y_1},\delta W_{z_1}$,弹载计算机便可轻而易举地计算出角增量 $\delta\theta_{x_1}$,$\delta\theta_{y_1},\delta\theta_{z_1}$。

2. 加速度计输出信息模型

速率捷联方案中的 3 只加速度计沿弹体坐标系 3 坐标轴安装,测量沿 3 轴方向的视加速度分量。因加速度计制造和安装误差,其输出值并非完全是导弹飞行时的真实视加速度值,输出值与测量值之间的关系式为

$$\begin{cases}NA_{x_1}=K_{0x}+K_{1x}\dot W_{x_1}+E_{1x}^a\dot W_{y_1}+E_{2x}^a\dot W_{z_1}+K_{2x}\dot W_{x_1}^2\\ NA_{y_1}=K_{0y}+E_{1y}^a\dot W_{x_1}+K_{1y}\dot W_{y_1}+E_{2y}^a\dot W_{z_1}+K_{2y}\dot W_{y_1}^2\\ NA_{z_1}=K_{0z}+E_{1z}^a\dot W_{x_1}+E_{2z}^a\dot W_{y_1}+K_{1z}\dot W_{z_1}+K_{2z}\dot W_{z_1}^2\end{cases}\quad(7-3-6)$$

式中:$NA_{x_1},NA_{y_1},NA_{z_1}$ 为各表输出的脉冲速率;K_{0x},K_{0y},K_{0z} 为各表的零次项漂移项值;K_{1x},K_{1y},K_{1z} 为各表的比例系数;$E_{1x}^a,E_{2x}^a,E_{1y}^a,E_{2y}^a,E_{1z}^a,E_{2z}^a$ 为各表的安装误差系数;K_{2x},K_{2y},K_{2z} 为各表的二次项漂移项系数;$\dot W_{x_1},\dot W_{y_1},\dot W_{z_1}$ 为各表的输出实测视加速度。

采用式(6-3-3)的类似推导方法,且令 $G_{11},G_{12},\cdots,K''_{2x},K''_{2y},K''_{2z},\dot W_{x0},\dot W_{y0},\dot W_{z0}$ 为相应量,则得

$$\begin{bmatrix}\dot W_{x_1}\\ \dot W_{y_1}\\ \dot W_{z_1}\end{bmatrix}=\begin{bmatrix}G_{11} & G_{12} & G_{13}\\ G_{21} & G_{22} & G_{23}\\ G_{31} & G_{32} & T_{33}\end{bmatrix}\begin{bmatrix}NA_{x_1}\\ NA_{y_1}\\ NA_{z_1}\end{bmatrix}-\begin{bmatrix}\dot W_{x0}\\ \dot W_{y0}\\ \dot W_{z0}\end{bmatrix}-\begin{bmatrix}K''_{2x} & & \\ & K''_{2y} & \\ & & K''_{2z}\end{bmatrix}\begin{bmatrix}\dot W_{x_1}^2\\ \dot W_{y_1}^2\\ \dot W_{z_1}^2\end{bmatrix}\quad(7-3-7)$$

从 $t\sim t+\Delta t$ 积分得视速度增量矩阵表达式为

$$\begin{bmatrix}\delta W_{x_1}\\ \delta W_{y_1}\\ \delta W_{z_1}\end{bmatrix}=\begin{bmatrix}G_{11} & G_{12} & G_{13}\\ G_{21} & G_{22} & G_{23}\\ G_{31} & G_{32} & T_{33}\end{bmatrix}\begin{bmatrix}\delta NA_{x_1}\\ \delta NA_{y_1}\\ \delta NA_{z_1}\end{bmatrix}-\begin{bmatrix}\delta W_{x0}\\ \delta W_{y0}\\ \delta W_{z0}\end{bmatrix}-\begin{bmatrix}K'_{2x} & & \\ & K'_{2y} & \\ & & K'_{2z}\end{bmatrix}\begin{bmatrix}\delta W_{x_1}^2\\ \delta W_{y_1}^2\\ \delta W_{z_1}^2\end{bmatrix}\quad(7-3-8)$$

式中:$K'_{2x}=\dfrac{K''_{2x}}{\Delta t};K'_{2y}=\dfrac{K''_{2y}}{\Delta t};K'_{2z}=\dfrac{K''_{2z}}{\Delta t}$。

根据需要上式还可作进一步化简(如略去二次项的影响),得

$$\begin{bmatrix}\delta W_{x_1}\\ \delta W_{y_1}\\ \delta W_{z_1}\end{bmatrix}=\begin{bmatrix}G_{11} & G_{12} & G_{13}\\ G_{21} & G_{22} & G_{23}\\ G_{31} & G_{32} & T_{33}\end{bmatrix}\begin{bmatrix}\delta NA_{x_1}\\ \delta NA_{y_1}\\ \delta NA_{z_1}\end{bmatrix}-\begin{bmatrix}\delta W_{x0}\\ \delta W_{y0}\\ \delta W_{z0}\end{bmatrix} \tag{7-3-9}$$

3. 数学平台模型及视速度增量

数学平台模型是指惯性坐标系与弹体坐标系间的坐标变换矩阵式,即

$$\begin{bmatrix}x_a\\ y_a\\ z_a\end{bmatrix}=\boldsymbol{A}_0\begin{bmatrix}x_1\\ y_1\\ z_1\end{bmatrix} \tag{7-3-10}$$

式中

$$\boldsymbol{A}_0=\begin{bmatrix}q_0^2+q_1^2-q_2^2-q_3^2 & 2(q_1q_2-q_0q_3) & 2(q_0q_2+q_1q_3)\\ 2(q_1q_2+q_0q_3) & q_0^2+q_2^2-q_1^2-q_3^2 & 2(q_2q_3-q_0q_1)\\ 2(q_1q_3-q_0q_2) & 2(q_2q_3+q_0q_1) & q_0^2+q_3^2-q_1^2-q_2^2\end{bmatrix}$$

式中:q_0,q_1,q_2,q_3 为四元数,其计算式同式(7-2-33)或式(7-2-34)。

从而可得到相对惯性坐标系的视速度增量为

$$\begin{bmatrix}\delta W_{x_a}\\ \delta W_{y_a}\\ \delta W_{z_a}\end{bmatrix}_i=\boldsymbol{A}_0\begin{bmatrix}\delta W_{x_1}\\ \delta W_{y_1}\\ \delta W_{z_1}\end{bmatrix}_i \tag{7-3-11}$$

且有

$$\begin{bmatrix}\Delta W_{x_a}\\ \Delta W_{y_a}\\ \Delta W_{z_a}\end{bmatrix}_i=\begin{bmatrix}\Delta W_{x_a}\\ \Delta W_{y_a}\\ \Delta W_{z_a}\end{bmatrix}_{i-1}+\begin{bmatrix}\delta W_{x_a}\\ \delta W_{y_a}\\ \delta W_{z_a}\end{bmatrix}_i \tag{7-3-12}$$

$$\begin{bmatrix}\Delta W_{x_1}\\ \Delta W_{y_1}\\ \Delta W_{z_1}\end{bmatrix}_i=\begin{bmatrix}\Delta W_{x_1}\\ \Delta W_{y_1}\\ \Delta W_{z_1}\end{bmatrix}_{i-1}+\begin{bmatrix}\delta W_{x_1}\\ \delta W_{y_1}\\ \delta W_{z_1}\end{bmatrix}_i \tag{7-3-13}$$

7.3.2 质心运动方程

惯性坐标系内的导弹质心运动学和动力学方程为

$$\begin{cases} \dot{V}_{x_a} = \dot{W}_{x_a} + g_{x_a} \\ \dot{V}_{y_a} = \dot{W}_{y_a} + g_{y_a} \\ \dot{V}_{z_a} = \dot{W}_{z_a} + g_{z_a} \\ \dot{x}_a = V_{x_a} \\ \dot{y}_a = V_{y_a} \\ \dot{z}_a = V_{z_a} \end{cases} \tag{7-3-14}$$

其递推解为

$$\begin{bmatrix} V_{x_a} \\ V_{y_a} \\ V_{z_a} \end{bmatrix}_j = \begin{bmatrix} V_{x_a} \\ V_{y_a} \\ V_{z_a} \end{bmatrix}_{j-1} + \begin{bmatrix} \Delta W_{x_a} \\ \Delta W_{y_a} \\ \Delta W_{z_a} \end{bmatrix}_j + \frac{T}{2}\left\{ \begin{bmatrix} g_{x_a} \\ g_{y_a} \\ g_{z_a} \end{bmatrix}_{j-1} + \begin{bmatrix} g_{x_a} \\ g_{y_a} \\ g_{z_a} \end{bmatrix}_j \right\} \tag{7-3-15}$$

$$\begin{bmatrix} x_a \\ y_a \\ z_a \end{bmatrix}_j = \begin{bmatrix} x_a \\ y_a \\ z_a \end{bmatrix}_{j-1} + T\left\{ \begin{bmatrix} V_{x_a} \\ V_{y_a} \\ V_{z_a} \end{bmatrix}_{j-1} + \frac{1}{2}\begin{bmatrix} \Delta W_{x_a} \\ \Delta W_{y_a} \\ \Delta W_{z_a} \end{bmatrix}_j + \frac{T}{2}\begin{bmatrix} g_{x_a} \\ g_{y_a} \\ g_{z_a} \end{bmatrix}_{j-1} \right\} \tag{7-3-16}$$

地球引力矢在发射坐标系和惯性坐标系各轴上的分量为

$$\begin{bmatrix} g_x \\ g_y \\ g_z \end{bmatrix} = \frac{g_r}{r}\begin{bmatrix} r_x \\ r_y \\ r_z \end{bmatrix} + \frac{g_\omega}{\omega}\begin{bmatrix} \omega_x \\ \omega_y \\ \omega_z \end{bmatrix} \tag{7-3-17}$$

和

$$\begin{bmatrix} g_{x_a} \\ g_{y_a} \\ g_{z_a} \end{bmatrix} = \boldsymbol{A}_0 \begin{bmatrix} g_x \\ g_y \\ g_z \end{bmatrix} \tag{7-3-18}$$

地球引力矢在地心矢径 $\boldsymbol{r}$ 及地球自转角速度矢 $\boldsymbol{\omega}$ 方向上的分量式和地心纬度 φ_d 为

$$\begin{cases} g_r = -\dfrac{fM}{r^2} + \dfrac{\mu}{r^4}(5\sin^2\varphi_d - 1) \\ g_\omega = -\dfrac{2\mu}{r^4}\sin\varphi_d \\ \varphi_d = \arcsin\left(\dfrac{r_x\omega_x + r_y\omega_y + r_z\omega_z}{\omega r}\right) \end{cases} \tag{7-3-19}$$

$$\begin{bmatrix} r_x \\ r_y \\ r_z \end{bmatrix} = \begin{bmatrix} R_{0x} + x \\ R_{0y} + y \\ R_{0z} + z \end{bmatrix} \tag{7-3-20}$$

式中:$\boldsymbol{r}$ 为导弹质心至地心的距离;$\omega_x,\omega_y,\omega_z$ 为 $\boldsymbol{\omega}$ 在发射坐标系各轴上的分量;r_x,r_y,r_z为 $\boldsymbol{r}$ 在发射坐标系各轴上的分量;R_{0x},R_{0y},R_{0z}为发射点地心矢 R_0 在发射坐标系各轴上的分量。

思考题

1. 什么是捷联惯性导航系统?
2. 捷联惯性导航系统的特点是什么?
3. 试分析位置捷联与速率捷联的特点及不同点。
4. 速率捷联惯导中是通过什么来实现物理平台功能的?
5. 简述速率捷联惯导系统工作原理。
6. 试分析速率捷联惯导系统存在的基本误差。
7. 弹道导弹捷联惯导系统的四元数微分方程的初始值如何定义?
8. 说明速率捷联惯导系统导航计算过程。
9. 试论述利用四元数法求解弹体坐标系 $ox_1y_1z_1$ 向惯性坐标系 $oxyz$ 转换的计算过程。

第 8 章 惯性导航技术在导弹武器上的应用

8.1 陀螺仪的应用

陀螺仪的基本功能是测量导弹的角运动信息(角速度、角度),也可以作为陀螺稳定平台的敏感元件。

8.1.1 角位移的测量

在测量导弹角位移方面的应用中,比较典型的仪表有自由陀螺仪、陀螺地平仪、航向陀螺仪和陀螺罗盘。

1. 自由陀螺仪

1)自由陀螺仪在导弹控制系统中的应用

在导弹的控制系统中,测量和控制导弹相对选定参考系的姿态(或姿态角)的系统称为姿态控制系统;测量和控制导弹相对选定参考系的飞行轨迹的系统称为制导系统。

惯性仪表(陀螺仪和加速度计)在导弹姿态控制系统中的作用是:输出导弹程序飞行指令信号,测量导弹的姿态角、姿态角速度及角加速度并输出信号;这些信号以模拟或数字形式输送给变换放大器,再到伺服机构,控制发动机,给出和程序指令信号及姿态偏差角有关的控制力矩,控制导弹按程序指令飞行并进行姿态稳定。图 8.1 给出了惯性仪表在导弹姿态控制系统中应用的示意图和方块图。

惯性仪表在导弹惯性制导系统中的作用是:测量导弹质心运动的加速度并输出信号,该信号以模拟或数字形式输送给制导系统计算机,经过运算后发出质心偏差信号给变换放大器,再到伺服机构,控制发动机,给出和导弹质心偏差有关的控制力矩,控制导弹按预定的轨迹飞行,计算机对输入信号运算后,还可以直接给发动机发出关机指令。图 8.2 给出了惯性仪表在导弹惯性制导系统中应用的示意图和方框图。

二自由度陀螺仪通常是采用内环和外环组成的框架结构,使得陀螺转子的自转轴具有两个转动自由度。从原则上讲,两个正交的框架轴给自转轴提供了所需要的两个转动自由度。但在实际使用中应注意,内环与外环之间绕内环轴的相对转角必须小于 90°,否则会出现“框架自锁”,陀螺仪将失去一个转动自由度而不能正常工作。

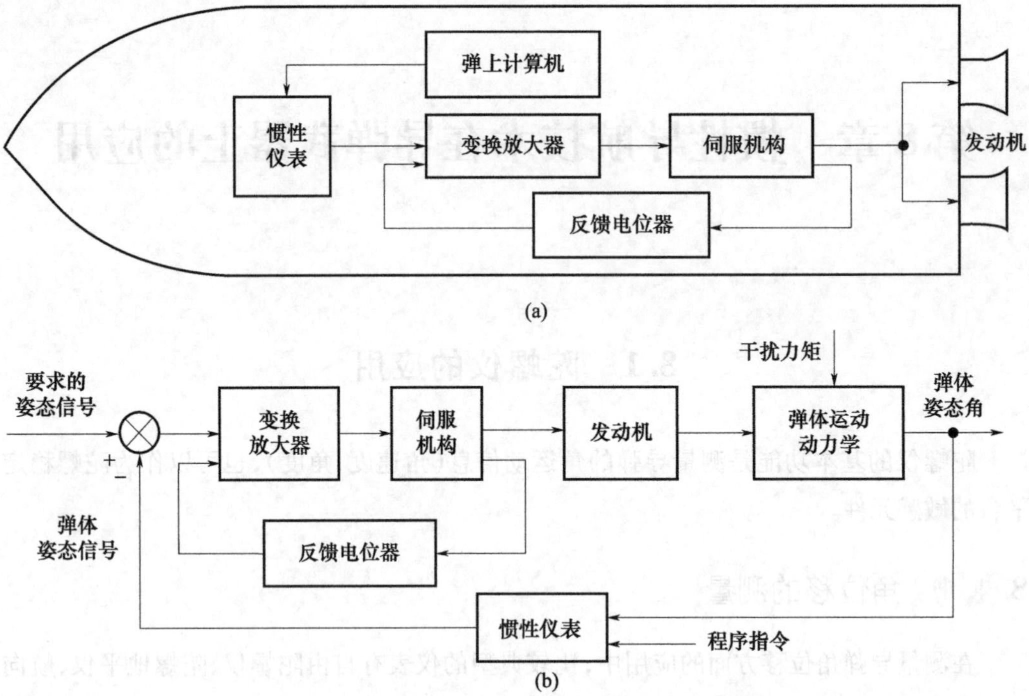

图 8.1　惯性仪表在导弹姿态控制系统中的应用

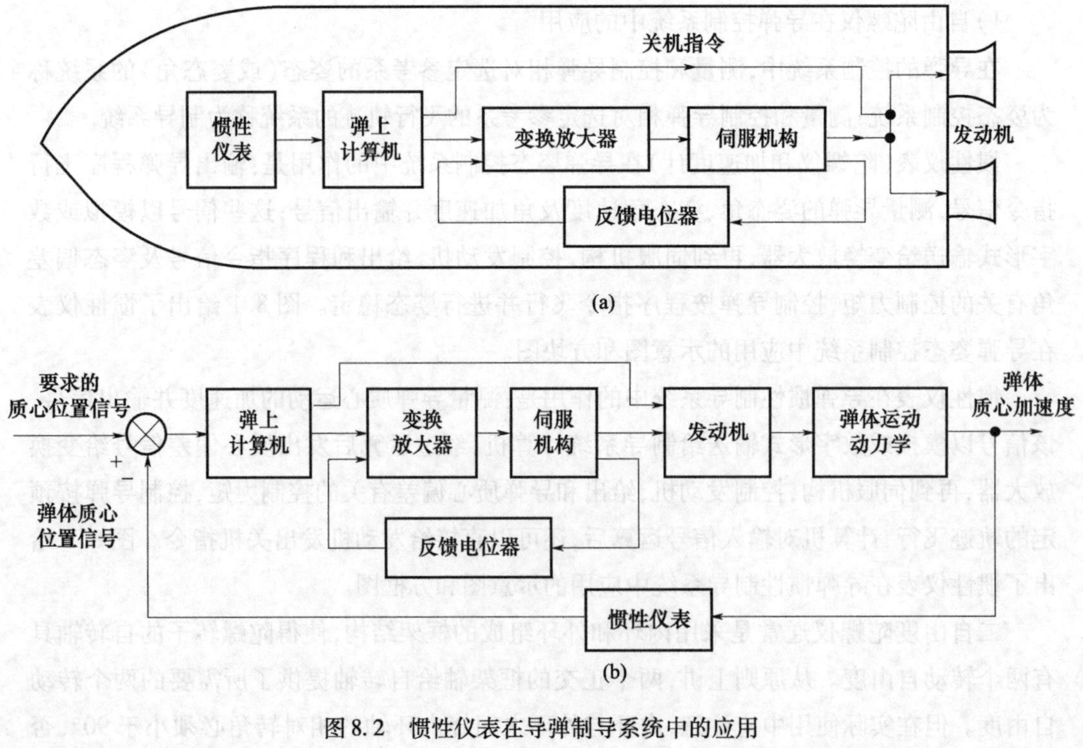

图 8.2　惯性仪表在导弹制导系统中的应用

如果对二自由度陀螺仪不施加控制力矩和任何约束(阻尼或弹性约束),则称它为自由陀螺仪。这里“自由”的含义是指在工作状态下而言,它不包括在初始定位时的锁紧或修正。由于自由陀螺仪的自转轴相对惯性空间保持方位稳定,从而提供了一个方向基准,所以可以用两个自由陀螺仪来建立一个人工的惯性坐标系。

自由陀螺仪的主要应用是作为导弹姿态控制系统的敏感元件,完成姿态仪表的功能。由于自由陀螺仪的漂移转角随时间不断增加,所以它只在近、中程导弹上得以应用。自由陀螺仪作为近、中程弹道式导弹姿态控制系统的敏感元件将起到两方面作用:一是输出导弹程序飞行指令信号,保证导弹按预定弹道做程序飞行;二是测量弹体相对给定参考坐标系的姿态偏差角并输出与此偏差角成比例的信号,保证导弹飞行姿态稳定。

自由陀螺仪在近、中程导弹姿态控制系统中的应用如图 8.3 所示。在这种系统中通常采用两个自由陀螺仪作为敏感元件:一个称为水平自由陀螺仪,简称水平陀螺仪;另一个称为垂直自由陀螺仪,简称垂直陀螺仪。这两种自由陀螺仪用来建立一个惯性坐标系。它们在导弹上的安装如图 8.4 所示。

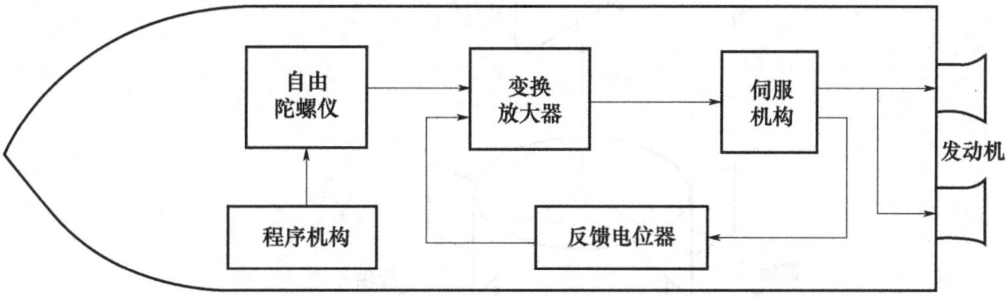

(a)

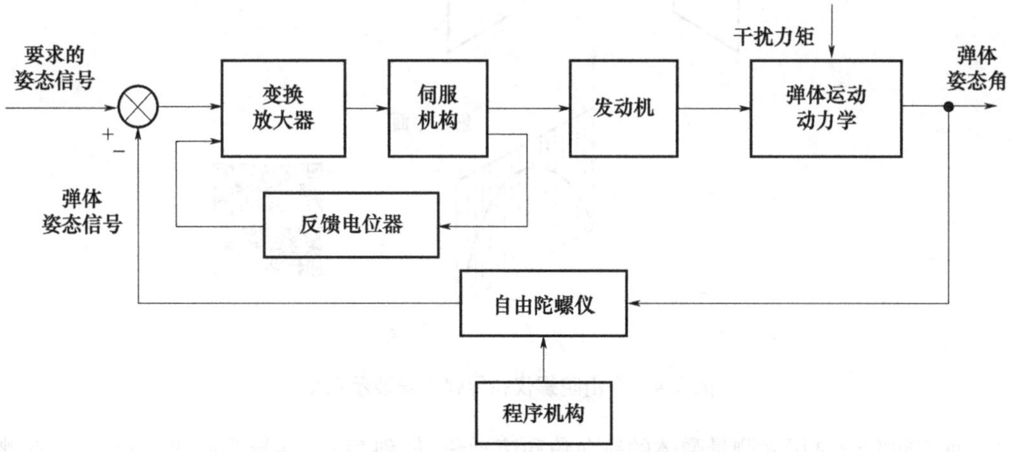

(b)

图 8.3　自由陀螺仪在导弹姿态控制系统中的应用

水平陀螺仪是用来输出导弹程序飞行指令信号和测量弹体的俯仰角。在导弹飞行的瞬间,该陀螺仪各轴的取向是:自转轴平行于射面并与当地水平面平行,内环轴也平行于射面并与当地地垂线及弹体纵轴重合或平行。

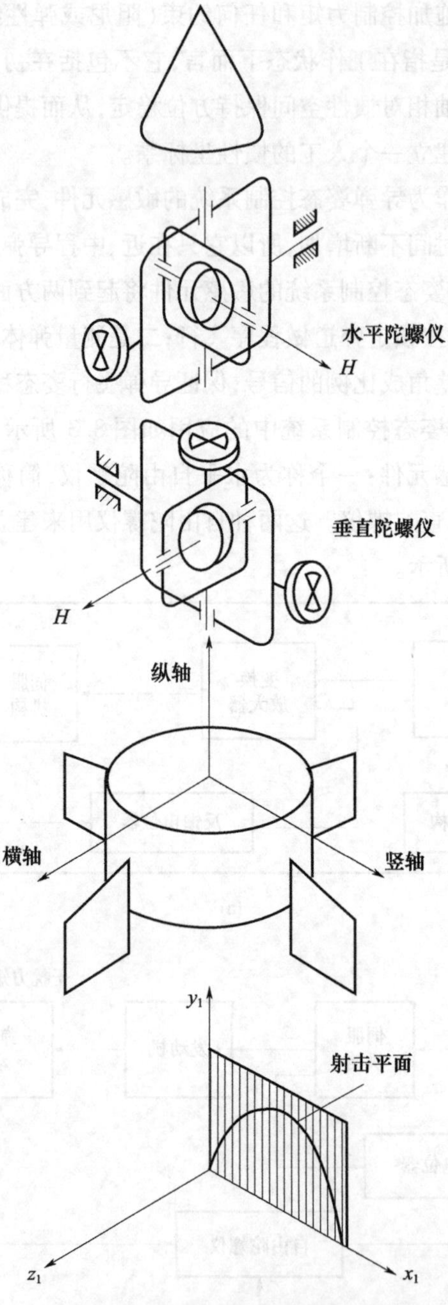

图8.4　自由陀螺仪在导弹上安装示意图

垂直陀螺仪是用来测量弹体的航向角和滚动角(倾斜角)。在导弹起飞的瞬间,该陀螺仪各轴的取向是:自转轴垂直于射面并与当地水平面平行,内环轴平行于射面并与当地垂线及弹体纵轴重合或平行,外环轴也平行于射面并与当地水平面及弹体竖轴重合或平行。

在导弹发射后,由于自由陀螺仪的自转轴相对惯性空间具有方向稳定性,当弹体在空间有角运动时,自由陀螺仪能够敏感出弹体的姿态角,并输出与姿态角成比例的电信号。同时,自由陀螺仪还将给出导弹程序飞行指令信号。

在导弹发射前,为了使水平陀螺仪的自转轴平行于射面并与当地水平面平行,使垂直陀螺仪的自转轴垂直于射面并与当地水平面平行,要求自由陀螺仪具有初始定位措施。或者说,初始定位的作用就是在导弹发射前把陀螺仪自转轴修正到所需要的方向,也就是使自由陀螺仪准确地建立某一惯性坐标系,从而保证导弹的射击精度。很显然,自由陀螺仪初始定位的精度将直接影响导弹的射击精度。

2)自由陀螺仪的初始定位

自由陀螺仪初始定位的方法通常有两种:一种方法是用锁紧机构将自转轴相对仪表壳体锁定在预定的位置上,在导弹发射前开锁,使陀螺仪处于“自由”状态。这种方法的定位精度较低,只适用于射击精度要求不高的近程导弹。另一种方法是用初始定位修正装置将自转轴修正到预定的方位上,在导弹发射前断开修正,使陀螺仪处于“自由”状态。这种方法的定位精度较高,可适用于射击精度要求较高的近、中程导弹。

这里仅以水平陀螺仪的初始定位修正装置为例,它包括两套修正装置,如图8.5所示。陀螺自转轴相对水平面的定位是通过其中一套修正装置实现的。作为敏感元件的法向加速度计和水平陀螺仪安装在同一基座上。当自转轴偏离水平面时,法向加速度计的输出信号和外环轴向电位器的输出信号之间将产生失调。此失调信号经放大器放大后转换为修正电流,通过地面控制台将修正电流输送到内环轴向的力矩电动机。该力矩电动机产生与失调信号成比例的修正力矩作用在内环轴上,使陀螺仪绕外环轴进动,直至失调信号消失,此时陀螺仪停止进动,自转轴处于水平面内。

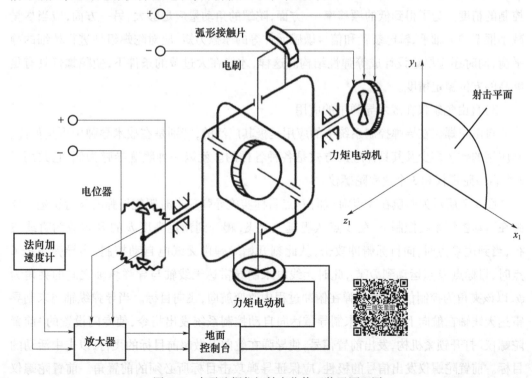

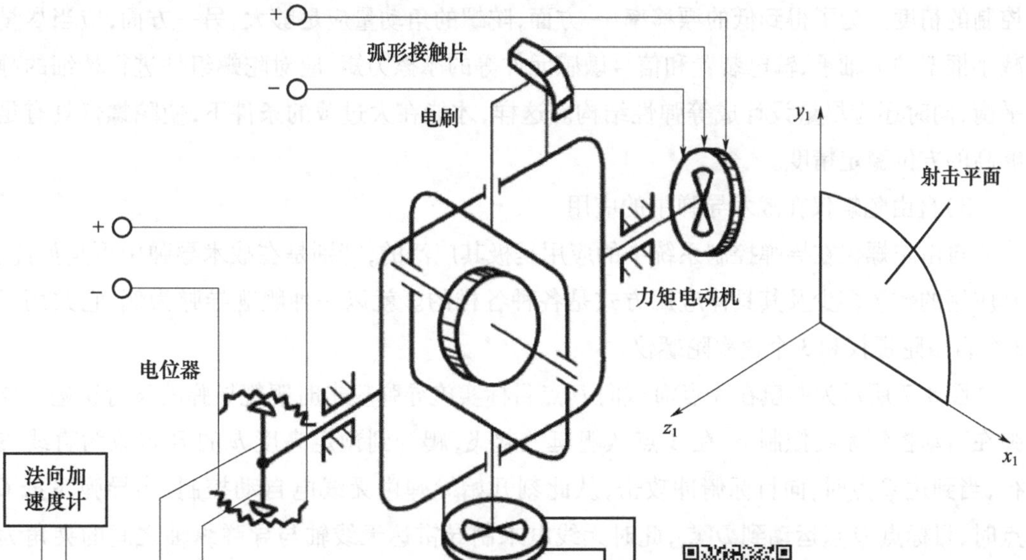

图8.5 水平陀螺仪初始定位修正装置原理图

图8.6给出了水平陀螺仪的水平定位修正装置的原理方框图。图中,θ_0 为法向加速度计的基座和当地水平面之间的夹角,θ 为陀螺仪自转轴相对壳体即相对基座绕外环轴的转角。

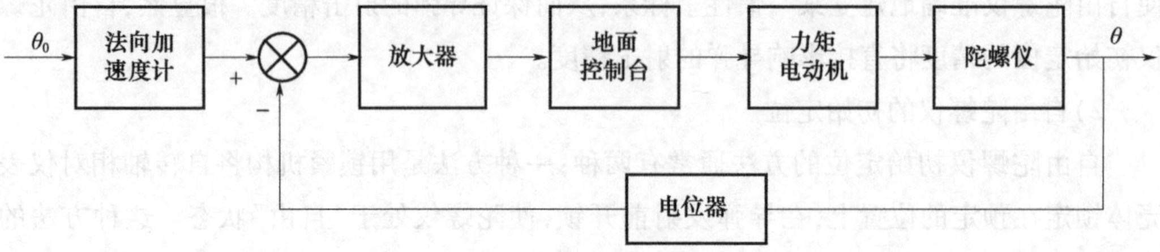

图8.6 水平定位修正装置原理方块图

陀螺自转轴相对射面的定位是通过另一套修正装置实现的。作为敏感元件的弧形接触片固定在外环上,电刷固连在内环上(图8.5)。当自转轴与射面不平行时,电刷将离开弧形接触片中间的绝缘区,根据自转轴偏离射面的方向,电刷将和弧形接触片的相应导电区接通。这样便有电流输送到外环轴的力矩电动机,从而产生修正力矩作用在外环轴上,使陀螺仪绕内环轴进动,直至电刷位于弧形接触片的绝缘区内,电路切断,此时陀螺仪停止进动,自转轴平行于射面。

在导弹起飞瞬间,初始定位修正装置的电源立即断电,两套修正装置均停止工作。由于导弹起飞后自由陀螺仪处在无修正状态下工作,所以陀螺仪的漂移直接影响导弹姿态控制的精度。为了得到低的漂移率:一方面,陀螺的角动量应足够大;另一方面,应当尽量减小框架轴上轴承、输电装置和信号敏感元件等的摩擦力矩,应对陀螺组件进行精细的静平衡,同时还应尽量设计成等弹性结构。这样,才能在大过载的条件下,使陀螺仪具有足够高的方位稳定精度。

3)自由陀螺仪在战术导弹中的应用

自由陀螺仪在导弹控制系统中的应用是极其广泛的,特别是在战术导弹中更是如此。其应用的数量多少及其具体应用方式是各种各样的。就以一种舰舰导弹为例,它共用了3个自由陀螺仪和3个速率陀螺仪。

图8.7所示为舰艇在 A 点海域向 D 点目标实施导弹攻击时舰舰导弹的飞行轨迹。导弹在自动控制系统控制下,在 A 点从舰艇上起飞,爬升到预定高度 h 的 B 点改为直线飞行,当到达 C 点时,向目标俯冲攻击,从此刻开始导弹由无线电自动控制,当导弹飞抵 C 点时,目标点 D 点运动到 D' 点,此时无线电末制导雷达天线轴与导弹纵轴之间的夹角为 ψ,以该夹角为控制信号,使导弹在俯冲过程中改变航向,飞向目标。当导弹纵轴与末制导雷达天线轴在航向上重合时,末制导雷达向自动控制系统发出指令,使专门设置的"前置陀螺仪"打开锁紧机构,发出前置信号,使导弹在航向上做超前目标的飞行,以击中活动的目标。前置陀螺仪发出信号的极性,应保证导弹攻击目标所必须的前置角。前置陀螺仪实际上是一个专用的航向自由陀螺仪。

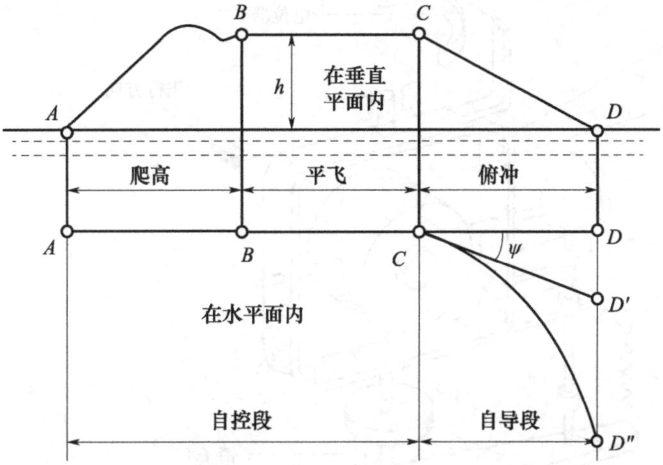

图 8.7　舰舰导弹的飞行轨迹

在这种舰舰导弹中，由航向自由陀螺仪，俯仰自由陀螺仪和倾斜自由陀螺仪分别输出航向角、俯仰角和倾斜角信号，并由 3 个速率陀螺仪输出相应的角速度信号给控制系统，从而实现导弹绕其 3 个坐标轴相对重心的角度稳定。这 3 个自由陀螺仪分别都是以外环轴为测量轴，在导弹发射时打开锁紧机构，模拟一个以发射方向为基准的地平坐标系，在几十秒的时间内，在地球表面 50km 的活动范围内，所造成的误差是较小的。

这 3 个自由陀螺仪的结构形式很相似，而且元部件大部分也是通用的，所以这里只介绍其中的一个。前置陀螺仪的结构如图 8.8 所示。它的外环轴平行于弹体竖轴安装，当锁紧机构锁紧时，内环轴平行于弹体横轴，自转轴平行于弹体纵轴即与导弹的飞行方向一致。其锁紧机构由电磁铁、摇臂、凸轮 *A*、销子 *A*、弹簧 *A*、凸轮 *B*、销子 *B*、弹簧 *B* 和挡销等组成。

陀螺仪的松锁过程如下：当电磁铁的绕组通以控制电流时，其衔铁在克服弹簧 *A* 的拉力向下移动的同时，带着摇臂和固定在它上面的销子 *A* 从凸轮 *A* 的槽中退出，使外环松锁。与此同时，在弹簧 *B* 的恢复力的作用下，销子 *B* 从凸轮 *B* 的槽中退出，使内环松锁。

陀螺仪的锁紧过程如下：切断电磁铁的电源，电磁铁的吸力消失。在弹簧 *A* 的拉力的作用下，固定在摇臂上的销子 *A* 压向凸轮 *A*，从而产生了绕外环轴的力矩，在此力矩作用下陀螺仪绕内环轴进动，直到与固定在外环上的限动器相碰时为止。这时陀螺仪失去一个转动自由度，外环组件在该力矩作用下开始绕外环轴转动，直到销子 *A* 插入凸轮 *A* 的槽内。同时，挡销压缩弹簧 *B* 使销子 *B* 压到凸轮 *B* 上，从而产生绕内环轴的力矩，外环组件在该力矩作用下出现绕外环轴转动，直到销子 *B* 插入凸轮 *B* 的槽内。

在前置陀螺仪的外环轴方向装有电位器（图 8.8），它给出以导弹纵轴与末制导雷达天线轴在航向上重合时为基准的偏航信号，输出给放大器，与航向陀螺仪的输出信号相耦合后，发出指令操纵方向舵，以保证导弹攻击目标必须的前置角。

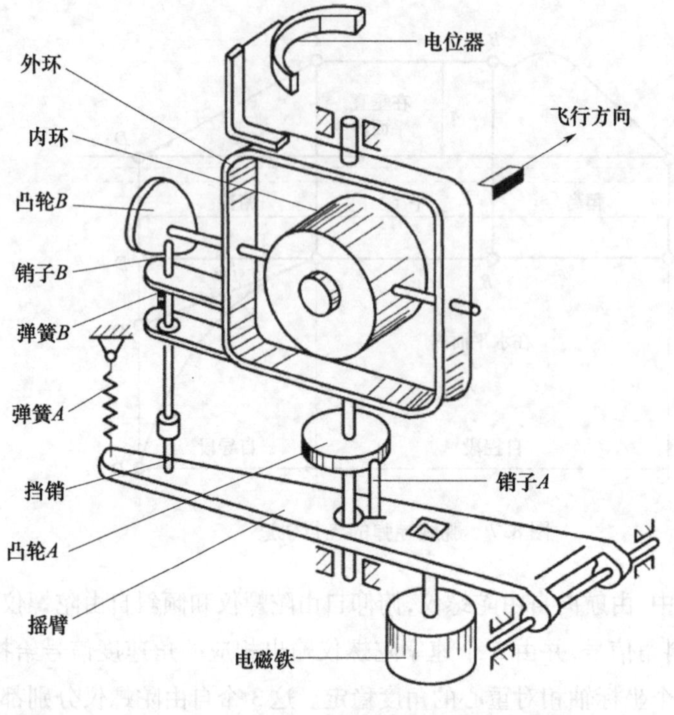

图 8.8 前置陀螺仪的结构示意图

2. 陀螺罗盘

1)陀螺罗盘的应用

陀螺罗盘又称陀螺罗经,它是一种能自动找出地理北并指示运载体真航向的陀螺仪表。在其工作过程中无需其他航向仪表进行校正,自主性强,隐蔽性好。

由于陀螺罗盘的这些特点,其已成为舰船和潜艇的主要导航设备,它还为舰艇火炮和鱼雷提供方位基准。在陆地上,陀螺罗盘广泛应用于火炮指挥及为战车导航。在国民经济的各个领域内,例如煤炭开采、隧道建设、石油探井测量等,陀螺罗盘的应用越来越多。目前多用于测向仪表,也开始应用于控制系统中。

航海事业的发展早于航空事业的兴起,陀螺仪表首先在航海中得到了应用,而陀螺罗盘则是应用最为广泛的一种设备。20 世纪初,由于当时的历史原因,各个主要西方国家竞相北极探险。乘潜艇从冰下到达北极被认为是可行的办法。为此必须有精确的定向仪表,而高精度的陀螺罗盘是一种可行的方案。经过几年的努力,于 1910 年前后,陀螺罗盘终于被研制出来。这一事件对陀螺仪实用理论和制造技术的发展具有很大的影响,像液浮支承、精密输电装置等技术都是当时发展起来的。陀螺罗盘的理论研究对其他类型陀螺仪的理论研究也有很大的影响。

陀螺罗盘也有缺点,它的工作精度受运载体的速度、加速度影响较大,而且仪表的体积与重量也偏大,这就限制了它在航空上的应用。虽然陀螺罗盘不能作为飞机的航向仪表,但陀螺罗盘自动找北原理在惯性导航系统中却有着重要的作用。

2)陀螺罗盘的工作原理

陀螺罗盘的基本工作原理是利用地球自转角速度和重力场的综合效应,使二自由度陀螺仪的自转轴自动寻找真北方向(这里的真北,实际上就是地球自转角速度北向分量 $\boldsymbol{\omega}_{eN}=\boldsymbol{\omega}_{ie}\cos\varphi$ 所确定的方向),从而指示出真航向。

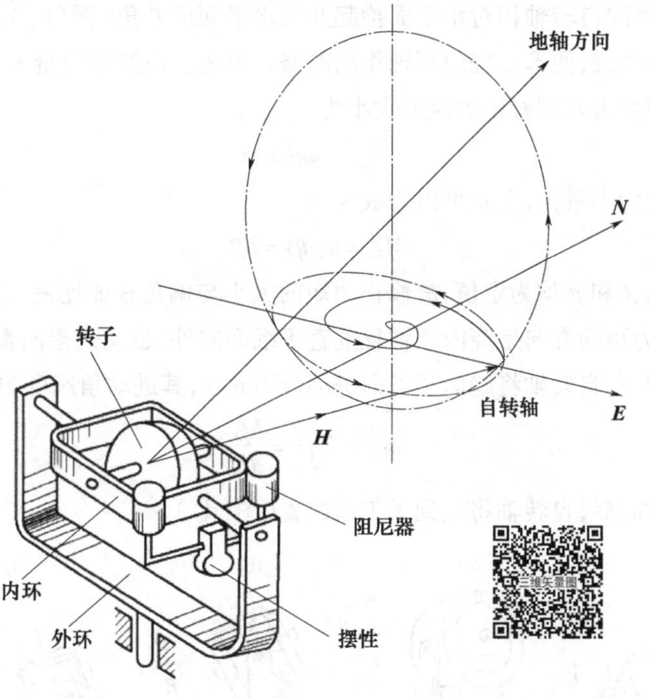

图8.9 陀螺罗盘的原理示意图

如图8.9所示,在北半球表面上的某一地点,将二自由度陀螺仪的外环轴沿地垂线放置,起始时自转轴(*H* 方向)在水平面内并指向东北方向。地球自转角速度 $\boldsymbol{\omega}_{ie}$是沿着地轴方向的,因此陀螺自转轴表观运动的极点轨迹是以地轴方向为中心的圆,如果顺着自转轴方向看去,陀螺极点沿圆形轨迹做逆时针转动,每24h转动一圈。陀螺自转轴所指示的不是真北方向,并且很难读取其平均位置。

为了使陀螺极点运动轨迹能回到水平面中来以便于寻找真北,可用在内环上增设下摆性的办法来解决。当陀螺极点自东向西沿轨迹运动时,它是处于水平面上,这时下摆性就形成绕内环轴的摆性力矩作用在陀螺仪上,摆力矩矢量朝西,使自转轴产生自东向西的附加水平进动,从而使角速度加快,轨迹拉平。同理,当陀螺极点自西向东沿轨迹运动时,它是处于水平面之下,这时下摆性产生的摆性力矩矢量朝东,使自转轴产生自西向东的附加水平进动,从而也使角速度加快,轨迹拉平。总之,原来以地轴方向为中心的圆形轨迹变成了以真北方向为中心的椭圆轨迹。下摆性越大,椭圆越扁,运动周期越短。

某些在地面上使用的陀螺罗盘(如陀螺经纬仪),就是利用相当大的下摆性使椭圆轨迹压扁,周期也缩短为几分钟的量级,并且通过记录轨迹两端返回点的方位加以平均以得到真北方向。但是,这种读取返回点方位加以平均的方法太费时间,精度也低,如果增设阻尼装置,就可以使陀螺极点的运动轨迹变成为收敛螺旋线的形式。

继以上所述,利用图 8.10 进一步说明陀螺罗盘的工作原理。假设陀螺罗盘安放在北半球某一地点,外环轴处于垂直位置,内环轴处于水平位置,而自转轴水平指向东(图(a)),这时摆的重力作用线通过内环轴线,对内环不形成力矩,由于地球自转角速度北向分量的缘故,经过一段时间自转轴相对水平面抬起并与水平面成β角(图(b)),这时摆的重力作用线不通过内环轴线,便形成绕内环轴作用的修正力矩。设摆的质量为m,其质心向下偏离内环轴线的距离为l,则修正力矩的大小为

$$M_{kx} = mgl\sin\beta \tag{8-1-1}$$

由于β通常为小量角,上式可以写成为

$$M_{kx} = mgl\beta = K\beta \tag{8-1-2}$$

因式中的m、l和g均为定值,故修正力矩的大小与偏角β成比例,其比例系数为$K = mgl$。这时修正力矩的方向是绕内环轴且垂直于纸面向外,也就是指向真北方向。在这个修正力矩的作用下,自转轴将趋向子午面进动(图(c)),其进动角速度的大小为

$$\omega_y = \frac{mgl\beta}{H} = \frac{K\beta}{H} \tag{8-1-3}$$

经过一段时间后,自转轴将达到子午面位置(图(d))。

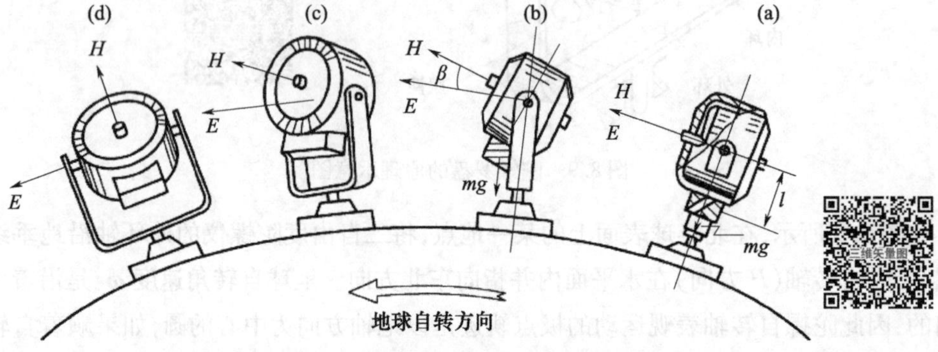

图 8.10 陀螺罗盘自转轴的运动情况

在自转轴趋向子午面进动过程中,地球始终不断转动,因此当自转轴到达子午面位置时,自转轴仍然是在水平面上,并且偏角β达到最大。这样,修正力矩就继续作用,使自转轴偏离子午面向西进动。由于自转轴在子午面西边时,它相对水平面是逐渐下降的,于是偏角β将逐渐减小,进动角速度也随之减小,到了某一时刻,自转轴正好处在水平面位置,修正力矩等于零,自转轴停止转动。但由于地球在不断转动,经过一段时间后,自转轴相对水平面又会出现偏角β;应该注意,这时自转轴处在子午面的西边,它从水平面位置继续下降,偏离到水平面之下。这样,修正力矩的方向改变到与原来的相反,自转轴反方向进动而返回子午面。当自转轴重新到达子午面位置时,自转轴仍然是在水平面之下,而且偏角β达到最大。这样,修正力矩仍然继续使用,使自转轴又偏离子午面而向东进动到原来的起始位置上。而后,上述的振荡运动过程又会重复出现。

除了用增设摆性的方法获得修正力矩外，还可用电气修正的方法来产生修正力矩，即在内环上安装一个摆式敏感元件例如液体开关，用来感受偏角 β 的变化并输出相应的电信号，控制安装在内环轴向的力矩器，由此产生相应的修正力矩作用在陀螺仪上，其修正原理与上述相同。

为了消除陀螺自转轴绕真北方向的振荡，可以采用阻尼的方法来实现。技术上的具体措施有多种多样，其中一种是在内环上安装有液体连通器，其原理如图 8.11 所示。液体连通器由两个金属容器组成，沿陀螺自转轴分别固定在内环的两端，中间有金属连通管连接。容器内部分地盛着黏性较大的液体，通常为用润滑油稀释的凡士林。当陀螺自转轴与连通器一起绕内环轴偏离水平面时，一个容器上升，另一个下降。液体自升高的一侧流向下降的一侧。在连通管内，液体的流动速度与容器内的压差成正比，其比例系数与连通管的长度、截面积、液体的黏度和密度等因素有关。由于液体的黏性和惯性，它的流动将滞后于在高度上的运动，于是增多液体的重力相对内环轴的力矩较之重力矩（前述的摆性所构成的力矩）有超前的相位。在增多液体的重力矩作用下，自转轴的运动将逐渐衰减，最后稳定在平衡位置上。这个力矩称为阻尼力矩。

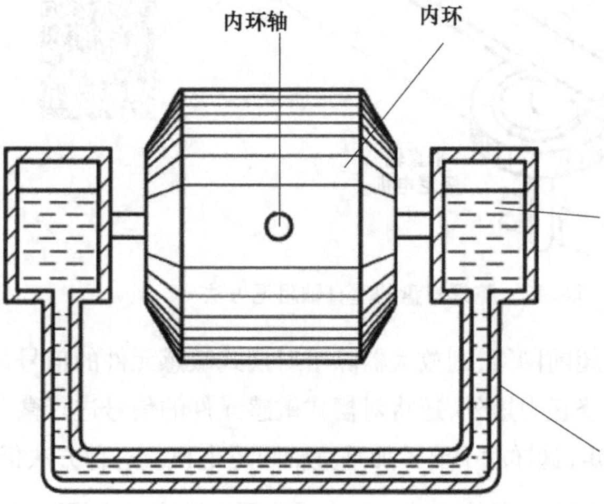

图 8.11　液体连通器

根据阻尼装置所产生的阻尼力矩是绕水平轴（内环轴）作用在陀螺仪上，还是绕垂直轴（外环轴）作用在陀螺仪上，可分为水平轴阻尼和垂直轴阻尼。上述的液体连通器是属于水平阻尼。下面再对电气阻尼方法加以说明。

如图 8.12 所示。在内环上安装有摆式敏感元件，而在外环轴向安装有阻尼力矩电机。摆式敏感元件敏感出自转轴绕内环轴相对水平面的偏角 β，并输出与该偏角成正比的电压信号。这个信号经过放大器放大后，除了用来控制水平轴修正电机产生修正力矩外，还用来控制垂直轴阻尼电机产生阻尼力矩，这种方法是属于垂直轴阻尼。其阻尼力矩的大小与偏角 β 的大小成正比。设阻尼电机比例系数为 C，则阻尼力矩的大小为

$$M_{cy} = C\beta \qquad (8-1-4)$$

而阻尼力矩的方向应指向减小偏角的方向。即当自转轴在水平面之上时阻尼力矩的方向指下,而自转轴在水平面之下时阻尼力矩的方向指上,这样才能起到阻尼振荡的作用。

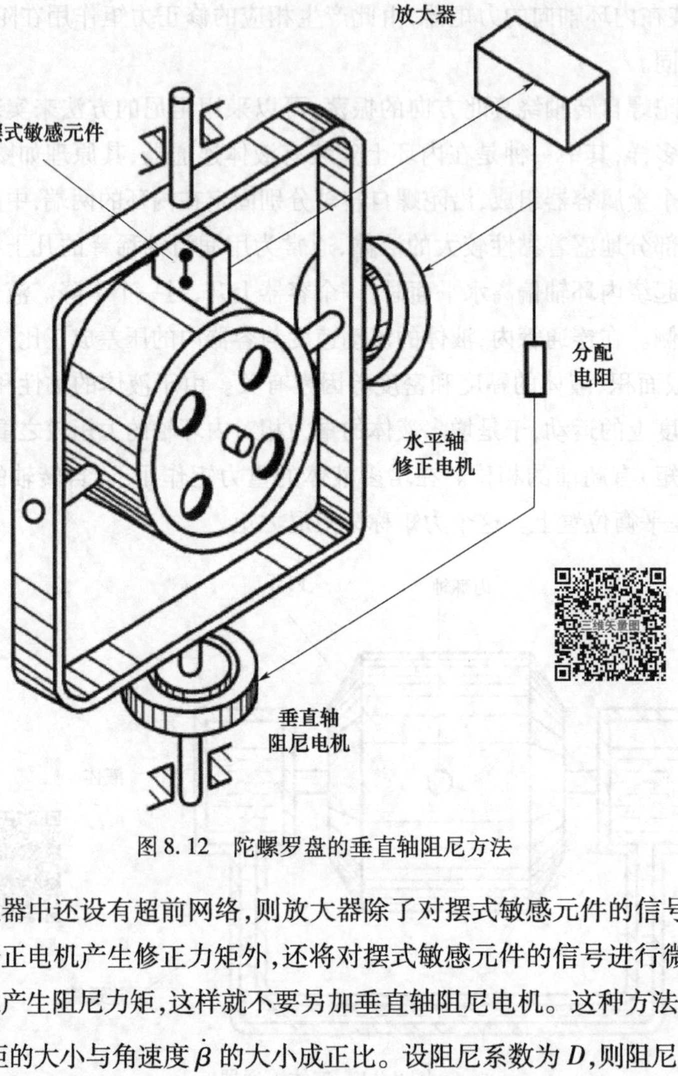

图 8.12　陀螺罗盘的垂直轴阻尼方法

如果在放大器中还设有超前网络,则放大器除了对摆式敏感元件的信号加以放大,用来控制水平轴修正电机产生修正力矩外,还将对摆式敏感元件的信号进行微分,用来控制水平轴修正电机产生阻尼力矩,这样就不要另加垂直轴阻尼电机。这种方法仍属于水平轴阻尼,其阻尼力矩的大小与角速度 $\dot{\beta}$ 的大小成正比。设阻尼系数为 D,则阻尼力矩的大小为

$$M_{D\alpha} = D\beta \qquad (8-1-5)$$

而阻尼力矩的方向则与角速度 $\dot{\beta}$ 的方向相反。

8.1.2 角速度和角加速度测量

1. 角速度测量

陀螺仪的主要功能是对运载体角运动的测量。二自由度陀螺仪可直接利用定轴性来测量载体的角位移,如典型的二自由度刚体转子陀螺仪。如果要实现对角速度的测量,则需要力矩再平衡回路,利用陀螺仪的进动性来实现角速度的测量,如动力调谐陀螺仪。所有的单自由度陀螺仪和光学陀螺仪、振动陀螺仪都可以用来测量角速度。相关原理已经在前边陀螺仪理论章节介绍过了,这里不再赘述。

2. 陀螺式角加速度计

陀螺式角加速度计具有体积小、重量轻、通频带宽、精度高等优点，所以得到较广泛的应用。较为常见的陀螺式角加速度计是由单自由度陀螺仪构成的，如图 8.13 所示。实际上这是一个速率陀螺仪，但它的信号传感器又与速率陀螺仪有所不同，在速率陀螺仪中，信号传感器通常采用微动同步器，输出电压 U 与转角 β 成正比，而在陀螺式角加速度计中，信号传感器是用一种类似于精密测速发电机的机电微分器，其输出电压与转动角速度 $\dot{\beta}$ 成正比，即

$$U = k_{\mathrm{d}}\dot{\beta} \tag{8-1-6}$$

式中：k_{d} 为机电微分器的放大系数。

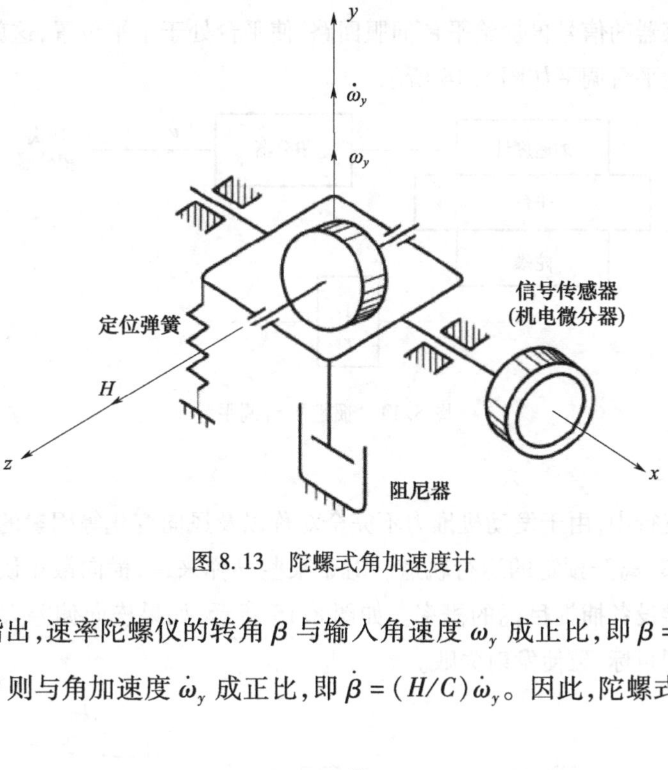

图 8.13　陀螺式角加速度计

前面已经指出，速率陀螺仪的转角 β 与输入角速度 ω_y 成正比，即 $\beta = (H/C)\omega_y$。而转角的变化率 $\dot{\beta}$ 则与角加速度 $\dot{\omega}_y$ 成正比，即 $\dot{\beta} = (H/C)\dot{\omega}_y$。因此，陀螺式角加速度计的输出电压为

$$U = k_{\mathrm{d}}\frac{H}{C}\dot{\omega}_y \tag{8-1-7}$$

即仪表的输出电压 U 与角加速度 $\dot{\omega}_y$ 成正比。

由此可见，陀螺式角加速度计的输入量为瞬时角速度 ω_y，而敏感的量为 ω_y 的变化率 $\dot{\omega}_y$，并输出与 $\dot{\omega}_y$ 成比例的电压信号 U。

8.2　加速度计的应用

加速度计在惯导系统中的作用主要是：进行平台初始对准、横偏校正、测量距离（或射

程控制)及调节发动机推力(进行速度控制)等,在某些战术导弹的惯导系统中,还可以实现扇面机动发射。

1. 惯性平台的初始对准

初始对准,就是在惯导系统尚未正式进入导航状态以前,使平台坐标系与力学编排方案所选定的理想坐标系重合,从而为导航计算机提供所必需的初始条件。初始对准的精度对惯导系统正常工作性能将产生很大影响。水平过程也可以称为平台调平,惯性平台的水平对准是利用加速度计的信号进行的。

当平台偏离水平位置时,平台上安装的纵向和横向加速度计分别敏感重力加速度,并且在平台的滚动轴和俯仰轴上有投影分量。这时,加速度计的输出作为水平修正误差信号。这个水平修正误差信号,经调平放大器放大,加给平台上的陀螺力矩器,使陀螺进动,而陀螺角度传感器的信号再加给平台伺服回路,使平台处于水平位置,这就完成了平台的水平对准。惯性平台调平如图8.14所示。

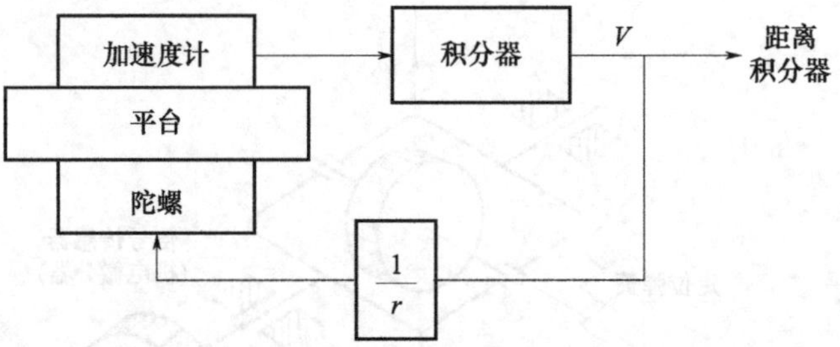

图8.14 惯性平台调平

2. 横偏校正

运载体在飞行中,由于发动机推力不完全对称以及风向变化等因素的影响,会使运载体产生横向偏移,离开预定的运行轨道。对于某些导弹来说,横向散布误差过大,会直接影响弹上末制导设备捕捉目标的概率。如图8.15所示,如果横向偏差太大,末制导设备就可能搜索不到目标,致使发射失败。

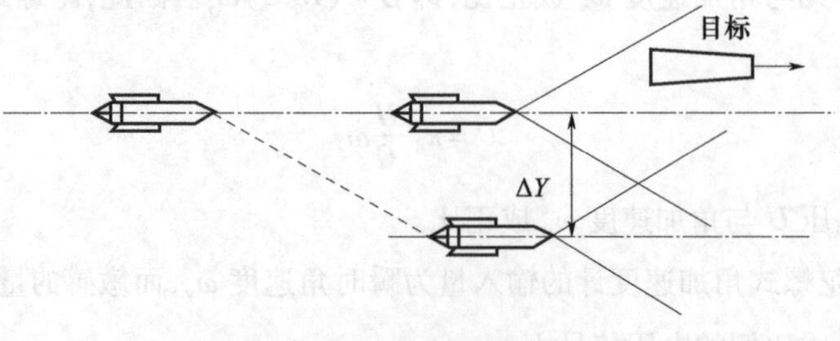

图8.15 横向偏差的影响示意图

如果在运载体上安装一个横向加速度计,就能够连续测量出运载体的横偏加速度 $\ddot{Y}$,然后进行一次积分和二次积分,把横偏速度信号 $\dot{Y}$ 和横偏位置信号 Y 送到舵系统,通过负反馈组成横偏校正系统。当运载体遇到外界干扰时,横偏校正系统能使横偏速度接近于零,使横偏位置不大于要求值,以保证惯导系统导航或制导的精度。

3. 距离测量(或射程控制)

运载体的距离测量、弹道式导弹发动机熄火时间的控制以及某些战术导弹的射程控制都可以利用加速度计来进行测量和控制。

弹道式导弹发动机关机时间的控制,以前是由时间继电器控制,就是说,不管实际飞行的姿态、状态以及外界干扰的影响大小,到时间发动机就关机,这样做会影响进入弹道的角度、距离,造成较大的分布误差,直接影响制导精度。

某些战术导弹,以前把自主段飞行距离折合为飞行时间,当导弹飞到给定时间时,弹上末制导设备开始搜索,寻找目标。如果飞行时间短,采用固体火箭发动机,推力相对来说比较稳定,这个办法是可以的。但是,随着飞行距离的增加,飞行时间延长,精度要求提高,有的又采用推力不太稳定的冲压发动机,如果还按飞行时间使弹上末制导设备开机,由于弹体内部以及风向变化的影响,就可能会造成较大的纵向散布误差。如果末制导设备提前开机,工作时间长,易被对方发觉和施加干扰,造成末制导设备失灵,延迟开机时,导弹有可能飞过目标上空,造成发射失败。

如果在运载体上安装纵向加速度计,在运载体飞行后(发射后),纵向加速度计连续测量运载体飞行的加速度,通过模数转换器送入数字计算机(或数字积分器)进行两次积分,得到实际飞行距离 X。当距离 X 等于预先在计算机装订的要求飞行距离 X_1 时,计算机送出脉冲信号给指令放大器,控制发动机关机(或控制弹上末制导设备开机),这样构成的距离测量系统、发动机关机系统或者射程控制系统,可以提高纵向制导精度。

和纵向距离控制原理相似,也可用加速度计测出并修正载体的横向偏差,这就是横偏校正系统。

同样,如果用加速度计测出载体质心沿高度方向的加速度,经一次积分就是垂直速度信号,经两次积分就是高度信号。应当指出,这个高度信号是相对于起飞(或发射)场地的高度信号,与气压式高度计测得的标准气压高度不同,与反射式高度计(如无线电高度计、激光高度计等)测得的相对高度也不同。由于元件精度的限制,放大、计算以及坐标转换、重力加速度值变化等带来的误差,目前,只有与其他高度计配合应用的垂直加速度高度稳定器,还没有见到用加速度计作为全高度控制的系统。但是由于"自主式测量"这一突出优点,人们有理由相信:距离、航向、高度都以加速度信号为基础的三轴惯性控制系统,在不久的将来就会得到实际应用。

距离测量或射程控制系统的原理方块图如图 8.16 所示。

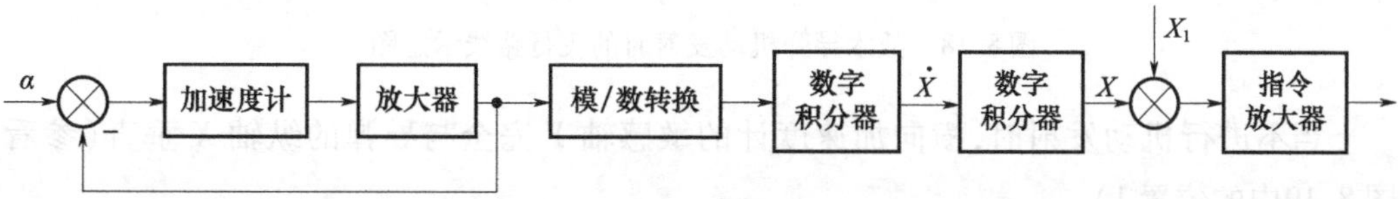

图 8.16　距离测量原理方块图

4. 调节发动机推力

运载体的飞行加速度主要取决于发动机的推力。在运载体上安装纵向加速度计,用于敏感运载体的飞行加速度 a(即 $\ddot{X}$),将加速度 a 进行一次积分以后,得到运载体实际的飞行速度 $\dot{X}$。这可以和预先要求的飞行速度相比较,如果不符合,可以用这个误差信号(实际飞行速度与要求飞行速度之差)去调节发动机的推力,以此来改变运载体的飞行速度,这样就构成了运载体的速度调节系统。其原理方块图如图 8.17 所示。

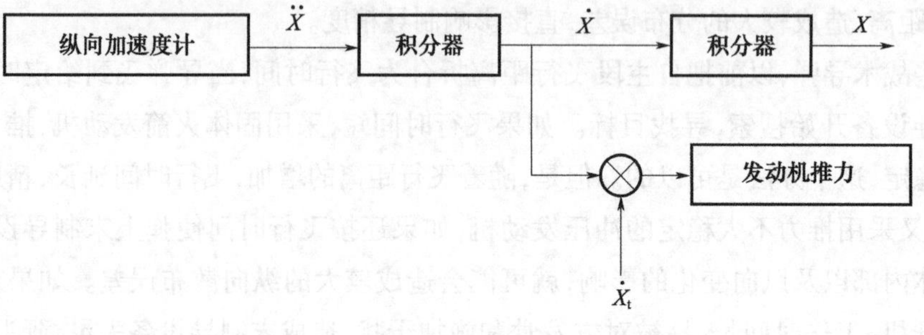

图 8.17　发动机推力调节示意图

5. 实现扇面机动发射

某些战术导弹的操纵者,如果在发现目标后,还需要使飞机、舰艇或地面发射架对准目标才能发射,那么,增长了准备时间,容易错过战机,导弹的运载体易被对方击中,操作人员也不安全。

为了在导弹发射架轴线与目标不重合的条件下,也可以发射(图 8.18),在某些战术导弹上,安装横向加速度计,便于实现扇面机动发射。

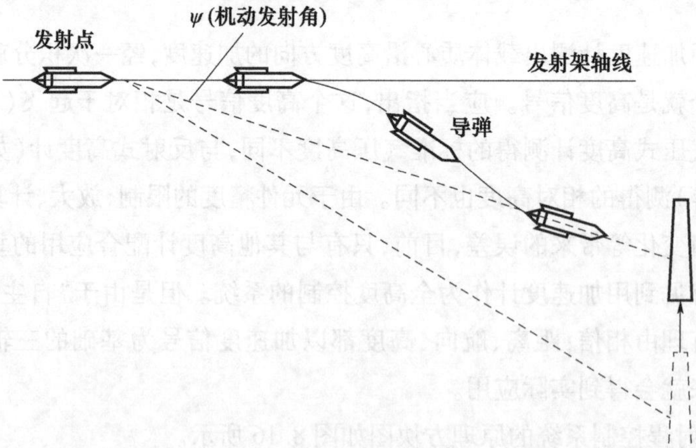

图 8.18　战术导弹机动发射时的飞行路线示意图

当不进行机动发射时,横向加速度计的敏感轴 Y 完全与导弹的纵轴 X 垂直(参看图 8.19中的位置 1)。

在飞行中,导弹的纵向加速度 $\ddot{X}$ 在横向加速度计敏感轴上的投影分量等于零。

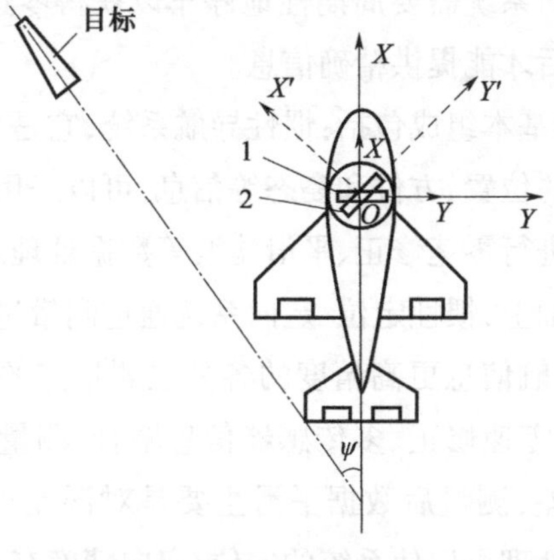

图8.19　扇面机动发射示意图

在机动发射时，发射前，将陀螺平台按照指挥仪的信号转到战斗射向的位置，横向加速度计也跟着转了一个角度ψ(参看图8.19中位置2)，它的敏感轴由Y转到Y'。导弹的纵轴X方向不变，导弹直线飞行时，纵向加速度$\ddot{X}$就在横向加速度计敏感轴Y'上有投影分量：

$$\ddot{Y} = \ddot{X}\sin\psi \tag{8-2-1}$$

对横向加速度$\ddot{Y}$分别进行一次积分和二次积分，得到横偏速度$\dot{Y}$和横偏距离Y。将$\dot{Y}$和Y加到综合放大器，通过负反馈组成导弹质心稳定回路，能使$\dot{Y}$趋于零，Y趋于常数。通过调整横偏速度$\dot{Y}$及横偏距离Y的传动比的大小，可以调整导弹转弯的时间及横偏距离的大小，这样弹体的纵轴X就可以逐渐对准战斗射向。这就实现了战术导弹的扇面机动发射。

8.3　惯性定位/定向

实现地面各固定点位置及方位测量的惯性设备称为惯性定位/定向系统；单独实现方位测量的惯性仪器有陀螺寻北仪，也称陀螺方位仪、陀螺罗盘，陀螺经纬仪；单独实现地垂线、水平面及倾斜角测量的惯性仪器有垂直陀螺仪、水平陀螺仪、惯性测斜仪。

惯性定位/定向系统及仪器在军事、民用领域均有广泛应用。在军事领域，它适合于阵地、装备的精确定位/定向。民用领域，在地图测绘、地形测绘、地球物理勘探、石油钻井、水下电缆铺设、海底救生、隧道开凿、随钻测斜等方面都得到了广泛应用。

8.3.1　惯性定位/定向系统

惯性定位/定向系统是用惯性手段测量地面各给定分立点精确位置及方位的惯性测量系统。惯性/定位定向系统的核心是惯性导航系统，它采用“零速修正”及平滑、滤波等技术，对惯性导航系统的误差进行修正，使所经路线各观测点的定位/定向精度得以明显提高。为此,惯性定位/定向系统需要周期性地停车以获得零速信息,并对所有观测及待估量进行事后滤波或平滑后才能提供精确信息。

惯性定位/定向系统的基本组成包括:惯性导航系统,它是系统的核心,用来测量载体在所经过路线上各给定点的位置、方位和姿态等信息,可以采用平台导航系统或捷联导航系统;数据处理系统,用于进行零速修正、平滑滤波等数据处理。

在惯性导航系统的基础上,惯性定位/定向系统通过测量过程中的误差修正和测量后的数据平滑处理,得到比导航信息更高精度的各分立测量点的位置和方位信息。测量过程中的误差修正,主要采用零速修正、多传感器信息融合、测量点的位置和方位修正等方法修正惯性导航系统的误差;测量后数据平滑主要是对误差进行进一步的平滑和处理。通过这些误差修正和信息处理可以使系统的定位/定向精度有显著提高。

零速修正是惯性定位/定向系统采用的最主要的误差修正方法。零速修正就是使载体周期性停车,利用准确的零速度,使惯性导航系统输出速度归零;同时进行水平对准,使导航基准坐标系水平定向误差也归零;并以惯性导航系统输出的速度信息作为测量信息,采用卡尔曼滤波方法对惯性导航系统误差模型中各项误差进行在线估计和修正,从而使系统的定位/定向精度得到提高。

除零速修正外,也可以采用其他手段获取测量信息对误差进行修正,其过程与零速修正相同。测后数据平滑是将所经过路线上或测区内已知的所有测量数据进行事后离线处理,利用各种最优平滑算法得到各项误差的最优估计,并对其进行修正。

8.3.2 垂直陀螺仪

垂直陀螺仪是具有保持自转轴垂直措施的二自由度陀螺仪。垂直陀螺仪是以一个二自由度陀螺仪和一个摆为基础,另外附加一套修正装置所组成的仪表。它利用摆敏感地垂线,用修正装置使陀螺仪转子轴跟踪地垂线,用陀螺仪保持其不受外界高频扰动,并以它为基准测量和输出载体的俯仰角和倾斜角。

地垂线的敏感元件是具有电信号输出的摆,它被安装在陀螺仪的内框架上。当载体恒速运行时,摆线的方向将与引力方向重合。如果与摆壳体固连的陀螺转子轴偏离地垂线某个角度,则摆将输出与之成比例的电信号,这一信号经放大后送入与偏角轴形成正交轴的修正电动机,产生修正力矩使陀螺绕有偏角的轴进动,使偏角归零,转子轴与地垂线重合,建立及保持水平面。

摆的种类很多,较常用的是气泡水准器,也称液体开关,它是一个铜制的碗状容器,容器内存有导电液体。容器的盖部由绝缘材料制成并装有4个电极,导电液体并未充满整个容器,留下一个气泡,这个气泡用来改变中央电极与周围4个电极质之间的电阻。当自转轴重合垂线时,液体开关保持水平,气泡处于中央位置,均等地盖住4个电极表面约一半的面积,中心电极经导电液体至4个电极的电阻相等。这时每个力矩电动机中两个控制绕组所通过电流的大小相等,方向相反,因而不产生修正力矩作用在陀螺仪上。

当自转轴偏离垂线时，液体开关随之倾斜，气泡向处于高位的电极移动，中心电极经导电液体至相应一对电极中两个电极的电阻不等。这时相应的力矩电动机中两个控制绕组所通过电流的大小不等，因而产生修正力矩作用在陀螺仪上，使自转轴绕框架轴进动，直到液体开关中的气泡回到中央位置，即自转轴回到垂线为止。

8.3.3 方向陀螺仪

方向陀螺仪是能使自转轴保持近似水平的二自由度陀螺仪。方向陀螺仪主要由二自由度陀螺仪、水平修正装置、方位修正装置等部分组成。水平修正装置中采用的元件与垂直陀螺仪的修正装置相同。但这里的液体开关为三极式的，它安装在内框架上，而力矩电动机安装在外框架轴方向。液体开关与力矩电动机的连接电路称为水平修正电路。当自转轴绕内框轴偏离水平面时，液体开关送出控制信号，力矩电动机产生绕外框轴进动而恢复水平。这样，就保证了自转轴与外框轴的近似垂直关系。

方位修正装置通常由电位器和力矩电动机组成。电位器安装在控制盒内，力矩电动机安装在内框轴方向。电位器给出地球自转误差等补偿信号，力矩电动机产生绕内框轴作用的修正力矩，使自转轴绕外框轴进动从而跟踪因地球自转所引起的方位变化。

8.3.4 陀螺寻北仪

陀螺寻北仪又称陀螺方位仪，是通过陀螺敏感地球自转角速度来获得方位信息的惯性仪器。由于它不受地磁场、地形、气候、时间等条件的影响和限制，在军事、民用领域应用广泛。陀螺寻北仪按其寻北方式划分为3类，即罗经法陀螺寻北仪、速度法陀螺寻北仪和角度法陀螺寻北仪。

1. 罗经法陀螺寻北仪

罗经法陀螺寻北仪采用摆式陀螺罗经。通过陀螺主轴围绕子午线做简谐振荡，测量摆动中心，找出子午线方向。目前，应用广泛的陀螺经纬仪就是由二自由度摆式陀螺罗经构成。陀螺摆式寻北仪精度较高，但定向时间一般较长。

2. 速度法陀螺寻北仪

速度法陀螺寻北仪也称解析调平寻北仪，采用速率陀螺。利用在当地水平面上工作的速率陀螺，测定地球自转角速度的北向分量和东向分量，从而计算出真北方向。速度陀螺寻北仪定向精度为数角秒，寻北时间为数分钟。

3. 角度法陀螺寻北仪

角度法陀螺寻北仪采用自由陀螺仪，通过角度传感器测出陀螺转子轴相对当地垂线的表观运动角度，从而估计出当地子午线方向。角度法寻北中，陀螺在自由状态工作，没有罗经法中的调浮部件与速度法中的力反馈回路给陀螺转子带来的干扰。由于角度法是通过测量角度来估计速度，因而要求测角分辨率高，线性度好，噪声低，通常采用精度较高的静电陀螺仪，但其结构复杂，成本较高，且要考虑消除外部静电干扰和磁干扰。

8.3.5 惯性测斜仪

以惯性器件为核心敏感元件构成的测量某个平面相对水平面倾角的仪器称为惯性测斜仪。比较简单的惯性测斜仪是由加速度计构成的倾角传感器,用于静态测斜、惯性导航初始水平对准、水平基准检测等场合;而比较复杂的惯性倾斜仪除了加速度计以外还使用了陀螺,称为钻井测斜仪,主要用于井孔勘探、定向钻孔、深孔测斜等领域。

1. 倾角传感器

倾角传感器,通过加速度计测量重力加速度在水平面内的分量,即可计算出倾斜角度和倾斜方向。

2. 陀螺罗经测斜仪

陀螺罗经测斜仪包含一个二自由度陀螺仪陀螺和两个加速度计,先通过加速度计确定水平倾角,再通过陀螺测量地球自转角速度求出北向方位角。

3. 惯性导航测斜仪

惯性导航测斜仪包括三通道速率陀螺仪、三通道线速度加速度计和一台导航计算机。它不仅可以测量井孔的倾角和方位角,还可以测量测具所在的位置。它把送往井下的线缆长度也作为一个参数来采集,通过类似于航位推算的方法,提高仪器的定位精度。还可以采用零速修正的方法进一步提高惯性导航测斜仪的定位精度。

8.4 惯导系统的初始对准

惯性导航系统在正式工作之前必须对系统进行调整,以便使惯性导航系统所描述的坐标系与导航坐标系相重合,使导航计算机正式工作时有正确的初始条件,如给定初始速度、初始位置等,这些工作统称为初始对准。在初始对准的研究工作中,往往由于初始位置准确已知、初始速度为零(载体的小位移扰动,如振动、阵风、负载变化等另行考虑),使初始对准工作简化。所以初始对准的主要任务就是研究如何使平台坐标系(含捷联惯导的数学平台)按导航坐标系定向,为加速度计提供一个高精度的测量基准,并为载体运动提供精确的姿态信息。

初始对准有对准精度和所需要的对准时间两个技术指标要求,很明显,它们是相互矛盾的,因此需要一个折中的指标。

初始对准的方法也因使用条件和要求的不同而异。根据所提供的参考基准形式不同,一般初始对准方法可分为两类:一是利用外部提供的参考信息进行对准;二是自对准技术。

8.4.1 平台惯导系统的初始对准

光学的自动准直技术可以利用外部提供的参考信息进行对准。其方法是在惯导平台上附加光学多面体,使光学反射面与被调整的轴线垂直,这样可以通过自动准直光管的观测,发现偏差角,人为地给相应轴陀螺加矩,使平台转到给定方位,或者也可以借光电自动准直光管的观测,自动地给相应轴的陀螺加矩,使平台转到给定位置,实现平台初始对准的自动化。自动准直光管的方位基准是星体或事先定好的方向靶标。平台的水平对准如果借助光学办法实现,光学对准的水平基准是水银池。光学对准可以达到角秒级的精度,但对准所需时间要长。

全球导航卫星系统(GNSS)可以实时提供当地的经纬度等参数,因此是初始对准的极好的外部基准,在使用条件允许的时候可以应用。

导航坐标系选定地理坐标系。在对准过程中,一般先进行粗调水平和方位而后进行精调水平和方位。在精调之前,陀螺漂移应得到补偿。在精调水平和方位之后,系统方可转入正常操作。

地球上的重力加速度矢量和地球自转角速度矢量是两个特殊的矢量,它们相对地球的方位是一定的,自对准的基本原理是基于加速度计输入轴和陀螺敏感轴与这些矢量的特殊关系来实现的。如前边讲述的半解析式惯性导航系统,在理想情况下,它的东向和北向加速度计就不敏感当地重力加速度 g,此时可认为平台位于当地水平面内,而东向陀螺则不敏感地球自转角速度分量,在满足上述两种约束的条件下,则可说平台坐标系和地理坐标系重合。由于自对准过程可以自主式完成,灵活、方便,在计算机参与控制的条件下,可以达到很高的精度,因此它在军事上得到了广泛的应用。同时,把在方位对准过程中,东向陀螺不敏感地球自转角速度分量的现象称为陀螺罗经效应。

6.3.3 节分析平台惯导系统工作原理时,并没有考虑任何误差,将各系统都看作理想系统,但实际情况并非如此,测量和计算必然存在误差。限于篇幅,本书不加推导地给出平台惯导系统误差方程。

1. 静基座惯导系统误差方程

静基座条件下惯导系统误差方程式为

$$
\begin{aligned}
\delta \dot{V}_E &= 2\omega_e \sin\varphi \cdot \delta V_N - \beta g + \Delta A_E \\
\delta \dot{V}_N &= -2\omega_e \sin\varphi \cdot \delta V_E + \alpha g + \Delta A_N \\
\delta \dot{\varphi} &= \frac{1}{R}\delta V_N \\
\dot{\alpha} &= -\frac{\delta V_N}{R} - \gamma\omega_e\cos\varphi + \beta\omega_e\sin\varphi + \varepsilon_E \\
\dot{\beta} &= \frac{\delta V_E}{R} - \delta\varphi\omega_e\sin\varphi - \alpha\omega_e\sin\varphi + \varepsilon_N \\
\dot{\gamma} &= \frac{\tan\varphi}{R}\delta V_E - \delta\varphi\omega_e\cos\varphi + \alpha\omega_e\cos\varphi + \varepsilon_\zeta
\end{aligned}
\tag{8-4-1}
$$

式中:$\dot{V}_E$,$\dot{V}_N$ 为载体相对地球运动加速度在地理坐标系东向、北向分量;φ 为纬度;α,β,γ 为平台相对地理坐标系的方位角;ε_E,ε_N,ε_ζ 为随机误差。

式(8-4-1)是在载体处于静止状态给出的,在此基础上,再假设载体所在地的纬度是准确知道的,这样在方程式中有关纬度的方程就可以不考虑。为分析简单起见,略去有害加速度引入的交叉耦合项。式(8-4-1)可简化为

$$
\begin{aligned}
&\delta \dot{V}_E = -\beta g + \Delta A_E \\
&\delta \dot{V}_N = \alpha g + \Delta A_N \\
&\dot{\alpha} = -\frac{\delta V_N}{R} - \gamma\omega_e\cos\varphi + \beta\omega_e\sin\varphi + \varepsilon_E \\
&\dot{\beta} = \frac{\delta V_E}{R} - \alpha\omega_e\sin\varphi + \varepsilon_N \\
&\dot{\gamma} = \frac{\tan\varphi}{R}\delta V_E + \alpha\omega_e\cos\varphi + \varepsilon_\zeta
\end{aligned}
\tag{8-4-2}
$$

与式(8-4-2)对应的方框图如图8.20所示。

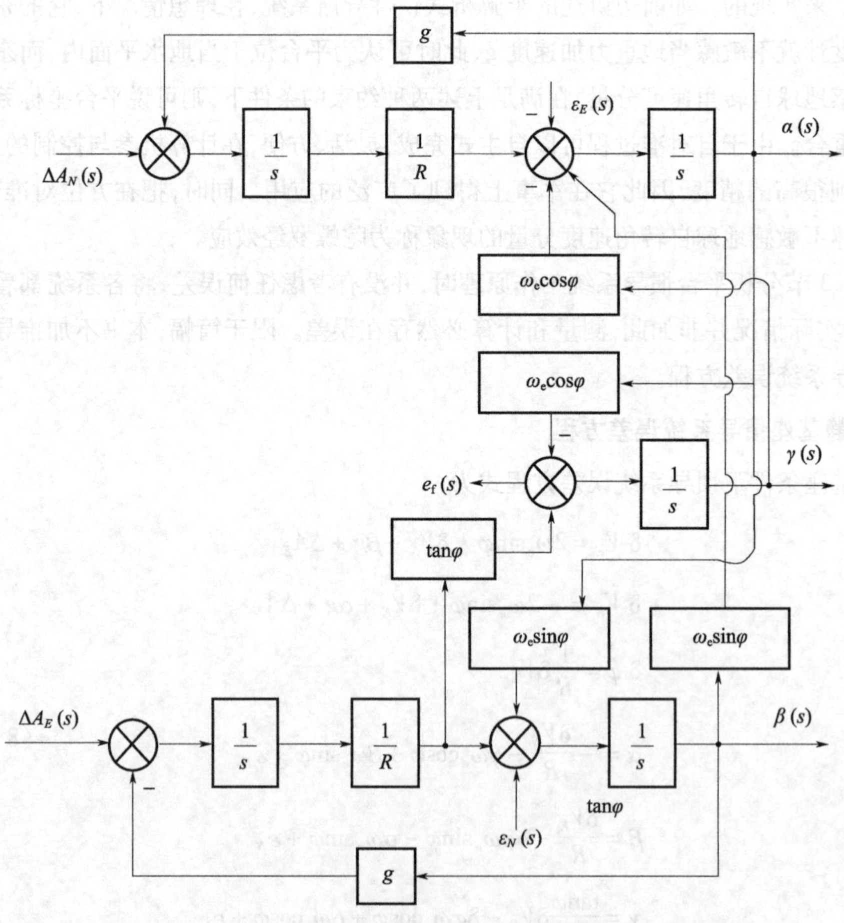

图8.20 简化的系统误差方框图

上述简化方框图及误差方程式,是研究惯导系统初始对准问题的基础。

2. 单回路的初始对准

1)水平对准

初始对准过程的进行,首先是水平粗对准,而后是方位粗对准。在粗对准之后再进行精对准,首先是水平精对准,而后进行方位精对准。在实际惯导系统中,通过一定的程序开关实现信号的转接。如水平粗对准,可以采用图 8.21 所示的工作原理实现。

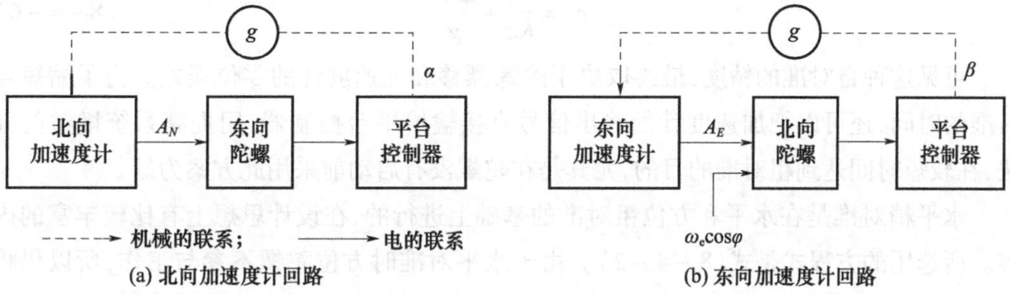

图 8.21　简化的自对准功能图

图 8.21 中分别给出了北向加速度计回路和东向加速度计回路。图中的平台控制器就是我们在前面讲过的稳定回路。地球的自转角速度分量 $\omega_e\cos\varphi$ 必须加给北向陀螺,使平台相对惯性空间以 $\omega_e\cos\varphi$ 转动,以保持平台的水平。为此,方位陀螺也必须接受 $\omega_e\sin\varphi$ 信号。

如果平台偏离当地水平面,这两个加速度计将敏感重力加速度的分量,给出信号到陀螺,陀螺通过平台控制器使平台旋转,迫使平台回到当地水平面。在实际的设计中,陀螺的输出信号是通过航向坐标变换器的分解后进入相应的平台控制器中,而不是如图示那样直接进入平台控制器。

根据图 8.20 可以画出单通道水平自对准方框图,如图 8.22 所示。

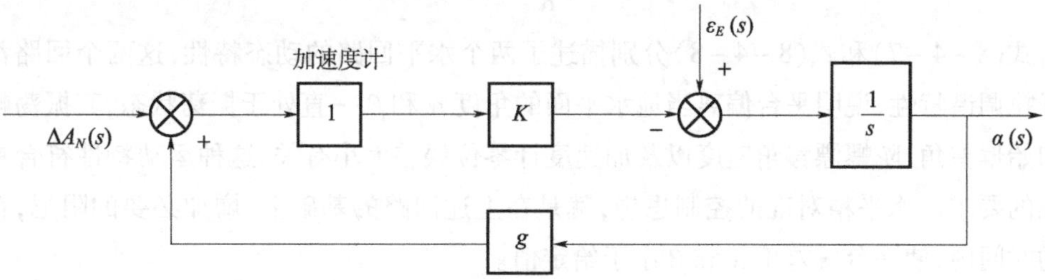

图 8.22　水平粗对准方框图

系统的特征方程式为

$$s + Kg = 0 \tag{8-4-3}$$

式中的时间常数为

$$\tau = \frac{1}{Kg} \tag{8-4-4}$$

它的大小受到陀螺允许的最大力矩器的输出电流限制,因此这种自对准的精度是按指数规律达到的。

从图8.22还可以得到自对准角度α和加速度计零位误差ΔA_N以及与陀螺漂移角速度ε_E之间的关系,即

$$\alpha(s)=\frac{1}{s+Kg}[\varepsilon_E(s)+K\Delta A_N(s)] \tag{8-4-5}$$

设ε_E,ΔA_N为常值时,稳态误差为

$$\alpha_s=\frac{\varepsilon_E}{Kg}+\frac{\Delta A_N}{g} \tag{8-4-6}$$

可见这种自对准的精度,最终取决于陀螺漂移和加速度计的零位误差。为了缩短自对准的时间,还可以把加速度计的输出信号直接输给平台控制器,用提高系统增益的办法,在较短时间达到粗对准的目的,尤其是在陀螺没有启动前采用此方案为好。

水平精对准是在水平和方位粗对准的基础上进行的,在设计思想上有比较丰富的内容。所选用的方程式是式(8-4-2)。由于水平对准时方位陀螺不参与工作,所以仍将水平对准和方位对准分开讨论。由于可以不考虑交叉耦合的影响,简化的系统误差方块图8.20可进一步简化为图8.23的形式。与方位偏差有关的项仍保留,作为常值误差项,因此,与其对应的方程式为

$$\begin{cases}\delta\dot{V}_E=-\beta g+\Delta A_E\\ \dot{\beta}=\dfrac{\delta V_E}{R}+\varepsilon_N\end{cases} \tag{8-4-7}$$

和

$$\begin{cases}\delta\dot{V}_N=\alpha g+\Delta A_N\\ \dot{\alpha}=-\dfrac{\delta V_N}{R}-\gamma_0\omega_e\cos\varphi+\varepsilon_E\end{cases} \tag{8-4-8}$$

式(8-4-7)和式(8-4-8)分别描述了两个水平回路的动态特性,这两个回路都具有舒拉调谐特性,说明平台偏离当地水平面的角度α和β一直处于振荡状态,其振荡幅值和初始偏差角、陀螺漂移角速度以及加速度计零位误差大小有关,这种运动特性符合初始对准的要求。水平精对准的控制思想,就是在上述回路的基础上,增加必要的阻尼,在给定的时间内,使平台偏差角α和β小于给定值。

图8.24所示为动基座三阶水平对准回路方块图,给出了北向加速度计与东向陀螺回路的组合说明,东向加速度计水平回路与此回路相似。该方案较为广泛地被半解式惯导系统采用。其特点是将加速度计的输出信号,经过一次积分后,乘以比例系数K_1,反馈到加速度计的输出端,称为一阶阻尼,它将使积分环节变成一个非周期环节。在$\frac{1}{R}$环节上并联一个$\frac{K_2}{R}$环节,使原$\frac{1}{R}$环节变成为$\frac{1+K_2}{R}$环节,称其为二阶阻尼。在$\frac{1}{R}$环节上再并联一个$\frac{K_3}{s}$环节后,使原$\frac{1}{R}$环节变成为$\frac{1+K_2}{R}+\frac{K_3}{s}$环节,称其为三阶阻尼。与$K_2=K_3=0$或$K_3=0$对应的水

平对准回路分别称为一阶水平对准回路或二阶水平对准回路。根据以上的说明，图 8.24 可改画为图 8.25 的形式。在方块图中，我们增加了平台初始偏差角 α_0 误差项。下面分析由于陀螺漂移 ε_E、加速度计零位误差 ΔA_N 和平台初始偏差角 α_0 等引起的初始对准误差。

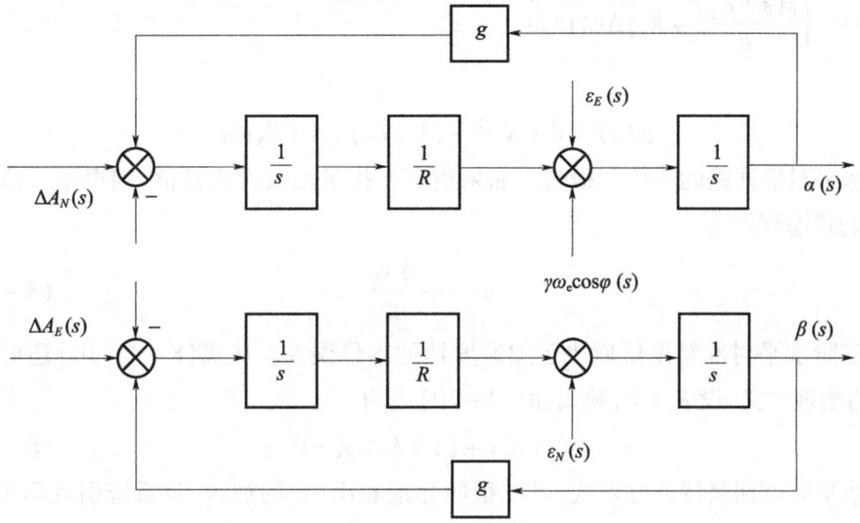

图 8.23　水平回路误差方块图

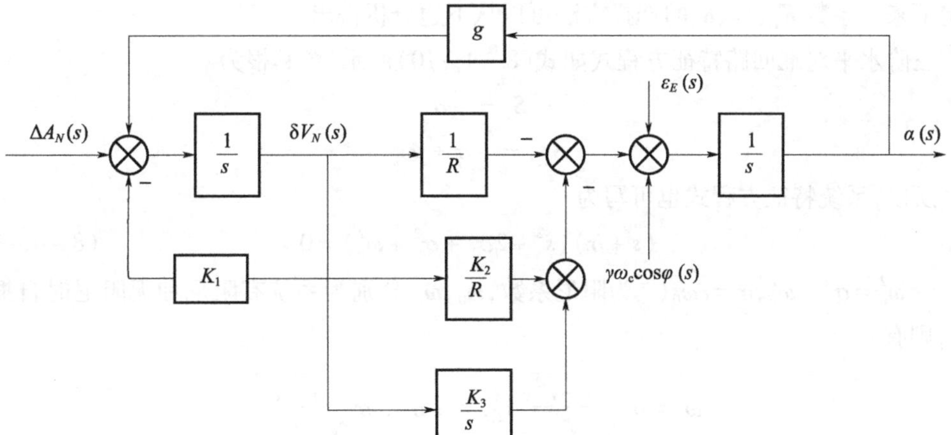

图 8.24　动基座三阶水平对准回路方块图

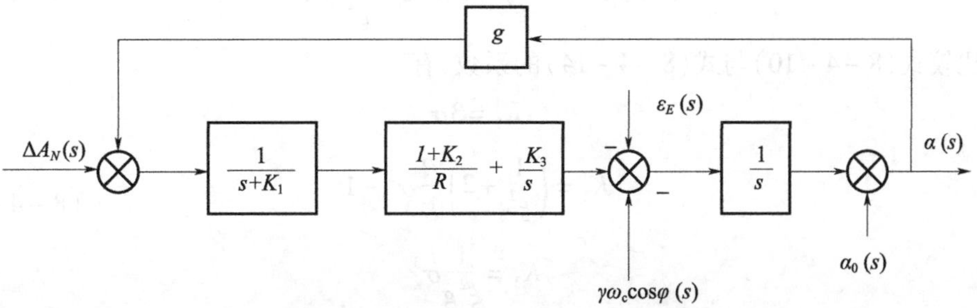

图 8.25　等效三阶水平对准回路方块图

由图8.25可得平台偏差角和上述干扰量之间的传递函数为

$$\alpha(s)=\frac{1}{\Delta(s)}\{s(s+K_1)[\varepsilon_E(s)-\gamma_0(s)\omega_e\cos\varphi(s)]+[s^2(s+K_1)\alpha_0(s)]-\left[\frac{s(s+K_2)}{R}+K_3\right]\Delta A_N(s)\} \tag{8-4-9}$$

式中

$$\Delta(s)=s^3+K_1s^2+(1+K_2)\omega_S^2s+K_3R\omega_S^2 \tag{8-4-10}$$

为三阶水平对准回路的特征方程式。如果所有干扰量均假设为常值,则根据终值定理可求得 α 的稳态误差为

$$\alpha_s=-\frac{\Delta A_N}{g} \tag{8-4-11}$$

即三阶水平对准精度仅取决于加速度计的零位误差。从式(8-4-10)还可以看出 K_1,K_2 的物理意义,设 $K_3=0$,则式(8-4-10)成为

$$s^2+K_1s+(1+K_2)\omega_S^2=0 \tag{8-4-12}$$

为二阶水平对准回路特征方程式,可以很明显地看出,K_1 的加入,为系统引入阻尼,而 K_2 的加入将使系统的振荡周期缩小 $\frac{1}{\sqrt{1+K_2}}$。因此,适当选择 K_1 和 K_2 可以使系统在短时间内稳定下来。系数 K_1、K_2、K_3 的选择方法可以从下边分析得出。

三阶水平对准回路特征方程式如式(8-4-10)所示,令其根为

$$S_1=-\sigma$$

$$S_{2,3}=-\sigma\pm j\omega_n$$

所以,系统特征方程式也可写为

$$(s+\sigma)(s^2+2\sigma s+\sigma^2+\omega_n^2)=0 \tag{8-4-13}$$

令 $\omega_0^2=\sigma^2+\omega_n^2,\sigma=\xi\omega_0$($\xi$ 为阻尼系数,ω_0,ω_n 分别为系统有阻尼和无阻尼时自振频率),则有

$$\omega_n=\sigma\sqrt{\frac{1-\xi^2}{\xi^2}},s_{2,3}=-\sigma\pm j\sigma\sqrt{\frac{1-\xi^2}{\xi^2}}$$

而式(8-4-13)成为

$$s^3+3\sigma s^2+\left(\frac{1}{\xi^2}+2\right)\sigma^2s+\frac{\sigma^3}{\xi^2}=0 \tag{8-4-14}$$

比较式(8-4-10)与式(8-4-14)的系数,有

$$\begin{cases}K_1=3\sigma\\ K_2=\left(\frac{1}{\xi^2}+2\right)\frac{R}{g}\sigma^2-1\\ K_3=\frac{1}{\xi^2g}\sigma^3\end{cases} \tag{8-4-15}$$

当 ξ,σ 确定之后,由式(8-4-15)可以计算出 K_1、K_2 和 K_3 值。

系统特征方程式 $\Delta(s)=0$ 的解为

$$\alpha_1=\alpha_0 e^{-\sigma t}\left[\frac{1+\xi^2}{1-\xi^2}\cos\omega_n t+\frac{1}{\sqrt{\frac{1-\xi^2}{\xi^2}}}\sin\omega_n t-\frac{2\xi^2}{1-\xi^2}\right] \tag{8-4-16}$$

α 角的解为

$$\alpha(t)=\alpha_1(t)+\alpha_s \tag{8-4-17}$$

有了式(8-4-16)和式(8-4-17)之后，可根据对精度 a 的大小和对准时间 t 的要求，以及加速度计的零偏 ΔA_N 的给定数值，求出对应的 ξ 和 σ 值，再代入式(8-4-15)，就可确定相应的 K_1、K_2 和 K_3 值。

上述三阶水平对准方案也可用于动基座的初始对准，只是要把速度误差项 δV_N 改为用外部速度和纯惯导系统计算速度的差值 $\delta V_N-\delta V_{rN}$ 作为阻尼信息的输入，其方块图如图 8.26 所示。与其对应的系统方程式与式(8-4-9)相同，且有

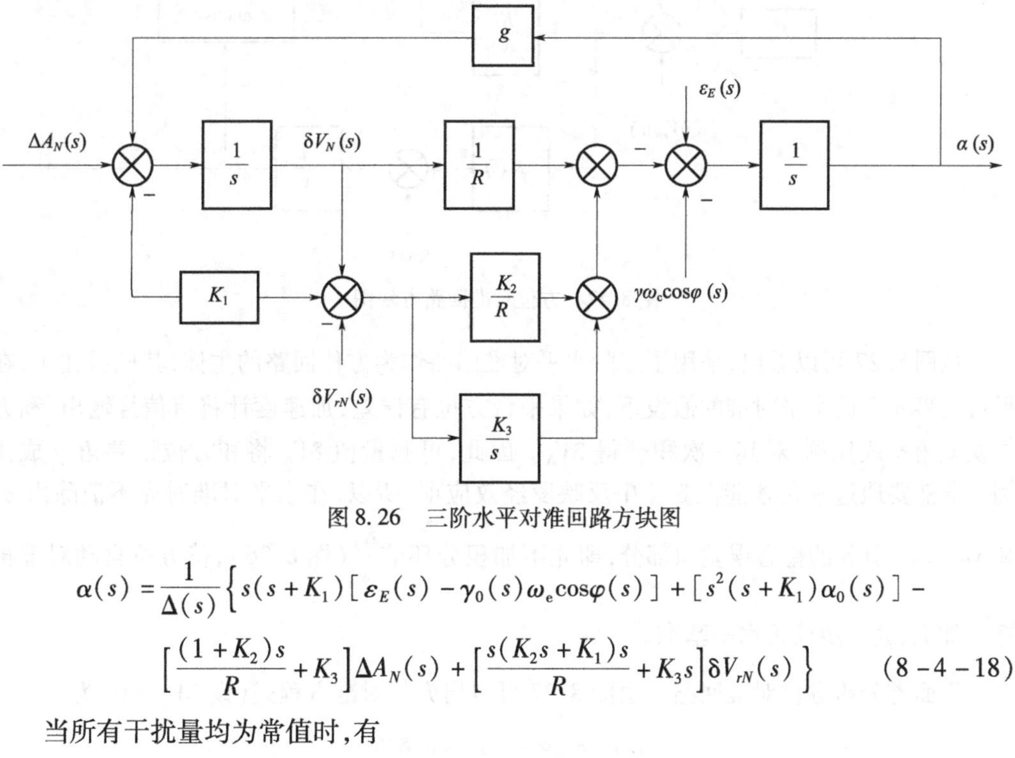

图 8.26　三阶水平对准回路方块图

$$\alpha(s)=\frac{1}{\Delta(s)}\Big\{s(s+K_1)[\varepsilon_E(s)-\gamma_0(s)\omega_e\cos\varphi(s)]+[s^2(s+K_1)\alpha_0(s)]-\left[\frac{(1+K_2)s}{R}+K_3\right]\Delta A_N(s)+\left[\frac{s(K_2 s+K_1)s}{R}+K_3 s\right]\delta V_{rN}(s)\Big\} \tag{8-4-18}$$

当所有干扰量均为常值时，有

$$\alpha_s=-\frac{\Delta A_N}{g} \tag{8-4-19}$$

所以，原则上三阶水平对准回路在动机座的条件下，也可以达到很高的对准精度。

2）方位对准

平台的方位初始对准是在平台的水平初始对准之后进行的。从分析水平对准的过程可知，北向加速度计与东向陀螺组成的水平对准回路与方位回路有较大的交叉影响，即存在较大的交叉耦合项 $\gamma\omega_e\cos\varphi$，通常把 $\gamma\omega_e\cos\varphi$ 影响的物理过程，称为罗经效应。即当平台正确取向时，东向陀螺将不敏感地球自转角速度分量。当平台在方位上有误差以后，东

向陀螺将敏感地球自转角速度的一个分量。在自对准状态,这将导致平台偏离当地水平面,并使北向加速度计产生误差信号,且与 $\gamma\omega_e\cos\varphi$ 成比例。利用这个加速度计输出信号,使其通过一个适当的补偿环节再加给方位陀螺仪的力矩器,从而使平台在方位上进动,一直到地球自转角速度分量不再被东向陀螺所敏感,这样就消除了方位误差角。图8.27给出了方位对准回路原理方块图。图中的 δV_{rN} 为引入的外部阻尼速度误差,在固定基座上方位对准时,可不引入外部参考速度,即设 $\delta V_{rN}=0$。

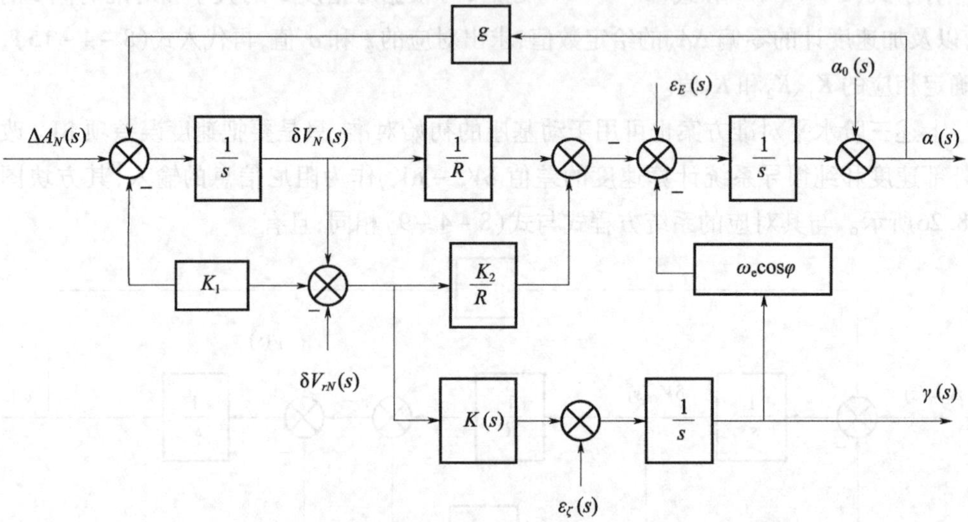

图 8.27　方位对准回路方块图

从图8.27可以看出,采用了二阶水平对准回路作为方位回路的主体,其原因在于,在平台已事先完成水平对准的假设下,如果平台方位有误差,加速度计将有信号输出,和方位误差角 γ 成比例,对其一次积分得 δV_N。因此,可测量值 δV_N 将和方位误差角 γ 成比例。既然要通过 γ 角才能在 δV_N 中反映罗经效应项,所以,在水平对准时先不消除由 ε_E 和 $\gamma\omega_e\cos\varphi$ 引起的稳态误差角部分,即先不加积分环节 $\frac{K_3}{s}$(图8.26),待方位自动对准再把 $\frac{K_3}{s}$ 加上,进一步校正水平基准。

下面再分析方位对准回路。由图8.27可得出方位对准方程式(设 $\delta V_{rN}=0$)为

$$
\begin{aligned}
\delta\dot{V}_N &= \alpha g+\Delta A_N-K_1\delta V_N\\
\dot{\alpha} &= \frac{(1+K_2)}{R}\delta V_N-\gamma\omega_e\cos\varphi+\varepsilon_E\\
\dot{\gamma} &= K(s)\delta V_E+\varepsilon_\zeta
\end{aligned}
\tag{8-4-20}
$$

将上式进行拉普拉斯变换,并写成矩阵形式,有

$$
\begin{bmatrix} s+K_1 & -g & 0\\ \dfrac{1+K_2}{R} & s & \omega_e\cos\varphi\\ -K(s) & 0 & s\end{bmatrix}\begin{bmatrix}\delta V_N\\ \alpha\\ \gamma\end{bmatrix}=\begin{bmatrix}\delta V_{0N}+\Delta A_N(s)\\ \alpha_0+\varepsilon_E(s)\\ \gamma_0+\varepsilon_\zeta(s)\end{bmatrix}
\tag{8-4-21}
$$

误差的拉普拉斯变换解为

$$\begin{bmatrix}\delta V_N\\ \alpha\\ \gamma\end{bmatrix}=\frac{1}{\Delta(s)}\begin{bmatrix} s^2 & gs & -g\omega_e\cos\varphi\\ -\frac{1+K_2}{R}s-\omega_e K(s)\cos\varphi & (K_1+s)s & -(K_1+s)\omega_e\cos\varphi\\ sK(s) & gK(s) & (K_1+s)s+\frac{1+K_2}{R}g\end{bmatrix}\begin{bmatrix}\delta V_{0N}+\Delta A_N(s)\\ \alpha_0+\varepsilon_E(s)\\ \gamma_0+\varepsilon_\zeta(s)\end{bmatrix}$$

(8-4-22)

式中

$$\Delta(s)=\begin{bmatrix} s+K_1 & -g & 0\\ \frac{1+K_2}{R} & s & \omega_e\cos\varphi\\ -K(s) & 0 & s\end{bmatrix}=s^3+K_1s^2+\omega_s^2(1+K_2)s+K(s)g\omega_e\cos\varphi \quad (8-4-23)$$

为方位对准时系统特征方程式。设

$$K(s)=\frac{K_3}{\omega_e\cos\varphi(s+K_4)} \quad (8-4-24)$$

且各干扰源仍为常值，利用终值定理，可以得出方位对准的稳态误差表达式为

$$\gamma_s=\frac{\varepsilon_E}{\omega_e\cos\varphi}+\frac{(1+K_2)K_4}{RK_3}\varepsilon_\zeta \quad (8-4-25)$$

由上式可以看出，方位对准的稳态误差主要取决于东向陀螺漂移 ε_E 的大小，而 ε_ζ 的影响可以通过适当地选择参数 K_2、K_3、K_4 而降到最小程度。如果略去 ε_ζ 的影响，则有 $\gamma_s\omega_e\cos\varphi=\varepsilon_E$，说明东向陀螺漂移角速度和方位误差角的作用是等效的。如果 $\gamma\omega_e\cos\varphi=\varepsilon_E$，则 $\gamma\omega_e\cos\varphi$ 不再起作用，方位误差角 $\gamma=\frac{\omega_E}{\omega_e\cos\varphi}$ 将不再受到控制，达到稳定平衡状态。如果 $\varepsilon_E=0.01(°)/\mathrm{h}$，则有 $\gamma_s=2'\sim3'$ 的稳态误差。所以，ε_E 直接影响方位对准精度。因此，在系统中测出 ε_E 并将其补偿，则会提高方位对准精度。

将式(8-4-24)代入式(8-4-23)，系统特征方程式的形式可写为

$$s^4+(K_1+K_4)s^3+[\omega_s^2(1+K_2)+K_1K_4]s^2+\omega_s^2(1+K_2)K_4s+K_3g=0 \quad (8-4-26)$$

采取和上一小节类似的方法，可求得系数参数 K_1、K_2、K_3 和 K_4 与系统方位对准指标之间的关系。令特征方程的根为

$$s_{1,2}=s_{3,4}=-\sigma\pm \mathrm{j}\omega_n$$

所以，系统方程式也可以写为

$$[s^2+2\sigma s+(\sigma^2+\omega_n^2)]^2=0 \quad (8-4-27)$$

即

$$s^4+4\sigma s^3+(6\sigma^2+2\omega_n^2)s^2+(4\sigma^3+4\sigma\omega_n^2)s+(\sigma^4+2\sigma^2\omega_n^2+\omega_n^4)=0 \quad (8-4-28)$$

从式(8-4-27)可得

$$\omega_0^2=\sigma^2+\omega_n^2$$

$$\xi=\frac{\sigma}{\omega_0}$$

有

$$\omega_n=\sqrt{\omega_0^2-\sigma^2}=\sigma\sqrt{\frac{1-\xi^2}{\xi^2}}$$

且设 $K_1=K_4$,再比较式(8-4-26)与式(8-4-28),有

$$K_1=K_4=2\sigma$$

$$K_2=\frac{2\sigma^2}{\xi^2\omega_s^2}-1 \tag{8-4-29}$$

$$K_3=\frac{\sigma^4}{\xi^4 g}$$

根据对准的要求,可确定 ξ 和 σ,则由式(8-4-29)可选择系统参数 K_1、K_2、K_3和 K_4。

8.4.2 捷联惯导系统的初始对准

捷联式惯导系统初始对准原理与平台式一样,其目的都是为导航计算提供必要的初始条件。其影响对准精度的因素也是相同的,都要补偿陀螺与加速度计的误差。对准过程也分粗对准和精对准两个阶段。不同之处在于,捷联惯导系统是利用陀螺和加速度计的信息,经过滤波处理,在计算机内修正所谓的"数学平台",亦即姿态方向余弦阵。这实际上是解析对准。尽管其对准精度也取决于水平加速度计和东向陀螺,但因载体运动的干扰作用特别显著,因而对滤波技术的应用,比平台系统更为重要。至于具体的对准方案,多种多样,尤其是由于计算机软件的灵活性,其变化就更具多样性。

捷联式惯导系统的初始对准,就是在满足环境条件和时间限制的情况下,以一定的精度给出从载体坐标系到导航坐标系的姿态变换矩阵。

对准可以是自主的,也可以是受控的(使捷联惯导系统的输出与某些外部系统的输出相一致)或这两种方法的结合。因为目前实用的捷联惯导系统大多数选用地理坐标系为导航坐标系,所以借助惯性仪表测量两个在空间不共线的矢量,即地球自转角速度矢量和重力加速度 $\boldsymbol{g}$ 矢量,可以很方便地实现自主对准。

自主式对准也分两步进行。在粗对准阶段,依靠重力加速度 $\boldsymbol{g}$ 矢量和地球自转角速度 $\boldsymbol{\omega}$ 矢量的测量值,直接估算从载体坐标系到导航坐标系的变换矩阵。在精对准阶段,可通过处理惯性仪表的输出信息,精校计算机计算的导航坐标系和真实导航坐标系之间的小失调角,建立准确的初始变换矩阵。

1. 解析粗对准原理

这里指静基座初始对准,此时加速度计测得的是重力加速度 $\boldsymbol{g}$ 矢量在载体坐标系[b]中的分量,陀螺仪测得的是地球自转角速度 $\boldsymbol{\omega}$ 矢量在[b]系中的分量。而这两个矢量

在导航坐标系(地理坐标系[E])中的分量是已知的,且为常值。则变换矩阵 $\boldsymbol{C}_{\mathrm{b}}^{\mathrm{E}}$ 可由 $\boldsymbol{\omega}$ 及 $\boldsymbol{g}$ 在[b]系和[E]系中的测量值或计算值计算出来。如下矢量变换等式成立,即

$$\begin{aligned}\boldsymbol{g}^{\mathrm{b}} &= \boldsymbol{C}_{\mathrm{E}}^{\mathrm{b}}\boldsymbol{g}^{\mathrm{E}} \\ \boldsymbol{\omega}^{\mathrm{b}} &= \boldsymbol{C}_{\mathrm{E}}^{\mathrm{b}}\boldsymbol{\omega}^{\mathrm{E}}\end{aligned} \tag{8-4-30}$$

定义矢量 $\boldsymbol{V}$ 为

$$\boldsymbol{V} = \boldsymbol{g} \times \boldsymbol{\omega} \tag{8-4-31}$$

则有

$$\boldsymbol{V}^{\mathrm{b}} = \boldsymbol{C}_{\mathrm{E}}^{\mathrm{b}}\boldsymbol{V}^{\mathrm{E}} \tag{8-4-32}$$

因为

$$\boldsymbol{C}_{\mathrm{b}}^{\mathrm{E}} = [\boldsymbol{C}_{\mathrm{E}}^{\mathrm{b}}]^{-1} = [\boldsymbol{C}_{\mathrm{E}}^{\mathrm{b}}]^{\mathrm{T}}$$

上述3个矢量的分量存在关系,即

$$\begin{bmatrix}\boldsymbol{g}^{\mathrm{b}} \\ \boldsymbol{\omega}^{\mathrm{b}} \\ \boldsymbol{V}^{\mathrm{b}}\end{bmatrix} = \boldsymbol{C}_{\mathrm{E}}^{\mathrm{b}}\begin{bmatrix}\boldsymbol{g}^{\mathrm{E}} \\ \boldsymbol{\omega}^{\mathrm{E}} \\ \boldsymbol{V}^{\mathrm{E}}\end{bmatrix} \tag{8-4-33}$$

或

$$\begin{bmatrix}(\boldsymbol{g}^{\mathrm{b}})^{\mathrm{T}} \\ (\boldsymbol{\omega}^{\mathrm{b}})^{\mathrm{T}} \\ (\boldsymbol{V}^{\mathrm{b}})^{\mathrm{T}}\end{bmatrix} = \begin{bmatrix}(\boldsymbol{g}^{\mathrm{E}})^{\mathrm{T}} \\ (\boldsymbol{\omega}^{\mathrm{E}})^{\mathrm{T}} \\ (\boldsymbol{V}^{\mathrm{E}})^{\mathrm{T}}\end{bmatrix}\boldsymbol{C}_{\mathrm{b}}^{\mathrm{E}}$$

可得

$$\boldsymbol{C}_{\mathrm{b}}^{\mathrm{E}} = \begin{bmatrix}(\boldsymbol{g}^{\mathrm{E}})^{\mathrm{T}} \\ (\boldsymbol{\omega}^{\mathrm{E}})^{\mathrm{T}} \\ (\boldsymbol{V}^{\mathrm{E}})^{\mathrm{T}}\end{bmatrix}^{-1}\begin{bmatrix}(\boldsymbol{g}^{\mathrm{b}})^{\mathrm{T}} \\ (\boldsymbol{\omega}^{\mathrm{b}})^{\mathrm{T}} \\ (\boldsymbol{V}^{\mathrm{b}})^{\mathrm{T}}\end{bmatrix} \tag{8-4-34}$$

因此,如果式(8-4-34)中的逆矩阵存在,则方向余弦矩阵 $\boldsymbol{C}_{\mathrm{b}}^{\mathrm{E}}$ 便可以唯一地确定了。$\boldsymbol{C}_{\mathrm{b}}^{\mathrm{E}}$ 表示了从载体坐标系到地理坐标系的坐标变换矩阵。将

$$\begin{aligned}(\boldsymbol{g}^{\mathrm{E}})^{\mathrm{T}} &= [0 \quad 0 \quad g] \\ (\boldsymbol{\omega}^{\mathrm{E}})^{\mathrm{T}} &= [0 \quad \omega_{\mathrm{e}}\cos\varphi \quad \omega_{\mathrm{e}}\sin\varphi] \\ (\boldsymbol{V}^{\mathrm{E}})^{\mathrm{T}} &= [g\omega_{\mathrm{e}}\cos\varphi \quad 0 \quad 0]\end{aligned}$$

代入式(8-4-34),并求逆,有

$$\begin{bmatrix}(\boldsymbol{g}^{\mathrm{E}})^{\mathrm{T}} \\ (\boldsymbol{\omega}^{\mathrm{E}})^{\mathrm{T}} \\ (\boldsymbol{V}^{\mathrm{E}})^{\mathrm{T}}\end{bmatrix}^{-1} = \begin{bmatrix}0 & 0 & \dfrac{1}{g\omega_{\mathrm{e}}\cos\varphi} \\ \dfrac{-1}{g}\tan\varphi & \dfrac{1}{\omega_{\mathrm{e}}\cos\varphi} & 0 \\ \dfrac{1}{g} & 0 & 0\end{bmatrix} \tag{8-4-35}$$

显然,只要 φ 不等于90°,式(8-4-35)的逆表达式就成立,可得

$$\boldsymbol{C}_{\mathrm{b}}^{\mathrm{E}}=\begin{bmatrix}0 & 0 & \dfrac{1}{g\omega_{\mathrm{e}}\cos\varphi}\\ \dfrac{-1}{g}\tan\varphi & \dfrac{1}{\omega_{\mathrm{e}}\cos\varphi} & 0\\ \dfrac{1}{g} & 0 & 0\end{bmatrix}\begin{bmatrix}(\boldsymbol{g}^{\mathrm{b}})^{\mathrm{T}}\\ (\boldsymbol{\omega}^{\mathrm{b}})^{\mathrm{T}}\\ (\boldsymbol{V}^{\mathrm{b}})^{\mathrm{T}}\end{bmatrix} \tag{8-4-36}$$

由于初始对准时,当地的纬度 φ、重力加速度 $\boldsymbol{g}$ 和地球自转角速度 $\boldsymbol{\omega}_{\mathrm{e}}$ 是准确可知的,所以,从式(8-4-36)可知,只要能够准确给出 g^{b} 和 ω^{b} 的测量值,就可以计算出机体坐标系和当地地理坐标系间的方向余弦矩阵 $\boldsymbol{C}_{\mathrm{b}}^{\mathrm{E}}$。方向余弦矩阵 $\boldsymbol{C}_{\mathrm{b}}^{\mathrm{E}}$ 的准确性,显然是受到 $\boldsymbol{g}^{\mathrm{b}}$ 和 $\boldsymbol{\omega}^{\mathrm{b}}$ 这两个测量值准确性的约束。实际上,陀螺仪和加速度计都存在仪表误差和敏感环境的干扰角振动或干扰加速度的影响,这种直接计算的结果不能满足工程需要的对准精度,即方向余弦矩阵的准确性低。为了提高对准精度,对加速度计和陀螺仪的误差进行补偿是必要的。

2. 精对准基本原理

精对准的目的,就是在对准过程中,不断用新的变换矩阵 $\boldsymbol{C}_{\mathrm{b}}^{\mathrm{E}}$ 代替粗对准结束时建立起来的变换矩阵 $\boldsymbol{C}_{\mathrm{b}}^{\mathrm{E}}$,使导航计算机计算出来的地理坐标系逐步趋近于真实的地理坐标系,并在给定的时间内,使两者之间误差角小于给定值。

图8.28给出精对准原理方块图。导航坐标系仍然选为地理坐标系,在精对准开始时,导航计算机中已经存储经粗对准给出的变换矩阵 $\boldsymbol{C}_{\mathrm{b}}^{\mathrm{E}}$。从图可见,加速度计除了本身零位误差之外,还将感受重力加速度和干扰加速度的分量,而输出量是以b系分量表示的比力 $\boldsymbol{f}^{\mathrm{b}}$,经过转换矩阵 $\boldsymbol{C}_{\mathrm{b}}^{\mathrm{E}}$ 可得到以导航坐标系表示的比力 $\boldsymbol{f}^{\mathrm{E}}$,该值将反映出机体坐标系和导航坐标系的部分对准状态。

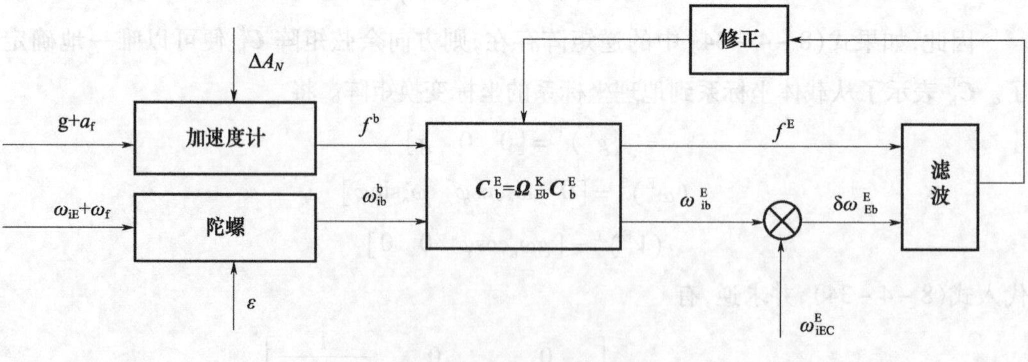

图8.28 精对准原理方块图

另外,捷联陀螺仪除了本身的漂移外,还敏感到地球自转角速度 $\omega_{\mathrm{ie}}^{\mathrm{b}}$(等效于 $\omega_{\mathrm{iE}}^{\mathrm{b}}$)和干扰角速度 ω_{f},而输出的是相对惯性坐标系的角速度信息 $\omega_{\mathrm{ib}}^{\mathrm{b}}$,再经过 $\boldsymbol{C}_{\mathrm{b}}^{\mathrm{E}}$ 的转换,便可得到在导航坐标系内的角速度 $\omega_{\mathrm{ib}}^{\mathrm{b}}$。

在固定基座初始对准阶段,由于载体相对地球静止,所以上面讨论的两个角速度分量,即导航坐标系相对惯性空间的旋转角速度 ω_{iE}^{E} 和机体坐标系相对惯性空间的旋转角速度 ω_{ib}^{E} 在理论上应该相等,如果存在误差角速度

$$\delta\omega_{Eb}^{E} = \omega_{ib}^{E} - \omega_{iE}^{E} \tag{8-4-37}$$

等效于由载体运动引起的导航坐标系相对惯性空间的角速度分量,其是由转换矩阵 $\boldsymbol{C}_{b}^{E}$ 不准确和陀螺输入信号中的随机噪声引起的。用这个误差角速度去修正转换矩阵 $\boldsymbol{C}_{b}^{E}$(估计 γ 角),以使得 ω_{iE}^{E} 与 ω_{ib}^{E} 平衡,直到 $\delta\omega_{Eb}^{E}$ 趋于零,从而确定转换矩阵 $\boldsymbol{C}_{b}^{E}$。并由此计算出稳态姿态误差角,作为导航计算的初始条件。

综合上述,捷联惯导系统的精对准就是在 $\delta\omega_{Eb}^{E}$ 和 f^{E} 的驱动下,通过最优估计的方法使转换矩阵 $\boldsymbol{C}_{b}^{E}$ 不断修正。因此,捷联式惯性导航系统是通过计算姿态转换矩阵的初始值作为初始对准的。尽管在形式上与平台式惯导系统初始对准不同,但是由于捷联惯导系统有和平台式惯导系统相同的误差方程式,因此,从动力学角度来看还是一致的。

8.4.3 卡尔曼滤波在初始对准中的应用

从被噪声污染了的量测值中提出有用信号的方法,称为滤波技术,而根据统计规律进行的滤波称为统计滤波。根据信号和量测值的统计特性从量测值中得出某种统计意义上具有最小误差的信号估计,称为最优滤波或最优估计。最小二乘法、维纳滤波和卡尔曼滤波都是最优滤波方法。其中卡尔曼滤波是现代控制理论的一个重要组成部分,它考虑了信号和量测值的基本统计特性,利用状态方程来描述系统,因此既能估计平稳的标量随机过程,也能估计非平稳矢量随机过程。它采用了递推运算的方法,利用数字计算机,可以实时地计算出所需信号的最优估值。图 8.29 所示为卡尔曼滤波的基本原理。

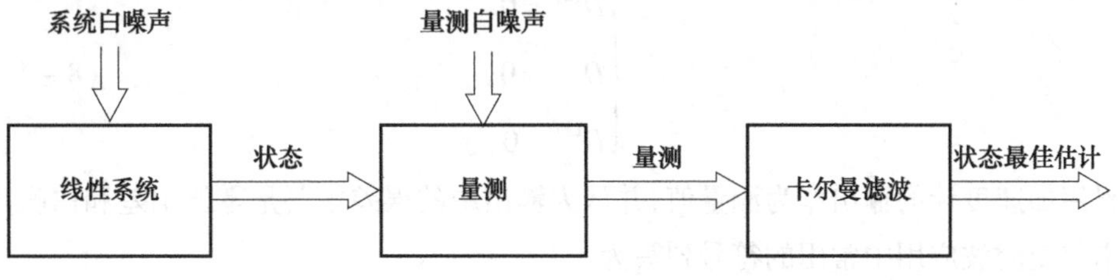

图 8.29　卡尔曼滤波的基本原理

卡尔曼滤波的对象是用状态方程描述的随机线性系统,它按照估计误差的方差最小的准则,从被噪声污染了的量测值中,实时估计出系统的各个状态。

卡尔曼滤波具有广泛的用途,它实质是一种数据处理方法。凡是需要从被噪声污染了的量测值中确定出所需状态或有用信号时,都可用卡尔曼滤波方法。例如航天器轨道的确定,导航系统信号的估算,通信工程中信号的检测,以及大地测量等都有一个状态或参数的估算问题。都可用卡尔曼滤波理论处理。因此,卡尔曼滤波理论自 1960 年提出后,在很短时间内,在各个领域内特别是在惯性导航及控制系统中,得到了推广和应用。

应用卡尔曼滤波的基本条件是:滤波对象能够较准确地用状态方程来描述;系统是完全随机可控和完全随机可观测的;系统噪声和量测噪声统计特性为已知,并且两种噪声都应是白噪声。如果系统噪声为有色噪声,而量测噪声为白噪声,则需扩大状态变量,使系统噪声和量测噪声都成为白噪声。如果量测噪声为有色噪声时,则需引入新变量以获得在有色量测噪声条件下的卡尔曼滤波方程。

下面讨论卡尔曼滤波在初始对准中的应用问题。

1. 卡尔曼滤波在平台式惯导系统自对准中的应用

1)初始对准的状态方程和量测方程

在初始对准中应用卡尔曼滤波时,需要建立滤波系统的状态方程和量测方程。

系统的状态方程可由平台的误差方程得到,仍以指北方位平台惯导系统为例,并设地速已得到补偿。

令

$$\begin{cases}\dot{\phi}_x = \phi_y \Omega_A - \phi_z \Omega_N + D^{(x)} + \mu_x \\ \dot{\phi}_y = -\phi_x \Omega_A + D^{(y)} + \mu_y \\ \dot{\phi}_z = +\phi_x \Omega_N + D^{(z)} + \mu_z\end{cases} \tag{8-4-38}$$

一般说来,陀螺仪漂移是一种随机量,它包括 3 种分量,即一阶马尔可夫过程、白噪声和随机常数。漂移中的一阶马尔可夫过程分量的时间常数常在 2 ~ 4h 之间,相对十几分钟的初始对准时间来说可以认为是常数,而且陀螺仪漂移中的一阶马尔可夫过程和白噪声的数值要比随机常数分量小得多,所以在初始对准中常把陀螺仪漂移的模型简化为常数,这样陀螺仪漂移的微分方程可表示为

$$\begin{cases}\dot{D}^{(x)} = 0 \\ \dot{D}^{(y)} = 0 \\ \dot{D}^{(z)} = 0\end{cases} \tag{8-4-39}$$

设用加速度计的输出作为测量值,并认为输出中的误差主要是零位偏差和白噪声,这里按卡尔曼滤波应用中常用的符号列写为

$$\begin{cases}Z_x = -g\phi_y + \nabla^{(x)} + W_x \\ Z_y = g\phi_x + \nabla^{(y)} + W_y\end{cases} \tag{8-4-40}$$

式中:W_x、W_y 为零均值白噪声;$\nabla^{(x)}$、$\nabla^{(y)}$ 为未知的随机变量,在缓慢的对准过程中,也可看成是常数。因此,需把$\nabla^{(x)}$、$\nabla^{(y)}$ 作为状态变量,为此应扩充状态变量的微分方程,即

$$\begin{cases}\dot{\nabla}^{(x)} = 0 \\ \dot{\nabla}^{(y)} = 0\end{cases} \tag{8-4-41}$$

由式(8-4-38) ~ 式(8-4-41)可组成系统扩大的状态方程和量测方程,即

$$
\begin{bmatrix} \dot{\phi}_x \\ \dot{\phi}_y \\ \dot{\phi}_z \\ \dot{D}^{(x)} \\ \dot{D}^{(y)} \\ \dot{D}^{(z)} \\ \dot{\nabla}^{(x)} \\ \dot{\nabla}^{(y)} \end{bmatrix} = \begin{bmatrix} 0 & \Omega_A & -\Omega_N & 1 & 0 & 0 & 0 & 0 \\ -\Omega_A & 0 & 0 & 0 & 1 & 0 & 0 & 0 \\ \Omega_N & 0 & 0 & 0 & 0 & 1 & 0 & 0 \\ 0 & 0 & 0 & 0 & 0 & 0 & 0 & 0 \\ 0 & 0 & 0 & 0 & 0 & 0 & 0 & 0 \\ 0 & 0 & 0 & 0 & 0 & 0 & 0 & 0 \\ 0 & 0 & 0 & 0 & 0 & 0 & 0 & 0 \\ 0 & 0 & 0 & 0 & 0 & 0 & 0 & 0 \end{bmatrix} \begin{bmatrix} \phi_x \\ \phi_y \\ \phi_z \\ D^{(x)} \\ D^{(y)} \\ D^{(z)} \\ \nabla^{(x)} \\ \nabla^{(y)} \end{bmatrix} + \begin{bmatrix} u_x \\ u_y \\ u_z \\ 0 \\ 0 \\ 0 \\ 0 \\ 0 \end{bmatrix} \tag{8-4-42}
$$

$$
\begin{bmatrix} Z_x \\ Z_y \end{bmatrix} = \begin{bmatrix} 0 & -g & 0 & 0 & 0 & 0 & 1 & 0 \\ g & 0 & 0 & 0 & 0 & 0 & 0 & 1 \end{bmatrix} \begin{bmatrix} \phi_x \\ \phi_y \\ \phi_z \\ D^{(x)} \\ D^{(y)} \\ D^{(z)} \\ \nabla^{(x)} \\ \nabla^{(y)} \end{bmatrix} + \begin{bmatrix} W_x \\ W_y \end{bmatrix} \tag{8-4-43}
$$

2）初始对准系统可观测性的讨论

由式（8－4－11）和式（8－4－19）可知，初始对准最终的调平精度是与加速度计的零位偏差有关，即

$$
\begin{aligned} |\phi_x| &\geqslant |\nabla^{(y)}/g| \\ |\phi_y| &\geqslant |\nabla^{(x)}/g| \end{aligned} \tag{8-4-44}
$$

由于从加速度计的输出中，无法将加速度计的零位偏差与平台失调角所造成的重力分量区分开，所以利用这项输出进行调平时，最终平台总是有一定的失调角，且此失调角与加速度计的零位偏差有关。

同理，平台的方位对准误差与东向陀螺仪 $G^{(x)}$ 的漂移有关，即

$$
|\phi_z| \geqslant \left|\frac{D^{(x)}}{\Omega_N}\right| \tag{8-4-45}
$$

由罗经对准原理可知，方位对准误差信号是取之于平台绕东轴的失调角。即由于方位对准误差，在平台东轴产生旋转分量 $\phi_z\Omega_N$，使平台绕东轴不断倾斜，但使平台绕东轴不断倾斜的原因还有陀螺仪 $G^{(x)}$ 的漂移 $D^{(x)}$，这两种因素在平台的倾角中是分不开的。因此，最终的平台方位对准误差与东向陀螺仪的零偏有关。以上这种对准误差是无法消除的，即使采用卡尔曼滤波方法进行对准也是如此。

以上分析表明，在扩大的系统方程式（8－4－42）、式（8－4－43）中，加速度计零位偏

差$\nabla^{(x)}$,$\nabla^{(y)}$和东向陀螺仪$G^{(x)}$的漂移$D^{(x)}$都是不可观测的状态变量。由于该系统不能满足卡尔曼滤波条件,因此需将上面的假设系统转化为可观测的标准型,把可观测的量和不可观测的量分开。为此按以下顺序列写系统的状态变量:

$$X=\begin{bmatrix}\phi_x\\ \phi_y\\ \phi_z\\ D^{(x)}\\ D^{(y)}\\ D^{(z)}\\ \nabla^{(x)}\\ \nabla^{(y)}\end{bmatrix} \tag{8-4-46}$$

相应的状态方程和量测方程可用矢量-矩阵方程表示为

$$\begin{cases}\dot{\boldsymbol{X}}(t)=\boldsymbol{AX}(t)+\boldsymbol{BU}(t)\\ \boldsymbol{Z}(t)=\boldsymbol{CX}(t)+\boldsymbol{W}(t)\end{cases} \tag{8-4-47}$$

式中:$\boldsymbol{X}(t)$为系统状态矢量;$\boldsymbol{U}(t)$为控制矢量;$\boldsymbol{Z}(t)$为输出矢量或观测矢量;$\boldsymbol{W}(t)$为白噪声矢量;$\boldsymbol{A}$为系统矩阵;$\boldsymbol{B}$为控制矩阵,这里$\boldsymbol{B}$为单位阵;$\boldsymbol{C}$为输出矩阵或量测矩阵。

或写成分块矩阵的形式

$$\begin{bmatrix}\dot{\phi}_x\\ \dot{\phi}_y\\ \dot{\phi}_z\\ \dot{D}^{(x)}\\ \dot{D}^{(y)}\\ \cdots\\ \dot{D}^{(z)}\\ \dot{\nabla}^{(x)}\\ \dot{\nabla}^{(y)}\end{bmatrix}=\begin{bmatrix}0 & \Omega_A & -\Omega_N & 1 & 0 & \vdots & 0 & 0 & 0\\ -\Omega_A & 0 & 0 & 0 & 1 & \vdots & 0 & 0 & 0\\ \Omega_N & 0 & 0 & 0 & 0 & \vdots & 1 & 0 & 0\\ 0 & 0 & 0 & 0 & 0 & \vdots & 0 & 0 & 0\\ 0 & 0 & 0 & 0 & 0 & \vdots & 0 & 0 & 0\\ \cdots & \cdots & \cdots & \cdots & \cdots & \cdots & \cdots & \cdots & \cdots\\ 0 & 0 & 0 & 0 & 0 & \vdots & 0 & 0 & 0\\ 0 & 0 & 0 & 0 & 0 & \vdots & 0 & 0 & 0\\ 0 & 0 & 0 & 0 & 0 & \vdots & 0 & 0 & 0\end{bmatrix}\begin{bmatrix}\phi_x\\ \phi_y\\ \phi_z\\ D^{(x)}\\ D^{(y)}\\ \cdots\\ D^{(z)}\\ \nabla^{(x)}\\ \nabla^{(y)}\end{bmatrix}+\begin{bmatrix}u_x\\ u_y\\ u_z\\ 0\\ 0\\ \cdots\\ 0\\ 0\\ 0\end{bmatrix}$$

$$=\begin{bmatrix} & \vdots & 1 & 0 & 0\\ & \vdots & 0 & 1 & 0\\ A_1 & \vdots & 0 & 0 & 0\\ & \vdots & 0 & 0 & 0\\ & \vdots & 0 & 0 & 0\\ \cdots\ \cdots\ \cdots & \vdots & \cdots & \cdots & \cdots\\ 0 & \vdots & & 0 & \end{bmatrix}X(t)+\begin{bmatrix}\\ \\ U_1\\ \\ \\ \cdots\\ 0\end{bmatrix} \tag{8-4-48}$$

式中

$$A_1=\begin{bmatrix}0 & \Omega_A & -\Omega_N & 0 & 0\\ -\Omega_A & 0 & 0 & 1 & 0\\ \Omega_N & 0 & 0 & 0 & 1\\ 0 & 0 & 0 & 0 & 0\\ 0 & 0 & 0 & 0 & 0\end{bmatrix} \tag{8-4-49}$$

为分块矩阵 $\boldsymbol{A}$ 的方子阵；$\boldsymbol{U}_1$ 为 $\boldsymbol{U}$ 的子阵。

$$\begin{aligned}\begin{bmatrix}Z_x\\ Z_y\end{bmatrix}&=\begin{bmatrix}0 & -g & 0 & 0 & 0 & 0 & 1 & 0\\ g & 0 & 0 & 0 & 0 & 0 & 0 & 1\end{bmatrix}X(t)+\begin{bmatrix}W_x\\ W_y\end{bmatrix}\\ &=[\boldsymbol{C}_1 \;\vdots\; \boldsymbol{C}_2]X(t)+W(t)\end{aligned} \tag{8-4-50}$$

式中

$$\boldsymbol{C}_1=\begin{bmatrix}0 & -g & 0 & 0 & 0\\ g & 0 & 0 & 0 & 0\end{bmatrix},\quad \boldsymbol{C}_2=\begin{bmatrix}0 & 1 & 0\\ 0 & 0 & 1\end{bmatrix} \tag{8-4-51}$$

为输出矩阵 $\boldsymbol{C}$ 的子阵。

对此系统做这样的线性变换，使得变换后的状态 ϕ_x^0 包含$\nabla^{(y)}/g$，状态 ϕ_y^0 包含$\nabla^{(x)}/g$，状态 ϕ_z^0 包含$\nabla^{(x)}/\Omega_N$，为了对式(8-4-47)所描述的系统进行线性变换，总可以找到一个非奇异矩阵 $\boldsymbol{T}$，使得：

$$\begin{cases}\boldsymbol{X}^0=\boldsymbol{T}^{-1}\boldsymbol{X}\\ \dot{\boldsymbol{X}}^0=\boldsymbol{T}^{-1}\boldsymbol{A}\boldsymbol{T}\boldsymbol{X}^0+\boldsymbol{T}^{-1}\boldsymbol{B}\boldsymbol{U}\\ \boldsymbol{Z}^0=\boldsymbol{C}\boldsymbol{T}\boldsymbol{X}^0+\boldsymbol{W}\end{cases} \tag{8-4-52}$$

式中：$\boldsymbol{X}^0$，$\boldsymbol{Z}^0$ 为新的状态矢量和输出矢量，这里选变换矩阵 $\boldsymbol{T}$ 为

$$\boldsymbol{T}=\begin{bmatrix}\boldsymbol{I}_5 & \vdots & \boldsymbol{L}\\ \cdots & \vdots & \cdots\\ 0 & \vdots & \boldsymbol{I}_3\end{bmatrix} \tag{8-4-53}$$

$$\boldsymbol{L}=\begin{bmatrix}0 & 0 & -1/g\\ 0 & +1/g & 0\\ +1/\Omega_N & +\Omega_A/\Omega_N g & 0\\ 0 & 0 & -\Omega_A/g\\ 0 & 0 & +\Omega_N/g\end{bmatrix} \tag{8-4-54}$$

$\boldsymbol{I}_3$、$\boldsymbol{I}_5$分别为 3 维和 5 维单位阵。

由此,

$$T^{-1}=\begin{bmatrix}I_5^{-1} & \vdots & -I_5LI_3^{-1}\\ \cdots & \vdots & \cdots\\ \mathbf{0} & \vdots & I_3^{-1}\end{bmatrix}=\begin{bmatrix}I_5 & \vdots & -L\\ \cdots & \vdots & \cdots\\ \mathbf{0} & \vdots & I_3\end{bmatrix} \tag{8-4-55}$$

则根据相似变换公式,得变换后的状态方程和测量方程为

$$\begin{cases}\dot{X}^0(t)=A^0X^0(t)+U(t)\\ Z^0(t)=C^0X^0(t)+W(t)\end{cases} \tag{8-4-56}$$

式中

$$X^0(t)=\begin{bmatrix}X_1^0\\ \cdots\\ X_2^0\end{bmatrix}=T^{-1}X(t) \tag{8-4-57a}$$

或以状态分量的形式表示为

$$X^0(t)=\begin{bmatrix}1 & 0 & 0 & 0 & 0 & \vdots & 0 & 0 & +1/g\\ 0 & 1 & 0 & 0 & 0 & \vdots & 0 & -1/g & 0\\ 0 & 0 & 1 & 0 & 0 & \vdots & -1/\Omega_N & -\Omega_A/\Omega_N g & 0\\ 0 & 0 & 0 & 1 & 0 & \vdots & 0 & 0 & +\Omega_A/g\\ 0 & 0 & 0 & 0 & 1 & \vdots & 0 & 0 & -\Omega_N/g\\ \cdots & \cdots & \cdots & \cdots & \cdots & \vdots & \cdots & \cdots & \cdots\\ & & & & & \vdots & 1 & 0 & 0\\ & & 0 & & & \vdots & 0 & 1 & 0\\ & & & & & \vdots & 0 & 0 & 1\end{bmatrix}\begin{bmatrix}\phi_x\\ \phi_y\\ \phi_z\\ D^{(y)}\\ D^{(z)}\\ \cdots\\ D^{(x)}\\ \nabla^{(x)}\\ \nabla^{(y)}\end{bmatrix}$$

$$=\begin{bmatrix}\phi_x+\nabla^{(y)}/g\\ \phi_y-\nabla^{(x)}/g\\ \phi_z-\dfrac{D^{(x)}}{\Omega_N}-\dfrac{\Omega_A}{\Omega_N}\dfrac{\nabla^{(x)}}{g}\\ D^{(y)}+\Omega_A\nabla^{(y)}/g\\ D^{(z)}-\Omega_A\nabla^{(y)}/g\\ \cdots\\ D^{(x)}\\ \nabla^{(x)}\\ \nabla^{(y)}\end{bmatrix}=\begin{bmatrix}X_1^0(t)\\ \\ \\ \\ \cdots\\ \\ \\ \\ X_2^0(t)\end{bmatrix} \tag{8-4-57b}$$

由此可得

$$\boldsymbol{X}_1^0(t)=\begin{bmatrix}\phi_x^0\\ \phi_y^0\\ \phi_z^0\\ D^{0(y)}\\ D^{0(z)}\end{bmatrix}=\begin{bmatrix}\phi_x+\nabla^{(y)}/g\\ \phi_y-\nabla^{(x)}/g\\ \phi_z-\dfrac{D^{(x)}}{\Omega_N}-\dfrac{\Omega_A}{\Omega_N}\dfrac{\nabla^{(x)}}{g}\\ D^{(y)}+\Omega_A\nabla^{(y)}/g\\ D^{(z)}-\Omega_A\nabla^{(y)}/g\end{bmatrix}\tag{8-4-58}$$

和

$$\boldsymbol{X}_2^0(t)=\begin{bmatrix}D^{0(x)}\\ \nabla^{0(x)}\\ \nabla^{0(y)}\end{bmatrix}=\begin{bmatrix}D^{(x)}\\ \nabla^{(x)}\\ \nabla^{(y)}\end{bmatrix}\tag{8-4-59}$$

经计算可得

$$\boldsymbol{A}^{(0)}=\boldsymbol{T}^{-1}\boldsymbol{A}\boldsymbol{T}=\begin{bmatrix}\boldsymbol{A}_1 & \vdots & \boldsymbol{0}\\ \cdots & \vdots & \cdots\\ \boldsymbol{0} & \vdots & \boldsymbol{0}\end{bmatrix}\tag{8-4-60}$$

$$\boldsymbol{C}^0=\boldsymbol{C}\boldsymbol{T}=[C_1\quad\vdots\quad 0]\tag{8-4-61}$$

由以上各式可看出，上述变换后的系统（它与原系统式（8-4-47）是等价的）可分解为两个子系统。

子系统 1 的状态为 $\boldsymbol{X}_1^0(t)$，状态方程和测量方程为

$$\begin{cases}\dot{\boldsymbol{X}}_1^0=\boldsymbol{A}_1\boldsymbol{X}_1^0(t)+\boldsymbol{U}_1(t)\\ \boldsymbol{Z}^0(t)=\boldsymbol{C}_1\boldsymbol{X}_1^0(t)+\boldsymbol{W}(t)\end{cases}\tag{8-4-62}$$

子系统 2 的状态为 $\boldsymbol{X}_2(t)$，状态方程为

$$\dot{\boldsymbol{X}}_2=0\tag{8-4-63}$$

由此，式（8-4-56）可写成

$$\begin{cases}\dot{\boldsymbol{X}}^{(0)}=\begin{bmatrix}\boldsymbol{A}_1 & \vdots & \boldsymbol{0}\\ \cdots & \vdots & \cdots\\ \boldsymbol{0} & \vdots & \boldsymbol{0}\end{bmatrix}\begin{bmatrix}\boldsymbol{X}_1^0(t)\\ \cdots\\ \boldsymbol{X}_2^0(t)\end{bmatrix}+\begin{bmatrix}\boldsymbol{U}_1\\ \cdots\\ \boldsymbol{0}\end{bmatrix}\\ \boldsymbol{Z}^0=[\boldsymbol{C}_1\quad\vdots\quad\boldsymbol{0}]\begin{bmatrix}\boldsymbol{X}_1^0(t)\\ \cdots\\ \boldsymbol{X}_2^0(t)\end{bmatrix}+[W]\end{cases}\tag{8-4-64}$$

子系统 2 由 $D^{(x)}$、$\nabla^{(x)}$、$\nabla^{(y)}$ 组成，它们分别代表东向陀螺仪 $G^{(x)}$ 的漂移和两个加速度计的零偏。在整个测量中是常值。因此子系统 2 本身是稳定的，但不是渐进稳定的。系统的测量与 $X_1^0(t)$ 无关，因此 $X_2(t)$ 是不可观测的。

子系统1是可观测的,因为系统完全随机可观测的充分必要条件是能观性矩阵 $\boldsymbol{N}$ 的秩为 n(n 为系统的阶次),即

$$r(\boldsymbol{N}) = r[\boldsymbol{C}_1^{\mathrm{T}} \ \vdots \ \boldsymbol{A}_1^{\mathrm{T}}\boldsymbol{C}_1^{\mathrm{T}} \ \vdots \ (\boldsymbol{A}_1^{\mathrm{T}})^2\boldsymbol{C}_1^{\mathrm{T}} \ \vdots \ \cdots \ ((\boldsymbol{A}_1^{\mathrm{T}})^{n-1}\boldsymbol{C}_1^{\mathrm{T}})] = n \tag{8-4-65}$$

实际上根据式(8-4-62),只要计算出 $[\boldsymbol{C}_1^{\mathrm{T}} \ \vdots \ \boldsymbol{A}_1^{\mathrm{T}}\boldsymbol{C}_1^{\mathrm{T}} \ \vdots \ (\boldsymbol{A}_1^{\mathrm{T}})^2\boldsymbol{C}_1^{\mathrm{T}}]$ 的秩,就可以判别系统是否是可观的。

因为

$$\boldsymbol{C}_1^{\mathrm{T}} = \begin{bmatrix} 0 & g \\ -g & 0 \\ 0 & 0 \\ 0 & 0 \\ 0 & 0 \end{bmatrix} \tag{8-4-66}$$

$$\boldsymbol{A}_1^{\mathrm{T}}\boldsymbol{C}_1^{\mathrm{T}} = \begin{bmatrix} \Omega_A & 0 \\ 0 & \Omega_A g \\ 0 & -\Omega_N g \\ -g & 0 \\ 0 & 0 \end{bmatrix} \tag{8-4-67}$$

$$(\boldsymbol{A}_1^{\mathrm{T}})^2 = \begin{bmatrix} -\Omega_A^2-\Omega_N^2 & 0 & 0 & 0 & 0 \\ 0 & -\Omega_A^2 & \Omega_N\Omega_A & 0 & 0 \\ 0 & \Omega_N\Omega_A & -\Omega_N^2 & 0 & 0 \\ \Omega_A & 0 & 0 & 0 & 0 \\ -\Omega_N & 0 & 0 & 0 & 0 \end{bmatrix} \tag{8-4-68}$$

$$(\boldsymbol{A}_1^{\mathrm{T}})^2\boldsymbol{C}_1^{\mathrm{T}} = \begin{bmatrix} 0 & -(\Omega_A^2+\Omega_N^2) \\ +\Omega_A^2 g & 0 \\ -\Omega_A\Omega_N g & 0 \\ 0 & \Omega_A g \\ 0 & -\Omega_N g \end{bmatrix} \tag{8-4-69}$$

于是

$$[\boldsymbol{C}_1^{\mathrm{T}} \ \vdots \ \boldsymbol{A}_1^{\mathrm{T}}\boldsymbol{C}_1^{\mathrm{T}} \ \vdots \ (\boldsymbol{A}_1^{\mathrm{T}})^2\boldsymbol{C}_1^{\mathrm{T}}]$$

$$= \begin{bmatrix} 0 & g & \vdots & \Omega_A g & 0 & \vdots & 0 & \Omega_A^2 g \\ -g & 0 & \vdots & 0 & \Omega_A g & \vdots & \Omega_A^2 g & 0 \\ 0 & 0 & \vdots & 0 & -\Omega_N g & \vdots & -\Omega_N\Omega_A g & 0 \\ 0 & 0 & \vdots & -g & 0 & \vdots & 0 & \Omega_A g \\ 0 & 0 & \vdots & 0 & 0 & \vdots & 0 & -\Omega_N g \end{bmatrix} \tag{8-4-70}$$

计算由 1,2,3,4,6 列组成 5×5 方阵,得

$$\begin{vmatrix} 0 & 1 & \Omega_A & 0 & -\Omega_A^2 \\ -1 & 0 & 0 & \Omega_A & 0 \\ 0 & 0 & 0 & -\Omega_N & 0 \\ 0 & 0 & -1 & 0 & \Omega_A \\ 0 & 0 & 0 & 0 & -\Omega_N \end{vmatrix} = \Omega_N^2 \tag{8-4-71}$$

即 $\det[\boldsymbol{C}_1^{\mathrm{T}} \quad \vdots \quad \boldsymbol{A}_1^{\mathrm{T}}\boldsymbol{C}_1^{\mathrm{T}} \quad \vdots \quad (\boldsymbol{A}_1^{\mathrm{T}})^2\boldsymbol{C}_1^{\mathrm{T}}] = \Omega_N \neq 0$,这说明可观矩阵 $\boldsymbol{N}$ 的秩等于系统的阶数 $r(\boldsymbol{N}) = n = 5$,只要 $\Omega_N \neq 0$(当纬度 $\varphi \neq \pm 90°$),子系统就是可观测的。如果 $\Omega_N = 0$,罗经效应 $\phi_z\Omega_N$ 亦为零,故无法以罗经法进行方位对准。这时,方位误差与方位陀螺仪的漂移是不可观测的。所以在高纬度地区不能用罗经法进行方位对准。

综上所述,变换后的系统分为可观测的和不可观测的两个子系统,这两个子系统是彼此独立的。$\boldsymbol{X}_2^0(t)$ 不但本身是稳定的(因为 $D^{(x)}$、$\nabla^{(x)}$、$\nabla^{(y)}$ 在整个过程是常值),而且也不受 $\boldsymbol{X}_1^0(t)$ 的影响(见式(8-4-64)),同时 $\boldsymbol{X}_2^0(t)$ 也不影响 $\boldsymbol{X}_1^0(t)$。因此,可以去掉 $\boldsymbol{X}_2^0(t)$,仅用子系统 1 来估计 $\boldsymbol{X}_1^0(t)$ 的各个状态:$\phi_x^0,\phi_y^0,\phi_z^0$ 和 $D^{(y)}$、$D^{(z)}$。以变换后的状态估计作为原系统状态的估计是有误差的。这些误差就是这些不可观测的状态 $D^{(x)}$、$\nabla^{(x)}$、$\nabla^{(y)}$ 引起的。例如由式(8-4-58)可得

$$\begin{cases} \phi_x^0 = \phi_x + \nabla^{(y)}/g \\ \phi_y^0 = \phi_y - \nabla^{(x)}/g \end{cases} \tag{8-4-72}$$

如果 ϕ_x^0 和 ϕ_y^0 的估计 $\hat{\phi}_x^0$ 和 $\hat{\phi}_y^0$ 是正确的,则平台调平后剩下的误差角就是

$$\begin{cases} \phi_x = -\nabla^{(y)}/g \\ \phi_y = \nabla^{(x)}/g \end{cases} \tag{8-4-73}$$

这与古典对准方案的结论是一致的。

因为子系统 1 的系统矩阵 $\boldsymbol{A}_1$ 和量测矩阵 $\boldsymbol{C}_1$ 分别为原系统矩阵 $\boldsymbol{A}$ 和 $\boldsymbol{C}$ 的子阵,所以,为进行卡尔曼滤波,子系统的状态方程和量测方程可直接从原系统方程式(8-4-48)和量测方程式(8-4-50)列写,即

$$\begin{bmatrix} \dot{\phi}_x^0 \\ \dot{\phi}_y^0 \\ \dot{\phi}_z^0 \\ \dot{D}^{0(y)} \\ \dot{D}^{0(x)} \end{bmatrix} = \begin{bmatrix} 0 & \Omega_A & -\Omega_N & 0 & 0 \\ -\Omega_A & 0 & 0 & 1 & 0 \\ \Omega_N & 0 & 0 & 0 & 1 \\ 0 & 0 & 0 & 0 & 0 \\ 0 & 0 & 0 & 0 & 0 \end{bmatrix} \begin{bmatrix} \phi_x^0 \\ \phi_y^0 \\ \phi_z^0 \\ D^{0(y)} \\ D^{0(x)} \end{bmatrix} + \begin{bmatrix} U_x \\ U_y \\ U_z \\ 0 \\ 0 \end{bmatrix} \tag{8-4-74}$$

$$\begin{bmatrix} Z_x \\ Z_y \end{bmatrix} = \begin{bmatrix} 0 & -g & 0 & 0 & 0 \\ +g & 0 & 0 & 0 & 0 \end{bmatrix} \begin{bmatrix} \phi_x^0 \\ \phi_y^0 \\ \phi_z^0 \\ D^{0(y)} \\ D^{0(x)} \end{bmatrix} + \begin{bmatrix} W_x \\ W_y \end{bmatrix} \tag{8-4-75}$$

3)卡尔曼滤波的应用

采用卡尔曼滤波器进行初始对准的实质,就是通过观测向量 $\boldsymbol{Z}$ 的滤波,求出平台误差角的状态向量 $\boldsymbol{X}$ 的最优估计 $\hat{\boldsymbol{X}}$。然后利用这个估计 $\hat{\boldsymbol{X}}$ 给陀螺仪加矩,使平台向相反方向转动 ϕ_x,ϕ_y,ϕ_z 角,从而完成平台自对准任务。平台最优自对准的原理如图8.30所示。

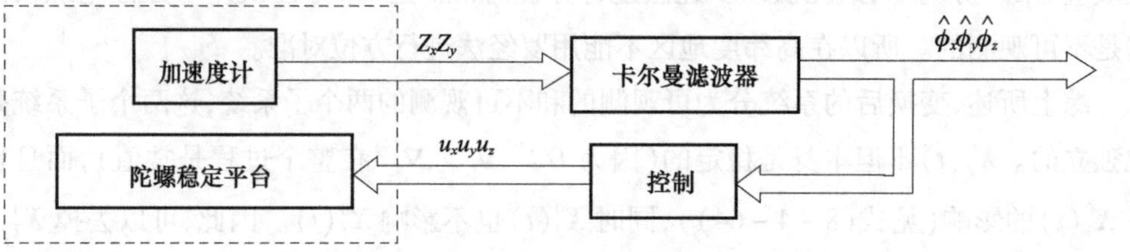

图8.30 最优自对准原理图

图中,Z_x,Z_y 分别为 X、Y 加速度计的输出量;$\hat{\phi}_x,\hat{\phi}_y,\hat{\phi}_z$ 分别为平台绕 X、Y、Z 轴的误差角的最优估计;U_x、U_y、U_z 分别为平台绕3个轴的指令角速度。

由图可知,加速度计的输出 Z_x,Z_y 是系统的观测量,通过卡尔曼滤波器,可精确估计出平台的误差角 $\hat{\phi}_x,\hat{\phi}_y,\hat{\phi}_z$,利用此误差角,根据最优控制规律,形成一定的控制量 U_x,U_y,U_z,使平台转动 ϕ_x,ϕ_y,ϕ_z 角,从而完成最优的对准。

利用卡尔曼滤波器进行最优自对准可以有开环方案和闭环方案两种。

(1)开环卡尔曼自对准方案。

开环卡尔曼自对准方案的实质是:在估算过程中只对状态进行估计,而不对平台进行反馈控制。待估计结束后,得到精确的平台误差角时,最后再给陀螺仪加矩,使平台一次校正完毕。因此在开环对准时,不考虑状态方程中的控制项 $U(t_0)$。在这种情况下,系统的状态方程和量测方程根据式(8-4-62),具有以下形式(略去下标):

$$\begin{cases} \dot{\boldsymbol{X}}(t) = \boldsymbol{A}(t)\boldsymbol{X}(t) \\ \boldsymbol{Z}(t) = \boldsymbol{C}(t)\boldsymbol{X}(t) + \boldsymbol{W}(t) \end{cases} \tag{8-4-76}$$

式(8-4-76)是初始自对准的连续方程,式(8-4-77)~式(8-4-79)为对应的卡尔曼滤波方程组。

滤波计算方程:

$$\dot{\hat{\boldsymbol{X}}}(t) = \boldsymbol{A}(t)\hat{\boldsymbol{X}}(t) + \boldsymbol{K}(t)[\boldsymbol{Z}(t) - \boldsymbol{C}(t)\hat{\boldsymbol{X}}(t)] \tag{8-4-77}$$

增益方程:

$$\boldsymbol{K}(t) = \boldsymbol{P}(t)\boldsymbol{C}^{\mathrm{T}}(t)\boldsymbol{R}^{-1}(t) \tag{8-4-78}$$

估计均方差方程：

$$\dot{\boldsymbol{P}}(t)=\boldsymbol{P}(t)\boldsymbol{A}^{\mathrm{T}}(t)+\boldsymbol{A}(t)\boldsymbol{P}(t)-\boldsymbol{P}(t)\boldsymbol{C}^{\mathrm{T}}(t)\boldsymbol{R}^{-1}(t)\boldsymbol{C}(t)\boldsymbol{P}(t) \quad (8-4-79)$$

在以上各式中，$\boldsymbol{K}(t)$为最优滤波增益。$\boldsymbol{P}(t)=E\{[\boldsymbol{X}(t)-\hat{\boldsymbol{X}}(t)][\boldsymbol{X}(t)-\hat{\boldsymbol{X}}(t)]^{\mathrm{T}}\}$为估计误差的协方差阵。而$\boldsymbol{P}(t)$可通过式(8-4-79)求解。$\boldsymbol{R}(t)$为量测噪声$\boldsymbol{W}(t)$的方差强度阵，要求$\boldsymbol{R}(t)$为正定矩阵。

此外，为求解式(8-4-77)~式(8-4-79)，需给出初始条件：初始估计均方误差$P(0)$和初始状态估计$\hat{X}(0)$。

由上述系统方程和卡尔曼滤波方程可绘出开环初始对准的方块图，如图8.31所示。

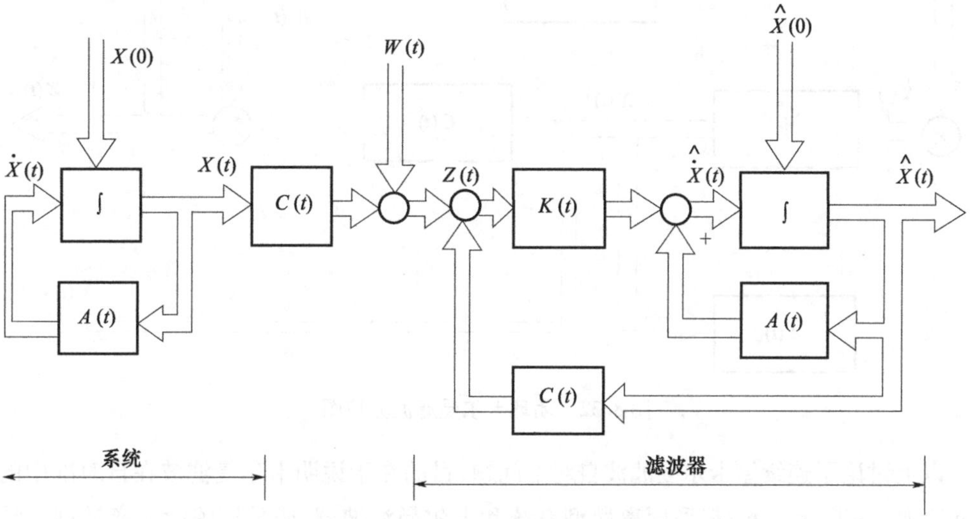

图8.31 开环卡尔曼滤波方块图

(2)闭环卡尔曼自对准方案。

闭环卡尔曼自对准方案的实质是：在获得平台误差角的最优估计$\dot{\boldsymbol{X}}(t)$后，将其作为校正量，反馈到平台系统中，以便将平台的误差角补偿掉，从而实现最优自对准。

在闭环卡尔曼滤波条件下，需把控制量$\boldsymbol{U}(t)$引入到状态方程中，以实现最优控制。这里由于最优估计问题和最优控制问题混在一起，应该按分离定理处理，即当考虑最优控制时，可以认为状态变量是已知的，以此求出最优控制规律。考虑最优估计时，应把控制量$\boldsymbol{U}(t)$看成是已知的，以此求出各时刻的状态估计。采用估计$\dot{\boldsymbol{X}}(t)$直接反馈时，系统的状态方程和量测方程为

$$\begin{aligned}\dot{\boldsymbol{X}}(t)&=\boldsymbol{A}(t)\boldsymbol{X}(t)+\boldsymbol{U}(t)\\ \boldsymbol{Z}(t)&=\boldsymbol{C}(t)\boldsymbol{X}(t)+\boldsymbol{W}(t)\end{aligned} \quad (8-4-80)$$

反馈控制方程为

$$\boldsymbol{U}(t)=-\boldsymbol{K}(t)\boldsymbol{Z}(t) \quad (8-4-81)$$

以此可实现二次指标函数J为最小。

而

$$K(t)=P(t)C^{\mathrm{T}}(t)R^{-1}(t) \tag{8-4-82}$$

$$\dot{P}(t)=P(t)A^{\mathrm{T}}(t)+A(t)P(t)-P(t)C^{\mathrm{T}}(t)R^{-1}(t)C(t)P(t) \tag{8-4-83}$$

则

$$\dot{X}(t)=[A(t)-K(t)C(t)]X(t)-K(t)W(t) \tag{8-4-84}$$

同时应给出初始量 $X(0)$ 和 $P(0)$。

根据以上各式,系统和滤波器的方块图如图8.32所示。

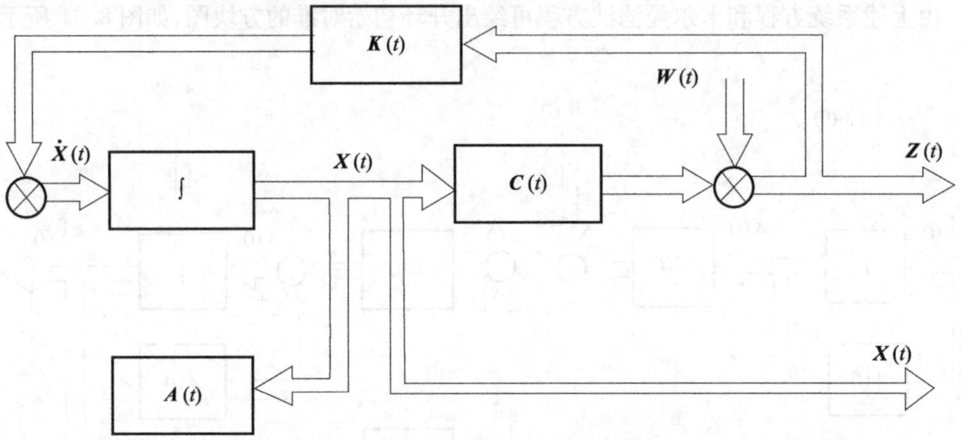

图8.32　闭环卡尔曼滤波方块图

以上讨论了连续型卡尔曼滤波自对准问题,目的在于说明卡尔曼滤波在自对准中的应用和原理。实际上,一般都采用离散型系统和卡尔曼滤波器,或采用连续-离散型滤波方法,即系统为连续型,而量测则是离散型的。有关这方面更深入的内容请参阅有关文献。

2. 卡尔曼滤波在捷联惯导系统自对准中的应用

捷联惯导系统与平台惯导系统主要区别在于对平台的构造方式上,前者采用数学方式,后者采用物理方式,但在本质上两类系统是相同的。由于初始对准一般在地面完成,输入量为地速和当地重力加速度,为简化计算,导航坐标系一般选择地理坐标系,这样,捷联惯导系统可完全等效于指北方位惯导系统。但是由于陀螺仪在平台惯导系统中是稳定回路的敏感元件,而在捷联惯导系统中用于测量运载的姿态运动,所以陀螺漂移及比例系数误差对系统的影响方式是不同的。在平台惯导系统中,陀螺漂移引起的平台漂移与陀螺漂移方向相同,比例系数误差通过对平台的指令角速度引入系统;而在捷联惯导系统中,陀螺漂移引起的数学平台漂移与陀螺漂移的方向相反,比例系数误差引起对运载体角速度的测量误差,经姿态更新计算引入系统。

1)速度误差和位置误差方程

根据比力方程,当不考虑任何误差时,速度的理想值为

$$\dot{V}^{\mathrm{n}}=C_{\mathrm{b}}^{\mathrm{n}}f^{\mathrm{b}}-(2\omega_{\mathrm{ie}}^{\mathrm{n}}+\omega_{\mathrm{en}})\times V^{\mathrm{n}}+g^{\mathrm{n}} \tag{8-4-85}$$

而实际系统中总存在各种误差,所以实际的速度计算值应由下述方程确定:

$$\dot{\boldsymbol{V}}^{c}=\hat{\boldsymbol{C}}_{b}^{n}\tilde{\boldsymbol{f}}^{b}-(2\boldsymbol{\omega}_{ie}^{c}+\boldsymbol{\omega}_{en}^{c})\times\boldsymbol{V}^{c}+\boldsymbol{g}^{c} \tag{8-4-86}$$

式中

$$\begin{cases}\boldsymbol{V}^{c}=\boldsymbol{V}^{n}+\delta\boldsymbol{V}^{n}\\ \boldsymbol{\omega}_{ie}^{c}=\boldsymbol{\omega}_{ie}^{n}+\delta\boldsymbol{\omega}_{ie}^{n}\\ \boldsymbol{\omega}_{en}^{c}=\boldsymbol{\omega}_{en}^{n}+\delta\boldsymbol{\omega}_{en}^{n}\\ \boldsymbol{g}^{c}=\boldsymbol{g}^{n}+\delta\boldsymbol{g}^{n}\\ \hat{\boldsymbol{C}}_{b}^{n}=\boldsymbol{C}_{n}^{n'}\boldsymbol{C}_{b}^{n}=(\boldsymbol{I}-\boldsymbol{\phi}^{n}\times)\boldsymbol{C}_{b}^{n}\\ \tilde{\boldsymbol{f}}^{b}=(\boldsymbol{I}+[\delta K_{A}])(\boldsymbol{I}+\delta[A])\boldsymbol{f}^{b}+\nabla^{b}\\ \boldsymbol{\phi}^{n}\times=\begin{bmatrix}0&-\phi_{U}&\phi_{N}\\ \phi_{U}&0&-\phi_{E}\\ -\phi_{N}&\phi_{E}&0\end{bmatrix}\\ [\delta K_{A}]=\mathrm{diag}[\delta K_{Ax}\quad\delta K_{Ay}\quad\delta K_{Az}]\\ \delta[A]=\begin{bmatrix}0&\delta A_{z}&-\delta A_{y}\\ -\delta A_{z}&0&\delta A_{x}\\ \delta A_{y}&-\delta A_{x}&0\end{bmatrix}\end{cases} \tag{8-4-87}$$

其中：ϕ_E,ϕ_N,ϕ_U 为姿态误差角，$\delta K_{Ai},A_i(i=x,y,z)$ 分别为加速度计的比例系数误差和安装误差。

用式(8-4-86)减去式(8-4-85)，忽略 δg 的影响，并略去二阶小量，得

$$\delta\dot{\boldsymbol{V}}^{n}=-\boldsymbol{\phi}^{n}\times\boldsymbol{f}^{n}+\boldsymbol{C}_{b}^{n}([\delta K_{A}]+[\delta A])\boldsymbol{f}^{b}+\delta\boldsymbol{V}^{n}\times(2\boldsymbol{\omega}_{ie}^{n}+\boldsymbol{\omega}_{en}^{n})+\boldsymbol{V}^{n}\times(2\delta\boldsymbol{\omega}_{ie}^{n}+\delta\boldsymbol{\omega}_{en}^{n})+\nabla^{n} \tag{8-4-88}$$

当取地理坐标系为导航坐标系时，有

$$\boldsymbol{\omega}_{ie}^{n}=\begin{bmatrix}0\\ \omega_{ie}\cos L\\ \omega_{ie}\sin L\end{bmatrix} \tag{8-4-89}$$

$$\delta\boldsymbol{\omega}_{ie}^{n}=\begin{bmatrix}0\\ -\delta L\omega_{ie}\sin L\\ \delta L\omega_{ie}\cos L\end{bmatrix} \tag{8-4-90}$$

$$\boldsymbol{\omega}_{en}^{n}=\begin{bmatrix}-\dfrac{V_N}{R_M+h}\\ \dfrac{V_E}{R_N+h}\\ \dfrac{V_E}{R_N+h}\tan L\end{bmatrix} \tag{8-4-91}$$

$$\delta\boldsymbol{\omega}_{\mathrm{en}}^{\mathrm{n}}=\begin{bmatrix}-\dfrac{\delta V_N}{R_M+h}+\delta h\dfrac{V_N}{(R_M+h)^2}\\ \dfrac{\delta V_E}{R_N+h}-\delta h\dfrac{V_E}{(R_N+h)^2}\\ \dfrac{\delta V_E}{R_N+h}\tan L+\delta L\dfrac{V_E}{R_N+h}\sec^2 L-\delta h\dfrac{V_E\tan L}{(R_N+h)^2}\end{bmatrix}\tag{8-4-92}$$

记

$$\boldsymbol{C}_{\mathrm{b}}^{\mathrm{n}}=\begin{bmatrix}T_{11}&T_{12}&T_{13}\\T_{21}&T_{22}&T_{23}\\T_{31}&T_{32}&T_{33}\end{bmatrix}$$

上述各式代入式(8-4-88),可得以分量形式表示的速度误差方程:

$$\begin{bmatrix}\delta\dot V_E\\ \delta\dot V_N\\ \delta\dot V_U\end{bmatrix}=\begin{bmatrix}0&\phi_U&-\phi_N\\-\phi_U&0&\phi_E\\ \phi_N&-\phi_E&0\end{bmatrix}\begin{bmatrix}f_E\\f_N\\f_U\end{bmatrix}+\begin{bmatrix}T_{11}&T_{12}&T_{13}\\T_{21}&T_{22}&T_{23}\\T_{31}&T_{32}&T_{33}\end{bmatrix}\times$$

$$\begin{bmatrix}\delta K_{Ax}&\delta A_z&-\delta A_y\\-\delta A_z&\delta K_{Ay}&\delta A_x\\ \delta A_y&-\delta A_x&\delta K_{Az}\end{bmatrix}\begin{bmatrix}f_x^{\mathrm{b}}\\f_y^{\mathrm{b}}\\f_z^{\mathrm{b}}\end{bmatrix}+\begin{bmatrix}0&-\delta V_U&\delta V_N\\ \delta V_U&0&-\delta V_E\\-\delta V_N&\delta V_E&0\end{bmatrix}\times$$

$$\begin{bmatrix}-\dfrac{V_N}{R_M+h}\\ 2\omega_{\mathrm{ie}}\cos L+\dfrac{V_E}{R_N+h}\\ 2\omega_{\mathrm{ie}}\sin L+\dfrac{V_E}{R_N+h}\tan L\end{bmatrix}+\begin{bmatrix}0&-V_U&V_N\\V_U&0&-V_E\\-V_N&V_E&0\end{bmatrix}\times$$

$$\begin{bmatrix}-\dfrac{\delta V_N}{R_M+h}+\delta h\dfrac{V_N}{(R_M+h)^2}\\ -2\delta\omega_{\mathrm{ie}}\sin L+\dfrac{\delta V_E}{R_N+h}-\delta h\dfrac{V_E}{(R_N+h)^2}\\ 2\delta\omega_{\mathrm{ie}}\cos L+\dfrac{\delta V_E}{R_N+h}\tan L+\delta L\dfrac{V_E}{R_N+h}\sec^2 L-\delta h\dfrac{V_E\tan L}{(R_N+h)^2}\end{bmatrix}+\begin{bmatrix}\nabla_E\\ \nabla_N\\ \nabla_U\end{bmatrix}\tag{8-4-93}$$

$$
\begin{aligned}
\delta\dot{V}_E = & \phi_U f_N - \phi_N f_U + T_{11}(\delta K_{Ax} f_x^b + \delta A_z f_y^b - \delta A_y f_z^b) \\
& + T_{12}(\delta K_{Ay} f_y^b - \delta A_z f_x^b + \delta A_x f_z^b) + T_{13}(\delta K_{Az} f_z^b + \delta A_y f_x^b - \delta A_x f_y^b) \\
& + \delta V_E \frac{V_N \tan L - V_U}{R_N + h} + \delta V_N \left(2\omega_{ie}\sin L + \frac{V_E}{R_N + h}\tan L\right) \\
& - \delta V_U \left(2\omega_{ie}\cos L + \frac{V_E}{R_N + h}\right) + \delta L\left[2\omega_{ie}(V_U \sin L + V_N \cos L)\right. \\
& \left. + \frac{V_E V_N}{R_N + h}\sec^2 L\right] + \delta h \frac{V_E V_U - V_E V_N}{(R_N + h)^2}\tan L + \nabla_E \\
\delta\dot{V}_N = & -\phi_U f_E + \phi_E f_U + T_{21}(\delta K_{Ax} f_x^b + \delta A_z f_y^b - \delta A_y f_z^b) \\
& + T_{22}(\delta K_{Ay} f_y^b - \delta A_z f_x^b + \delta A_x f_z^b) + T_{23}(\delta K_{Az} f_z^b + \delta A_y f_x^b - \delta A_x f_y^b) \\
& - \delta V_E \cdot 2\left(\omega_{ie}\sin L + \frac{V_E}{R_N + h}\tan L\right) - \delta V_N \frac{V_U}{R_M + h} - \delta V_U \frac{V_N}{R_M + h} \\
& - \delta L \cdot \left(2V_E \omega_{ie}\cos L + \frac{V_E^2}{R_N + h}\sec^2 L\right) + \delta h\left[\frac{V_N V_U}{(R_N + h)^2} + \frac{V_E^2 \tan L}{(R_N + h)^2}\right] + \nabla_N \\
\delta\dot{V}_U = & \phi_N f_E - \phi_E f_N + T_{31}(\delta K_{Ax} f_x^b + \delta A_z f_y^b - \delta A_y f_z^b) \\
& + T_{32}(\delta K_{Ay} f_y^b - \delta A_z f_x^b + \delta A_x f_z^b) + T_{33}(\delta K_{Az} f_z^b + \delta A_y f_x^b - \delta A_x f_y^b) \\
& + \delta V_E \cdot 2\left(\omega_{ie}\cos L + \frac{V_E}{R_N + h}\right) + \delta V_N \frac{2V_N}{R_M + h} \\
& - \delta L \cdot 2V_E \omega_{ie}\sin L - \delta h\left[\frac{V_N^2}{(R_M + h)^2} + \frac{V_E^2}{(R_N + h)^2}\right] + \nabla_U
\end{aligned}
\tag{8-4-94}
$$

其中：

$$
\begin{aligned}
\nabla_E &= T_{11}\nabla_x^b + T_{12}\nabla_y^b + T_{13}\nabla_z^b \\
\nabla_N &= T_{21}\nabla_x^b + T_{22}\nabla_y^b + T_{23}\nabla_z^b \\
\nabla_U &= T_{31}\nabla_x^b + T_{32}\nabla_y^b + T_{33}\nabla_z^b
\end{aligned}
\tag{8-4-95}
$$

定位误差方程为

$$
\begin{aligned}
\delta\dot{L} &= \frac{\delta V_N}{R_M + h} - \delta h \frac{V_N}{(R_M + h)^2} \\
\delta\dot{\lambda} &= \frac{\delta V_E}{R_N + h}\sec L + \delta L \frac{V_E}{R_N + h}\tan L \sec L - \delta h \frac{V_E \sec L}{(R_N + h)^2} \\
\delta\dot{h} &= \delta V_U
\end{aligned}
\tag{8-4-96}
$$

2）姿态误差方程

姿态四元数满足如下微分方程：

$$
\dot{\boldsymbol{Q}} = \frac{1}{2}\boldsymbol{Q} \circ \boldsymbol{\omega}_{nb}^b \tag{8-4-97}
$$

式中:姿态速率 $\boldsymbol{\omega}_{nb}^{b}$ 视为零标量四元数。

如果求取的姿态速率不含任何误差,即

$$\boldsymbol{\omega}_{nb}^{b}=\boldsymbol{\omega}_{ib}^{b}-\boldsymbol{\omega}_{in}^{b} \tag{8-4-98}$$

则无误差的理想姿态四元数由下式确定:

$$\dot{\boldsymbol{Q}}=\frac{1}{2}\boldsymbol{Q}\circ(\boldsymbol{\omega}_{ib}^{b}-\boldsymbol{\omega}_{in}^{b}) \tag{8-4-99}$$

但实际系统中,姿态速率由陀螺仪的输出角速度 $\tilde{\boldsymbol{\omega}}_{ib}^{b}$ 和对数学平台的指令角速度 $\tilde{\boldsymbol{\omega}}_{in}^{b}$ 确定:

$$\hat{\boldsymbol{\omega}}_{nb}^{b}=\tilde{\boldsymbol{\omega}}_{ib}^{b}-\hat{\boldsymbol{\omega}}_{in}^{b} \tag{8-4-100}$$

其中,指令角速度 $\hat{\boldsymbol{\omega}}_{in}^{b}$ 根据系统解算出的导航解确定,带有一定的误差。所以,实际解算的四元数由下式确定:

$$\dot{\hat{\boldsymbol{Q}}}=\frac{1}{2}\hat{\boldsymbol{Q}}\circ(\tilde{\boldsymbol{\omega}}_{ib}^{b}-\hat{\boldsymbol{\omega}}_{in}^{b}) \tag{8-4-101}$$

设与 $\hat{Q}$ 相对应的姿态阵为 $\boldsymbol{C}_{b}^{n'}$,根据姿态阵与姿态四元数之间的等价关系,与 $\boldsymbol{C}_{b}^{n'}=\boldsymbol{C}_{n}^{n'}\boldsymbol{C}_{b}^{n}$ 相对应的四元数为

$$\hat{\boldsymbol{Q}}=\delta\boldsymbol{Q}^{*}\circ\boldsymbol{Q} \tag{8-4-102}$$

$$\delta\boldsymbol{Q}=\boldsymbol{Q}\circ\hat{\boldsymbol{Q}}^{*} \tag{8-4-103}$$

式中:$\delta\boldsymbol{Q}$ 为 $\hat{\boldsymbol{Q}}$ 引起的误差四元数。

对式(8-4-103)两边对时间求导并整理可得

$$\delta\dot{\boldsymbol{Q}}=-\frac{1}{2}\delta\tilde{\boldsymbol{\omega}}_{ib}^{n}\circ\delta\boldsymbol{Q}-\frac{1}{2}\boldsymbol{\omega}_{in}^{n}\circ\delta\boldsymbol{Q}+\frac{1}{2}\delta\boldsymbol{Q}\circ(\boldsymbol{\omega}_{in}^{n}+\delta\boldsymbol{\omega}_{in}^{n}) \tag{8-4-104}$$

将 $\delta\boldsymbol{Q}$ 写成三角形式,有

$$\delta\boldsymbol{Q}=\cos\frac{\phi}{2}+\boldsymbol{u}\sin\frac{\phi}{2} \tag{8-4-105}$$

式中:$\boldsymbol{u}$ 为单位向量,ϕ 为由 $\boldsymbol{Q}$ 确定的导航坐标系 n′相对由 $\boldsymbol{Q}$ 确定的导航坐标系 n 的偏差角矢量,即姿态误差角矢量。由于 ϕ 是小角,所以 $\delta\boldsymbol{Q}$ 可以写为

$$\delta\boldsymbol{Q}=1+\frac{\boldsymbol{\phi}}{2} \tag{8-4-106}$$

上式两边对 t 求导,可得

$$\delta\dot{\boldsymbol{Q}}=\frac{\dot{\boldsymbol{\phi}}}{2} \tag{8-4-107}$$

将式(8-4-106)、式(8-4-107)代入式(8-4-104),略去二阶小量,得

$$\dot{\boldsymbol{\phi}}=-\delta\tilde{\boldsymbol{\omega}}_{ib}^{n}+\delta\boldsymbol{\omega}_{in}^{n}+\boldsymbol{\phi}\times\boldsymbol{\omega}_{in}^{n} \tag{8-4-108}$$

其中

$$\begin{cases}\delta\tilde{\boldsymbol{\omega}}_{\mathrm{ib}}^{\mathrm{n}}=\boldsymbol{C}_{\mathrm{b}}^{\mathrm{n}}([\delta K_G]+[\delta G])\boldsymbol{\omega}_{\mathrm{ib}}^{\mathrm{b}}+\boldsymbol{\varepsilon}^{\mathrm{n}}\\ [\delta K_G]=\mathrm{diag}[\delta K_{Gx}\quad \delta K_{Gy}\quad \delta K_{Gz}]\\ [\delta G]=\begin{bmatrix}0 & \delta G_z & -\delta G_y\\ -\delta G_z & 0 & \delta G_x\\ \delta G_y & -\delta G_x & 0\end{bmatrix}\end{cases} \tag{8-4-109}$$

$\delta K_{Gi}, G_i(i=x,y,z)$分别为陀螺仪的比例系数误差和安装误差。

故上式可写为

$$\dot{\boldsymbol{\phi}}=\boldsymbol{\phi}\times\boldsymbol{\omega}_{\mathrm{in}}^{\mathrm{n}}+\delta\boldsymbol{\omega}_{\mathrm{in}}^{\mathrm{n}}-\boldsymbol{C}_{\mathrm{b}}^{\mathrm{n}}([\delta K_G]+[\delta G])\boldsymbol{\omega}_{\mathrm{ib}}^{\mathrm{b}}-\boldsymbol{\varepsilon}^{\mathrm{n}} \tag{8-4-110}$$

上式即为捷联惯导系统的姿态误差方程的矢量形式。可以看出，捷联惯导系统的姿态误差角受到指令角速度和陀螺漂移的影响。这一点和平台惯导系统类似。除此之外，捷联惯导系统的姿态误差角还受运载体角速度影响，并且陀螺漂移引起姿态误差角向与陀螺漂移相反的方向增长，这一点和平台惯导系统不同。

当取地理坐标系为导航坐标系时，式(8-4-110)可写成

$$\begin{aligned}\begin{bmatrix}\dot{\phi}_E\\ \dot{\phi}_N\\ \dot{\phi}_U\end{bmatrix}=&\begin{bmatrix}0 & -\phi_U & \phi_N\\ \phi_U & 0 & -\phi_E\\ -\phi_N & \phi_E & 0\end{bmatrix}\begin{bmatrix}-\dfrac{V_N}{R_M+h}\\ \omega_{\mathrm{ie}}\cos L+\dfrac{V_E}{R_N+h}\\ \omega_{\mathrm{ie}}\sin L+\dfrac{V_E}{R_N+h}\tan L\end{bmatrix}\\ &+\begin{bmatrix}-\dfrac{\delta V_N}{R_M+h}+\delta h\dfrac{V_N}{(R_M+h)^2}\\ -\delta L\omega_{\mathrm{ie}}\sin L+\dfrac{\delta V_E}{R_N+h}-\delta h\dfrac{V_E}{(R_N+h)^2}\\ \delta L\omega_{\mathrm{ie}}\cos L+\dfrac{\delta V_E}{R_N+h}\tan L+\delta L\dfrac{V_E}{R_N+h}\sec^2 L-\delta h\dfrac{V_E\tan L}{(R_N+h)^2}\end{bmatrix}\\ &-\begin{bmatrix}T_{11} & T_{12} & T_{13}\\ T_{21} & T_{22} & T_{23}\\ T_{31} & T_{32} & T_{33}\end{bmatrix}\begin{bmatrix}\delta K_{Ax} & \delta A_z & -\delta A_y\\ -\delta A_z & \delta K_{Ay} & \delta A_x\\ \delta A_y & -\delta A_x & \delta K_{Az}\end{bmatrix}\begin{bmatrix}\omega_{\mathrm{ibx}}^{\mathrm{b}}\\ \omega_{\mathrm{iby}}^{\mathrm{b}}\\ \omega_{\mathrm{ibz}}^{\mathrm{b}}\end{bmatrix}-\begin{bmatrix}\varepsilon_E\\ \varepsilon_N\\ \varepsilon_U\end{bmatrix}\end{aligned} \tag{8-4-111}$$

3）卡尔曼滤波法精对准

自主式初始对准中，运载体无移动，即有

$$\begin{aligned}&V_E=V_N=V_U=0\\ &f_E=f_N=0, f=-g\end{aligned} \tag{8-4-112}$$

略去惯性器件的比例系数误差和安装误差，则根据式(8-4-94)和式(8-4-111)，

速度误差方程和位置误差方程为

$$\begin{aligned}
\delta\dot{V}_E &= g\phi_N + \delta V_N \cdot 2\omega_{ie}\sin L - \delta V_U \cdot 2\omega_{ie}\cos L + T_{11}\nabla_x^b + T_{12}\nabla_y^b + T_{13}\nabla_z^b \\
\delta\dot{V}_N &= -g\phi_E - \delta V_E \cdot 2\omega_{ie}\sin L + T_{21}\nabla_x^b + T_{22}\nabla_y^b + T_{23}\nabla_z^b \\
\delta\dot{V}_U &= \delta V_E \cdot 2\omega_{ie}\cos L + T_{31}\nabla_x^b + T_{32}\nabla_y^b + T_{33}\nabla_z^b
\end{aligned} \tag{8-4-113}$$

$$\begin{aligned}
\dot{\phi}_E &= -\phi_U\omega_{ie}\cos L + \phi_N\omega_{ie}\sin L - T_{11}\varepsilon_{Bx}^b - T_{12}\varepsilon_{By}^b - T_{13}\varepsilon_{Bz}^b \\
\dot{\phi}_N &= -\phi_E\omega_{ie}\sin L - T_{21}\varepsilon_{Bx}^b - T_{22}\varepsilon_{By}^b - T_{23}\varepsilon_{Bz}^b \\
\dot{\phi}_U &= \phi_E\omega_{ie}\cos L - T_{31}\varepsilon_{Bx}^b - T_{32}\varepsilon_{By}^b - T_{33}\varepsilon_{Bz}^b
\end{aligned} \tag{8-4-114}$$

由于惯性器件偏置量的重复性误差对系统精度影响最大,所以对准中仅将陀螺仪漂移和加速度计零偏的随机常数部分列入状态:

$$\begin{aligned}
\dot{\varepsilon}_{Bi}^b &= 0 \\
\dot{\nabla}_i^b &= 0
\end{aligned},(i=x,y,z) \tag{8-4-115}$$

取状态变量

$$\boldsymbol{X} = [\delta V_E \quad \delta V_N \quad \delta V_U \quad \phi_E \quad \phi_N \quad \phi_U \quad \varepsilon_{Bx}^b \quad \varepsilon_{By}^b \quad \varepsilon_{Bz}^b \quad \nabla_x^b \quad \nabla_y^b \quad \nabla_z^b]^T \tag{8-4-116}$$

则根据上述诸式可列出状态方程:

$$\dot{\boldsymbol{X}}(t) = \boldsymbol{F}\boldsymbol{X}(t) + \boldsymbol{w}(t) \tag{8-4-117}$$

对准过程中以系统的速度输出作为量测量,故量测方程为

$$\begin{aligned}
Z(1) &= \delta V_E + V(1) \\
Z(2) &= \delta V_N + V(2) \\
Z(3) &= \delta V_U + V(3)
\end{aligned} \tag{8-4-118}$$

在卡尔曼滤波的更新时间点 t_k 上,上式可写成

$$\boldsymbol{Z}_k = \boldsymbol{H}\boldsymbol{X}_k + \boldsymbol{V}_k \tag{8-4-119}$$

8.5 惯导系统的标定测试

为了提高惯导系统的使用精度,目前采用导弹发射前对惯导系统静态误差进行标定测试、导弹飞行过程中进行实时补偿的技术措施。标定测试工作主要有以下几个方面。

(1)建立与应用环境相适应的惯导系统误差数学模型。

(2)给惯导系统以精确已知的输入量。

(3)观测并记录惯导系统的输出。

(4)根据输入输出关系和误差模型辨识出惯导系统误差系数。

惯导系统核心器件是陀螺仪和加速度计,因此在第5章的仪表误差模型基础上,结合惯导系统实际应用要求,即可建立相应的惯导系统标定误差模型。

根据误差系数辨识方法不同，惯导系统的标定测试又有分立式标定和系统级标定两种方法。其中分立式标定是利用精密基准设备、测试点地速矢量和重力加速度矢量来辨识参数的过程，一般采用算术解析或最小二乘拟合算法；系统级标定是指惯导系统带误差导航，利用误差方程和误差估计算法进行参数辨识，一般采用最小方差估计理论，如卡尔曼滤波方法。

8.5.1 平台惯导系统的标定技术

1. 平台惯导系统的误差标定模型

从平台惯导系统的工作原理可知，平台的控制系统由 3 条稳定回路构成，而其中陀螺仪作为测量元件。因此，平台惯导系统的漂移误差模型取决于陀螺仪的静态误差模型，其基本形式可按式(5－2－14)定义。

而根据工程实际所选用的陀螺仪类型不同，以及标定测试方法限制，也可对式(5－2－14)进行筛选、简化。以转子式液浮陀螺稳定平台为例，通常忽略二次项以上系数项，则得其标定模型为

$$\omega_{\mathrm{d}} = D_{\mathrm{f}} + D_x f_x + D_y f_y + D_z f_z \tag{8-5-1}$$

各符号定义同式(5－2－14)。

由于平台系统框架结构隔离了弹体角运动对加速度计的影响，加速度计的误差模型可根据式(5－3－9)简化为

$$U = K_{\mathrm{F}} + K_{\mathrm{i}} A_{\mathrm{i}} \tag{8-5-2}$$

各符号定义同式(5－3－9)。

2. 平台惯导系统多位置标定方法

借助高精密转台或平台惯导系统自身框架结构与相应控制系统，可实现平台惯导系统高精度的转位与定位。因此，多采用分立式多位置标定方法，以测试点重力加速度 g 作为激励项，采集平台的漂移输出和加速度计的输出作为标定输出量。其中平台的输出可采用基于力矩反馈法的大回路测试方法，即陀螺输出轴在内部干扰力矩 M_{T} 的作用下，产生转角 β，通过平台惯导系统稳定回路作用，使平台台体绕相应轴发生转动，即产生平台漂移，这时平台相应框架轴姿态角传感器就有输出。通过测量平台轴姿态角传感器的输出，就能计算出平台的漂移角速度。其测试原理如图 8.33 所示。

以式(8－5－1)所建平台惯导系统标定误差模型为例，以当地地理坐标系为基准，利用模型中每一项与惯导系统坐标系上重力加速度分量(分别对应陀螺仪输入、输出和自转轴的分量 g_{I}、g_{O} 和 g_{S})的关系，从而获得所需要的激励，各陀螺在平台台体坐标系 $OX_{\mathrm{p}}Y_{\mathrm{p}}Z_{\mathrm{p}}$上安装位置关系如图 8.34 所示。通常采用九位置方法标定出误差模型中的零次项和一次项，位置设置如表 8.1 所列。

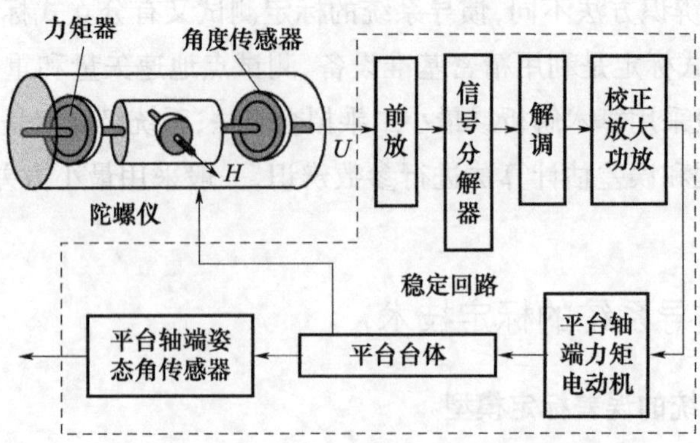

图 8.33　力矩反馈法大回路测漂原理图

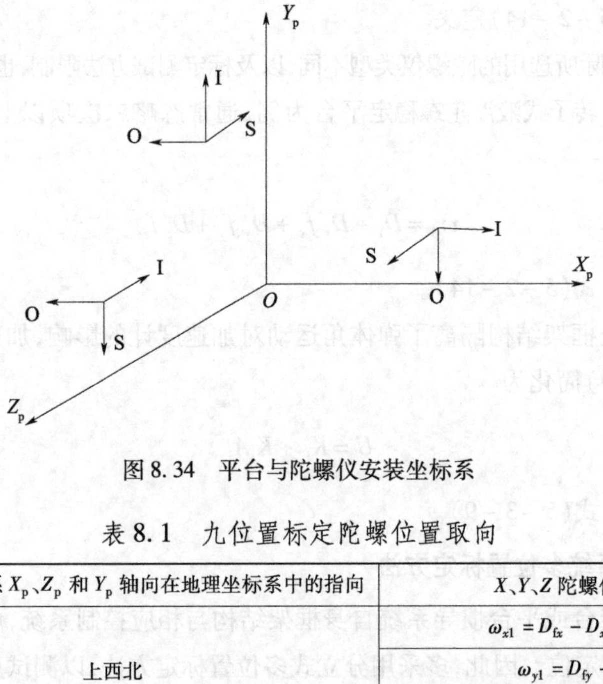

图 8.34　平台与陀螺仪安装坐标系

表 8.1　九位置标定陀螺位置取向

位置	平台台体坐标系 X_p、Z_p 和 Y_p 轴向在地理坐标系中的指向	X、Y、Z 陀螺仪输出方程
1	上西北	$\omega_{x1} = D_{fx} - D_{xx}g - \omega_{ie}\sin\varphi$
		$\omega_{y1} = D_{fy} - \omega_{ie}\cos\varphi$
		$\omega_{z1} = D_{fz}$
2	南西上	$\omega_{x2} = D_{fx} + \omega_{ie}\cos\varphi$
		$\omega_{y2} = D_{fy} - D_{yx}g - \omega_{ie}\sin\varphi$
		$\omega_{z2} = D_{fz} + D_{zy}g$
3	下西南	$\omega_{x3} = D_{fx} + D_{xx}g + \omega_{ie}\sin\varphi$
		$\omega_{y3} = D_{fy} + \omega_{ie}\sin\varphi$
		$\omega_{z3} = D_{fz}$
4	东下南	$\omega_{x4} = D_{fx} + D_{xy}g$
		$\omega_{y4} = D_{fy} - D_{yy}g - \omega_{ie}\cos\varphi$
		$\omega_{z4} = D_{fz} - D_{zx}g - \omega_{ie}\sin\varphi$

续表

位置	平台台体坐标系 X_p、Z_p 和 Y_p 轴向在地理坐标系中的指向	X、Y、Z 陀螺仪输出方程
5	东上北	$\omega_{x5}=D_{fx}-D_{xy}g$
		$\omega_{y5}=D_{fy}+D_{yy}g-\omega_{ie}\cos\varphi$
		$\omega_{z5}=D_{fz}+D_{zx}g-\omega_{ie}\sin\varphi$
6	东北下	$\omega_{x6}=D_{fx}$
		$\omega_{y6}=D_{fy}+D_{yx}g-\omega_{ie}\sin\varphi$
		$\omega_{z6}=D_{fz}-D_{zy}g+\omega_{ie}\cos\varphi$
7	南东下	$\omega_{x7}=D_{fx}+\omega_{ie}\cos\varphi$
		$\omega_{y7}=D_{fy}+D_{yx}g-\omega_{ie}\sin\varphi$
		$\omega_{z7}=D_{fz}-D_{zy}g$
8	西南下	$\omega_{x8}=D_{fx}$
		$\omega_{y8}=D_{fy}+D_{yx}f-\omega_{ie}\sin\varphi$
		$\omega_{z8}=D_{fz}-D_{zy}g-\omega_{ie}\cos\varphi$
9	北东上	$\omega_{x9}=D_{fx}-\omega_{ie}\cos\varphi$
		$\omega_{y9}=D_{fy}-D_{yx}g-\omega_{ie}\sin\varphi$
		$\omega_{z9}=D_{fz}+D_{zy}g$

表中：ω_{ie} 为地球自转角速度；φ 为测试点纬度。

通过上述 9 个方程即可解得陀螺仪的各误差系数。

对于平台惯导系统上的每个加速度计，则可采用 5.4.2 节中介绍的二位置方法进行标定，即采用六位置法将 3 个加速度计的 6 个系数全部标定出来。

8.5.2　捷联惯导系统的标定技术

1. 捷联惯导系统的标定模型

捷联惯导系统的误差源与平台惯导系统基本相似，但是由于具体实现的原理不同，捷联惯导系统的误差也具有其自身的特点。其中最大的差别在于，在捷联惯导系统中惯性仪表直接安装在导弹上，导弹上的动态环境，特别是它的角运动将直接作用在惯性仪表上，因此考虑安装误差的影响。以转子式速率陀螺仪为例，捷联惯导系统陀螺仪的误差模型可根据式（5－2－14）改写为

$$\begin{cases} N_x=E_{1x}(D_{0x}+D_{1x}A_x+D_{2x}A_y+D_{3x}A_z+\omega_x+E_{yx}\omega_y+E_{zx}\omega_z) \\ N_y=E_{1y}(D_{0y}+D_{1y}A_x+D_{2y}A_y+D_{3y}A_z+E_{xy}\omega_x+\omega_y+E_{zy}\omega_z) \\ N_z=E_{1z}(D_{0z}+D_{1z}A_x+D_{2z}A_y+D_{3z}A_z+E_{xz}\omega_x+E_{yz}\omega_y+\omega_z) \end{cases} \quad (8-5-3)$$

式中：N_x、N_y、N_z 为陀螺仪单位时间内输出的脉冲个数；D_{0x}、D_{0y}、D_{0z} 为陀螺仪常值漂移，即零次项误差系数；D_{1x}、D_{1y}、D_{1z} 为陀螺仪受 X 向视加速度影响的一次项误差系数；D_{2x}、D_{2y}、D_{2z} 为陀螺仪受 Y 向视加速度影响的一次项误差系数；D_{3x}、D_{3y}、D_{3z} 为陀螺仪受 Z 向视加速

度影响的一次项误差系数;E_{1x}、E_{1y}、E_{1z}为3个陀螺仪的标度因数;E_{yx}、E_{zx}为X陀螺仪与惯组本体Y、Z轴的安装误差系数;E_{xy}、E_{zy}为Y陀螺仪与惯组本体X、Z轴的安装误差系数;E_{xz}、E_{yz}为Z陀螺仪与惯组本体X、Y轴的安装误差系数;A_x、A_y、A_z为3个方向的输入视加速度g。

以石英挠性加速度计为例,捷联惯导系统加速度计的误差模型可根据式(5-3-9)改写为

$$\begin{cases}N_{ax}=E_{ax}(K_{0x}+A_x+E_{ayx}A_y+E_{azx}A_z)\\N_{ay}=E_{ay}(K_{0y}+E_{axy}A_x+A_y+E_{azy}A_z)\\N_{az}=E_{az}(K_{0z}+E_{axz}A_x+E_{ayz}A_y+A_z)\end{cases}\tag{8-5-4}$$

式中:N_{ax}、N_{ay}、N_{az}为加速度计输出的脉冲数;K_{ax}、K_{ay}、K_{az}为加速度计的标度因数;K_{0x}、K_{0y}、K_{0z}为加速度计的零次项误差;E_{ayx}、E_{azx}分别为X加速度计与惯组本体Y、Z轴的安装误差系数;E_{axy}、E_{azy}为Y加速度计与惯组本体X、Z轴的安装误差系数;E_{axz}、E_{ayz}分别为Z加速度计与惯组本体X、Y轴的安装误差系数。

2. 捷联惯导系统多位置+速率标定方法

在地面状态,捷联惯导系统可借助高精度速率-位置转台,实现分立式标定。标定过程分为位置标定和速率标定。位置标定用来确定捷联惯导系统中加速度计的各项误差系数及陀螺仪的零次项与一次项误差系数,而速率标定是确定陀螺仪的标定因数和安装误差系数。

1)捷联惯导系统的位置标定

捷联惯导系统的位置标定常采用十二位置、二十位置法或二十四位置,以二十位置法为例,其具体位置以及各位置的标定顺序如表8.2所列。

表8.2 捷联惯性系统的二十位置标定方位表

位置序号	惯组本体坐标系 X_b、Y_b 和 Z_b 轴向在地理坐标系中的指向	旋转方向
1	南东上	OX_b 轴指南,绕 OX_b 轴逆时针旋转
2	南上西	
3	南西下	
4	南下东	
5	北上东	OY_b 轴指上,绕 OY_b 轴顺时针旋转
6	东上南	
7	南上西	
8	西上北	
9	西南上	OY_b 轴指南,绕 OY_b 轴顺时针旋转
10	上南东	
11	东南下	
12	下南西	

续表

位置序号	惯组本体坐标系 X_b、Y_b 和 Z_b 轴向在地理坐标系中的指向	旋转方向
13	下西北	OZ_b 轴指北，绕 OZ_b 轴顺时针旋转
14	东下北	
15	上东北	
16	西上北	
17	西北下	OZ_b 轴指下，绕 OZ_b 轴顺时针旋转
18	北东下	
19	东南下	
20	南西下	

下面以 X 陀螺仪为例说明陀螺仪的位置标定。选取20个测试位置中的13~20这8个位置来标定。以式(8-5-3)所建误差模型为例，分别将这8个位置的角速率和视加速度代入模型，得

$$\begin{cases} N_{Gx13}/E_{1x} = -\omega_{ie}\sin\phi + E_{zx}\omega_{ie}\cos\phi + D_{0x} - D_{1x}A_x \\ N_{Gx14}/E_{1x} = -E_{yx}\omega_{ie}\sin\phi + E_{zx}\omega_{ie}\cos\phi + D_{0x} - D_{2x}A_y \\ N_{Gx15}/E_{1x} = \omega_{ie}\sin\phi + E_{zx}\omega_{ie}\cos\phi + D_{0x} + D_{1x}A_x \\ N_{Gx16}/E_{1x} = E_{yx}\omega_{ie}\sin\phi + E_{zx}\omega_{ie}\cos\phi + D_{0x} + D_{2x}A_y \\ N_{Gx17}/E_{1x} = E_{yx}\omega_{ie}\cos\phi - E_{zx}\omega_{ie}\sin\phi + D_{0x} - D_{3x}A_z \\ N_{Gx18}/E_{1x} = \omega_{ie}\cos\phi - E_{zx}\omega_{ie}\sin\phi + D_{0x} - D_{3x}A_z \\ N_{Gx19}/E_{1x} = -E_{yx}\omega_{ie}\cos\phi - E_{zx}\omega_{ie}\sin\phi + D_{0x} - D_{3x}A_z \\ N_{Gx20}/E_{1x} = -\omega_{ie}\cos\phi - E_{zx}\omega_{ie}\sin\phi + D_{0x} - D_{3x}A_z \end{cases} \quad (8-5-5)$$

其中：A 取测试点的重力加速度 g；ω_{ie} 为地球的自转角速度；ϕ 为测试点纬度。

解算上面的方程组，可以得到 X 陀螺仪零次项与一次项漂移系数。

加速度计误差模型的各个系数是通过八位置标定来确定的，即在上述20个测试位置中，取8个位置的测试数据代入加速度计误差模型，经计算后确定出各误差系数。比如对于 A_x 加速度计而言，可取测试位置的9~16共8个位置。

2）捷联惯导系统的速率标定

捷联惯导系统的速率标定主要用于分离陀螺仪的安装误差、标度因数，并计算出非线性误差。速率标定通过速率转台进行。其标定步骤如下。

（1）顺序调整转台3次，每次均使捷联惯组的一个主轴在当地垂线方向上。

（2）通过转台依次输入各档速率：±1(°)/s，±3(°)/s，±5(°)/s，±10(°)/s，±20(°)/s，±30(°)/s，使转台旋转一周，同时采集各通道的输出，然后采用最小二乘法进行系数分离，进而得到安装误差、标度因数以及其非线性误差。

（3）速率标定按照 Z 轴、Y 轴、X 轴依次进行。

速率标定的测试位置如表8.3所列。

表 8.3　速率标定测试位置

位置1	位置2	位置3
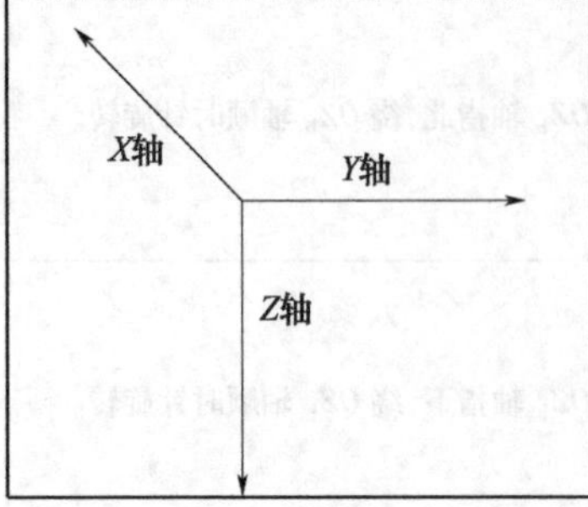	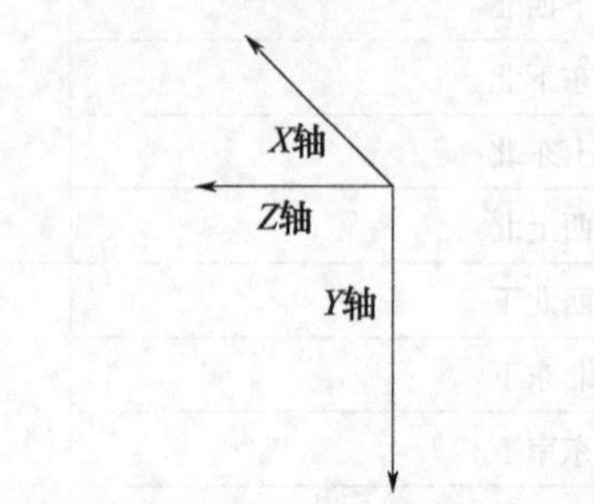	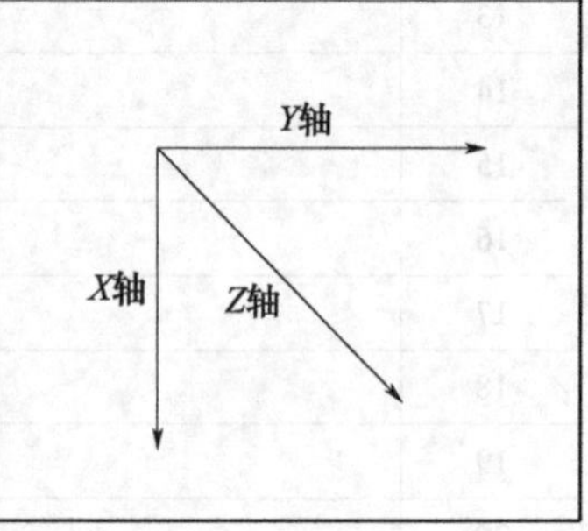

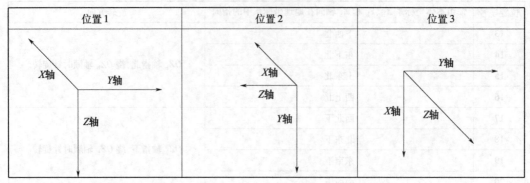

3. 捷联惯导系统系统级标定方法

系统级标定是惯导系统在导航状态下,以系统的输出量(速率、位置、姿态)或其误差量作为观测量,对惯导系统误差系数进行辨识的标定方法,对于噪声的抑制能力更强、实时性更高。因此,系统级标定对转动设备精度要求不同,只要至少保证惯组每个坐标轴能够近似在垂直面内及水平面内作360°转动,即双轴转动,并具备0°、90°、180°、270°角位置的定位能力,角位置误差 <1°,北向定位误差 <3°。

本节讨论基于卡尔曼滤波的系统级标定方法。

1)捷联惯导系统的标定误差模型

以激光陀螺捷联惯导系统为例,选取陀螺仪和加速度计的标度因数、零次项误差、安装误差这24个误差系数进行标定,捷联惯导系统陀螺仪和加速度计的标定模型可根据式(5-2-14)、式(5-3-9)改写为

$$\begin{cases} N_{gx} = D_{0x} + K_{gxx}\omega_x^b + E_{gxy}\omega_y^b + E_{gxz}\omega_z^b \\ N_{gy} = D_{0y} + E_{gyx}\omega_x^b + K_{gyy}\omega_y^b + E_{gyz}\omega_z^b \\ N_{gz} = D_{0z} + E_{gzx}\omega_x^b + E_{gzy}\omega_y^b + K_{gzz}\omega_z^b \end{cases} \tag{8-5-6}$$

$$\begin{cases} N_{ax} = K_{0x} + K_{axx} f_x^b + E_{axy} f_y^b + E_{axz} f_z^b \\ N_{ay} = K_{0y} + E_{ayx} f_x^b + K_{ayy} f_y^b + E_{ayz} f_z^b \\ N_{az} = K_{0z} + E_{azx} f_x^b + E_{azy} f_y^b + K_{azz} f_z^b \end{cases} \tag{8-5-7}$$

式中:$N_{gi}(i=x,y,z)$为陀螺仪通道输出的脉冲数;ω_i^b 为沿载体坐标系3个方向陀螺通道理想输入值;D_{0i}为陀螺仪零偏;K_{gii}为陀螺仪标度因数;$N_{ai}(i=x,y,z)$为加速度计通道输出的脉冲数;f_i^b 为沿载体坐标系3个加速度计通道理想输入值;K_{0i}为加速度计零偏;K_{aii}为加速度计标度因数;其他参数为加速度和陀螺安装误差系数。

为推导标定误差模型,首先给出各标定误差的定义如下。

(1)零偏误差:设标定所得到的陀螺仪和加速度计零偏为 $\widetilde{D}_{0i}$、$\widetilde{K}_{0i}$,记陀螺仪的零偏误差为 $\delta D_{0i} = D_{0i} - \widetilde{D}_{0i}$,加速度计的零偏误差为 $\delta K_{0i} = K_{0i} - \widetilde{K}_{0i}$。

(2)标度因数误差:设标定所得到的陀螺仪和加速度计标度因数为 $\widetilde{K}_{gii}$、$\widetilde{K}_{aii}$,记陀螺仪的标度因数误差为 $\delta K_{gii} = (K_{gii} - \widetilde{K}_{gii})/K_{gii}$,记加速度计的标度因数误差为 $\delta K_{aii} = (K_{aii} - \widetilde{K}_{aii})/K_{aii}$。

(3)安装误差的标定误差:设标定所得到的陀螺仪和加速度计安装误差系数为 $\widetilde{E}_{gij}$、$\widetilde{E}_{aij}$,记陀螺仪的安装误差系数的误差为 $\delta E_{gij} = E_{gij} - \widetilde{E}_{gij}$,记加速度计的安装误差系数的误差为 $\delta E_{aij} = E_{aij} - E_{aij}$。

基于式(8-5-6)、式(8-5-7),可推得陀螺仪和加速度计标定误差的数学模型为

$$\begin{cases} \delta\omega_x^{b} = -K_{gxx}^{-1}\delta D_{0x} - \delta K_{gxx}\omega_x^{b} - \delta E_{gxy}\omega_y^{b} - \delta E_{gxz}\omega_z^{b} \\ \delta\omega_y^{b} = -K_{gyy}^{-1}\delta D_{0y} - \delta K_{gyy}\omega_y^{b} - \delta E_{gyx}\omega_x^{b} - \delta E_{gyz}\omega_z^{b} \\ \delta\omega_z^{b} = -K_{gzz}^{-1}\delta D_{0z} - \delta K_{gzz}\omega_z^{b} - \delta E_{gzx}\omega_x^{b} - \delta E_{gzy}\omega_y^{b} \end{cases} \tag{8-5-8}$$

$$\begin{cases} \delta f_x^{b} = -K_{axx}^{-1}\delta K_{0x} - \delta K_{axx} f_x^{b} - \delta E_{axy} f_y^{b} - \delta E_{axz} f_z^{b} \\ \delta f_y^{b} = -K_{ayy}{}^{-1}\delta K_{0y} - \delta K_{ayy} f_y^{b} - \delta E_{ayx} f_x^{b} - \delta E_{ayz} f_z^{b} \\ \delta f_z^{b} = -K_{azz}{}^{-1}\delta K_{0z} - \delta K_{azz} f_z^{b} - \delta E_{azx} f_x^{b} - \delta E_{azy} f_y^{b} \end{cases} \tag{8-5-9}$$

2)标定原理及位置编排

与 8.4.3 节卡尔曼滤波器的设计思路一致,关键是状态方程与量测方程的建立,然后在标定过程中,利用当地重力及地速信息,结合原点导航及速度误差和姿态误差公式,迭代计算出各误差参数。

这里采用速度误差公式为

$$\delta\boldsymbol{v}^{n} = \boldsymbol{f}^{n} \times \dot{\boldsymbol{\varphi}} + \boldsymbol{C}_{b}^{n}\delta\boldsymbol{f}^{n} - (2\boldsymbol{\omega}_{ie}^{n} + \boldsymbol{\omega}_{en}^{n}) \times \delta\boldsymbol{v}^{n} - (2\delta\boldsymbol{\omega}_{ie}^{n} + \delta\boldsymbol{\omega}_{en}^{n}) \times \boldsymbol{v}^{n} \tag{8-5-10}$$

姿态误差公式为

$$\dot{\boldsymbol{\varphi}}^{n} = -\boldsymbol{\omega}_{in}^{n} \times \boldsymbol{\varphi}^{n} + \delta\boldsymbol{\omega}_{in}^{n} - \boldsymbol{C}_{b}^{n}\delta\boldsymbol{\omega}_{ib}^{b} \tag{8-5-11}$$

式中:i 为惯性坐标系;e 为地球坐标系;n 为导航坐标系;b 为载体坐标系;φ^{n} 是计算坐标系与理想导航坐标系之间的失准角,也就是惯导姿态误差角;ω 和 $\delta\omega$ 分别是角速率和角速率误差;v 和 δv 分别是速度和速度误差;f 和 δf 分别是比力和比力误差;C_{b}^{n} 是载体坐标系到导航坐标系的转换姿态矩阵。

将式(8-5-8)、式(8-5-9)代入式(8-5-10)、(8-5-11),即可得到标定参数误差与导航误差之间的关系(参考式(8-4-88)、式(8-4-110))。

取速度误差、姿态误差、位置误差及陀螺仪、加速度计的标定参数误差(变化量)作为状态量(参考式(8-4-116)),取速度误差与位置误差作为观测量。由于量测的维数远小于状态的维数,因而必须通过改变量测矩阵元素的取值分布和利用多组量测值才能解出 24 个标定参数,即可以通过改变捷联惯组的空间位置,来提高系统的可观性。

转动的位置编排即是卡尔曼滤波器的可观性分析和可观性设计。以当地地理坐标系为导航坐标系,初始转换矩阵 $\boldsymbol{C}_{b}^{n}$ 可通过初始对准获得。理想状态下,有:$v=0$;$f^{n}=g$;ω_{ie}^{n}

为标定当地位置纬度下的地速分量值。设计如表8.4所示19位置的路径编排,可辨识出所需的所有误差参数。

表8.4 系统级标定位置路径编排

位置序号	惯组本体坐标系 X、Y 和 Z 轴向在地理坐标系中的指向	绕相应轴转动90°
1	东北天	初始位置
2	地北东	绕 $+Y$ 轴
3	西北地	绕 $+Y$ 轴
4	天北西	绕 $+Y$ 轴
5	西北地	绕 $-Y$ 轴
6	地北东	绕 $-Y$ 轴
7	东北天	绕 $-Y$ 轴
8	北西天	绕 $+Z$ 轴
9	北天东	绕 $+X$ 轴
10	北东地	绕 $+X$ 轴
11	北地西	绕 $+X$ 轴
12	北东地	绕 $-X$ 轴
13	北天东	绕 $-X$ 轴
14	北西天	绕 $-X$ 轴
15	西南天	绕 $+Z$ 轴
16	南东天	绕 $+Z$ 轴
17	西南天	绕 $-Z$ 轴
18	北西天	绕 $-Z$ 轴
19	东北天	绕 $-Z$ 轴

思考题

1. 如何提高积分陀螺仪的使用性能?
2. 简述速率陀螺仪的工作原理。
3. 简述陀螺罗盘的工作原理。
4. 简述惯导系统初始对准的基本原理。
5. 静基座惯导系统初始对准的误差方程式是什么?
6. 常值陀螺漂移和加速度计误差对对准精度的影响是什么?
7. 什么是陀螺罗经效应?
8. 捷联惯导系统如何实现粗对准?
9. 捷联惯导系统如何实现精对准?
10. 试分析惯导系统分立式标定与系统级标定的基本过程。

附录1　定点转动刚体角位置的表示方法

惯性制导技术中所遇到的诸如陀螺转子、平台台体以及弹体等的运动问题，均可将其视为刚体绕固定点的转动问题来进行研究。而在研究刚体定点转动时，首先是在运动学上要给它以某种描述，这就是要把它在空间的角位置表示出来。在无约束的条件下，一个物体在空间运动共有6个自由度，即3个位移自由度（或线自由度）和3个转动自由度（或角自由度）。

1. 用方向余弦描述定点转动刚体的角位置

确定定点转动刚体在空间的角位置，需要引入两套坐标系。一套坐标系代表所选定的参考空间，如惯性空间、当地水平指北标准、仪器的基座等，这里统称为参考坐标系。另一套坐标系代表被研究的转动刚体，如陀螺转子、框架、平台台体等，这里统称为刚体坐标系。因仅考虑角运动关系，故使这两套坐标系原点重合。

确定刚体坐标系相对参考坐标系之间的角位置关系，通常采用方向余弦法和欧拉角法。现在说明方向余弦法。为了便于理解，先简要介绍方向余弦的概念。

参看附图1.1，设取直角坐标系 $oxyz$，沿各坐标轴的单位矢量分别为 $\boldsymbol{i}$、$\boldsymbol{j}$、$\boldsymbol{k}$；并设过原点有一矢量 $\boldsymbol{R}$，它在各坐标轴上的投影分别为 R_x、R_y、R_z。矢量 $\boldsymbol{R}$，可以用它的投影表示，即

$$\boldsymbol{R}=R_x\boldsymbol{i}+R_y\boldsymbol{j}+R_z\boldsymbol{k}$$

而投影 R_x、R_y 和 R_z 又可以分别表示为

$$R_x=R\cos(\boldsymbol{R}\hat{,}x)\,;R_y=R\cos(\boldsymbol{R}\hat{,}y)\,;R_z=R\cos(\boldsymbol{R}\hat{,}z)$$

式中：$\cos(\boldsymbol{R}\hat{,}x)$、$\cos(\boldsymbol{R}\hat{,}y)$、$\cos(\boldsymbol{R}\hat{,}z)$ 为矢量 $\boldsymbol{R}$ 与坐标轴 x、y、z 正向之间夹角的余弦，称为方向余弦。

方向余弦可以用来描述定点转动刚体的角位置。如附图1.2所示，设刚体绕定点 o 相对参考坐标系做定点转动；取直角坐标系 $ox_ry_rz_r$（简记为 r 系）与刚体固连，沿各坐标轴的单位矢量分别为 $\boldsymbol{i}_r$、$\boldsymbol{j}_r$、$\boldsymbol{k}_r$；又取直角坐标系 $ox_0y_0z_0$（简记为0系）代表参考坐标系，沿各坐标轴的单位矢量分别为 $\boldsymbol{i}_0$、$\boldsymbol{j}_0$、$\boldsymbol{k}_0$。

很显然，如果要确定刚体在空间的角位置，只要确定出刚体坐标系 $ox_ry_rz_r$ 在参考坐标系 $ox_0y_0z_0$ 中的角位置。而要做到这一点，实际上只需知道刚体坐标系 x_r、y_r 和 z_r 这3根轴的9个方向余弦即可。这3根轴的9个方向余弦列在附表1.1中。

对于刚体坐标系的一个角位置,就有唯一的一组方向余弦的数值,反之亦然。所以,这一组方向余弦可以用来确定定点转动刚体在空间的角位置。

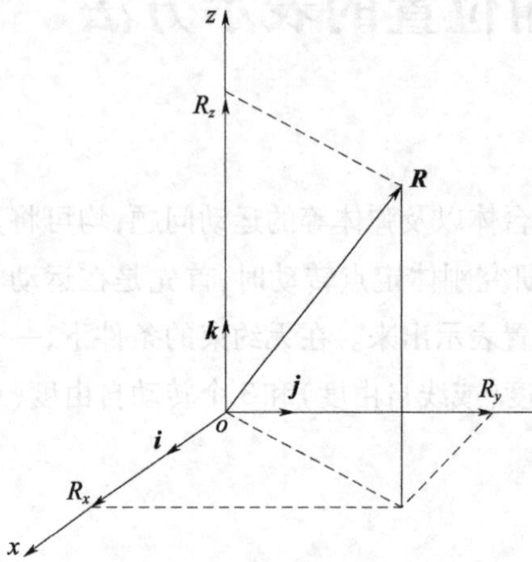

附图 1.1　直角坐标系中的矢量

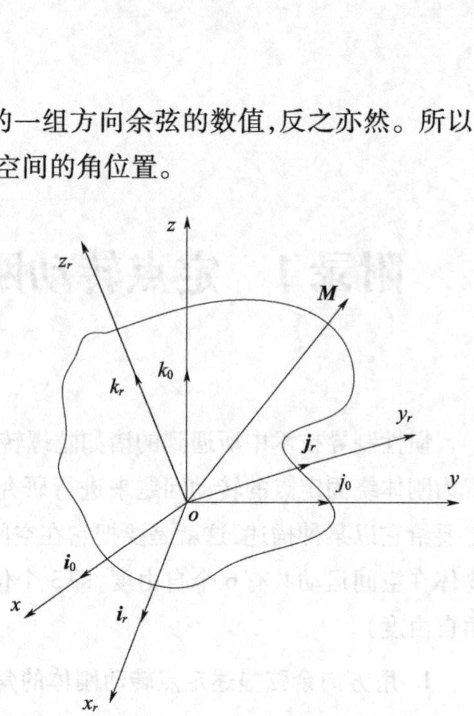

附图 1.2　刚体坐标系与参考坐标系

附表 1.1　两坐标系各轴之间的方向余弦

	x_0	y_0	z_0
x_r	$c_{11}=\cos(\widehat{x_r,x_0})$	$c_{12}=\cos(\widehat{x_r,y_0})$	$c_{13}=\cos(\widehat{x_r,z_0})$
y_r	$c_{21}=\cos(\widehat{y_r,x_0})$	$c_{22}=\cos(\widehat{y_r,y_0})$	$c_{23}=\cos(\widehat{y_r,z_0})$
z_r	$c_{31}=\cos(\widehat{z_r,x_0})$	$c_{32}=\cos(\widehat{z_r,y_0})$	$c_{33}=\cos(\widehat{z_r,z_0})$

如果把上述9个方向余弦组成一个3×3阶矩阵,并且用 C_0^r 或 C_r^0 代表,亦即

$$\boldsymbol{C}_0^r=\begin{bmatrix} c_{11} & c_{12} & c_{13} \\ c_{21} & c_{22} & c_{23} \\ c_{31} & c_{32} & c_{33} \end{bmatrix} \text{或} \boldsymbol{C}_r^0=\begin{bmatrix} c_{11} & c_{21} & c_{31} \\ c_{12} & c_{22} & c_{32} \\ c_{13} & c_{23} & c_{33} \end{bmatrix} \tag{1}$$

则这种矩阵称为方向余弦矩阵。其中 $\boldsymbol{C}_0^r$ 称为0系对 r 系的方向余弦矩阵;$\boldsymbol{C}_r^0$ 称为 r 系对0系方向余弦矩阵。

利用方向余弦矩阵,可以很方便地进行坐标变换,即把某一点或某一矢量在一个坐标系中的坐标,变换成用另一坐标系中的坐标来表示。

设过坐标系原点 o 有一矢量 $\boldsymbol{R}$,矢量端点为 M(见附图1.2)。现直接用 x_r、y_r、z_r 代表 $\boldsymbol{R}$ 在刚体坐标系 $ox_ry_rz_r$ 上的投影,并直接用 x_0、y_0、z_0 代表 $\boldsymbol{R}$ 在参考坐标系 $ox_0y_0z_0$ 上的投影。矢量 $\boldsymbol{R}$ 在刚体坐标系 $ox_ry_rz_r$ 和参考坐标系 $ox_0y_0z_0$ 中分别表示为

$$\begin{aligned} \boldsymbol{R} &= x_r\boldsymbol{i}_r + y_r\boldsymbol{j}_r + z_r\boldsymbol{k}_r \\ \boldsymbol{R} &= x_0\boldsymbol{i}_0 + y_0\boldsymbol{j}_0 + z_0\boldsymbol{k}_0 \end{aligned} \tag{2}$$

如果用方向余弦表示 $\boldsymbol{R}$ 在刚体坐标系 $ox_ry_rz_r$ 上的投影，则有

$$x_r = x_0\cos(x_r,\hat{}x_0) + y_0\cos(x_r,\hat{}y_0) + z_0\cos(x_r,\hat{}z_0)$$

$$y_r = x_0\cos(y_r,\hat{}x_0) + y_0\cos(y_r,\hat{}y_0) + z_0\cos(y_r,\hat{}z_0)$$

$$z_r = x_0\cos(z_r,\hat{}x_0) + y_0\cos(z_r,\hat{}y_0) + z_0\cos(z_r,\hat{}z_0)$$

若上式写成矩阵形式，并采用简记符号，可得

$$\begin{bmatrix} x_r \\ y_r \\ z_r \end{bmatrix} = \begin{bmatrix} c_{11} & c_{12} & c_{13} \\ c_{21} & c_{22} & c_{23} \\ c_{31} & c_{32} & c_{33} \end{bmatrix} \begin{bmatrix} x_0 \\ y_0 \\ z_0 \end{bmatrix} = \boldsymbol{C}_0^r \begin{bmatrix} x_0 \\ y_0 \\ z_0 \end{bmatrix} \tag{3}$$

按照类似的方法，矢量 $\boldsymbol{R}$ 在参考坐标系 $ox_0y_0z_0$ 上的投影可表示为

$$\begin{bmatrix} x_0 \\ y_0 \\ z_0 \end{bmatrix} = \begin{bmatrix} c_{11} & c_{21} & c_{31} \\ c_{12} & c_{22} & c_{32} \\ c_{13} & c_{23} & c_{33} \end{bmatrix} \begin{bmatrix} x_r \\ y_r \\ z_r \end{bmatrix} = \boldsymbol{C}_r^0 \begin{bmatrix} x_r \\ y_r \\ z_r \end{bmatrix} \tag{4}$$

可见，对于任一确定点 M 或确定矢量 $\boldsymbol{R}$，利用方向余弦矩阵，就可以在两个坐标之间进行坐标变换。因此，方向余弦矩阵又称坐标变换矩阵或变换矩阵。实际上，任何两套坐标系之间都存在上述变换关系。

根据方向余弦矩阵的正交性质，方向余弦矩阵之间有下列关系。

$$[\boldsymbol{C}_0^r]^{\mathrm{T}} = \boldsymbol{C}_r^0;[\boldsymbol{C}_r^0]^{\mathrm{T}} = \boldsymbol{C}_0^r \tag{5}$$

（1）两个方向余弦矩阵互为逆矩阵，即

$$[\boldsymbol{C}_0^r]^{-1} = \boldsymbol{C}_r^0;[\boldsymbol{C}_r^0]^{-1} = \boldsymbol{C}_0^r \tag{6}$$

（2）各个方向余弦矩阵的转置矩阵与逆矩阵相等，即

$$[\boldsymbol{C}_0^r]^{\mathrm{T}} = [\boldsymbol{C}_0^r]^{-1};[\boldsymbol{C}_r^0]^{\mathrm{T}} = [\boldsymbol{C}_r^0]^{-1} \tag{7}$$

根据以上关系，可以写出如下矩阵形式：

$$\boldsymbol{C}_0^r\,[\boldsymbol{C}_0^r]^{\mathrm{T}} = \boldsymbol{C}_0^r\,[\boldsymbol{C}_0^r]^{-1} = \boldsymbol{I}$$

这里 $\boldsymbol{I}$ 为单位矩阵。现把上式具体写为

$$\begin{bmatrix} c_{11} & c_{12} & c_{13} \\ c_{21} & c_{22} & c_{23} \\ c_{31} & c_{32} & c_{33} \end{bmatrix} \begin{bmatrix} c_{11} & c_{21} & c_{31} \\ c_{12} & c_{22} & c_{32} \\ c_{13} & c_{23} & c_{33} \end{bmatrix} = \begin{bmatrix} 1 & 0 & 0 \\ 0 & 1 & 0 \\ 0 & 0 & 1 \end{bmatrix}$$

由此得到下列等式。

$$\begin{cases} C_{11}^2 + C_{12}^2 + C_{13}^2 = 1 \\ C_{21}^2 + C_{22}^2 + C_{23}^2 = 1 \\ C_{31}^2 + C_{32}^2 + C_{33}^2 = 1 \\ C_{11}C_{21} + C_{12}C_{22} + C_{13}C_{23} = 0 \\ C_{21}C_{31} + C_{22}C_{32} + C_{23}C_{33} = 0 \\ C_{31}C_{11} + C_{32}C_{12} + C_{33}C_{13} = 0 \end{cases} \tag{8}$$

式(8)中的6个方程是9个方向余弦之间的6个关系式。也就是说,9个方向余弦之间存在6个约束条件,因而实际上只有3个方向余弦是独立的。

但是,由给定的3个方向余弦的数值,通过约束条件来求其余6个方向余弦的数值,实际上很困难,而且它的解往往不是唯一的。所以一般地说,仅仅给定3个独立的方向余弦,并不能唯一地确定两个坐标系之间的相对角位置。为了解决这个问题,通常采用3个独立的转角即欧拉角来求出9个方向余弦的数值,这样便能唯一地确定两个坐标系之间的相对角位置。

2. 用欧拉角描述定点转动刚体的角位置

与刚体固连的一个轴的空间取向,需用二个独立的角度描述,而刚体绕这个轴的转动,还需一个独立的角度描述。故取3个独立的角度作为广义坐标,便可完全确定定点转动刚体在空间的角位置。或换言之,刚体坐标系相对参考坐标系的角位置,可以用3次独立转动的3个转角来确定。这就是欧拉法,这3个独立的角称为欧拉角。

欧拉角的选取不是唯一的,要视具体情况而定。一般而言,第一次转动可以绕刚体坐标系的任意一根轴进行;第二次转动可以绕其余两根轴中的任意一根轴进行;而第三次转动可以绕第二次转动之外的两根轴中的任意一根轴进行。对框架陀螺仪而言,欧拉角即为框架角。

假设在起始时刚体坐标系 $ox_ry_rz_r$ 与参考坐标系 $ox_0y_0z_0$ 重合,通过3次转动后它处于附图1.3所示位置。第一次转动是绕 x_0 轴的正向转过 α 角到达 $ox_ay_az_a$ 位置;第二次转动是绕 y_a 轴的正向(也有定义为负向)转过 β 角到达 $ox_by_bz_b$ 位置;第三次转动是绕 z_b 轴的正向转过 γ 角达到 $ox_ry_rz_r$ 位置。

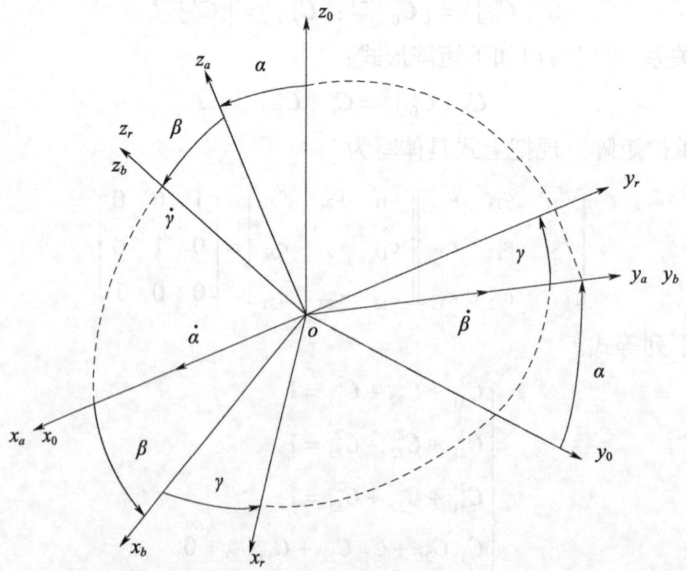

附图1.3 欧拉角

将各坐标系简记为0系、a系、b系和r系。

0系和a系之间的坐标变换关系为

$$\begin{bmatrix} x_a \\ y_a \\ z_a \end{bmatrix} = \boldsymbol{C}_0^a \begin{bmatrix} x_0 \\ y_0 \\ z_0 \end{bmatrix}, \boldsymbol{C}_0^a = \begin{bmatrix} 1 & 0 & 0 \\ 0 & \cos\alpha & \sin\alpha \\ 0 & -\sin\alpha & \cos\alpha \end{bmatrix} \tag{9}$$

a系与b系之间的坐标变换关系为

$$\begin{bmatrix} x_b \\ y_b \\ z_b \end{bmatrix} = \boldsymbol{C}_a^b \begin{bmatrix} x_a \\ y_a \\ z_a \end{bmatrix}, \boldsymbol{C}_a^b = \begin{bmatrix} \cos\beta & 0 & -\sin\beta \\ 0 & 1 & 0 \\ \sin\beta & 0 & \cos\beta \end{bmatrix} \tag{10}$$

b系与r系之间的坐标变换关系为

$$\begin{bmatrix} x_r \\ y_r \\ z_r \end{bmatrix} = \boldsymbol{C}_b^r \begin{bmatrix} x_b \\ y_b \\ z_b \end{bmatrix}, \boldsymbol{C}_b^r = \begin{bmatrix} \cos\gamma & \sin\gamma & 0 \\ -\sin\gamma & \cos\gamma & 0 \\ 0 & 0 & 1 \end{bmatrix} \tag{11}$$

由此得到0系与r系之间的坐标变换关系为

$$\begin{bmatrix} x_r \\ y_r \\ z_r \end{bmatrix} = \boldsymbol{C}_b^r \boldsymbol{C}_a^b \boldsymbol{C}_0^a \begin{bmatrix} x_0 \\ y_0 \\ z_0 \end{bmatrix} = \boldsymbol{C}_0^r \begin{bmatrix} x_0 \\ y_0 \\ z_0 \end{bmatrix} \tag{12}$$

其中方向余弦矩阵$\boldsymbol{C}_0^r$的具体表达式为

$$C_0^r = \begin{bmatrix} \cos\beta\cos\gamma & \sin\alpha\sin\beta\cos\gamma + \cos\alpha\sin\gamma & -\cos\alpha\sin\beta\cos\gamma + \sin\alpha\sin\gamma \\ -\cos\beta\sin\gamma & -\sin\alpha\sin\beta\sin\gamma + \cos\alpha\cos\gamma & \cos\alpha\sin\beta\sin\gamma + \sin\alpha\cos\gamma \\ \sin\beta & -\sin\alpha\cos\beta & \cos\alpha\cos\beta \end{bmatrix} \tag{13}$$

由上可知，对于定点转动的刚体，只要给定一组欧拉角(α,β,γ)，就能唯一地确定刚体坐标系3根轴的9个方向余弦，从而唯一地确定刚体在空间的角位置。因此，通常都是用欧拉角作为描述刚体角位置的广义坐标。

附录 2　动量矩、动量矩定理及欧拉动力学方程

定点转动刚体动力学的基础是动量矩定理以及由它导出的欧拉动力学方程。这些内容是进行惯性敏感器和惯性系统动力学分析的极为重要的工具。

1. 定点转动刚体的动量矩

对于绕固定点 o 转动的刚体(见附图 2.1),刚体内所有质点的动量对 o 点之矩的总和,称为刚体对该点的动量矩。用式子表述就是

$$\boldsymbol{H} = \sum \boldsymbol{r}_i \times m_i \boldsymbol{v}_i \tag{14}$$

式中,$\boldsymbol{H}$ 为刚体对 o 点的动量矩;m_i 为刚体内任意质点的质量;$\boldsymbol{r}_i$ 为 o 点到该点的矢径;$\boldsymbol{v}_i$ 为该点的速度。

设刚体绕 o 点转动的瞬时角速度为 $\boldsymbol{\omega}$,则刚体内任意质点的速度 $\boldsymbol{v}_i$ 可表示成

$$\boldsymbol{v}_i = \boldsymbol{\omega} \times \boldsymbol{r}_i$$

将其代入式(14),得

$$\boldsymbol{H} = \sum \boldsymbol{r}_i \times m_i(\boldsymbol{\omega} \times \boldsymbol{r}_i) \tag{15}$$

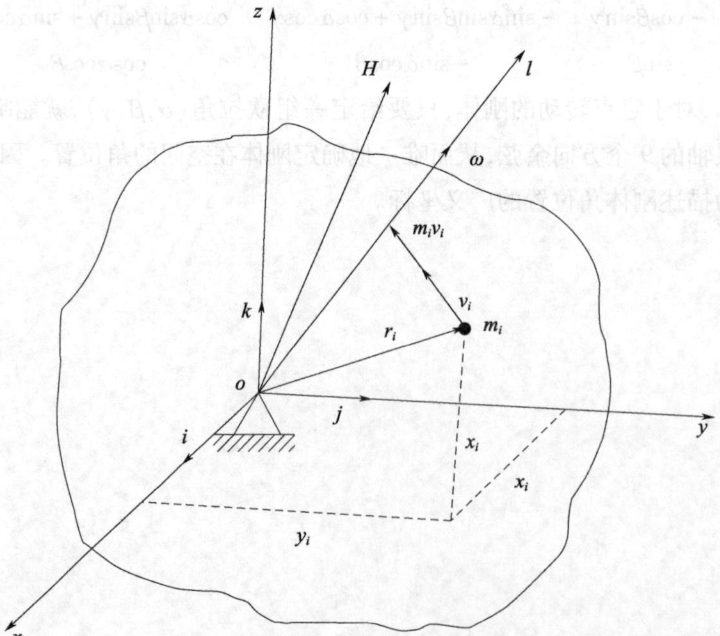

附图 2.1　绕固定点转动的刚体

现在推导刚体对定点 o 的动量在直角坐标系中的表达式。如附图 2.1 所示,以 o 点作为原点,取直角坐标系 $oxyz$ 与刚体固连。当刚体转动时该坐标系也随之转动,故为动坐标系。设 $\boldsymbol{i}$、$\boldsymbol{j}$、$\boldsymbol{k}$ 代表沿动坐标系各轴的单位矢量,ω_x、ω_y、ω_z 代表刚体角速度 $\boldsymbol{\omega}$ 在动坐标系各轴上的投影,x_i、y_i、z_i 代表任意质点 m_i 在动坐标系中的坐标,则 $\boldsymbol{\omega}$ 和 $\boldsymbol{r}_i$ 在动坐标系 $oxyz$ 中可分别表示为

$$\boldsymbol{\omega} = \omega_x \boldsymbol{i} + \omega_y \boldsymbol{j} + \omega_z \boldsymbol{k}$$

$$\boldsymbol{r}_i = x_i \boldsymbol{i} + y_i \boldsymbol{j} + z_i \boldsymbol{k}$$

把上述关系代入式(15)经整理后得

$$\begin{aligned}\boldsymbol{H} = &\left[\sum m_i(y_i^2 + z_i^2)\omega_x - \sum m_i x_i y_i \omega_y - \sum m_i z_i x_i \omega_z\right]\boldsymbol{i} + \\ &\left[\sum m_i(z_i^2 + x_i^2)\omega_y - \sum m_i y_i z_i \omega_z - \sum m_i z_i x_i \omega_x\right]\boldsymbol{j} + \\ &\left[\sum m_i(x_i^2 + y_i^2)\omega_z - \sum m_i z_i x_i \omega_x - \sum m_i y_i z_i \omega_y\right]\boldsymbol{k}\end{aligned}$$

根据刚体对 x、y、z 各轴的转动惯量和惯量积的定义,可将定点转动刚体对 o 点的动量矩写为

$$\begin{aligned}\boldsymbol{H} = &(J_x\omega_x - J_{xy}\omega_y - J_{zx}\omega_z)\boldsymbol{i} + (J_y\omega_y - J_{yz}\omega_z - J_{xy}\omega_x)\boldsymbol{j} + \\ &(J_z\omega_z - J_{zx}\omega_x - J_{yz}\omega_y)\boldsymbol{k}\end{aligned} \tag{16}$$

式中:$J_x = \sum m_i(y_i^2 + z_i^2)$ 为刚体对 x 轴的转动惯量;$J_y = \sum m_i(z_i^2 + x_i^2)$ 为刚体对 y 轴的转动惯量;$J_z = \sum m_i(x_i^2 + y_i^2)$ 为刚体对 z 轴的转动惯量;$J_{xy} = \sum m_i x_i y_i$ 为刚体对 x 轴和 y 轴的惯量积;$J_{yz} = \sum m_i y_i z_i$ 为刚体对 y 轴和 z 轴的惯量积;$J_{zx} = \sum m_i z_i x_i$ 为刚体对 z 轴和 x 轴的惯量积。

式(16)就是定点转动刚体动量矩在动坐标系中的表达式。从该式可得刚体动量矩在动坐标系各轴上的投影为

$$\begin{cases}H_x = J_x\omega_x - J_{xy}\omega_y - J_{zx}\omega_z \\ H_y = J_y\omega_y - J_{yz}\omega_z - J_{xy}\omega_x \\ H_z = J_z\omega_z - J_{zx}\omega_x - J_{yz}\omega_y\end{cases} \tag{17}$$

或者采用矩阵形式表示为

$$\begin{bmatrix}H_x \\ H_y \\ H_z\end{bmatrix} = \begin{bmatrix}J_x & -J_{xy} & -J_{zx} \\ -J_{xy} & J_y & -J_{yz} \\ -J_{zx} & -J_{yz} & J_z\end{bmatrix}\begin{bmatrix}\omega_x \\ \omega_y \\ \omega_z\end{bmatrix} \tag{18}$$

这里的对称矩阵称为刚体对 $oxyz$ 坐标系的惯性张量。

在求解具体问题时,通常把动坐标系各轴取得与刚体动惯性主轴重合,而使刚体对各动坐标轴的惯量积都等于零。这样,定点转动刚体动量矩的表达式可简化为

$$H = \sqrt{H_x^2 + H_y^2 + H_z^2} = \sqrt{J_x^2\omega_x^2 + J_y^2\omega_y^2 + J_z^2\omega_z^2} \tag{19}$$

或

$$H_x = J_x\omega_x;H_y = J_y\omega_y;H_z = J_z\omega_z \tag{20}$$

在此情形,定点转动刚体动量矩 $\boldsymbol{H}$ 的大小为

$$\boldsymbol{H} = J_x\omega_x\boldsymbol{i} + J_y\omega_y\boldsymbol{j} + J_z\omega_z\boldsymbol{k} \tag{21}$$

而动量矩 $\boldsymbol{H}$ 的方向则由 $\cos\alpha = H_x/H$、$\cos\beta = H_y/H$ 和 $\cos\gamma = H_z/H$ 这 3 个方向余弦来确定。在一般情况下,动量矩 $\boldsymbol{H}$ 的方向与角速度 $\boldsymbol{\omega}$ 的方向是不一致的。

上面所取的动坐标系与刚体固连,刚体相对动坐标系的位置不随时间而改变,所以刚体对各动坐标轴的转动惯量和惯量积均保持不变;当动坐标系各轴取得与刚体的惯性主轴重合时,刚体对各动坐标轴的惯量积都等于零。如果所取的动坐标系不与刚体固连,刚体对动坐标系的位置将随时间而改变,这将导致刚体对各动坐标轴的转动惯量和惯量积均随时间而改变;只有在二者相对位置改变,而动坐标系各轴仍始终是刚体惯性主轴的情况下,刚体对各动坐标轴的转动惯量才保持为恒值,惯量积才等于零。

为了便于研究定点转动刚体的动力学问题,动坐标系无论是取得与刚体固连或是不固连,首先应该满足动坐标系各轴与刚体惯性主轴重合,其次还应考虑刚体角速度在动坐标系各轴上的投影较为简单。这样,才能使刚体动量矩具有比较简单的表达形式,从而使动力学方程的求解较为方便。

在陀螺仪中转子是对称的几何体,例如其主体部分一般均做成空心圆柱体形状,如附图 2.2所示。在列写转子动量矩的表达式时,通常选取动坐标系的原点与陀螺仪的支承中心重合,z 轴沿自转轴方向,x 轴和 y 轴在转子赤道平面内但不参与转子的自转运动,即 $oxyz$ 是一个不与转子固连的动坐标系。由于转子的自转轴和任意赤道轴均为转子的惯性主轴,在转子相对该动坐标系自转的过程中,动坐标系各轴始终都是转子的惯性主轴,故可采用式(19)来表达转子的动量矩。而且,由于该动坐标系不参与转子的自转运动,可使转子角速度在动坐标系各轴上的投影较为简单。

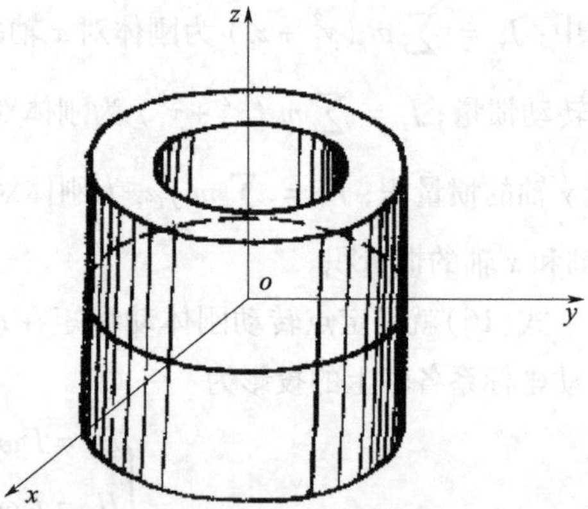

附图 2.2　空心圆柱体转子

在实际的陀螺仪中,转子对赤道轴的转动惯量(简称赤道转动惯量)J_x 或 J_y 与对自转轴的转动惯量(简称极转动惯量)J_z 具有同一个数量级,例如对于常规陀螺仪二者的比值一般为

$$\frac{J_x}{J_z} = \frac{J_y}{J_z} \approx 0.6 \sim 0.63 \tag{22}$$

然而,转子绕自转轴的自转角速度一般达到数万转每分钟,要比转子绕赤道轴的进动角速度大好几个数量级。因此,由转子绕自转轴高速自转所产生的"自转动量矩",要比

转子绕赤道轴进动所产生的“非自转动量矩”大好几个数量级。

正是因为陀螺仪的转子具有一定的自转动量矩，从而表现出陀螺特性，所以转子自转动量矩成为陀螺仪最重要的一个特性参数。不过在实际中往往省略“自转”二字，而将它直接称为转子动量矩。设转子对自转轴的转动惯量为 J_z，自转角速度为 $\boldsymbol{\Omega}$，则转子动量矩可表示为

$$\boldsymbol{H} = J_z\boldsymbol{\Omega} \tag{23}$$

也就是说，转子动量矩的方向与自转角速度的方向一致；而大小等于转子极转动惯量与自转角速度的乘积，即

$$H = J_z\Omega \tag{24}$$

为在限定的仪表体积内尽可能获得较大的转子动量矩，陀螺电机一般都做成“内定子、外转子”结构，以使转子具有较大的极转动惯量；另一方面，陀螺电机一般都采用高的驱动转速，以使转子具有较高的自转角速度。

2. 动量矩定理

动量矩定理是定点转动刚体动力学的一个基本定理，它描述了刚体动量矩的变化率与作用在刚体上的外力矩之间的关系。下面推导这个定理。

对于绕固定点 o 转动的刚体，将它的动量矩表示式即式(14)对时间求一阶导数，得

$$\begin{aligned}\frac{\mathrm{d}\boldsymbol{H}}{\mathrm{d}t} &= \frac{\mathrm{d}}{\mathrm{d}t}\left(\sum \boldsymbol{r}_i \times m_i\boldsymbol{v}_i\right)\\ &= \sum \frac{\mathrm{d}\boldsymbol{r}_i}{\mathrm{d}t} \times m_i\boldsymbol{v}_i + \sum \boldsymbol{r}_i \times m_i\frac{\mathrm{d}\boldsymbol{v}_i}{\mathrm{d}t}\end{aligned} \tag{25}$$

式(25)等号右边的第一项中 $\mathrm{d}\boldsymbol{r}_i/\mathrm{d}t = \boldsymbol{v}_i$，因而有

$$\sum \frac{\mathrm{d}\boldsymbol{r}_i}{\mathrm{d}t} \times m_i\boldsymbol{v}_i = \sum \boldsymbol{v}_i \times m_i\boldsymbol{v}_i = 0$$

式(25)等号右边的第二项中 $\mathrm{d}\boldsymbol{v}_i/\mathrm{d}t = \boldsymbol{a}_i$，在根据牛顿第二定律，有

$$\sum \boldsymbol{r}_i \times m_i\frac{\mathrm{d}\boldsymbol{v}_i}{\mathrm{d}t} = \sum \boldsymbol{r}_i \times m_i\boldsymbol{a}_i = \sum \boldsymbol{r}_i \times [(\boldsymbol{F}_i)_{外} + (\boldsymbol{F}_i)_{内}]$$

式中：$(\boldsymbol{F}_i)_{外}$，$(\boldsymbol{F}_i)_{内}$分别为作用在刚体任意点 m_i 上的外力和内力。

因内力总是成对地存在，且大小相等方向相反，故内力对 o 点之矩的总和 $\sum \boldsymbol{r}_i \times (\boldsymbol{F}_i)_{内}$ 等于零。只有外力才对 o 点形成力矩，用 $\boldsymbol{M}$ 代表外力对 o 点力矩的总和 $\sum \boldsymbol{r}_i \times (\boldsymbol{F}_i)_{外}$，得

$$\sum \boldsymbol{r}_i \times m_i\frac{\mathrm{d}\boldsymbol{v}_i}{\mathrm{d}t} = \boldsymbol{M} \tag{26}$$

式(26)就是以矢量形式表示的动量矩定理。该定理表明：刚体对任一定点的动量矩 $\boldsymbol{H}$ 对时间的导数 $\mathrm{d}\boldsymbol{H}/\mathrm{d}t$（动量矩 $\boldsymbol{H}$ 的变化率），等于绕同一点作用于刚体的外力矩 $\boldsymbol{M}$。

应该注意，定点转动刚体的动量矩 $\boldsymbol{H}$ 是一个矢量，即不但有大小，而且有方向。因此，在外力矩 $\boldsymbol{M}$ 作用下动量矩 $\boldsymbol{H}$ 出现变化率，就意味着动量矩 $\boldsymbol{H}$ 的大小改变，或方向改变，或二者同时都有改变。还应注意，在上面导出动量矩定理的过程中，我们所用的仍然

是牛顿第二定律。因此,这里动量矩 $\boldsymbol{H}$ 的变化率是对惯性参考系(或惯性空间)而言的,亦即应是动量矩 $\boldsymbol{H}$ 的绝对变化率。

动量矩定理还有另一表达形式。从运动学知,一个定点矢径 $\boldsymbol{r}$ 对时间的导数 $\mathrm{d}\boldsymbol{r}/\mathrm{d}t$,表示了该矢径 $\boldsymbol{r}$ 端寻的速度 $\boldsymbol{v}$,即 $\mathrm{d}\boldsymbol{r}/\mathrm{d}t=\boldsymbol{v}$。与此对应,可把动量矩 $\boldsymbol{H}$ 对时间的导数 $\mathrm{d}\boldsymbol{H}/\mathrm{d}t$,看成是动量矩 $\boldsymbol{H}$ 矢量端点的速度 $\boldsymbol{v}_H$,即 $\mathrm{d}\boldsymbol{H}/\mathrm{d}t=\boldsymbol{v}_H$。于是动量矩定理又可写成如下形式:

$$\boldsymbol{v}_H=\boldsymbol{M} \tag{27}$$

式(27)所表达的动量矩定理又称莱查定理。该定理表明:刚体对定点的动量矩 $\boldsymbol{H}$ 的矢端速度 $\boldsymbol{v}_H$,等于绕同一点作用于刚体的外力矩 $\boldsymbol{M}$。

这一关系如附图2.3所示。它可使动量矩定理有一个明晰的图示概念,在研究陀螺仪的进动性时极为有用。

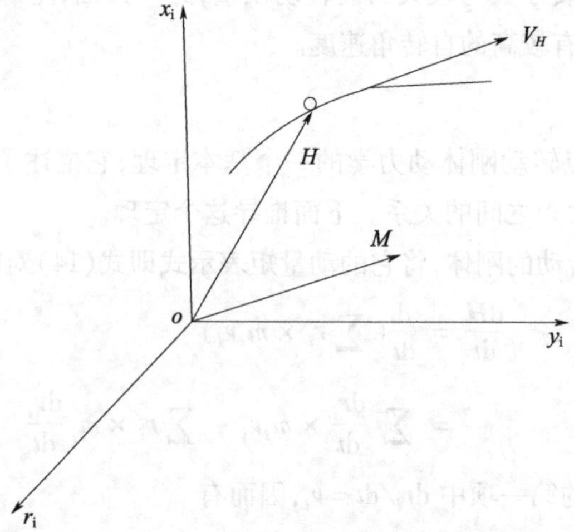

附图2.3 动量矩 $\boldsymbol{H}$ 矢量端点的速度

现在说明动量矩定理在惯性参考系中的投影形式。设沿惯性参考系 $ox_iy_iz_i$ 各轴的单位矢量分别为 $\boldsymbol{i}_0$、$\boldsymbol{j}_0$、$\boldsymbol{k}_0$,并设刚体动量矩 $\boldsymbol{H}$ 在惯性参考系各轴上的投影分别为 H_{x_i}、H_{y_i}、H_{z_i},外力矩 $\boldsymbol{M}$ 在惯性参考系各轴上的投影分别为 M_{x_i}、M_{y_i}、M_{z_i},则刚体动量矩 $\boldsymbol{H}$ 和外力矩 $\boldsymbol{M}$ 在惯性参考系中可分别表示为

$$\boldsymbol{H}=H_{x_i}\boldsymbol{i}_0+H_{y_i}\boldsymbol{j}_0+H_{z_i}\boldsymbol{k}_0$$

$$\boldsymbol{M}=M_{x_i}\boldsymbol{i}_0+M_{y_i}\boldsymbol{j}_0+M_{z_i}\boldsymbol{k}_0$$

可得

$$\frac{\mathrm{d}}{\mathrm{d}t}(H_{x_i}\boldsymbol{i}_0+H_{y_i}\boldsymbol{j}_0+H_{z_i}\boldsymbol{k}_0)=M_{x_i}\boldsymbol{i}_0+M_{y_i}\boldsymbol{j}_0+M_{z_i}\boldsymbol{k}_0$$

因 $\boldsymbol{i}_0$、$\boldsymbol{j}_0$ 和 $\boldsymbol{k}_0$ 是惯性参考系各轴上的单位矢量,它们对于惯性参考系本身是没有变化的,故在惯性参考系中它们对时间的导数均为零。于是得到下列结果:

$$\frac{\mathrm{d}H_{x_i}}{\mathrm{d}t}=M_{x_i};\frac{\mathrm{d}H_{y_i}}{\mathrm{d}t}=M_{y_i};\frac{\mathrm{d}H_{z_i}}{\mathrm{d}t}=M_{z_i} \tag{28}$$

式(28)即为投影形式表示的动量矩定理。该定理表明:刚体对任一定轴的动量矩对时间的导数(动量矩的变化率),等于绕同一轴作用于刚体的外力矩。

3. 刚体定点转动的欧拉动力学方程

动量矩定理虽然反映了定点转动刚体的动力学规律,但在许多场合下直接用它来求解具体问题是十分困难的。这是因为该动量矩定理是在惯性参考系中表述的,刚体定点转动的结果,使得刚体相对惯性参考系的位置随时间而改变,刚体对惯性参考系各轴的转动惯量和惯量积均随时间而改变,以致刚体动量矩的表达式过于复杂。

因此,在研究定点转动刚体的动力学问题时,往往采用动坐标系,而且动坐标系各轴取的与刚体的惯性主轴重合,以使刚体对这些坐标轴的转动惯量为恒值,惯量积等于零,从而刚体动量矩的表达式也就比较简单了。

刚体定点转动的欧拉动力学方程,实际上就是动量矩定理在动坐标系中的表述,但它对于研究定点转动刚体的动力学问题是较为方便的。为了得到欧拉动力学方程,必须求出在惯性参考系(简称惯性系)中动量矩 $\boldsymbol{H}$ 对时间的导数(绝对导数)与在动坐标系(简称动系)中动量矩 $\boldsymbol{H}$ 对时间的导数(相对导数)之间的关系。

如附图 2.4 所示,刚体绕固定点 o 转动,取惯性系 $ox_iy_iz_i$ 和动系 $oxyz$,动系与刚体固连,沿各轴的单位矢量分别为 $\boldsymbol{i}$、$\boldsymbol{j}$、$\boldsymbol{k}$。设刚体以瞬时角速度 $\boldsymbol{\omega}$ 相对惯性系转动,即动系也以 $\boldsymbol{\omega}$ 相对惯性系转动,而且 $\boldsymbol{\omega}$ 在空间的瞬时位置随时间不断改变。动系的转动角速度 $\boldsymbol{\omega}$ 在动系中可表示为

$$\boldsymbol{\omega} = \omega_x \boldsymbol{i} + \omega_y \boldsymbol{j} + \omega_z \boldsymbol{k}$$

式中:$\omega_x, \omega_y, \omega_z$ 分别为 $\boldsymbol{\omega}$ 在动系各轴上的投影。

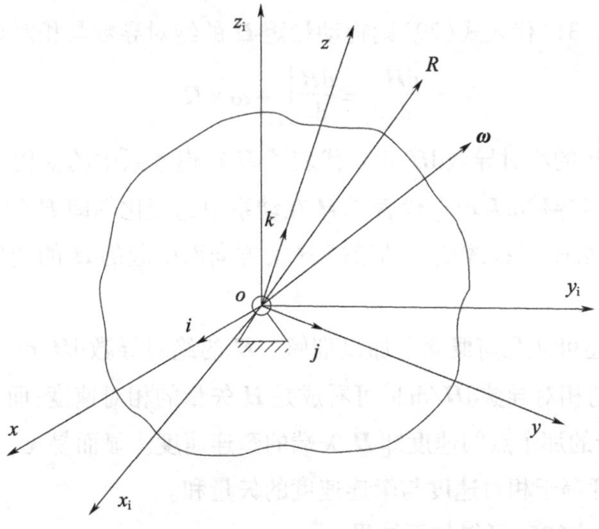

附图 2.4 惯性参考系与动坐标系

设刚体对定点 o 的动量矩为 $\boldsymbol{H}$,就一般情形来说,在外力矩 $\boldsymbol{H}$ 作用下的大小和方向都随时间而改变,亦即 $\boldsymbol{H}$ 在空间的瞬时位置将随时间不断改变。刚体动量矩 $\boldsymbol{H}$ 在动系中可

表示为

$$\boldsymbol{H} = H_x \boldsymbol{i} + H_y \boldsymbol{j} + H_z \boldsymbol{k}$$

式中:H_x, H_y, H_z 分别为 $\boldsymbol{H}$ 在动系各轴上的投影。

对惯性系 $ox_iy_iz_i$ 而言,H_x、H_y、H_z 以及 $\boldsymbol{i}$、$\boldsymbol{j}$、$\boldsymbol{k}$ 都随时间而改变。因此,在惯性系中动量矩 $\boldsymbol{H}$ 对时间的导数即 $\boldsymbol{H}$ 的绝对导数为

$$\begin{aligned} \left.\frac{\mathrm{d}\boldsymbol{H}}{\mathrm{d}t}\right|_{\mathrm{i}} &= \frac{\mathrm{d}}{\mathrm{d}t}(H_x \boldsymbol{i} + H_y \boldsymbol{j} + H_z \boldsymbol{k}) \\ &= \frac{\mathrm{d}H_x}{\mathrm{d}t}\boldsymbol{i} + \frac{\mathrm{d}H_y}{\mathrm{d}t}\boldsymbol{j} + \frac{\mathrm{d}H_z}{\mathrm{d}t}\boldsymbol{k} + H_x \frac{\mathrm{d}\boldsymbol{i}}{\mathrm{d}t} + H_y \frac{\mathrm{d}\boldsymbol{j}}{\mathrm{d}t} + H_z \frac{\mathrm{d}\boldsymbol{k}}{\mathrm{d}t} \end{aligned} \tag{29}$$

对动系 $oxyz$ 而言,H_x、H_y、H_z 仍随时间而改变,但 $\boldsymbol{i}$、$\boldsymbol{j}$、$\boldsymbol{k}$ 是动系各轴上的单位矢量,它们对于动系本身是没有变化的,故在动系中它们对时间的导数均为零。因此,在动系中动量矩 $\boldsymbol{H}$ 对时间的导数即 $\boldsymbol{H}$ 的相对导数为

$$\left.\frac{\mathrm{d}\boldsymbol{H}}{\mathrm{d}t}\right|_{\mathrm{r}} = \frac{\mathrm{d}H_x}{\mathrm{d}t}\boldsymbol{i} + \frac{\mathrm{d}H_y}{\mathrm{d}t}\boldsymbol{j} + \frac{\mathrm{d}H_z}{\mathrm{d}t}\boldsymbol{k} \tag{30}$$

式(29)等号右边的前3项显然就是动量矩 $\boldsymbol{H}$ 的相对导数。由于动系以角速度 $\boldsymbol{\omega}$ 相对惯性系做定点转动,$\boldsymbol{i}$、$\boldsymbol{j}$、$\boldsymbol{k}$ 也以角速 $\boldsymbol{\omega}$ 相对惯性系做定点转动。若把 $\boldsymbol{i}$、$\boldsymbol{j}$、$\boldsymbol{k}$ 看成为定点矢径,那么 $\mathrm{d}\boldsymbol{i}/\mathrm{d}t$、$\mathrm{d}\boldsymbol{j}/\mathrm{d}t$、$\mathrm{d}\boldsymbol{k}/\mathrm{d}t$ 便代表了这些矢径端点的速度。采用矢量积的形式表示这些矢径端点的速度,则有

$$H_x \frac{\mathrm{d}\boldsymbol{i}}{\mathrm{d}t} + H_y \frac{\mathrm{d}\boldsymbol{j}}{\mathrm{d}t} + H_z \frac{\mathrm{d}\boldsymbol{k}}{\mathrm{d}t} = \begin{vmatrix} \boldsymbol{i} & \boldsymbol{j} & \boldsymbol{k} \\ \omega_x & \omega_y & \omega_z \\ H_x & H_y & H_z \end{vmatrix} = \boldsymbol{\omega} \times \boldsymbol{H} \tag{31}$$

将式(30)和式(31)代入式(29)则得动量矩 $\boldsymbol{H}$ 的绝对导数与相对导数的关系为

$$\left.\frac{\mathrm{d}\boldsymbol{H}}{\mathrm{d}t}\right|_{\mathrm{i}} = \left.\frac{\mathrm{d}\boldsymbol{H}}{\mathrm{d}t}\right|_{\mathrm{r}} + \boldsymbol{\omega} \times \boldsymbol{H} \tag{32}$$

这里,动量矩 $\boldsymbol{H}$ 的绝对导数 $\mathrm{d}\boldsymbol{H}/\mathrm{d}t|_{\mathrm{i}}$ 代表了 $\boldsymbol{H}$ 在惯性系中的变化率即 $\boldsymbol{H}$ 的绝对变化率,动量矩 $\boldsymbol{H}$ 的相对导数 $\mathrm{d}\boldsymbol{H}/\mathrm{d}t|_{\mathrm{r}}$ 代表了 $\boldsymbol{H}$ 在动系中的变化率即 $\boldsymbol{H}$ 的相对变化率,$\boldsymbol{\omega} \times \boldsymbol{H}$ 则代表动系的转动角速度 $\boldsymbol{\omega}$ 改变了动量矩 $\boldsymbol{H}$ 的方向而引起的 $\boldsymbol{H}$ 的变化率即 $\boldsymbol{H}$ 的牵连变化率。

对于式(32),还可从几何概念上加以理解。$\boldsymbol{H}$ 的绝对导数 $\mathrm{d}\boldsymbol{H}/\mathrm{d}t|_{\mathrm{i}}$ 可看成是 $\boldsymbol{H}$ 矢量端的绝对速度;$\boldsymbol{H}$ 的相对导数 $\mathrm{d}\boldsymbol{H}/\mathrm{d}t|_{\mathrm{r}}$ 可看成是 $\boldsymbol{H}$ 矢量的相对速度;而 $\boldsymbol{\omega} \times \boldsymbol{H}$ 可看成动系上与 $\boldsymbol{H}$ 矢端相重合的那个点的速度即 $\boldsymbol{H}$ 矢端的牵连速度。显而易见,式(32)符合速度合成定理,即绝对速度等于相对速度与牵连速度的矢量和。

将式(32)代入式(26)可得如下结果。

$$\left.\frac{\mathrm{d}\boldsymbol{H}}{\mathrm{d}t}\right|_{\mathrm{r}} + \boldsymbol{\omega} \times \boldsymbol{H} = \boldsymbol{M} \tag{33}$$

这就是以矢量形式表达的欧拉动力学方程。

但在研究定点转动刚体的动力学问题时，一般采用式（33）在动系中的投影形式。$\mathrm{d}\boldsymbol{H}/\mathrm{d}t|_{\mathrm{r}}$ 在动系中的投影形式已如式（30）所示，$\boldsymbol{\omega}\times\boldsymbol{H}$ 在动系中的投影形式已如式（31）所示。作用于刚体的外力矩 $\boldsymbol{M}$ 在动系中的投影形式可表示为

$$\boldsymbol{M}=M_x\boldsymbol{i}+M_y\boldsymbol{j}+M_z\boldsymbol{k} \tag{34}$$

式中：M_x，M_y，M_z 分别为 $\boldsymbol{M}$ 在动系各轴上的投影。

将式（30）、式（31）和式（34）代入式（33）并写成沿动系各轴的投影形式，得

$$\begin{cases}\dfrac{\mathrm{d}H_x}{\mathrm{d}t}+H_z\omega_y-H_y\omega_z=M_x\\ \dfrac{\mathrm{d}H_y}{\mathrm{d}t}+H_x\omega_z-H_z\omega_x=M_y\\ \dfrac{\mathrm{d}H_z}{\mathrm{d}t}+H_y\omega_x-H_x\omega_y=M_z\end{cases} \tag{35}$$

这就是以投影形式表达的欧拉动力学方程。

当动系各轴取得与刚体的惯性主轴重合时，刚体动量矩 $\boldsymbol{H}$ 在动系各轴上的投影表达式已由式（29）给出。将其代入式（35），则得此情形下的欧拉动力学方程为

$$\begin{cases}J_x\dfrac{\mathrm{d}\omega_x}{\mathrm{d}t}+(J_z-J_y)\omega_y\omega_z=M_x\\ J_y\dfrac{\mathrm{d}\omega_y}{\mathrm{d}t}+(J_x-J_z)\omega_z\omega_x=M_y\\ J_z\dfrac{\mathrm{d}\omega_z}{\mathrm{d}t}+(J_y-J_x)\omega_x\omega_y=M_z\end{cases} \tag{36}$$

以上是动系与刚体固连的情况。如果所取的动系不与刚体固连，那么动系的转动角速度与刚体的转动角速度就不相同了。在这种储况下，式（35）中的 ω_x、ω_y 和 ω_z 对应的是动系转动角速度，而 H_x、H_y 和 H_z 表达式中的角速度应该采用刚体转动角速度。但要强调指出，只有在动系各轴始终是刚体惯性主轴的情形下，刚体动量矩的表达式才具有比较简单的形式，从而便于动力学方程的求解。

附录 3　科里奥利加速度、绝对加速度

要解释陀螺仪的基本特性，有必要说明一下科里奥利（Coriolis）加速度的概念。要说明加速度计所感测的量，有必要推导出绝对加速度的表达式。

1. 科里奥利加速度

从运动学可知，当动点对某一动参考系做相对运动，同时这个动参考系又在做牵连转动时，则该动点将具有科里奥利加速度。

现以附图 3.1 所示的运动情况为例，说明科里奥利加速度的形成原因。设有一直杆绕定轴以角速度 ω 做匀速的转动，直杆上有一小球以速度 $\boldsymbol{v}_r$ 沿直杆做匀速移动。这里的直杆可看成为动参考系，小球可看成动点；小球在直杆上的移动可看成动点对动参考系做相对运动，而直杆绕定轴的转动可看成动参考系在做牵连转动。小球的相对速度就是它在直杆上的移动速度。小球的牵连速度就是直杆上与小球相重合的那个点的速度；在这里直杆绕定轴转动使牵连点具有切向速度，即为小球的牵连速度。

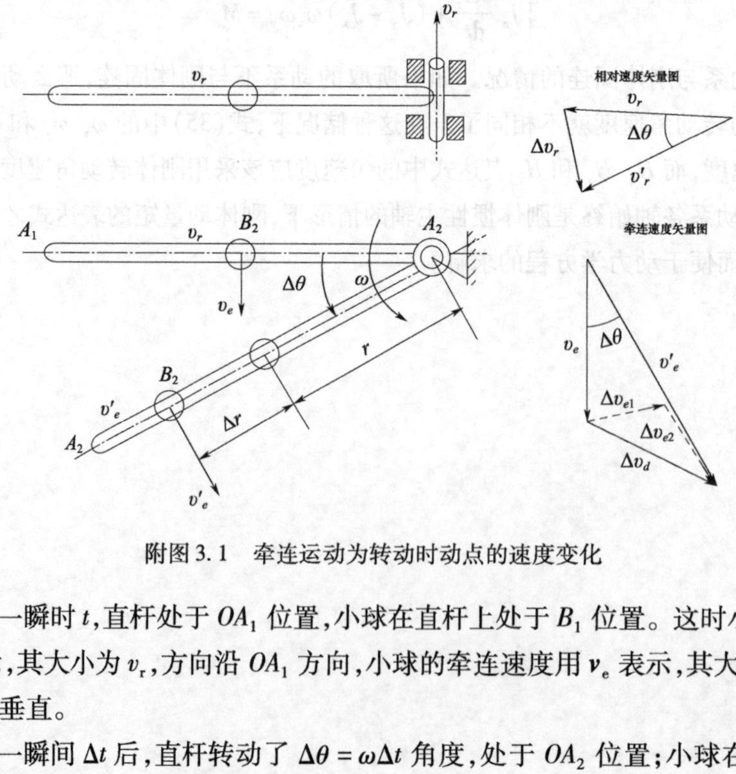

附图 3.1　牵连运动为转动时动点的速度变化

设在某一瞬时 t，直杆处于 OA_1 位置，小球在直杆上处于 B_1 位置。这时小球的相对速度用 $\boldsymbol{v}_{\mathrm{r}}$ 表示，其大小为 v_{r}，方向沿 OA_1 方向，小球的牵连速度用 $\boldsymbol{v}_{\mathrm{e}}$ 表示，其大小为 $v_{\mathrm{e}}=\omega r$，方向与 OA_1 垂直。

经过某一瞬间 Δt 后，直杆转动了 $\Delta\theta=\omega\Delta t$ 角度，处于 OA_2 位置；小球在直杆上移动

了 $\Delta r = v_r \Delta t$ 距离,处于 B_2 位置。这时小球的相对速度用 $\boldsymbol{v}_r'$ 表示,因小球在直杆上做匀速移动,故相对速度的大小仍然不变,即 $v_r' = v_r$;但因直杆的牵连转动带动小球一起转动,故相对速度的方向改变成沿 OA_2 方向。这时小球的牵连速度用 $\boldsymbol{v}_e'$ 表示,因小球的相对运动使得与小球相重合的牵连点改变到 B_2 位置,故牵连速度的大小改变成 $v_e' = \omega(r + \Delta r)$;又因直杆的牵连转动,故牵连速度的方向改变成与 OA_2 垂直了。

可见,经过了 Δt 时间,小球的相对速度和牵连速度都有变化。在速度矢量图中(见附图3.1),相对速度增量 $\Delta \boldsymbol{v}_r$ 表示了相对速度方向的变化,牵连速度增量 $\Delta \boldsymbol{v}_e$ 表示了牵连速度大小和方向的变化。将 $\Delta \boldsymbol{v}_e$ 分解为 Δv_{e1} 和 Δv_{e2},它们分别表示了牵连速度方向和大小的变化。速度的方向或大小发生变化,表明必有加速度存在。

先看使相对速度方向改变的加速度。从相对速度矢量图可得速度增量 Δ 的大小为

$$\Delta v_r = 2v_r \sin\frac{\Delta\theta}{2} = 2v_r \sin\frac{\omega\Delta t}{2}$$

用 Δt 除以等式两边并求极限值,则得加速度为

$$\lim_{\Delta t\to 0}\frac{\Delta v_r}{\Delta t} = \lim_{\Delta t\to 0}\frac{2v_r \sin(\omega\Delta t/2)}{\Delta t} = \omega v_r$$

该加速度的方向可由 $\Delta t \to 0(\Delta\theta \to 0)$ 时 Δv_r 的极限方向看出,它垂直于 ω 和 $\boldsymbol{v}_r$ 所组成的平面。

这就是受直杆牵连转动的影响,使小球相对速度方向改变的加速度。如果直杆没有牵连转动,那么小球相对速度的方向不会发生改变,这项加速度是不存在的。

再看使牵连速度大小改变的加速度。从牵连速度矢量图可得速度增量 Δv_{e2} 的大小为

$$\Delta v_{e2}' = v_e' - v_e = \omega(r + \Delta r) - \omega r = \omega v_r \Delta t$$

用 Δt 除以等式两边并求极限值,则得加速度为

$$\lim_{\Delta t\to 0}\frac{\Delta v_{e2}}{\Delta t} = \lim_{\Delta t\to 0}\frac{\omega v_r \Delta t}{\Delta t} = \omega v_r$$

该加速度的方向可由 $\Delta t \to 0(\Delta\theta \to 0)$ 时 $\Delta \boldsymbol{v}_{e2}$ 的极限方向看出,它垂直于 $\boldsymbol{\omega}$ 和 $\boldsymbol{v}_r$ 所组成的平面。

这就是由小球相对运动的影响,使小球牵连速度大小改变的加速度。如果小球没有相对运动,那么小球牵连速度的大小不会发生改变,这项加速度是不存在的。

至于使小球牵连速度方向改变的加速度(与牵连速度增量 $\Delta \boldsymbol{v}_{e1}$ 对应的加速度),不难看出,它是由直杆的牵连转动而引起的,并且它是向心加速度,所以此项加速度实为小球的牵连加速度。

在上述例子中,小球在直杆上做匀速移动,故小球的相对加速度为零:直杆绕固定轴做匀速转动,故小球的牵连加速度中不存在切向加速度,只存在向心加速度,这就表明,上述导出的两项加速度既不是相对加速度,也不是牵连加速度,而是一种附加加速度,它就称为科里奥利加速度。

由此看出,科里奥利加速度的形成原因:当动点的牵连运动为转动时,牵连转动会使

相对速度的方向不断发生改变,而相对运动又使牵连速度的大小不断发生改变;这两种原因都造成了同一方向上附加的速度变化率,该附加速度变化率即为科里奥利加速度。或简言之,科里奥利加速度是由于相对运动与牵连转动的相互影响而形成的。

上面是以牵连角速度 $\boldsymbol{\omega}$ 与相对速度 $\boldsymbol{v}_r$ 相垂直的情况进行分析。这时科里奥利加速度的大小为上述两项加速度之和的模,即 $a_c=2\omega v_r$,科里奥利加速度的方向如附图 3.2 所示。科里奥利加速度 $\boldsymbol{a}_c$ 垂直于牵连角速度 $\boldsymbol{\omega}$ 与相对速度 $\boldsymbol{v}_r$ 所组成的平面,从 $\boldsymbol{\omega}$ 沿最短路径握向 $\boldsymbol{v}_r$ 的右手旋进方向即为 $\boldsymbol{a}_c$ 的方向。

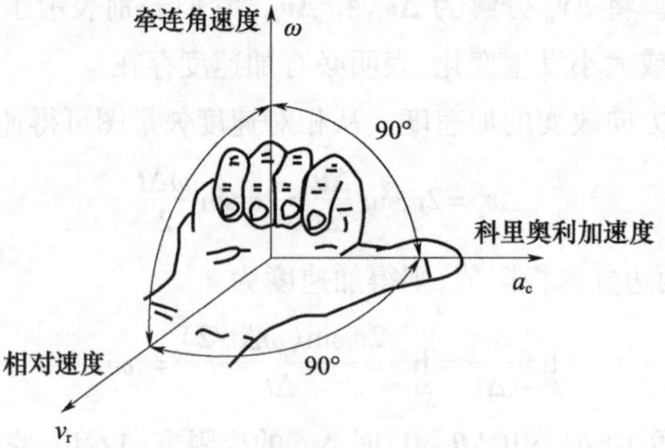

附图 3.2 科里奥利加速度的方向

在一般情况下,牵连角速度 $\boldsymbol{\omega}$ 与相对速度 $\boldsymbol{v}_r$ 之间可能成任意夹角。按照类似的方法进行分析,可得科里奥利加速度的一般表达式为

$$\boldsymbol{a}_c=2\boldsymbol{\omega}\times\boldsymbol{v}_r \tag{37}$$

即在一般情况下,科里奥利加速度的大小为

$$a_c=2\omega v_r\sin(\boldsymbol{\omega},\boldsymbol{v}_r) \tag{38}$$

而科里奥利加速度的方向仍按右手旋进规则确定。

2. 绝对加速度的表达式

当动点的牵连运动为转动时,动点的绝对加速度 $\boldsymbol{a}$ 应等于相对加速度 $\boldsymbol{a}_r$、牵连加速度 $\boldsymbol{a}_e$ 与科里奥利加速度 $\boldsymbol{a}_c$ 的矢量和,即

$$\boldsymbol{a}=\boldsymbol{a}_r+\boldsymbol{a}_e+\boldsymbol{a}_c \tag{39}$$

这就是一般情况下的加速度合成定理。

当运载体在地球表面附近航行时,运载体一方面相对地球运动,另一方面又参与地球相对惯性空间的牵连转动,因此运载体的绝对加速度也应是上述 3 项加速度的矢量和。下面推导运载体绝对加速度的表达式。

如附图 3.3 所示,设在地球表面附近航行的运载体所在点为 q,它在惯性参考系 $o_ix_iy_iz_i$ 中的位置矢量为 $\boldsymbol{R}$,在地球坐标系 $o_ex_ey_ez_e$ 中的位置矢量为 $\boldsymbol{r}$,而地心相对日心的位置矢量为 $\boldsymbol{R}_0$。根据图中矢量关系,可以写出位置矢量方程:

$$\boldsymbol{R}=\boldsymbol{R}_0+\boldsymbol{r} \tag{40}$$

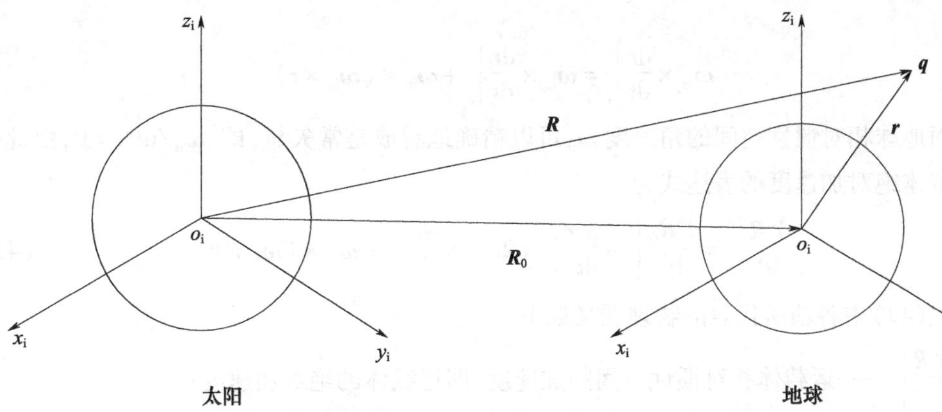

附图 3.3 动点 q 的位置矢量

将式(40)对时间求一阶导数,有

$$\left.\frac{\mathrm{d}\boldsymbol{R}}{\mathrm{d}t}\right|_{\mathrm{i}}=\left.\frac{\mathrm{d}\boldsymbol{R}_0}{\mathrm{d}t}\right|_{\mathrm{i}}+\left.\frac{\mathrm{d}\boldsymbol{r}}{\mathrm{d}t}\right|_{\mathrm{i}}$$

根据矢量的绝对导数与相对导数的关系,可把上式等号右边的第二项写为

$$\left.\frac{\mathrm{d}\boldsymbol{r}}{\mathrm{d}t}\right|_{\mathrm{i}}=\left.\frac{\mathrm{d}\boldsymbol{r}}{\mathrm{d}t}\right|_{\mathrm{e}}+\boldsymbol{\omega}_{\mathrm{ie}}\times\boldsymbol{r}$$

由此得到运载体绝对速度的表达式为

$$\left.\frac{\mathrm{d}\boldsymbol{R}}{\mathrm{d}t}\right|_{\mathrm{i}}=\left.\frac{\mathrm{d}\boldsymbol{R}_0}{\mathrm{d}t}\right|_{\mathrm{i}}+\left.\frac{\mathrm{d}\boldsymbol{r}}{\mathrm{d}t}\right|_{\mathrm{e}}+\boldsymbol{\omega}_{\mathrm{ie}}\times\boldsymbol{r} \tag{41}$$

上述各式中下标 i 表示相对惯性参考系而言;下标 e 表示相对地球坐标系而言,$\boldsymbol{\omega}_{\mathrm{ie}}$ 为地球相对惯性空间的角速度。

式(41)中各项所代表的物理意义如下:

$\left.\frac{\mathrm{d}\boldsymbol{R}}{\mathrm{d}t}\right|_{\mathrm{i}}$——位置矢量 $\boldsymbol{R}$ 在惯性参考系中的变化率,代表运载体相对惯性空间的速度,即运载体的绝对速度;

$\left.\frac{\mathrm{d}\boldsymbol{r}}{\mathrm{d}t}\right|_{\mathrm{e}}$——位置矢量 $\boldsymbol{r}$ 在地球坐标系中的变化率,代表运载体相对地球的速度,即运载体的相对速度(它是重要的导航参数之一);

$\left.\frac{\mathrm{d}\boldsymbol{R}_0}{\mathrm{d}t}\right|_{\mathrm{i}}$——位置矢量 $\boldsymbol{R}_0$ 在惯性参考系中的变化率,代表地球公转引起的地心相对惯性空间的速度,它是运载体牵连速度的一部分;

$\boldsymbol{\omega}_{\mathrm{ie}}\times\boldsymbol{r}$——地球自转引起的牵连点相对惯性空间的速度,它是运载体牵连速度的又一部分。

将式(41)对时间求一阶导数,有

$$\left.\frac{\mathrm{d}^2\boldsymbol{R}}{\mathrm{d}t^2}\right|_{\mathrm{i}}=\left.\frac{\mathrm{d}^2\boldsymbol{R}_0}{\mathrm{d}t^2}\right|_{\mathrm{i}}+\left.\frac{\mathrm{d}^2\boldsymbol{r}}{\mathrm{d}t^2}\right|_{\mathrm{e}}+\boldsymbol{\omega}_{\mathrm{ie}}\times\left.\frac{\mathrm{d}\boldsymbol{r}}{\mathrm{d}t}\right|_{\mathrm{e}}+\boldsymbol{\omega}_{\mathrm{ie}}\times\left.\frac{\mathrm{d}\boldsymbol{r}}{\mathrm{d}t}\right|_{\mathrm{i}}+\left.\frac{d\boldsymbol{\omega}_{\mathrm{ie}}}{\mathrm{d}t}\right|_{\mathrm{i}}\times\boldsymbol{r}$$

因为

$$\boldsymbol{\omega}_{ie} \times \left.\frac{\mathrm{d}\boldsymbol{r}}{\mathrm{d}t}\right|_{i} = \boldsymbol{\omega}_{ie} \times \left.\frac{\mathrm{d}\boldsymbol{r}}{\mathrm{d}t}\right|_{e} + \boldsymbol{\omega}_{ie} \times (\boldsymbol{\omega}_{ie} \times \boldsymbol{r})$$

而地球相对惯性空间的角速度 $\boldsymbol{\omega}_{ie}$ 可以精确地看成是常矢量,即 $\mathrm{d}\boldsymbol{\omega}_{ie}/\mathrm{d}t|_{i}=0$,由此得到运载体绝对加速度的表达式为

$$\left.\frac{\mathrm{d}^2\boldsymbol{R}}{\mathrm{d}t^2}\right|_{i} = \left.\frac{\mathrm{d}^2\boldsymbol{R}_0}{\mathrm{d}t^2}\right|_{i} + \left.\frac{\mathrm{d}^2\boldsymbol{r}}{\mathrm{d}t^2}\right|_{e} + 2\boldsymbol{\omega}_{ie} \times \left.\frac{\mathrm{d}\boldsymbol{r}}{\mathrm{d}t}\right|_{e} + \boldsymbol{\omega}_{ie} \times (\boldsymbol{\omega}_{ie} \times \boldsymbol{r}) \tag{42}$$

式(42)中各项所代表的物理意义如下:

$\left.\frac{\mathrm{d}^2\boldsymbol{R}}{\mathrm{d}t^2}\right|_{i}$——运载体相对惯性空间的加速度,即运载体的绝对加速度;

$\left.\frac{\mathrm{d}^2\boldsymbol{r}}{\mathrm{d}t^2}\right|_{e}$——运载体相对地球的加速度,即运载体的相对加速度;

$\left.\frac{\mathrm{d}^2\boldsymbol{R}_0}{\mathrm{d}t^2}\right|_{i}$——地球公转引起的地心相对惯性空间的加速度,它是运载体牵连加速度的一部分;

$\boldsymbol{\omega}_{ie} \times (\boldsymbol{\omega}_{ie} \times \boldsymbol{r})$——地球自转引起的牵连点的向心加速度,它是运载体牵连加速度的又一部分;

$2\boldsymbol{\omega}_{ie} \times \left.\frac{\mathrm{d}\boldsymbol{r}}{\mathrm{d}t}\right|_{e}$——运载体相对地球速度与地球自转角速度的相互影响而形成的附加加速度,即运载体的科里奥利加速度。

附录4　地球参考椭球及地球重力场特性

在近地惯性导航中,运载体是相对地球来定位的。当地垂线基准的建立以及导航参数的计算,都直接与地球的几何特性和物理特性有关。因此,在研究运载体的导航定位问题时,还需要了解与导航有关的地球的一些特性,诸如地球参考椭球、几种垂线和纬度、地球参考椭球的曲率半径以及地球重力场特性等。

1. 地球参考椭球

人类赖以生存的地球,实际上是一个质量非均匀分布、形状不规则的几何体。从整体来看,地球近似一个对称于极轴的扁平旋转椭球体,如附图4.1所示。其截面的轮廓是一个扁平椭圆,沿赤道方向为长轴,沿极轴方向为短轴。这种形状的形成与地球的自转有密切关系。组成地球的物质早期可以看成是一种近似流体的东西,依靠物质间的万有引力聚集在一起,同时还受到因地球自转所形成的离心惯性力的作用。对地球表面的每一质点,一方面受到地心引力的作用,另一方面又受到离心力的作用。正是在后者的作用下,使地球在靠近赤道的部分向外膨胀,直到各处质量所受的引力与离心惯性力的合力——重力的方向达到与当地水平面垂直为止。这样,地球的形状就成为一个扁平的旋转椭球体。

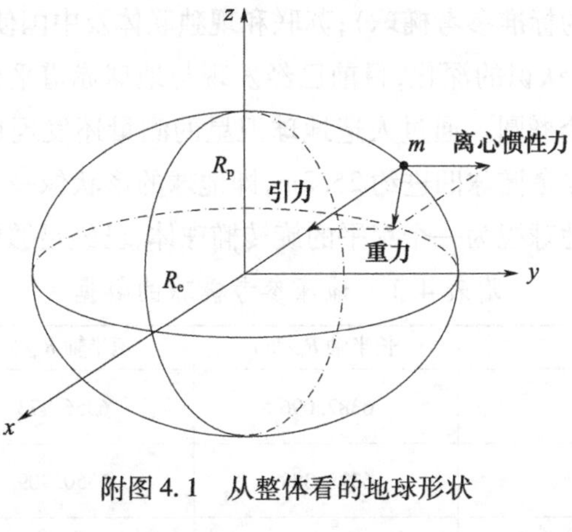

附图4.1　从整体看的地球形状

从局部来看,由于地球表面存在大陆和海洋、高山和深谷,还有很多人造的设施,因而地球表面的形状是一个相当不规则的曲面。

在工程应用上,必须对实际的地球形状采取某种近似以便于用数学表达式来进行描述。

对于一般的工程应用,通常采用一种最简单的近似,即把地球视为一个圆球体。数学上可用如下球面方程来描述:

$$x^2 + y^2 + z^2 = R^2 \tag{43}$$

式中 R 为地球平均半径,$R = (6371.02 \pm 0.05)$ km。这是 1964 年国际天文学会确定的数据。

在研究惯性导航问题时,通常是把地球近似为一个旋转椭球体。数学上可用如下旋转椭球面方程来描述:

$$\frac{x^2 + y^2}{R_e^2} + \frac{z^2}{R_p^2} = 1 \tag{44}$$

式中:R_e 为长半轴即地球赤道半径;R_p 为短半轴即地球极半径。旋转椭球体的椭圆度或称扁率

$$e = \frac{R_e - R_p}{R_e} \tag{45}$$

如果假想把平均的海平面延伸穿过所有陆地地块,则所形成的几何体称为大地水准体。旋转椭球体与大地水准体基本相符,例如,在垂直方向的误差不超过 150m,旋转椭球面的法线方向与大地水准面的法线方向之间的偏差一般不超过 3″。在惯性导航中,可以忽略两者的差别,而用旋转椭球体代替大地水准体来描述地球的形状,并用旋转椭球面的法线方向来代替重力方向。

为了便于计算和绘图,通过大地测量推得多种近似于大地水准体的旋转椭球体,作为地球形状的参考模型,并称为地球参考椭球。由于大地测量技术的发展,不同时期所得到的地球参考椭球的数据略有不同。目前采用的有附表 4.1 中所列的 4 种。

美国使用克拉克(Clarke)椭球;西欧使用海佛得(Hayford)椭球(该椭球被国际大地测量协会于 1924 年定为标准参考椭球);苏联和现独联体及中国使用克拉索夫斯基椭球。

随着人们对自然界认识的深化,目前已经发现与地球赤道平面相平行的各个截面也并非一个圆形,而是一个椭圆。通过人造地球卫星的测量还发现地球北极比参考椭球凸出约 18.9m,而南极比参考椭球凹进约 25.8m,即地球的形状像一个扁平的梨状体。目前在导航定位计算中,把地球视为一个扁平的旋转椭球体,已经足够精确了。

附表 4.1　地球参考椭球的数据

	长半轴 R_e/km	短半轴 R_p/km	椭圆度 e
克拉克椭球(1866)	6387.096	6356.473	$\frac{1}{295}$
海佛得椭球(1909)	6378.388	6350.909	$\frac{1}{297}$
克拉索夫斯基椭球(1938)	6387.245	6356.863	$\frac{1}{298.3}$
1964 年国际天文学会通过的参考椭球	6378.16 ± 0.08		$\frac{1}{298.25_{-0.05}^{+0.08}}$
WGS—84 椭球(1984)	6378.137	6356.752	$\frac{1}{298.257}$

2. 几种垂线和纬度

经度和纬度是近地航行运载体的位置参数。地球上某点的纬度，定义为该点垂线与赤道平面的夹角。但因地球是一个旋转椭球体，所以具体的垂线定义及相应纬度定义就变得复杂了。下面结合附图4.2来说明。

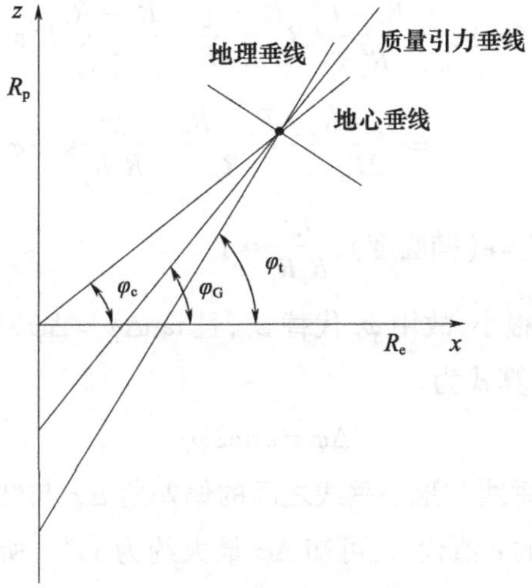

附图4.2　几种垂线和纬度

几种垂线的定义分别如下：

地心垂线（几何垂线）——从地心通过所在点的径向矢量的方向；

地理垂线——大地水准面法线的方向；

质量引力垂线——任一等势面的法线方向，用非旋转地球上的铅垂线方向来表示；

当地垂线——观察者所在位置的垂线，可以是铅垂线、地理垂线或质量引力垂线。

在惯性导航中通常采用地心纬度和地理纬度，其定义分别如下。

地心纬度——地球上一点与地球几何中心的连线和地球赤道平面之间的夹角；

地理纬度——地球子午圈上某点的法线与地球赤道平面的夹角。

现在说明地理垂线与地心垂线之间（或地理纬度与地心纬度之间）的偏差角。设用$\Delta\varphi$代表二者之间的偏差角，可以写出

$$\Delta\varphi = \varphi_t - \varphi_c$$

根据以x、z为参变量的椭圆方程

$$\frac{x^2}{R_e^2} + \frac{z^2}{R_p^2} = 1$$

不难求出椭圆法线（相当于地理垂线）的斜率为

$$\tan\varphi_t = -\frac{\mathrm{d}x}{\mathrm{d}z} = \frac{R_e^2 z}{R_p^2 x} \tag{46}$$

而同一点与地心的连线（相当于地心垂线）的斜率为

$$\tan\varphi_c = \frac{z}{x} \tag{47}$$

于是可以得出

$$\tan\Delta\varphi=\frac{\tan\varphi_t-\tan\varphi_c}{1+\tan\varphi_t\tan\varphi_c}=\frac{R_e^2-R_p^2}{R_e^2R_p^2}xz \tag{48}$$

令 $R=\sqrt{x^2+z^2}$(该点与地心连线的长度),对上式变换如下。

$$\tan\Delta\varphi=\frac{R_e^2-R_p^2}{R_e^2R_p^2}R^2\ \frac{x}{R}\ \frac{z}{R}=\frac{R_e^2-R_p^2}{R_e^2R_p^2}R^2\sin2\varphi_c$$

$$=\frac{R_e+R_p}{2R_p}\cdot\frac{R_e-R_p}{R_e}\cdot\frac{R^2}{R_eR_p}\sin2\varphi_c$$

因 $\frac{R_e+R_p}{2R_p}\approx1$,$\frac{R_e-R_p}{R_e}=e$(椭圆度),$\frac{R^2}{R_eR_p}\approx1$

再考虑到 $\Delta\varphi$ 实际上很小,故用 φ_t 代替 φ_c,且 $\tan\Delta\varphi=\Delta\varphi$,于是导出地理垂线与地心垂线之间偏差角的近似计算式为

$$\Delta\varphi=e\sin2\varphi_t \tag{49}$$

从式(49)可见,地理垂线与地心垂线之间的偏差角 $\Delta\varphi$ 与纬度 φ_t 有关,在 $\varphi_t=45°$处 $\Delta\varphi$ 为最大。以参考椭球的 e 值代入,可知 $\Delta\varphi$ 最大约为 11′。所以,用地心垂线代替地理垂线,在纬度方向上位置偏差最大值为 11n mile。这就是在惯性导航中假设地球为球体时所产生的误差数量级。由于导航中通常用地理纬度定位,而在理论计算中又常用地心纬度,因此二者之间要进行必要的换算。

3. 地球参考椭球的曲率半径

当我们把地球视为旋转椭球体来研究导航定位问题时,需要用到椭球体的曲率半径等参数。例如,根据运载体的速度来求其经度和纬度的变化,就要用到这一参数。

由于地球是一个旋转椭球体,所以在地球表面不同地点其曲率半径也不相同。即使在同一点 P,它的子午圈曲率半径与卯酉圈曲率半径也不相同。

参看附图 4.3,所谓 P 点子午圈曲率半径,是指过极轴和 P 点的平面与椭球表面的交线上 P 点的曲率半径,所谓 P 点卯酉圈,是指过 P 点法线 n 且垂直于过 P 点子午面的平面与椭球表面的交线;而 P 点卯酉圈曲率半径是指该交线上 P 点的曲率半径。

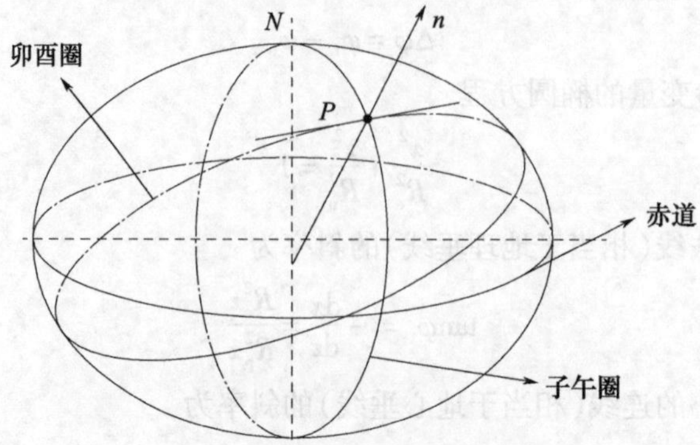

附图 4.3　地球参考椭球的曲率半径

在地球表面某一点 P 的子午圈曲率半径为(推导从略)

$$R_M = R_e(1-2e+3e\sin^2\varphi_c) \tag{50a}$$

或表示为

$$\frac{1}{R_M} \approx \frac{1}{R_e}(1+2e-3e\sin^2\varphi_c) \tag{50b}$$

根据式(50a)或式(50b)可知,子午圈曲率半径 R_M 与 P 点的地心纬度 φ_c 有关。在地球赤道上,$\varphi_c=0$,子午圈曲率半径 $R_M=R_e(1-2e)$,它的数值比地心到赤道的距离约小42km;在地球南、北极处,$\varphi_c=90^0$,子午圈曲率半径 $R_M=R_e(1+e)$,它的数值比地心到南、北极的距离约大42km。

在地球表面同一点 P 的卯酉圈曲率半径为(推导从略)

$$R_N = R_e(1+e\sin^2\varphi_c) \tag{51a}$$

或表示为

$$\frac{1}{R_N} \approx \frac{1}{R_e}(1-e\sin^2\varphi_c) \tag{51b}$$

根据式(51a)或式(51b)可知,卯酉圈曲率半径 R_N 也与 P 点的地心纬度 φ_c 有关。在地球赤道上,$\varphi_c=0$,卯酉圈曲率半径 $R_N=R_e$,它的数值与地心到赤道的距离相等;在地球南、北极处,$\varphi_c=90^0$,卯酉圈曲率半径 $R_N=R_e(1+e)$,它的数值比地心到南、北极的距离约大42km。

此外,由于地球是一个旋转椭球体,所以地球表面不同的点至地心的直线距离也不相同。地球表面任意一点至地心的直线距离可按下式计算:

$$\begin{aligned} R &\approx R_e(0.9983+0.0016835\cos_2\varphi_c-0.000003549\cos\varphi_c+\cdots) \\ &\approx R_e(1-\sin^2\varphi_c) \end{aligned} \tag{52}$$

4. 地球重力场特性

地球重力场是由地球引力场与地球自转离心惯性力形成的。如附图4.4所示,假设地球是一个密度均匀的旋转椭球体,则地球引力 $m\boldsymbol{G}$,指向地心;地球自转向心加速度 $\boldsymbol{\omega}_{ie}\times(\boldsymbol{\omega}_{ie}\times r)$ 垂直指向极轴,而离心惯性力的方向与此相反,故为 $-m\boldsymbol{\omega}_{ie}\times(\boldsymbol{\omega}_{ie}\times r)$。根据图中矢量关系,可得重力矢量表达式

$$m\boldsymbol{g} = m\boldsymbol{G}_e - m\boldsymbol{\omega}_{ie}\times(\boldsymbol{\omega}_{ie}\times\boldsymbol{r})$$

故有

$$\boldsymbol{g} = \boldsymbol{G}_e - \boldsymbol{\omega}_{ie}\times(\boldsymbol{\omega}_{ie}\times\boldsymbol{r}) \tag{53}$$

即重力加速度 $\boldsymbol{g}$ 是引力加速度 $\boldsymbol{G}_e$ 与向心加速度 $\boldsymbol{\omega}_{ie}\times(\boldsymbol{\omega}_{ie}\times\boldsymbol{r})$ 的矢量差。

由附图4.4可以看出,重力加速度 $\boldsymbol{g}$ 的方向一般并不指向地心,只有在地球两极及赤道才属例外。还可看出,向心加速度的大小随着所在点的地理纬度而变化。所以重力加速度 $\boldsymbol{g}$ 的大小是所在点地理纬度 φ_t 和高度 h 的函数。当考虑地球为椭球时通常采用的重力加速度计算公式如下:

$$g = g_0(1+0.0052884\sin^2\varphi_t-0.0000059\sin^2 2\varphi_t)-0.0003086h \tag{54}$$

式中:g_0 为赤道海平面上的重力加速度,$g_0=978.049\text{cm/s}^2$。

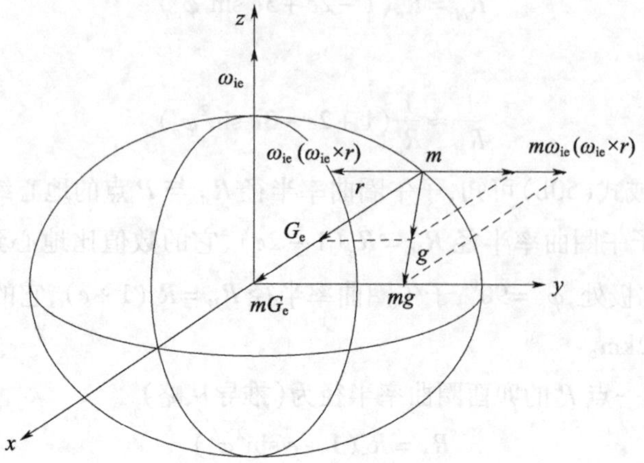

附图4.4　地球重力加速度矢量

根据地球重力场理论,还可以按下面公式计算重力加速度及随高度的变化:

$$\begin{aligned}&\boldsymbol{g}(0)=978.0318(1+5.3024\times10^{-3}\sin\varphi_t-5.9\times10^{-6}\sin^2\varphi_t)\text{cm/s}^2\\&\frac{\text{d}\boldsymbol{g}}{\text{d}\boldsymbol{h}}=-0.308778(1-1.39\times10^{-3}\sin^2\varphi_t)\times10^{-3}(\text{cm/s}^2)/\text{m}\end{aligned}\tag{55}$$

式中:$\boldsymbol{g}(0)$为地球某一点的海平面上的重力加速度值。

我国各主要城市的重力加速度值(参考值)列在附表4.2中。

附表4.2　我国各主要城市的重力加速度值

城市名称	重力加速度/(m/s^2)	城市名称	重力加速度/(m/s^2)
北京	9.80147	哈尔滨	9.80655
上海	9.79460	重庆	9.79136
天津	9.80106	兰州	9.79255
广州	9.78834	拉萨	9.77990
南京	9.79495	乌鲁木齐	9.80146
西安	9.79441	齐齐哈尔	9.80803
沈阳	9.80349	福州	9.78910

由于地球自转的影响,引力加速度 $\boldsymbol{G}_e$ 与重力加速度 $\boldsymbol{g}$ 在数值上和方向上存在着差异。$\boldsymbol{G}_e$ 与 $\boldsymbol{g}$ 在数值上的差异为

$$|\boldsymbol{G}_e-\boldsymbol{g}|=\frac{R\omega_{ie}^2}{2}(1+\cos2\varphi_t)\leqslant3.4\times10^{-3}g\tag{56}$$

$\boldsymbol{G}_e$ 与 $\boldsymbol{g}$ 在方向上的差异(及二者的夹角)为

$$\gamma=\frac{R\omega_{ie}^2}{2}\sin2\varphi_t\leqslant\pm6'\tag{57}$$

实际上,地球并非理想的旋转椭球体,其几何形状与参考椭球不完全一致,又因地球

各处地质结构不同,特别是地球内部局部地区的密度不均匀,实际重力加速度与理论重力加速度(指按公式计算出的理论值)一般存在着差异。实际重力加速度相对理论重力加速度在数值上的偏差称为重力异常,一般为几至几十毫伽(1 毫伽 $=1\times10^{-3}\mathrm{cm/s^2}$);而在方向上的偏差称为垂线偏差,一般为几至几十角秒。

地球表面各点的重力异常和垂线偏差并没有什么规律,只能将地球表面划分为许多区域,通过事先测量,然后在惯性系统中加以补偿(对于一般精度的惯性系统,这种影响可以忽略)。由于重力异常和垂线偏差对于高精度的惯性系统和地球资源勘探具有重要意义,因而各种重力测量技术的发展一直被高度重视。例如"惯性测地技术",就是利用高精度的加速度计来测量地球的实际重力加速度。如果所建立的地球重力场模型的精度为1 毫伽,那么用于重力加速度测量的加速度计的精度应不低于$10^{-6}g$。

参考文献

[1] 陆元九. 惯性器件(上、中、下)[M]. 北京:中国宇航出版社,1993.

[2] 秦永元. 惯性导航原理[M]. 3 版. 北京:科学出版社,2020.

[3] 惯性技术学会. 惯性技术词典[M]. 北京:中国宇航出版社,2009.

[4] 张宗麟. 惯性导航与组合导航[M]. 北京:航空工业出版社,2000.

[5] 严恭敏,李四海,秦永元. 惯性仪器测试与数据分析[M]. 北京:国防工业出版社,2015.

[6] 许江宁,马恒,何泓洋. 陀螺原理[M]. 北京:科学出版社,2019.

[7] 淦述荣,陈少春,高溥泽,等. 2022 年国外惯性技术发展与回顾[J]. 导航定位与授时,2023,10(4):69-80.

[8] 宋丽君,薛连莉,董燕琴,等. 惯性技术发展历程回顾与展望[J]. 导航与控制,2021,20(1):29-43.

[9] 刘洁瑜,徐军辉,熊陶. 导弹惯性导航技术[M]. 北京:国防工业出版社,2016.

[10] 徐军辉,单斌,杨波,等. 导弹惯性仪器及系统测试技术[M]. 西安:西北工业大学出版社,2018.

[11] 万德钧,房建成. 惯性导航初始对准[M]. 南京:东南大学出版社,1998.

[12] 徐军辉,汪立新,肖正林,等. 惯导系统性能评估技术[M]. 西安:西北工业大学出版社,2014.

[13] 徐军辉,肖正林,汪立新,等. 惯导系统自对准技术[M]. 西安:西北工业大学出版社,2014.

[14] 徐军辉,刘洁瑜,姚志成,等. 惯导系统"三自"技术及应用[M]. 西安:西北工业大学出版社,2019.

[15] 汪立新,徐军辉,刘洁瑜,等. 惯导系统自标定技术[M]. 西安:西北工业大学出版社,2010.

[16] ARMENISE M N,CIMINELLI C,DELL'OLIO F,et al. 新型陀螺仪技术[M]. 袁书明,程建华,译. 北京:国防工业出版社,2013.

[17] 何铁春,周世勤. 惯性导航加速度计[M]. 北京:国防工业出版社,1983.

[18] 邓正隆. 惯性技术[M]. 哈尔滨:哈尔滨工业大学出版社,2006.

[19] 薛成位. 弹道导弹工程[M]. 北京:中国宇航出版社,2006.

[20] 爱因斯坦. 狭义与广义相对论浅说[M]. 北京:北京大学出版社,2006.

[21] 费恩曼,莱顿,桑兹. 费恩曼物理学讲义[M]. 郑永令,华宏鸣,吴子仪,等译. 上海:上海科学技术出版社,2005.

[22] 郭富强,于波,汪叔华. 陀螺稳定装置及其应用[M]. 西安:西北工业大学出版社,1995.

[23] 何双双. 基于 SERF 原子自旋陀螺仪的误差机理分析和数据处理[D]. 南京:东南大学,2017.

[24] 郭秀中. 惯导系统陀螺仪理论[M]. 北京:国防工业出版社,1997.

[25] 崔中兴. 惯性导航系统[M]. 北京:国防工业出版社,1982.

[26] 吴俊伟. 惯性技术基础[M]. 哈尔滨:哈尔滨工程大学出版社,2002.

[27] 艾佛里尔. 高精度惯性导航基础[M]. 武凤德,李凤山,译. 北京:国防工业出版社,2002.

[28] TITTERTON D H,WESTON J L. 捷联惯性导航技术[M]. 张天光,王秀萍,王丽霞,等译. 北京:国

防工业出版社,2008.
[29] 任思聪. 实用惯性导航原理[M]. 北京:中国宇航出版社,1988.
[30] 郭素云. 陀螺仪原理及应用[M]. 哈尔滨:哈尔滨工业大学出版社,1985.
[31] 王新龙. 惯性导航基础[M]. 西安:西北工业大学出版社,2013.
[32] 张桂才. 光纤陀螺原理与技术[M]. 北京:国防工业出版社,2008.
[33] 丁衡高. 惯性技术文集[M]. 北京:国防工业出版社,1994.
[34] 毛奔,林玉荣. 惯性器件测试与建模[M]. 哈尔滨:哈尔滨工程大学出版社,2008.
[35] 汪立新,周小刚,杨建业,等. 半球谐振陀螺惯性系统[M]. 西安:西北工业大学出版社,2012.